全国医学普通高等职业教育“十三五”规划示范教材
浙江省普通高校“十三五”新形态教材
供医学检验技术、卫生检验与检疫技术、口腔医学、康复治疗技术、医疗美容技术、健康管理、医学营养、老年保健与管理等专业使用

人体结构与功能

主　审　应志国

主　编　李伟东　章　皓　陶冬英

副主编　陈慧玲　任典寰　张　玲　万　勇

编　委（排名不分先后）

曾　斌　陈慧玲　杜　宏　高　虹
况　炜　李　娜　李伟东　刘玉新
龙香娥　孟香红　任典寰　陶冬英
万　勇　伊吉普　于纪棉　张　玲
张玉琳　章　皓

中国协和医科大学出版社

北　京

图书在版编目（CIP）数据

人体结构与功能 / 李伟东，章皓，陶冬英主编. —北京：中国协和医科大学出版社，2020. 12

ISBN 978-7-5679-1570-1

Ⅰ. ①人… Ⅱ. ①李… ②章… ③陶… Ⅲ. ①人体结构—高等职业教育—教材 Ⅳ. ①Q983

中国版本图书馆 CIP 数据核字（2020）第 144070 号

人体结构与功能

主　　编：李伟东　章　皓　陶冬英
责任编辑：许进力　高淑英

出版发行：中国协和医科大学出版社
（北京市东城区东单三条 9 号　邮编 100730　电话 010-65260431）
网　　址：www. pumcp. com
经　　销：新华书店总店北京发行所
印　　刷：定州市新华印刷有限公司

开　　本：787×1092　1/16
印　　张：23. 5
字　　数：476 千字
版　　次：2020 年 12 月第 1 版
印　　次：2024 年 1 月第 2 次印刷
定　　价：52. 00 元

ISBN 978-7-5679-1570-1

前言

《人体结构与功能》整合了解剖学、组织学及生理学等课程的基本内容，按功能系统分类介绍人体器官的形态、结构与功能，适用于高等职业院校医学技术类及健康服务类专业的教学和学习。

对于医学及相关类专业的学生来说，以上几门课程是其专业知识体系中必不可少的基石。虽然都以系统分类阐述，但是经过长期的医学教育实践，这些课程内部形成了各自合理却不尽相同的教学逻辑。例如，解剖学和生理学在系统顺序上存在着较大差别。本教材对不同学科的知识点重新编排，将形态、大体结构、微细结构和功能有机整合，以人体功能为主线阐述人体各系统，力求符合循序渐进的认知原则。在内容选取及教学目标的设定上，考虑应用型卫生与健康人才培养的需要，不受学科束缚，注重学生对人体生命活动的整体认识和理解；同时突出一些与常见健康问题和疾病相关的基础知识，引入案例分析，培养学生运用知识、思考工作问题的能力。

本教材为浙江省高等教育学会组织的浙江省高校“十三五”新形态教材建设项目。随互联网应用的不断拓展，线上线下结合的教学形式成为趋势。本教材以嵌入二维码的方式，增加了教学 PPT、知识拓展、案例解析、教学视频、图片、习题及解答等电子资源。一本书、一部手机，可以随时随地实现多媒体学习，更加符合学生的学习习惯。

由于编者的水平所限，教材中不免存在一些不足、甚至错漏之处。真诚希望得到同行及读者们的批评和建议，以期不断改进，更好地为人才培养服务。

编　者

第一章 绪 论

第一节 概 述

学习目标

一、人体结构与功能的学习内容

PPT：绪论

人体结构与功能主要融合了人体解剖学、组织学及生理学等医学基础课程的基本知识。人体解剖学（anatomy）按人体功能系统（如运动系统、呼吸系统、消化系统等）分类，阐述人体各器官的形态、位置和结构。组织学（histology）主要在光学显微镜的水平，阐述人体器官的微细结构。生理学（physiology）则从整体、系统和器官、分子等不同水平研究人体各组成部分的功能，阐述人体生命活动现象和规律。

有关人体结构与功能的知识，是医学及相关类专业知识体系中最基础的部分。学好人体结构与功能对于今后学习专业课知识，以及在工作中形成准确、科学的判断能力都有着十分重要的意义。

二、人体结构与功能的学习方法

（一）形态结构与功能相联系

器官的形态和结构是其发挥一定功能的基础。掌握某一器官的正常形态和结构，才能较好理解这个器官的生理功能。例如，如果缺少对心腔结构的认识，心脏泵血功能的知识就变得比较抽象；缺少对呼吸道和肺结构的认识，也就无法真正理解人体如何从外界获得氧，并向外界排出二氧化碳。

（二）局部与整体相统一

人体不同器官各自担负不同的功能。例如，心脏、血管主要负责物质运输；呼吸器官主要是为人体供氧和排出二氧化碳；而骨骼肌的功能则主要是为躯体运动提供动力。但是，不同器官的活动又相互协调配合，使得机体能适应内外环境的变化。例如人运动时骨骼肌的活动加强，心脏、呼吸肌活动同时也加强，可以为骨骼肌提供更多的氧和葡萄糖，并带走更多代谢废物；而消化和泌尿器官的活动则抑制，可以让骨骼肌获得更多的资源。

（三）理论与实际相结合

有关人体结构与功能的知识基本上都来源于实验或实践。学习人体形态与结构，最有效的方法是对照标本、模型、组织切片和人体进行观察、研究，切忌死记硬背文字概念；学习人体功能，可以将书本的理论与日常生活及临床实践中的观察相结合，用所学知识去思考一些生命现象背后的原理、规律和意义等。

第二节　人体的分部与组成

一、人体的分部

人体按外形可分为头、颈、躯干和四肢四部分。头的前部称面，颈的后部称项。躯干前面是胸、腹、会阴部，后面是背部。四肢分为上肢和下肢，上肢又分肩、臂、前臂和手；下肢又分臀、大腿（股）、小腿和足。

人体内部有颅腔和体腔。颅腔容纳脑。体腔分胸腔和腹腔，胸腔内有心、肺等器官；腹腔内有肝、胆、胰、脾、胃、肠等器官。腹腔的最下部称盆腔，内有膀胱等器官。

二、人体的组成

人体结构和功能的基本单位是细胞（cell）。人体约有两百多种不同形态和功能的细胞。一个成人体内细胞总数可达数十万亿。

一些形态相似、功能相近的细胞与细胞间质结合在一起，构成组织（tissue）。人体组织有四大基本类型：上皮组织、结缔组织、肌组织和神经组织。

几种不同的组织构成具有一定形态，并能完成一定功能的结构，称器官（organ），如脑、心、肝、肺等。

参与人体某一方面生理功能的一系列器官构成一个系统（system）。如运动系统、消化系统、呼吸系统、泌尿系统、生殖系统、脉管系统、神经系统和内分泌系统等。

第三节　人体结构的常用术语和人体功能的常用概念

一、人体结构的常用术语

为了正确地描述人体各结构、器官的形态、位置及其相互关系，国际上规定了标准姿势，确定了常用方位、轴和面的术语。

（一）标准姿势

标准姿势也称解剖学姿势：身体直立，两眼向正前方平视，上肢下垂于躯干的两侧，掌心向前，两足并拢，足尖向前。

不论被观察者实际处于什么体位，其身体不同部位的位置关系均根据标准姿势描述。

（二）方位术语

1. 上和下　靠近头顶的为上，靠近足底的为下。

2. 前和后　近腹者为前，也称腹侧，近背者为后，也称背侧。

3. 内和外　常用于空腔性器官的描述。近内腔者为内，远离内腔者为外。

4. 内侧和外侧　近正中矢状面的为内侧，远离正中矢状面的为外侧。

5. 近侧和远侧　多用于四肢的描述。距肢体附着部较近者为近侧，较远者为远侧。

6. 浅和深　近体表或器官表面的为浅，远离体表或器官表面的为深。

（三）轴

根据解剖学姿势，假设人体有三种互相垂直的轴（图 1-1）。

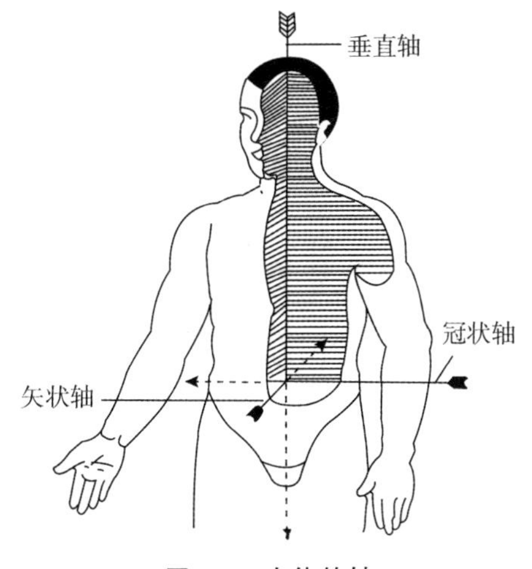

图 1-1　人体的轴

1. 垂直轴 上下方向，与地平面相垂直的轴。

2. 矢状轴 前后方向，与垂直轴呈直角交叉的轴。

3. 冠状轴 左右方向，与矢状轴呈直角交叉的轴。

（四）面

根据上述 3 种轴，在人体可设下列 3 个面（图 1-2）。

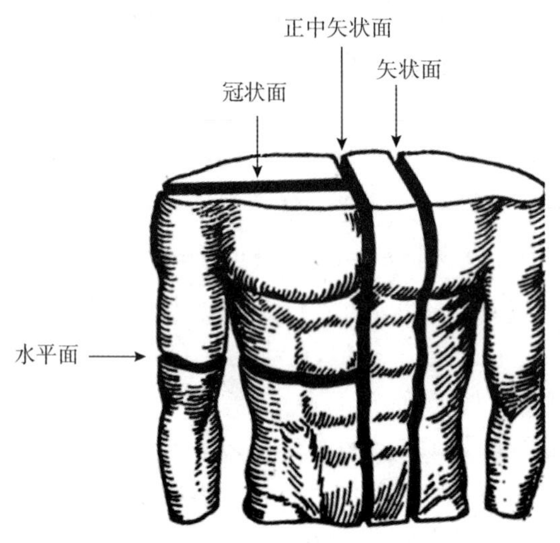

图 1-2 人体的面图

1. 矢状面 按矢状轴方向，将人体纵切为左右两部的面为矢状面。通过人体正中的矢状面为正中矢状面

2. 冠状面 按冠状轴方向，将人体纵切为前后两部的面为冠状面，又称额状面。

3. 水平面 按与地面平行方向，将人体横切为上下两部的面为水平面，又称横断面。水平面、矢状面和冠状面之间都互相垂直。

器官的切面以器官本身的长轴为准，与器官长轴平行的切面称纵切面，与器官长轴垂直的切面称横切面（图 1-3）。

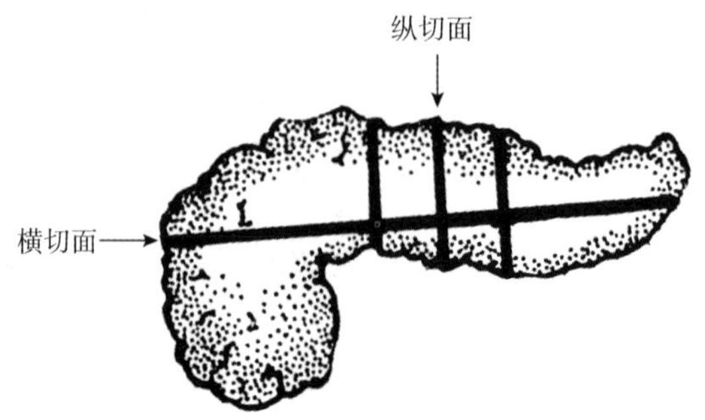

图 1-3 器官（胰）的切面

二、人体功能的常用概念

（一）新陈代谢

人体通过与环境进行物质和能量交换，不断实现自我更新的过程称为新陈代谢（metabolism）。新陈代谢是包括人在内的所有生命体共有的特征，是生命体与非生命体相区别的最基本特征。

新陈代谢的本质是变化，是自我更新。从外表看，人体短时间内没有明显的变化。但是人体内每时每刻都在进行着物质的合成和分解，每时每刻都有各种细胞的新生和死亡。这种自我更新是人体一切生命活动的基础，贯穿于生长、发育、衰老等一切生命过程，直至生命终点。

（二）兴奋性和可兴奋组织

组织或细胞受到刺激时可出现相应的功能状态变化。这种功能状态变化可分为两类：由相对静止状态转变为相对活动状态，或由较弱活动状态转变为较强活动状态，称为兴奋；反之则称为抑制。

组织或细胞受到刺激而产生兴奋的能力或特性称为兴奋性（excitability）。人体内几乎所有的组织和细胞都有兴奋性，但是不同组织兴奋性的高低差异较大。即使同一组织，在不同状态下的兴奋性高低也可不同。神经、肌肉、腺体这三类组织兴奋性较高，称为可兴奋组织。

（三）阈强度或阈值

刺激需要达到一定的强度才能引起组织或细胞的兴奋。能够引起组织或细胞兴奋的最小刺激强度称为阈强度，或（强度的）阈值（threshold）。

阈强度（阈值）是衡量组织或细胞兴奋性最常用的指标。阈强度较低，意味着较小强度的刺激就可以引起组织或细胞兴奋，组织或细胞的兴奋性较高；反之，阈强度较高则说明组织或细胞的兴奋性较低。阈强度（阈值）与组织或细胞的兴奋性呈反变关系。

强度小于阈值的刺激称为阈下刺激，强度等于阈值的刺激称为阈刺激，强度大于阈值的刺激称为阈上刺激。阈刺激或阈上刺激均可引起组织或细胞兴奋。

影响刺激效果的因素不只有刺激强度，还有刺激持续时间和刺激强度－时间变化率。这三个因素通常被称为刺激三要素。三要素之间也相互影响，例如，刺激时间延长，引起组织兴奋所需的刺激强度通常会降低。

（四）内环境

成人体内的液体总量约占体重的 60%，约 2/3 在细胞内，称细胞内液；约 1/3 在细胞外，称细胞外液。血细胞的外液为血浆，普通组织细胞的外液为组织液。

人体内绝大多数细胞生活在细胞外液中，并不直接与人体外环境接触。细胞通过与细胞外液进行物质交换获取氧和营养物质并排出代谢废物等。为了与人体外环境相区别，细胞外液被称为人体内环境（internal environment）。

（五）稳态

人体内环境的很多理化性质，如温度、pH 值、离子浓度、渗透压等，经常保持相对稳定的状态，称为内环境的稳态，简称稳态（homeostasis）。

稳态并非指内环境的各种理化性质恒定不变。实际上，受外环境变化以及组织细胞生理活动的影响，内环境的温度、pH 值、离子浓度和渗透压等一直处于动态变化之中，只是这些变化的范围较小。

稳态是细胞、器官维持正常代谢及生理功能的必要条件，也是机体维持正常生命活动的必要条件。人体内多数重要器官的活动也是为了维持内环境的稳态。

第四节　人体功能的调节

一、人体功能调节的方式

人体不同器官功能活动的相互协调配合、内外环境变化时各器官活动的适应性变化等，是通过调节实现的。人体功能活动调节的方式主要有三种：神经调节、体液调节和自身调节。

（一）神经调节

通过神经系统的活动对机体功能进行的调节称为神经调节（nervous regulation）。神经调节在人体功能调节中占主导地位。

神经系统活动的基本方式是反射（reflex）。反射是指在中枢神经系统参与下，机体对刺激做出的规律性反应。反射活动的结构基础是反射弧。反射弧由感受器、传入神经、中枢、传出神经和效应器五个部分组成。人体内和体表分布有无数的、感受不同刺激的装置，即感受器。刺激可使感受器产生生物电变化，并以动作电位的形式沿神经纤维传至相应的神经中枢。中枢对传入信息进行处理后发出指令。指令以动作电位的形式，通过传出神经传至神经末梢，进而引起效应器官活动的相应变化。反射的完成有赖于反射弧结构的完整和功能的正常。反射弧的任何一个部分障碍均可导致反射不能完成。相对于体液调节，神经调节的特点是产生效应迅速、调节范围精确、作用持续时间较短暂。

(二) 体液调节

体液调节（humoral regulation）是指一些化学物质通过体液（组织液、血浆等）的运输，对一些组织细胞的功能和代谢进行调节。这些化学物质中最主要的是内分泌细胞分泌的激素，另外，还包括一些细胞因子和局部代谢产物等。相对于神经调节，体液调节的特点是产生效应较缓慢、作用范围较广泛、作用持续时间较长。

需要注意的是，神经调节和体液调节相互间并非完全独立。很多内分泌活动直接或间接接受神经系统的控制。在多数生理活动的调节过程中，两种调节方式共同发挥作用。

(三) 自身调节

自身调节（autoregulation）是指一些组织、细胞不依赖于神经和体液调节，由自身对刺激产生适应性反应的过程。自身调节的范围相对较窄、调节能力相对较弱，但仍有较重要的生理意义。例如，在保持肾血流量的稳定、心搏出量的稳定中，自身调节均发挥重要作用。

二、人体功能调节的反馈调节机制

“反馈”一词来源于控制论，是控制系统工作机制中的一种。反馈机制存在于很多人体功能活动的调节过程中。

人体功能活动调节系统中，调节者主要是神经系统和内分泌系统，而接受神经系统和内分泌系统支配的器官、组织则是被调节者。调节者向被调节者发出的信息称为调节信息；被调节者向调节者发出的信息则称为反馈信息。（图 1-4）反馈信息作用于调节者，使原来的调节信息发生改变，称为反馈（feedback）。根据反馈信息使原来调节信息的不同改变，反馈可分为两种：正反馈（positive feedback）和负反馈（negative feedback）。

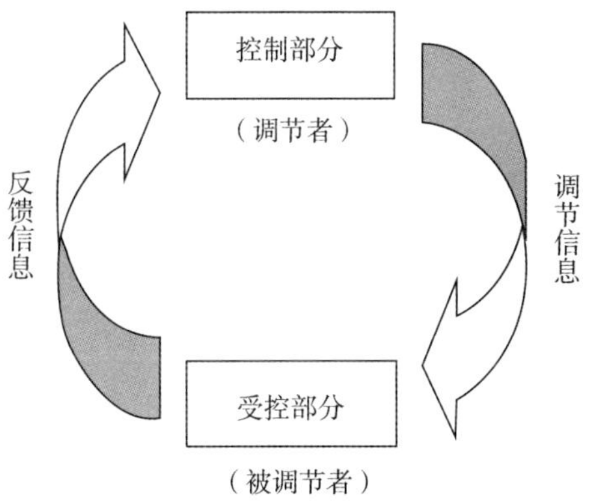

图 1-4 反馈控制系统

（一）正反馈

反馈信息作用于调节者，强化原来的调节信息，称为正反馈。正反馈的效果是使得原来的调节信息越来越强。

人体有些生理活动过程，一旦发动就会越来越快，从而在较短时间内完成，如排尿反射、排便反射、血液凝固、分娩等。在这些生理过程中往往存在正反馈作用。以排尿反射过程为例。排尿中枢兴奋，发出的调节信息引起膀胱逼尿肌收缩、尿道括约肌松弛，导致尿液排出；尿液进入尿道后刺激尿道壁的感受器，感受器的传入信息（反馈信息）又可使得排尿中枢进一步兴奋。

在病理情况下，如心力衰竭失代偿期、癌症后期机体功能的恶性循环等也有正反馈机制的参与。实际上，所谓“恶性循环”“良性循环”就是正反馈机制。

（二）负反馈

如果反馈信息的作用，使调节者发出的调节信息在原来基础上减弱，或者向相反方向变化，称为负反馈。值得注意的是负反馈的作用往往是双向的。调节信息增强时，反馈信息可使调节信息变弱；而调节信息减弱时，反馈信息又可使调节信息变强。负反馈的效果可使得调节信息不会太强也不会太弱，从而使得被调节器官活动相对稳定。

负反馈机制在维持内环境稳态中发挥着重要作用。以维持血糖浓度相对稳定的调节过程为例。胰岛 A 细胞和 B 细胞分别分泌胰高血糖素和胰岛素，通过影响人体很多细胞的代谢调节血糖浓度；而血糖浓度又是影响胰高血糖素和胰岛素分泌的主要因素。这个调节过程中，两种激素是调节信息的载体，血糖浓度则是反馈信息的载体。胰岛素可降低血糖，血糖浓度降低又可抑制胰岛素的分泌；胰高血糖素可升高血糖，血糖浓度升高时，胰高血糖素的分泌则会减少。这样的负反馈机制是维持血糖浓度最主要的调节机制。

比起正反馈，负反馈机制在人体功能调节中的存在更为广泛，人体维持体温、血压、血糖、血浆渗透压、血钙浓度、血钾浓度、血钠浓度以及多种激素分泌稳定等的调节过程中，均存在负反馈机制。

（李伟东）

思考练习

参考答案

第二章 细胞与组织

第一节 细胞的基本功能

学习目标

细胞是人体结构和功能的基本单位，体内所有的生理功能和生化反应都是以细胞为基础进行的。器官、组织的生理特性，与其组成细胞关系密切。肌肉能够收缩，是因为组成肌肉的细胞具有收缩能力；腺垂体能分泌多种激素，是因为腺垂体内有多种内分泌细胞。

不同的细胞形态、结构和功能千差万别，但是在亚细胞及分子水平的一些生命过程却有着很多的共同特性。学习细胞的一些基本结构和功能，有助于更深入、准确和全面地认识人体生命活动及规律。本节主要讨论细胞膜的一些的基本功能，如细胞膜的物质转运功能、细胞的生物电现象以及细胞的受体功能等。

PPT：细胞的基本功能

一、细胞的跨膜物质转运功能

细胞代谢的过程中，需要不断从细胞外获取氧和营养物质等，其代谢废物以及功能性产物（如激素、递质等）也需要运送到细胞外。各种物质跨越细胞膜移动的过程，称为细胞的跨膜物质转运。

多数物质并不能自由穿越细胞膜，在跨膜移动时需要细胞膜的帮助。不同种类物质的跨膜转运方式不同。即使同一种物质，也可有不同的跨膜转运方式。常见的细胞膜物质转运方式有以下几种。

微视频：细胞膜的物质转运

（一）被动转运

被动转运（passive transport）是指小分子或离子顺浓度差跨细胞膜转运的过程。物质顺浓度差的移动称为扩散，其能量来源于这种物质的浓度差所含的化学势能。被动转运不需要细胞额外提供能量。被动转运包括单纯扩散和易化扩散两种方式。

1. 单纯扩散 细胞膜以双层磷脂分子为骨架，脂肪酸链占据细胞膜厚度的较大部分。因此，脂溶性小分子具有一定的自由通过细胞膜

图片：细胞膜的分子模型

的能力。在化学势能的驱动下，脂溶性小分子从高浓度侧向低浓度侧跨膜转运的过程称为单纯扩散（simple diffusion）。人体内，氧分子、二氧化碳分子和氨分子等的跨膜转运方式都是单纯扩散。一些甾体类激素和小分子脂溶性药物也可通过单纯扩散的方式跨膜转运。

2. 易化扩散 在特殊膜蛋白的帮助下，水溶性小分子或离子由细胞膜的高浓度一侧向低浓度一侧扩散的过程，称为易化扩散（facilitated diffusion）。驱动水溶性小分子或离子扩散的动力仍然是化学势能。与脂溶性小分子单纯扩散不同的是，水溶性小分子或离子不能自由通过细胞膜，其跨膜过程需要有膜蛋白的帮助，这些特殊的膜蛋白称为转运蛋白。根据工作方式，转运蛋白分为两类：载体蛋白和通道蛋白。

（1）载体蛋白中介的易化扩散：某种物质在浓度高的一侧与载体蛋白结合，通过蛋白质的构象变化，被转运到浓度低的一侧（图 2-1）。

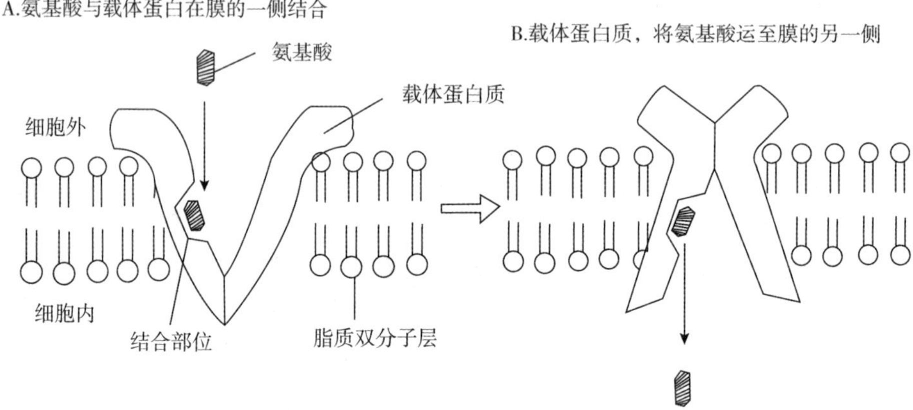

图 2-1 载体转运示意图

载体蛋白质具有较高的结构特异性，一种载体蛋白只选择性地与某一种（或少数几种）分子或离子结合。人体内，葡萄糖和氨基酸顺浓度差的跨膜扩散即是通过各自的载体蛋白实现的。

（2）通道蛋白中介的易化扩散：通道蛋白都是帮助离子跨膜扩散的，又称离子通道。通道蛋白可有不同的状态，当其被激活时，通道蛋白内部形成一个贯穿细胞膜的水相通道，允许某些离子顺浓度差通过。离子通过水相通道时，速度比载体蛋白转运快很多，因此又被形象地称为“离子流”。通道蛋白转运离子也有一定的特异性，转运 Na^+、K^+、Ca^{2+} 为主的通道蛋白分别被称为 Na^+ 通道、K^+ 通道、Ca^{2+} 通道等。

通道蛋白的种类非常多，即使转运同一种离子也可有多种通道。一个细胞的膜上分布着很多不同种类、不同属性的通道蛋白，也就导致了各种离子跨膜移动的复杂性。

一种离子通道的开放（激活）需要满足一定的条件，称为离子通道的“门控特性”。根据引起开放的条件不同，离子通道可分为电压门控通道、化学门控通道和机械门控通道等。电压门控通道的开放条件是细胞膜两侧的电位差（电压）符合一定的条

件。化学门控通道的开放由细胞膜上的受体与特定的生物活性物质（激动剂）结合引起（图 2-2）。机械门控通道的开放由机械刺激引起。

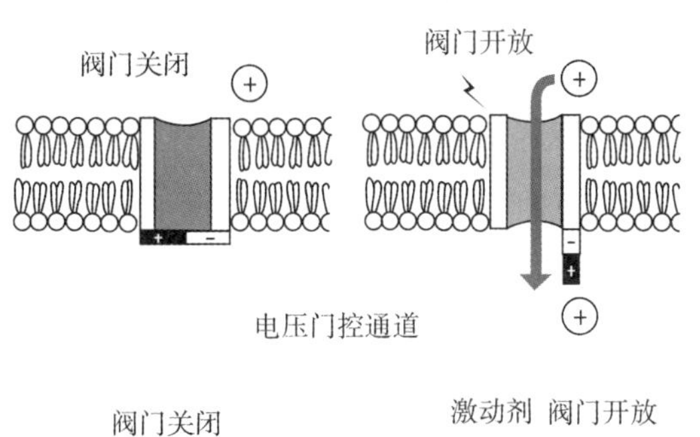

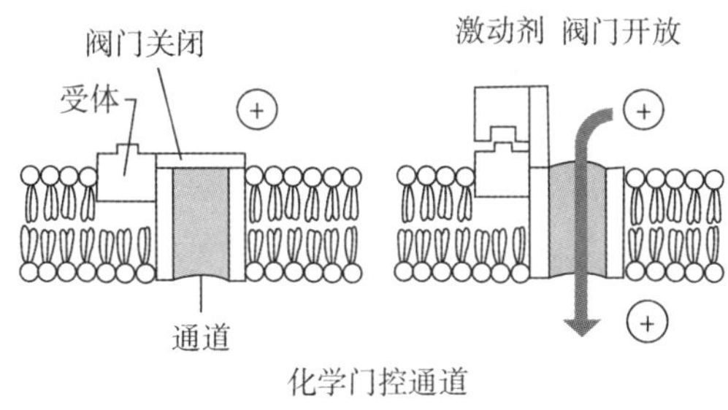

图 2-2　通道转运模式图

（二）主动转运

主动转运（active transport）指细胞通过本身的耗能过程，将小分子或离子由膜的低浓度一侧向高浓度一侧转运（逆浓度差转运）的过程。

主动转运需要细胞额外消耗能量，可以借助水的移动来理解主动转运和被动转运的这个差别。水从高处流向低处，其动力来自高度差形成的势能。被动转运时，物质从高浓度向低浓度移动，动力来自浓度差形成的势能。而如同将水从低处运向高处，主动转运是将物质由低浓度运至高浓度，因而需要细胞消耗能量。主动转运也需要特殊蛋白质的帮助，就像将水从低处运向高处的水泵，这类蛋白质被形象地称为“泵”蛋白。

根据利用能量形式的不同，主动转运可分原发性主动转运（primary active transport）和继发性主动转运（secondary active transport）。

1. 原发性主动转运　原发性主动转运就是指的“泵”转运。利用水解 ATP 释放的能量，“泵”蛋白将某种物质逆浓度差跨膜转运。目前发现的泵蛋白都是转运离子的，如 Na^+ 泵、Ca^{2+} 泵、I^- 泵等。其中研究最充分的是 Na^+ 泵。

Na^+ 泵即 Na^+-K^+ 泵，又称 Na^+-K^+ 依赖式 ATP 酶，是镶嵌在细胞膜中的、具有 ATP 酶活性的特殊蛋白质。当细胞外 K^+ 浓度或细胞内 Na^+ 浓度升高到一定水平时，Na^+-K^+ 泵被激活，可催化 ATP 水解获得能量，逆浓度差跨膜转运 Na^+ 和 K^+。在一般生理情况下，每分解一个 ATP 分子，Na^+-K^+ 泵可以将 3 个 Na^+ 移到膜外，同时将 2 个 K^+ 移入膜内（图 2-3）。

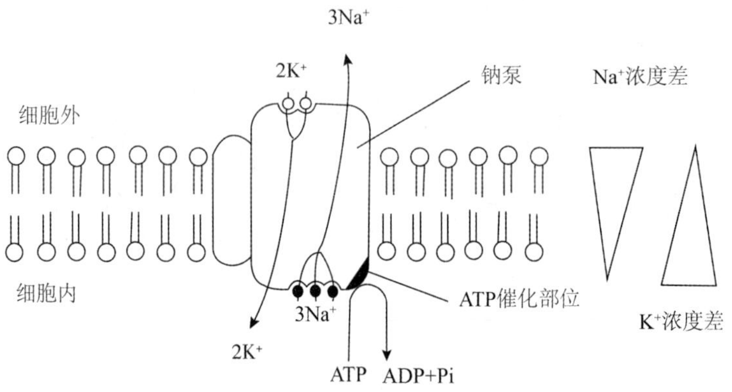

图 2-3　Na^+—K^+ 泵主动转运示意图

Na^+—K^+ 泵广泛存在于人体各种细胞的膜上。正是由于 Na^+—K^+ 泵的活动，人体细胞内 K^+ 浓度高于细胞外，而细胞外 Na^+ 浓度高于细胞内。细胞内外 Na^+ 和 K^+ 这种不均匀分布的意义在于：①细胞膜两侧一定的 K^+ 离子浓度差和 Na^+ 浓度差，是神经、肌肉等组织维持正常兴奋性以及产生生物电现象的基础；②细胞内高钾，是许多代谢反应进行的必需条件；③降低细胞内 Na^+ 浓度，防止水过多向细胞内渗透，从而维持细胞的正常形态与功能；④Na^+ 浓度差所形成的势能，可以为继发性主动转运提供动力。

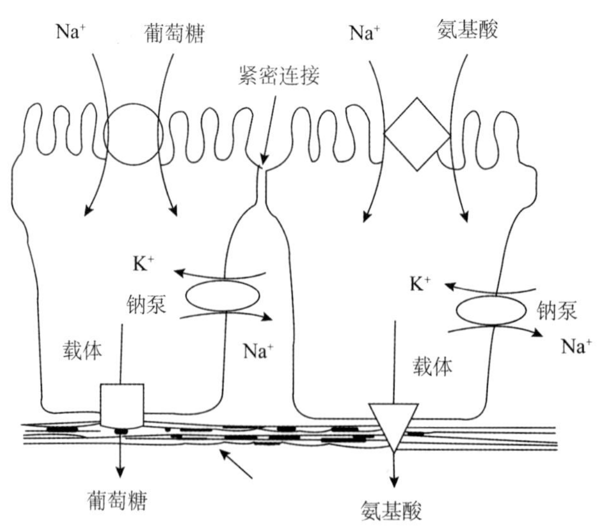

图 2-4　继发性主动转运模式图

2. 继发性主动转运　在继发性主动转运中，逆浓度差转运物质的能量并不直接来源于 ATP 的水解，而是来源于 Na^+ 浓度差形成的化学势能。以小肠黏膜上皮细胞吸收葡萄糖的过程为例（图 2-4）。小肠黏膜上皮细胞的基底面和相邻面膜上存在大量 Na^+—K^+ 泵。Na^+—K^+ 泵工作使小肠黏膜上皮细胞内的 Na^+ 浓度降低，在细胞膜向腔面的两侧（肠腔和小肠黏膜上皮细胞内之间）形成外高内低的 Na^+ 浓度差。向腔面细胞膜上有一种称为“钠—葡萄糖联合转运体”的特殊载体蛋白。钠—葡萄糖联合转运体在肠腔一侧同时结合 Na^+ 和葡萄糖分子。Na^+ 顺浓度差进入细胞内的同时，葡萄糖分子被逆浓度差转运至细胞内。小肠黏膜上皮细胞吸收氨基酸也是类似的原理。继发性主动转运可转运小分子物质，也可转运离子；可同向转运，也可逆向转运，在后续的内容中将有涉及。

（三）出胞与入胞

一些大分子物质或固态、液态的物质团块进出细胞，可以通过细胞膜更为复杂的结构变化进行，这些过程需要细胞提供能量（图 2-5）。

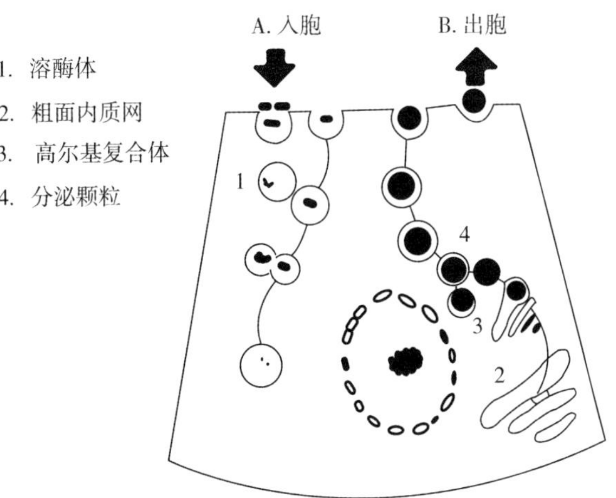

图 2-5　入胞和出胞示意图

出胞（exocytosis）常见于各种细胞的分泌活动以及神经递质的释放过程。细胞内的物质以分泌囊泡的形式排出细胞。

图片：跨膜转运形式小结

入胞（endocytosis）是细胞外某些团块物质（如细菌、病毒、异物、血浆脂蛋白和大分子营养物质等）进入细胞的方式。一些特殊物质如低密度脂蛋白、胰岛素、抗体等，通过激动细胞膜表面的受体蛋白质触发入胞过程，称为受体介导式入胞。

二、细胞的生物电现象

细胞内、外带电荷的粒子主要是各种离子和带电荷的蛋白质。这些电荷的分布和移动所形成的电现象就是细胞生物电。在临床上有广泛应用的心电图、肌电图和脑电图等，就是心肌细胞、骨骼肌细胞和脑神经细胞生物电变化的综合体现。细胞生物电对于细胞的生理功能有着重要的意义。肌细胞的收缩、腺体的分泌、神经细胞的信息传导

微视频：细胞膜的生物电现象

和处理等，都以细胞的生物电为基础。以下介绍细胞生物电现象的一些基本概念和知识。

（一）细胞膜电位

人体多数细胞的直径在几微米（μm）到几十微米之间。用中空或含金属丝的细玻璃管拉制做成的微电极，导电尖端可以小于1μm。这样的微电极插入细胞内，对细胞的结构以及正常功能不会有很明显影响。将参考电极置于细胞外、记录电极置于细胞内，就能测量、记录细胞膜内与膜外的电位差值（图2-6）。在电生理学科中，通常规定细胞膜外电位为0，细胞膜内电位与膜外电位的差值即为膜电位数值。假设细胞膜内电位比膜外低70mV，此时的膜电位就是－70mV；假设细胞膜内电位比膜外高10mV，此时的膜电位就是＋10mV。

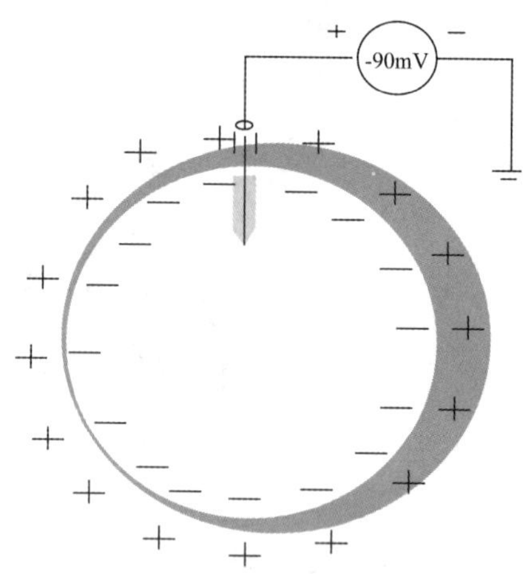

图2-6　跨细胞膜电位记录示意图

（二）静息电位

细胞没有受到刺激时，膜两侧内低外高的、稳定的电位差称为静息电位（resting potential）。人体内绝大多数细胞都存在静息电位现象，只是数值不同。神经细胞和骨骼肌细胞的静息电位约在－70mV～－90mV，而红细胞静息电位约为－10mV。静息电位现象说明细胞静息时，膜内外的电荷分布不均衡。细胞内的负电荷相对较多、细胞外的正电荷相对较多，因而膜内电位低于膜外。

静息电位的形成机制通常用“离子流动学说”解释，其核心内容是“钾离子平衡电位学说”。多种离子在细胞内外的浓度不均一。细胞外 Na^+ 和 Cl^- 浓度较高，而细胞内 K^+ 浓度较高。由于细胞膜静息时对 K^+ 的通透性较大，K^+ 外流使细胞膜电位呈内低外高的变化。K^+ 外流的动力是 K^+ 浓度差，而 K^+ 外流导致的内低外高膜电位差则成为 K^+ 外流的阻力。随 K^+ 外流，膜电位差值逐渐增加，K^+ 外流的阻力越来越大。当 K^+ 外流的阻力和动力相等时，K^+ 的净外流停止，K^+ 外流引起的电位变化就达到稳定，

此时的膜电位差值称为钾离子平衡电位。钾离子平衡电位是静息电位最主要的组成部分。当然，Na^+ 等的流动对静息电位的形成也有一定影响。

（三）极化相关概念

极化相关概念原是用来描述细胞膜两侧电荷分布状态的，也常用来描述由于电荷分布和移动引起的膜电位状态及变化。认识这些概念有助于理解关于生物电现象的一些表述。

1. 极化　细胞膜电位处于静息电位水平的状态称极化（polarization）。从电荷角度，此时膜外正电荷多、膜内负电荷多，且电荷净值分布稳定。

2. 去极化　膜电位在静息电位的基础上升高，这种变化称去极化（depolarization）。假设某细胞的静息电位为－90mV，膜电位向－80mV、－70mV 等的变化就称为去极化。

人体细胞膜去极化一般是由于带正电荷的离子内向流动引起的。去极化通常描述膜电位变化过程，有时也用于描述膜电位状态。膜电位为负值，且绝对值小于静息电位，可称为去极化状态。

3. 超极化　膜电位低过静息电位水平（即负值加大），称为超极化（hyperpolarization）。假设某细胞的静息电位为－90mV，膜电位变为－100mV 等就是超极化。

4. 复极化　膜电位在去极化基础上向原静息电位方向变化，称复极化（repolarization）。复极化一般由带正电荷的离子外向流动引起。

（四）动作电位

1. 动作电位及形成机制　神经细胞或肌细胞等受到有效刺激时，在静息电位的基础上会发生一次迅速的、可不衰减扩布的电位变化，称为动作电位（action potential）。例如骨骼肌细胞受到一次足够强度的刺激时，膜电位可在短时间内由原来的－90mV 左右变为＋30mV 左右，然后又迅速恢复到－90mV 左右，膜电位的变化幅度可达 100 多 mV（图 2-7）。

神经细胞或骨骼肌细胞的动作电位曲线包括锋电位和后电位两部分（图 2-7）。锋电位又包括上升支（去极相）和下降支（复极相）。锋电位持续时间约 0.5～2ms，是动作电位的主要部分。

神经细胞和骨骼肌细胞的膜上存在着一种电压门控 Na^+ 通道，称快钠通道。当细胞受到有效刺激时，细胞膜电位的变化可引起快钠通道开放。快钠通道数量众多，且开放较统一。因此短时间内大量 Na^+ 流入细胞内，导致膜电位迅速升高，形成锋电位的上升支。其后，快钠通道失活而 K^+ 通道开放，K^+ 的外流导致膜电位迅速下降至静息电位水平，形成锋电位的下降支。简言之，动作电位的形成也是离子跨膜流动引起的。在骨骼肌细胞和神经细胞，动作电位的上升支是因为 Na^+ 内流，下降支是因为 K^+ 外流。一般认为后电位与 Na^+－K^+ 泵的活动有关。动作电位过程中有大量 Na^+ 流入细

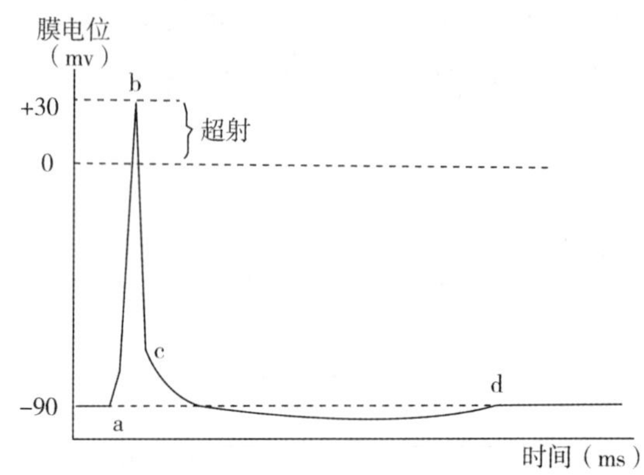

图 2-7　骨骼肌细胞动作电位模式图

a—c：锋电位　c—d：后电位　a—b 锋电位上升支　b—c　锋电位下降支

胞、K^+ 流出细胞，Na^+—K^+ 泵的活动有利于 Na^+、K^+ 恢复原来的分布状态，维持细胞的持续兴奋能力。

2. 动作电位的引起和阈电位　连续细胞内记录可以发现，不同种类和强度的刺激可引起细胞产生不同的膜电位变化（图 2-8）。有些刺激可以引起细胞膜超极化，提高这类刺激的强度并不会引发动作电位（图 2-8a）。另一些刺激可以引起细胞膜去极化，如果刺激强度不足，仅会引起局部的去极化（图 2-8b）。但如果这类刺激连续作用或强度增加，细胞膜去极化的幅度将加大。一旦细胞膜去极化到达某一临界水平，就会引发动作电位（图 2-8cd）。由此可见，引发动作电位的直接条件就是使细胞膜去极化达到某个临界电位，这个临界膜电位称为阈电位（threshold potential）。结合动作电位的形成机制中所述，阈电位的实质上就是引起快钠通道开放的条件。

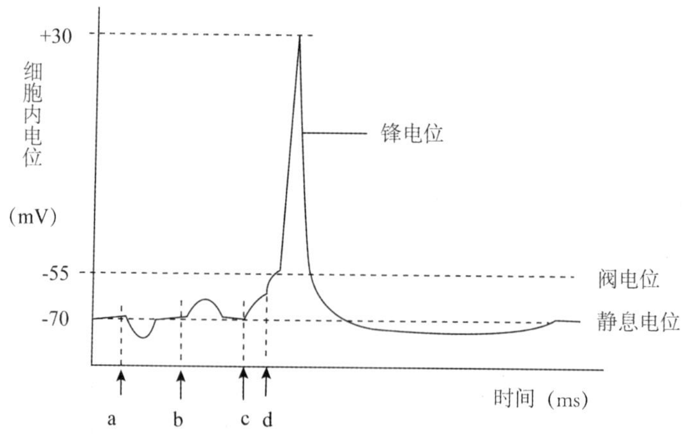

图 2-8　不同刺激引起膜电位的变化

a. 刺激引起超极化　b 刺激引起局部去极化　c、d 连续刺激，膜去极化达到阈电位，引发动作电位

绪论部分曾经学习过阈强度。阈强度和阈电位是两个不同的概念。阈强度是刺激

强度的临界值，而阈电位是膜电位的临界值。但两者之间又有着内在的联系：达到阈强度的刺激才能使细胞膜去极化达到阈电位，从而产生动作电位。

3. 动作电位的意义　从生物电的角度，细胞受到刺激产生超极化或局部去极化并不称为兴奋。兴奋是指细胞产生动作电位，或动作电位频率增加。骨骼肌细胞膜上产生动作电位才能进而引发收缩过程；只有动作电位才能在神经纤维上传导。可以理解为，动作电位是细胞兴奋的真正标志。

4. 动作电位的特征和动作电位的传导　动作电位的一个特征是“全或无”（all－or－none）。单个细胞的动作电位要么不产生（无），要产生就是完整的（全），其幅度不会随刺激加强而增大。动作电位的还有个特征是不衰减传导。细胞膜某处产生的动作电位可以迅速扩布至整个细胞膜，且动作电位的幅度不会随传导距离增加而衰减。

动作电位在同一个细胞膜上传导的原理，通常用“局部电流学说”解释（图 2-9）。假设细胞膜 a 点产生动作电位。动作电位期间 a 点膜内正电荷相对增加，而膜外正电荷相对减少。在细胞内和细胞外，a 点与邻近的 b 点和 b′点之间均形成了电位差，引起离子流动形成局部电流。在膜内，正电荷由 a 点移向邻近的 b 点和 b′点；在膜外相反，正电荷由 b 点和 b′点移向 a 点。由于局部电流影响，b 点和 b′点膜电位的差值就会减小，呈去极化。如果去极化达到阈电位水平，b 点和 b′点就会产生动作电位。b 点和 b′点再以局部电流的方式影响其周围细胞膜，继续传导动作电位。由此可见，动作电位的传导过程，实质上是兴奋点影响周围细胞膜产生新动作电位的过程。动作电位的幅度由细胞膜本身的性质决定，并不会随传导距离而改变。

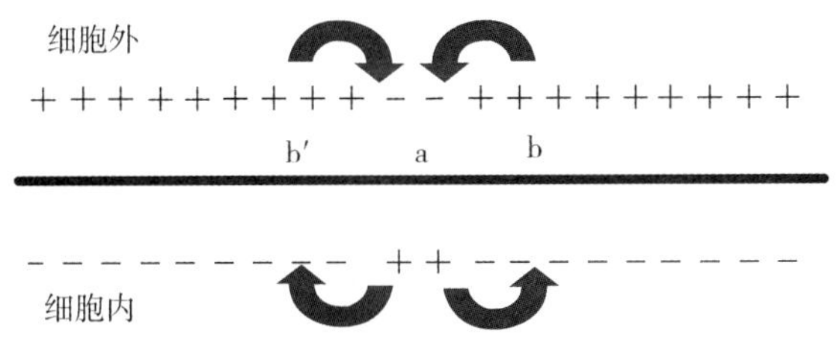

图 2-9　局部电流学说

三、细胞的受体功能简介

受体（receptor）是能够与一些化学信号分子特异性结合，并引发细胞生物学效应的大分子。从化学属性看，受体主要是糖蛋白或脂蛋白。受体可存在于细胞膜上、细胞质内或细胞核内，分别称为膜受体、胞质受体和核受体。能够与受体特异性结合的分子称为配体。能引发生物学效应的配体称为受体激动剂，与受体结合后却阻碍生物学效应的配体称为受体阻断剂（阻断剂）。

人体内多数生物活性物质，需要激动靶细胞的相应受体才能发挥调节作用。激素、神经递质、细胞因子及一些药物等是调节信息的携带者，是“信号”分子。如果没有相应的受体，靶细胞也就不能接收这些信号并接受调节。以神经系统对骨骼肌的支配为例。躯体运动神经纤维末梢释放递质乙酰胆碱。乙酰胆碱与骨骼肌细胞上的乙酰胆碱受体结合可导致膜电位变化，进而引起骨骼肌细胞膜产生动作电位。详细可参见神经系统一章“神经－肌接头”内容。

一种“信号”分子在人体内可有多种不同的的受体，这些受体在不同细胞的分布也不一样。“信号”分子能否影响、如何影响组织细胞的功能，主要取决于组织细胞中是否有相应受体、有哪种受体。例如肾上腺髓质分泌的肾上腺素，可随血液循环运送至全身多数细胞周围，其调节作用随组织细胞上受体的不同而不同。肾上腺素可激动心肌细胞膜上的 β_1 受体，使心率加快、心肌收缩力增强。很多血管平滑肌细胞上分布有 α 肾上腺素受体，肾上腺素可以使这些血管收缩。在支气管平滑肌细胞上分布的是 β_2 受体，肾上腺素通过激动 β_2 受体使支气管舒张。

受体阻断剂可以与受体特异性结合却不引发细胞生理效应，同时阻碍了受体激动剂的作用。很多药物就是根据这个原理来设计的。例如药物倍他乐克（美托洛尔）可阻断 β_1 受体，在临床上常用来预防和治疗心动过速。

第二节　上皮组织

PPT：概述、上皮组织、结缔组织、肌组织

上皮组织（epithelial tissue）简称上皮，主要由排列紧密的上皮细胞组成。上皮细胞形状较规则，细胞间质很少。大部分上皮覆盖于身体表面或衬贴在有腔器官的腔面，称被覆上皮。上皮组织的细胞呈现明显的极性，即细胞的两端在结构和功能上具有明显的差别。上皮细胞的一面朝向身体表面或有腔器官的腔面，称游离面；与游离面相对的另一面朝向深部的结缔组织，称基底面。上皮细胞基底面附着于基膜。基膜是一薄膜，上皮细胞借此膜与结缔组织相连。上皮组织中一般没有血管，细胞所需的营养依靠结缔组织内的血管透过基膜供给。上皮组织具有保护、吸收、分泌和排泄等功能。

一、被覆上皮

（一）被覆上皮的类型和结构

被覆上皮是按照上皮细胞层数和细胞形状进行分类的。单层上皮由一层细胞组成，所有细胞的基底面都附着于基膜，游离端可伸到上皮表面。复层上皮由多层细胞组成，最深层的细胞附着在基膜上。

1. 单层扁平上皮（simple squamous epithelium）　又称单层鳞状上皮，很薄，由一层扁平细胞组成。从表面看，细胞呈不规则形或多边形，核椭圆形，位于细胞中央，细胞边缘呈锯齿状或波浪状，互相嵌合。从上皮的垂直切面看，细胞呈扁形，胞质很

薄，只有含核的部分略厚（图 2-10）。

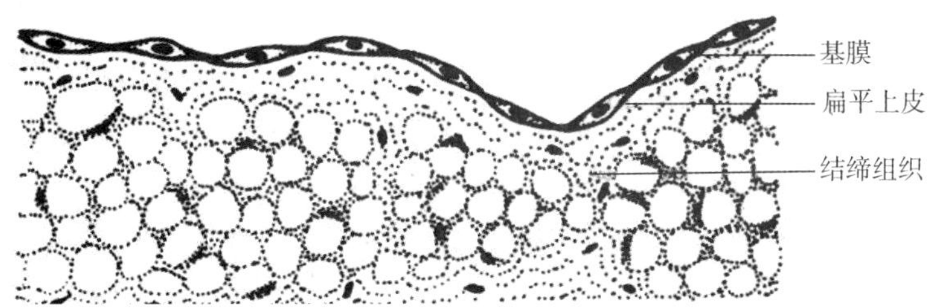

图 2-10 单层扁平上皮模式图（侧面观）

衬贴在心、血管和淋巴管腔面的单层扁平上皮称内皮。内皮游离面光滑，有利于减小血液和淋巴液流动的阻力。分布在胸膜、腹膜和心包的单层扁平上皮称间皮。间皮细胞游离面湿润光滑，有减少器官间磨擦的作用。

图片：胸膜、腹膜、浆膜心包

2. 单层立方上皮（simple cuboidal epithelium） 由一层立方形细胞组成（图 2-11）。从表面看，细胞呈六角形或多角形；从垂直切面看，细胞呈立方形。细胞核圆形、位于细胞中央。这种上皮具有吸收等功能，见于肾小管等处。

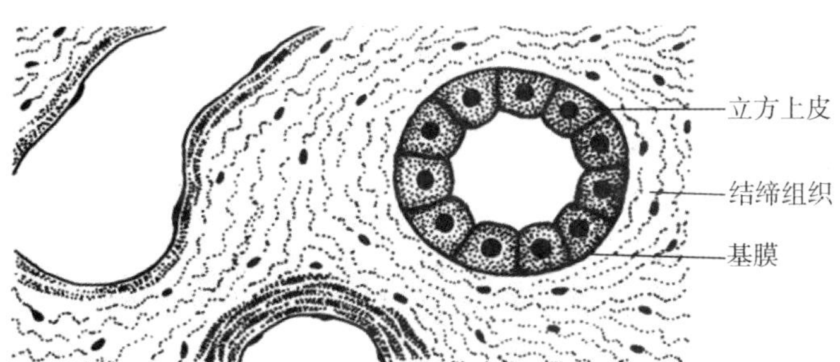

图 2-11 单层立方上皮模式图

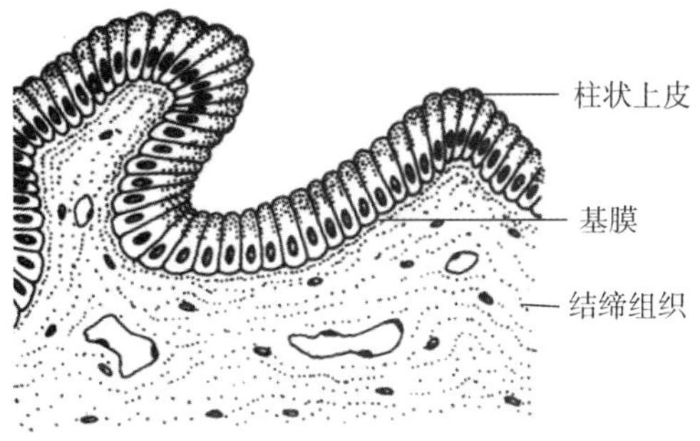

图 2-12 单层柱状上皮模式图

3. 单层柱状上皮（simple columnar epithelium） 主要由一层柱状细胞组成。从表面看，细胞呈六角形或多角形；从垂直切面看，细胞呈柱状，细胞核长圆形，多位于细胞近基底部（图 2-12）。此种上皮分布于胃肠、胆囊、子宫和肾小管等处，大多有吸收或分泌功能。胃肠道的单层柱状上皮细胞间有许多散在的杯状细胞，杯状细胞可分泌黏液。

4. 假复层纤毛柱状上皮（pseudostratified ciliated columnar epithelium） 由柱状细胞、梭形细胞、锥体形细胞、杯状细胞组成（图 2-13）。柱状细胞游离面具有纤毛。细胞核的位置深浅不一，上皮垂直切面看很象复层上皮。但这些高矮不等的细胞基底面都附在基膜上，故实际仍为单层上皮。这种上皮主要分布在呼吸管道的腔面。

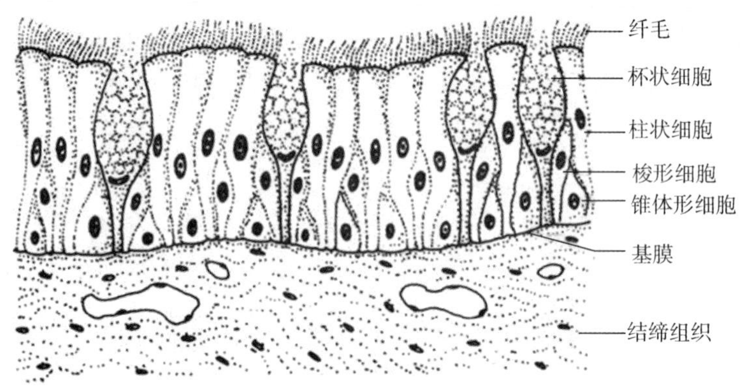

图 2-13　假复层纤毛柱状上皮模式图

5. 复层扁平上皮（stratified squamous epithelium） 又称复层鳞状上皮。由多层细胞组成，是最厚的一种上皮（图 2-14）。从上皮的垂直切面看，细胞的形状和厚薄不一。紧靠基膜的一层细胞为立方形或矮柱状，此层以上是数层多边形细胞和梭形细胞，浅层为几层扁平细胞。这种上皮与深部结缔组织的连接面凹凸不平，扩大了两者的连接面积。复层扁平上皮具有很强的机械性保护作用，分布于皮肤表面和口腔、食管、阴道等的腔面，具有耐磨擦和阻止异物侵入等作用。

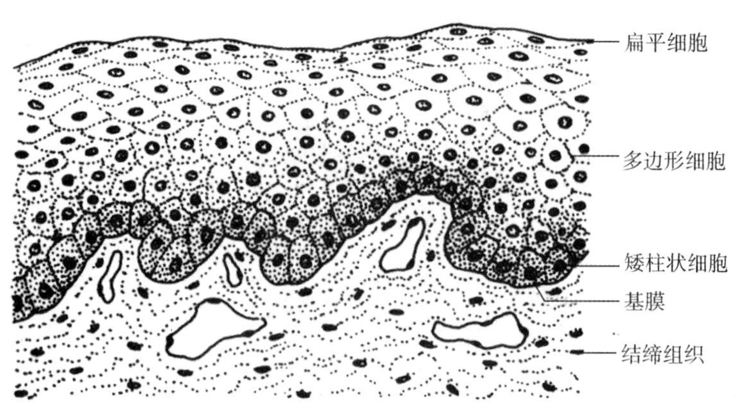

图 2-14　复层扁平上皮模式图

6. 变移上皮（transitional epithelium） 又名移行上皮，衬贴在排尿管道（肾盏、肾盂、输尿管和膀胱）的腔面。变移上皮的细胞形状和层数可随所在器官的收缩与扩张而发生变化（图 2-15）。如膀胱缩小时，上皮变厚；当膀胱充尿扩张时，上皮变薄，细胞层数减少，细胞形状也变扁。

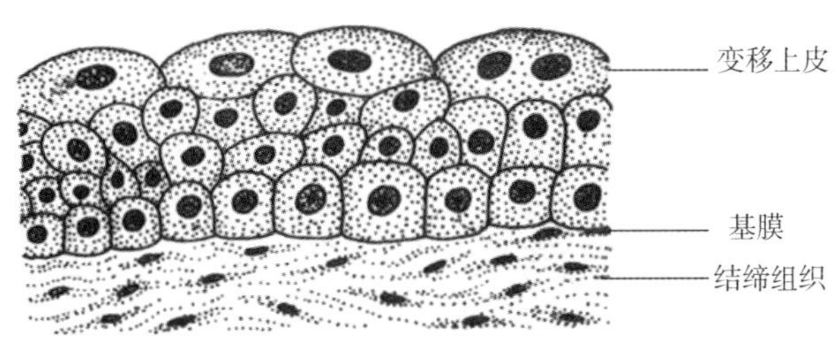

（1）膀胱空虚时

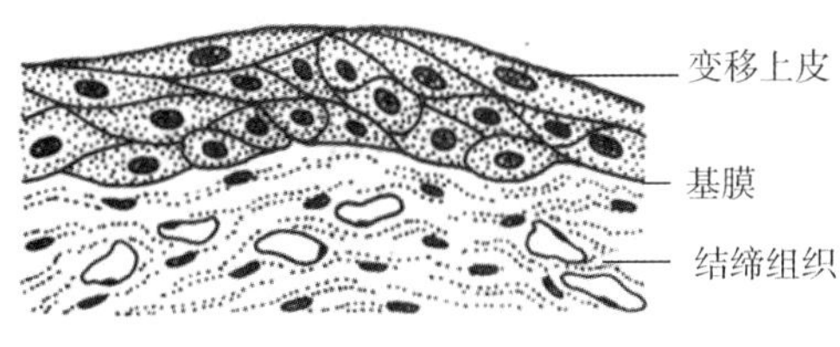

（2）膀胱充盈时

图 2-15 变移上皮模式图

二、腺上皮和腺

司分泌功能的细胞叫腺细胞。由腺细胞构成的上皮叫腺上皮。由腺上皮为主要成分组成的器官叫腺。

胚胎时期，一些原始上皮细胞增生形成细胞索，深入到结缔组织中，进一步发育、分化，形成具有分泌功能的腺上皮及腺。如果形成的腺有导管通连器官腔面或体表就叫做外分泌腺，如汗腺、唾液腺等。外分泌腺的分泌物进入外环境。如果没有导管，腺细胞群周围有丰富的毛细血管，这种腺叫内分泌腺，如甲状腺、肾上腺等。内分泌腺的分泌物进入细胞外液。有关内分泌腺的内容，将在内分泌系统一章介绍。

第三节 结缔组织

结缔组织（connective tissue）由细胞和大量细胞间质构成，结缔组织的细胞间质包括基质、细丝状的纤维和不断循环更新的组织液。细胞散居于细胞间质内，分布无极性。广义的结缔组织包括液状的血液（详见血液一章）、松软的固有结缔组织和较坚固的软骨与骨；一般所说的结缔组织仅指固有结缔组织。结缔组织在体内广泛分布，具有连接、支持、营养、保护等多种功能。本节仅介绍固有结缔组织和软骨组织。

一、固有结缔组织

固有结缔组织分为疏松结缔组织、致密结缔组织、脂肪组织和网状组织。

（一）疏松结缔组织

疏松结缔组织又称蜂窝组织，其特点是细胞种类较多，纤维较少，排列稀疏（图2-16）。疏松结缔组织在体内广泛分布，位于器官之间、组织之间以及细胞之间，起连接、支持、营养、防御、保护和修复等功能。

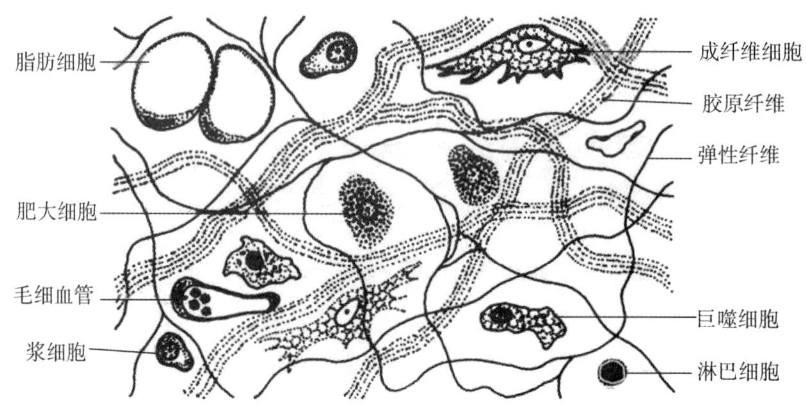

图 2-16　疏松结缔组织铺片模式图

1. 细胞　疏松结缔组织的细胞种类较多，包括成纤维细胞、巨噬细胞、浆细胞、肥大细胞、脂肪细胞等。此外，血液中的一些白细胞，如中性粒细胞、嗜酸性粒细胞、淋巴细胞等在炎症反应时也可游走到结缔组织内。各类细胞的数量和分布随疏松结缔组织存在的部位和功能状态而不同。

（1）成纤维细胞：是疏松结缔组织的主要细胞成分。细胞扁平，多突起，呈星状，胞质较丰富呈弱嗜碱性。胞核较大，扁卵圆形，染色质疏松着色浅，核仁明显。成纤维细胞既可合成和分泌胶原蛋白、弹性蛋白，生成胶原纤维、网状纤维和弹性纤维，也可合成和分泌糖胺多糖和糖蛋白等基质成分。

（2）巨噬细胞：是体内广泛存在的具有强大吞噬功能的细胞。在疏松结缔组织内的巨噬细胞又称为组织细胞，常沿纤维散在分布，在炎症和异物等刺激下活化成游走的巨噬细胞。巨噬细胞由血液内单核细胞穿出血管后分化而成。巨噬细胞具有趋化定向运动特性，在机体防御中发挥重要作用。巨噬细胞的主要功能有：吞噬和清除异物及衰老伤亡的细胞、参与和调节人体免疫应答以及分泌多种生物活性物质等。

（3）浆细胞：细胞卵圆形或圆形。核圆形，多偏居细胞一侧。染色质成粗块状沿核膜内面呈辐射状排列，形似车轮状。胞质丰富，嗜碱性，核旁有一浅染区。浆细胞具有分泌多种生物活性物质（如抗体）以及参与和调节人体免疫应答等功能。

（4）肥大细胞：较大，呈圆形或卵圆形。胞核小而圆，多位于中央。胞质内充满异染性颗粒，颗粒中含肝素、组胺、嗜酸性粒细胞趋化因子等。肥大细胞分布很广，常沿小血管和小淋巴管分布。肥大细胞与变态反应有密切关系。

（5）脂肪细胞：常沿血管分布，单个或成群存在。胞质被一个大脂滴推挤到细胞周缘，包绕脂滴。核被挤压成扁圆形，连同部分胞质呈新月形，位于细胞一侧。在HE染色切片中，脂滴被溶解，细胞呈空泡状。脂肪细胞有合成和贮存脂肪、参与脂质代谢的功能。

2. 纤维　有三种类型，胶原纤维、弹性纤维和网状纤维。

（1）胶原纤维：数量最多。HE染色切片中呈嗜酸性，着粉红色。纤维粗细不等，呈波浪形，并互相交织。胶原纤维的韧性大，抗拉力强。

（2）弹性纤维：在HE染色切片中，着色较浅。弹性纤维较细，表面光滑，断端常卷曲，可有分支，交织成网。弹性纤维富于弹性而韧性差，与胶原纤维交织在一起，使疏松结缔组织既有弹性又有韧性，有利于器官和组织保持形态位置的相对恒定，又具有一定的可变性。

（3）网状纤维：较细，分支多，交织成网。在HE染色切片中不易显示，而用银染法，网状纤维呈黑色，故又称嗜银纤维。

3. 基质　基质是一种由生物大分子构成的胶状物质，具有一定黏性。构成基质的大分子物质包括蛋白多糖和糖蛋白。

4. 组织液（tissue fluid）　是从毛细血管动脉端渗入基质内的液体，经毛细血管静脉端和毛细淋巴管回流入血液或淋巴。组织液不断更新，有利于血液与细胞进行物质交换，是组织和细胞赖以生存的直接环境。当组织液的渗出、回流或机体的水盐、蛋白质代谢发生障碍时，基质中的组织液含量可增多或减少，导致组织水肿或脱水。详见脉管系统一章。

（二）致密结缔组织

相比疏松结缔组织，致密结缔组织（dense connective tissue）的特点是细胞和基质成分少而纤维成分多，排列紧密。细胞主要是成纤维细胞，纤维主要是胶原纤维和弹性纤维。具有支持和连接功能，主要分布于肌腱、韧带、真皮、硬脑膜及多数器官的被膜。

（三）脂肪组织

脂肪组织（adipose tissue）由大量脂肪细胞聚集而成（图2-17）。疏松结缔组织将成群的脂肪细胞分隔成若干小叶，结缔组织小隔中含有丰富的毛细血管网。脂肪细胞呈圆形或多边形，胞质内充满脂肪滴，常将细胞核挤向细胞一侧，在HE染色切片上，脂肪被溶剂溶解，故细胞呈空泡状。脂肪组织主要储存脂肪，是机体内的最大“能量库”。同时具有支持、缓冲、保护和维持体温等作用。主要分布于皮下、网

知识拓展：黄色脂肪和棕色脂肪

膜和系膜等处。

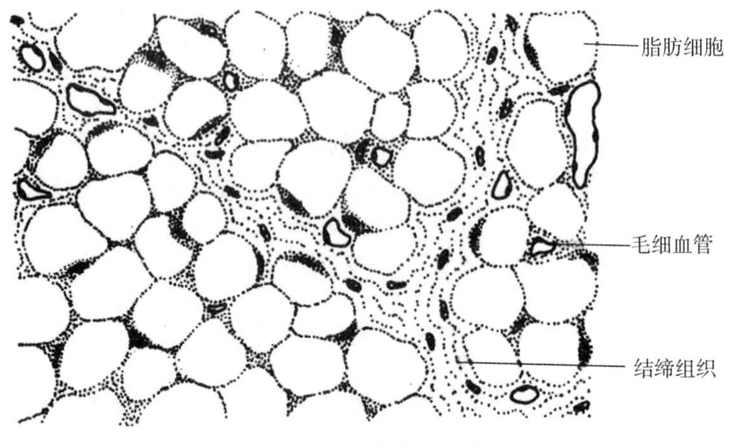

图 2-17 脂肪组织

(四) 网状组织

网状组织（reticular tissue）主要由网状细胞、网状纤维、基质及少量巨噬细胞构成（图 2-18）。网状细胞突起彼此相互连接，网状纤维沿网状细胞分布，共同构成网架。它是淋巴组织、淋巴器官及骨髓等的结构基础。网状组织在造血器官内可提供血细胞发育所需要的微环境。

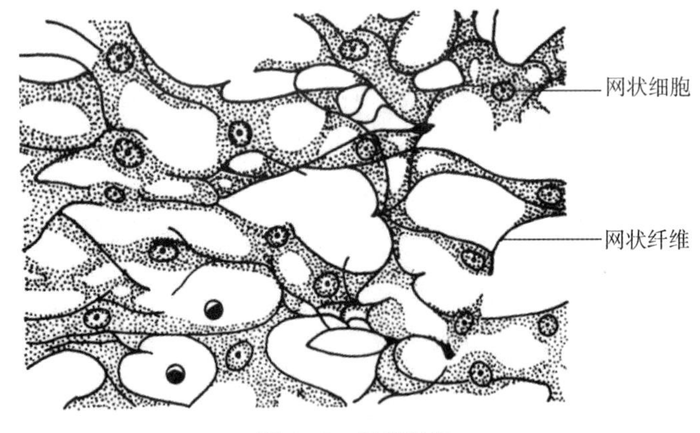

图 2-18 网状组织

二、软骨组织和软骨

(一) 软骨组织

软骨组织（cartilage tissue）由软骨细胞和细胞间质构成（图 2-19）。软骨细胞的大小、形状和分布有一定的规律。在软骨周边部分为幼稚软骨细胞，较小，呈扁圆形，常单个分布。越靠近软骨中央，细胞越成熟，体积逐渐增大，变成圆形或椭圆形。细胞间质呈均质状，由凝胶状基质和纤维构成。基质主要成分为蛋白多糖和水分，其中水分占 90%。软骨组织内没有血管、淋巴管和神经，但具有良好的可渗透性。软骨细胞所需的营养由软骨膜血管渗出供给。

（二）软骨

1. 软骨的构造及其分类　软骨是一种器官，由软骨组织及其周围的软骨膜构成。根据间质中所含纤维成分的不同，软骨可分为三种，即透明软骨（图 2-19）、弹性软骨和纤维软骨。透明软骨主要有肋软骨、关节软骨和呼吸道内的软骨等。弹性软骨主要有耳郭、咽喉及会厌等处的软骨。纤维软骨主要分布于椎间盘、耻骨联合及关节盘等处。

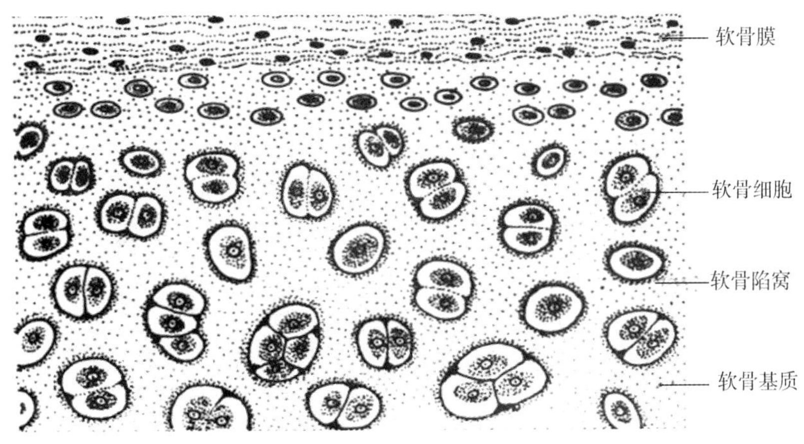

图 2-19　透明软骨

2. 软骨膜　除关节软骨外，软骨表面被覆薄层致密结缔组织，即软骨膜。软骨膜分为两层，外层胶原纤维多，主要起保护作用；内层细胞多，近软骨组织处有骨原细胞，能分裂分化形成软骨细胞。软骨膜还含有血管、淋巴管和神经，其血管可为软骨提供营养。

第四节　肌组织

肌组织主要由肌细胞构成，肌细胞之间有少量结缔组织、血管、淋巴管和神经。肌细胞细长呈纤维状，又称肌纤维（muscle fiber）。肌细胞的细胞膜称肌膜（sarcolemma），细胞质称肌浆（sarcoplasm），肌浆内的滑面内质网称肌浆网。肌细胞的结构特点是肌浆内含有大量肌丝，它是肌纤维舒缩功能的主要物质基础。肌组织分骨骼肌、心肌和平滑肌三种，前两种为横纹肌。

一、骨骼肌

骨骼肌一般附着在骨骼上。其舒缩活动受意识控制，故称随意肌。骨骼肌舒缩迅速而有力，但不持久，易疲劳。骨骼肌由结缔组织将许多骨骼肌纤维结合在一起构成。包在整块肌外面的结缔组织称肌外膜，即深筋膜。肌外膜深入肌内将肌分隔成许多肌束。包在肌束外面的结缔组织称肌束膜，包在每条肌纤维外面的结缔组织称肌内膜。结缔组织对骨骼肌具有支持、连接、营养和功能调整等作用。

（一）骨骼肌纤维的光镜结构

知识拓展：骨骼肌的超微结构和收缩原理

骨骼肌纤维一般呈细长圆柱状，长 1～40mm，直径 10～100μm。骨骼肌纤维为多核细胞，核多者可达数百个。核呈扁椭圆形，位于细胞周边近肌膜处（图 2-20）。肌浆内有许多与肌纤维长轴平行排列的肌原纤维，呈细丝状，是骨骼肌纤维实现收缩和舒张的结构基础。每条肌原纤维上都有许多明暗相间的带，相邻肌原纤维的明带和暗带对齐排列，因此整个骨骼肌纤维在光镜下呈现出明暗相间的横纹。

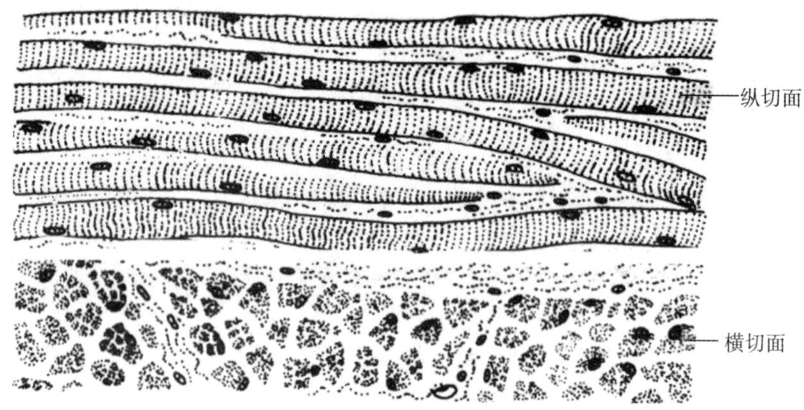

图 2-20　骨骼肌纤维的光镜结构

肌浆网是骨骼肌纤维中特化的滑面型内质网。肌浆网内储有高浓度的钙离子，肌浆网膜上有钙泵和钙通道。钙通道开放时，肌浆网 Ca^{2+} 流出，使肌浆内 Ca^{2+} 浓度升高，可触发肌纤维的收缩过程。钙泵活动可回收肌浆内 Ca^{2+}，引起肌纤维舒张。另外，肌浆中还有大量线粒体、糖原、肌红蛋白及少量的脂滴。

二、心肌

心肌是构成心壁的主要成分。心肌纤维呈不规则的短圆柱状，常有分叉。很多心肌纤维依靠分叉互相连接成网。相邻心肌纤维连接处在电镜下有一条染色较深的带状结构，称闰盘。闰盘可允许离子和很小的分子在相邻细胞间移动。心肌纤维一般只有一个核，偶尔有双核。核呈椭圆形，位于细胞的中央（图 2-21）。心肌纤维也有横纹，

但不如骨骼肌纤维明显。心肌纤维的超微结构与骨骼肌纤维相似，但肌浆网相对不发达，Ca^{2+}储备不如骨骼肌。

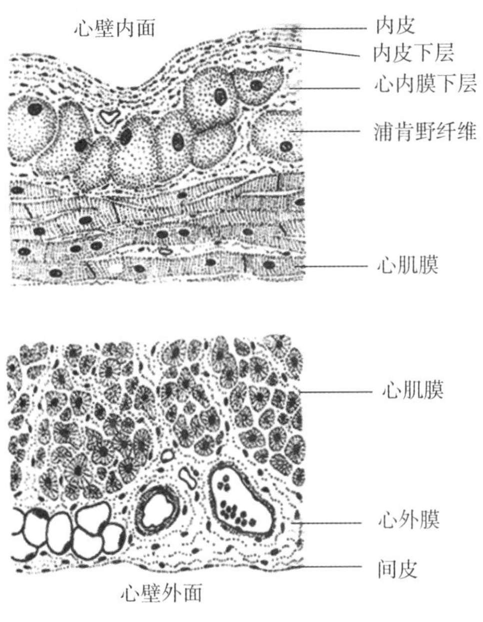

图 2-21 心肌光镜结构模式图（心壁结构）

三、平滑肌

平滑肌主要由平滑肌纤维构成，纤维间有少量的结缔组织、血管及神经等。平滑肌纤维呈长梭形，长短不一，无横纹，有一个椭圆形的核，位于细胞中央（图 2-22)。平滑肌主要分布于内脏器官和血管等中空性器官的管壁内。平滑肌的舒缩不受意识控制，缓慢持久而有节律，不易疲劳。

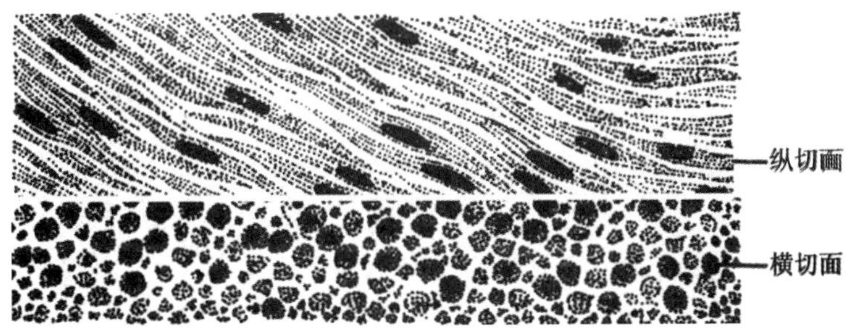

图 2-22 平滑肌

第五节　神经组织

神经组织（nervous tissue）由神经细胞和神经胶质细胞组成。神经细胞（nerve cell）是神经组织的结构和功能单位，也称神经元（neuron），具有感受刺激、整合和传导信息的功能。神经胶质细胞（neuroglial cell）对神经元起着支持、保护、营养和绝缘等作用。

PPT：神经组织

一、神经元

（一）神经元的形态结构

神经元形态多样，但都由胞体和突起两部分组成。胞体包括细胞膜、细胞质和细胞核三部分，突起分树突和轴突两种（图 2-23）。

1. 胞体　形态多样，有圆形、锥体形、梭形和星形等。胞体主要位于大脑和小脑的皮质、脑干和脊髓的灰质以及外周神经节。胞体是神经元的营养和代谢中心。胞体中有独特的细胞器称为尼氏体（Nissl body）。尼氏体由发达的粗面内质网和游离核糖体构成，可合成酶、神经递质等。胞体膜有接收和整合信息的作用。

2. 突起　由胞体的局部胞膜和胞质向外伸展形成。突起可分为树突和轴突两种。一个神经元可有一个或多个树突。多数神经元的树突较粗短，形如树枝状。树突内的胞质结构与胞体相似。树突的功能主要是接受刺激，并将信息传向胞体。一个神经元有且只有一个轴突。轴突多相对细而长，最长轴突可达 1m 以上。轴突末端可有较多分支。轴突内无尼氏体。轴突的功能主要是将细胞的信息向外传出。

树突
细胞核
尼氏体
轴突
神经膜
郎氏结
髓鞘

图 2-23　神经元模式图

（二）神经元的分类

1. 根据突起的数量　神经元通常分为 3 类（图 2-24）。

（1）多极神经元：从胞体发出一个轴突和多个树突，是人体中最多的一种神经元，如脊髓前角的运动神经元。

（2）双极神经元：胞体两端分别发出一个树突和一个轴突，如视网膜内的双极神经

（3）假单极神经元：从胞体发出看似一个突起，但在离胞体不远处即分为两支。一支伸向中枢神经系统，称中枢突（相当于轴突），另一支伸向周围组织和器官内的感受器，称周围突（相当于树突）。

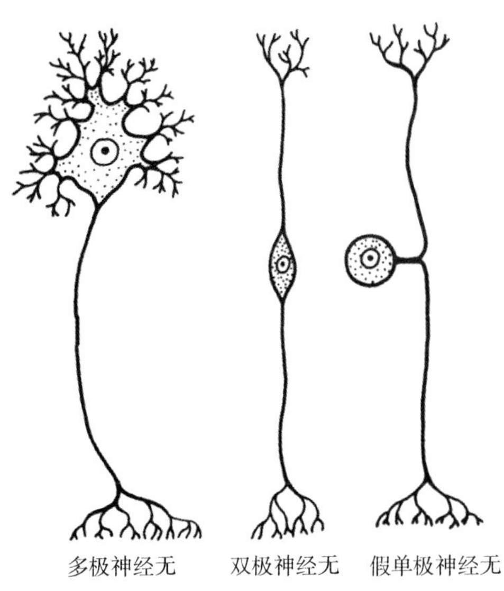

图 2-24　各类神经元的形态结构模式图

2. 根据功能　神经元也分为 3 类。

（1）感觉神经元：又称传入神经元，多为假单极神经元。感觉神经元的胞体分布于脑神经节或脊神经节内。

（2）运动神经元：又称传出神经元，多为多极神经元，胞体主要分布于大脑皮质、脊髓灰质前角和脑干运动核。

（3）中间神经元：又称联络神经元，主要为多极神经元，位于感觉神经元和运动神经元之间。

二、神经纤维和神经末梢

神经纤维（nerve fiber）由神经元的长突起和包绕其外的神经胶质细胞构成，其中神经元的长突起称轴索。根据包绕轴索的神经胶质细胞是否形成髓鞘，神经纤维可分为有髓神经纤维和无髓神经纤维。有髓神经纤维传导速度较快。

神经纤维的主要功能是传导信息。外周神经纤维可根据传导信息的方向分为两种：将外周感觉信息传向中枢的，称为感觉神经纤维；将中枢指令信息传向外周效应器官的，称为运动神经纤维。另外，一些运动神经纤维还对所支配的组织、器官有营养性作用。

（一）神经纤维的信息传导功能

沿神经纤维传导的兴奋（动作电位）称为神经冲动。神经纤维传导冲动时，除具备细胞传导动作电位的共同特性外，还有以下特征：

1. 结构和功能的完整性 结构和功能完整是神经纤维传导兴奋的必要条件。如果神经纤维被损伤或切断，神经冲动将不能通过受损部位。即使结构完整，麻醉药或低温等也可影响神经纤维的功能而阻滞冲动的传导。

2. 绝缘性 一个神经干中包含有很多根神经纤维。这些神经纤维传导冲动时互不干扰，其意义在于保证神经传导的准确。

3. 相对不疲劳性 相比突触传递兴奋，神经纤维传导动作电位的能力很强，可以较长时间、高频率传导动作电位。

（二）神经纤维的营养性作用

运动神经纤维通过释放神经递质调节所支配器官、组织的功能活动，称为神经纤维的功能性作用。同时，一些运动神经末梢还能释放某些物质，持续影响所支配组织细胞的代谢活动和结构变化，称为神经纤维的营养性作用。脊髓灰质炎患者的脊髓前角运动神经元病变，其所支配的肌肉会发生明显萎缩。

（三）神经末梢

神经末梢（nerve ending）指周围神经纤维的终末部分，是周围神经纤维与外周器官组织相联系的部分。根据功能，分感觉神经末梢和运动神经末梢两类。

1. 感觉神经末梢 是假单极神经元（感觉神经元）周围突的末端。感觉神经末梢在外周组织内单独或与其他结构一起构成感受器，接受所在组织的刺激信息。

2. 运动神经末梢 是运动神经纤维在外周组织中的终末结构，其通过释放称为神经递质的化学物质支配效应器官组织。躯体运动神经纤维的末梢分布于骨骼肌；内脏运动神经纤维的末梢分布于心肌、腺体和平滑肌。

三、神经元间传递信息的方式

神经元之间相互接触部位形成的专门传递信息的结构称为突触（synapse）。根据在突触处传递信息的介质不同，突触分为化学性突触和电突触。神经元之间的信息传递主要通过突触联系的方式来实现，此外还有非突触性化学传递等方式。

（一）经典化学突触

1. 经典化学性突触的结构 经典化学性突触由突触前膜、突触间隙和突触后膜三个部分组成（图 2-25）。

（1）突触前膜：前一神经元的轴突末端首先分成许多小枝，每个小枝的终末部分（末梢）膨大成球状，称突触小体。突触小体的轴浆内有许多囊泡（突触小泡），囊泡内含高浓度的神经递质。突触小体与另一个神经元相接触处的胞膜就是突触前膜。突触前膜可以通过出胞方式释放神经递质。

(2) 突触后膜：与突触前膜相对的另一神经元的细胞膜部分称为突触后膜。突触后膜上存在受体，可与前膜释放的神经递质特异性结合，并引发后膜产生变化。

(3) 突触间隙：为突触前膜与突触后膜之间的狭小间隙，宽约15～30nm。

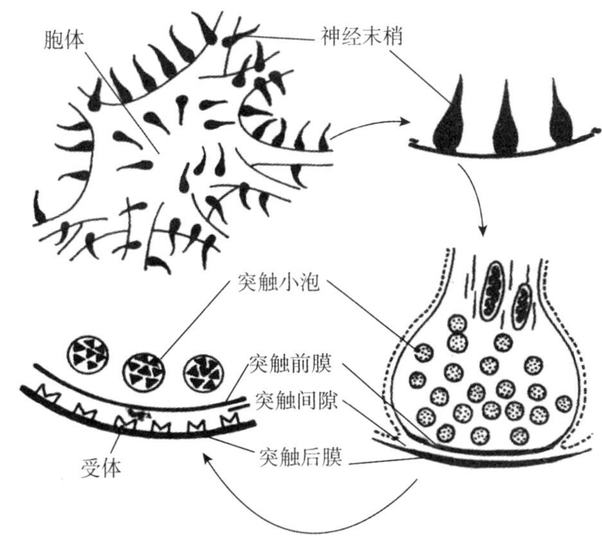

图 2-25　化学性突触结构模式图

2. 经典化学性突触的兴奋传递过程　当突触前神经元兴奋时，动作电位沿细胞膜传到突触前膜。突触前膜去极化可引发突触前膜上电压门控 Ca^{2+} 通道开放。细胞外的 Ca^{2+} 进入突触小体，引起突触小泡向突触前膜移动、融合。通过出胞作用，递质被释放到突触间隙中。递质扩散到达突触后膜，与突触后膜上的相应受体结合，引起突触后膜上某些离子通道开放。离子的流动引起突触后膜的发生去极化或超极化，形成兴奋性或抑制性突触后电位。

(1) 兴奋性突触后电位：突触前膜释放的兴奋性递质与受体结合后，增加了突触后膜对 Na^+、K^+，特别是 Na^+ 的通透性。由于 Na^+ 内流，突触后膜产生去极化的局部电位，即兴奋性突触后电位（excitatory postsynaptic potential，EPSP）。如果 EPSP 达到阈电位水平，突触后膜上将产生动作电位。如果 EPSP 不足够引起动作电位，这种局部去极化亦可使突触后神经元兴奋性提高。

(2) 抑制性突触后电位：突触前膜释放的抑制性递质与受体结合后，提高了突触后膜对 K^+、Cl^-，尤其是 Cl^- 的通透性。Cl^- 由膜外进入膜内，使突触后膜产生超极化局部电位，称为抑制性突触后电位（inhibitory postsynaptic potential，IPSP）。超极化降低了突触后膜的兴奋性，使突触后神经元不易产生兴奋，呈现抑制效应。

（二）兴奋传递的其它方式

神经元之间（或神经元与效应细胞之间）传递信息还有电突触及非突触性化学传递等方式。

1. 非突触性化学传递 首先发现于交感神经对平滑肌和心肌的支配中。交感神经节后纤维末端有许多分支，在分支上有许多呈念珠状的膨大结构，称为曲张体。曲张体内含有大量的递质小泡（图 2-26），小泡内含去甲肾上腺素。曲张体沿着分支分布于效应细胞附近，当神经冲动到达曲张体时，曲张体释放去甲肾上腺素。去甲肾上腺素扩散到达效应器细胞，激动细胞膜上的相应受体而发挥调节作用。在这种方式中，传递信息的媒介也是神经递质，但不形成经典的化学性突触结构。非突触性化学传递的形式在中枢神经系统中亦有发现。

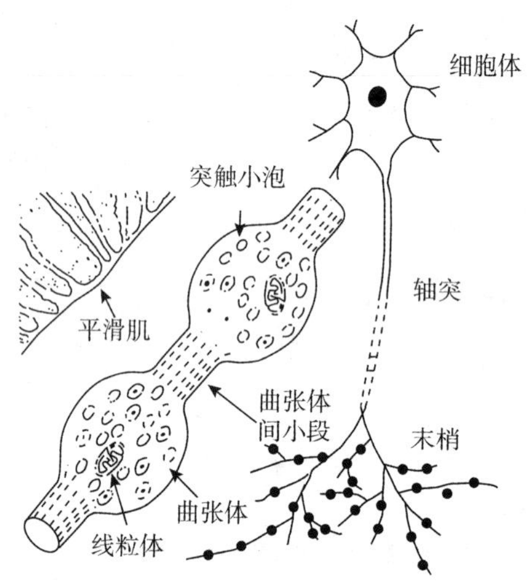

图 2-26 交感肾上腺素能神经元示意图

2. 电突触传递 电突触的结构基础是缝隙连接（gap junction）（图 2-27）。在两个神经元紧密接触的部位，膜的间隔仅 2～3nm。两侧膜上有沟通两细胞胞浆的水相通道蛋白，允许带电离子通过。这种通道的电阻低，局部电流可以从中通过。当其中一个细胞膜兴奋时，动作电位可直接传至另一细胞膜，传递速度快，几乎不存在潜伏期。电突触无突触前膜和突触后膜之分，传递一般为双向。电突触传递的作用可能是促进不同神经元的同步性活动。

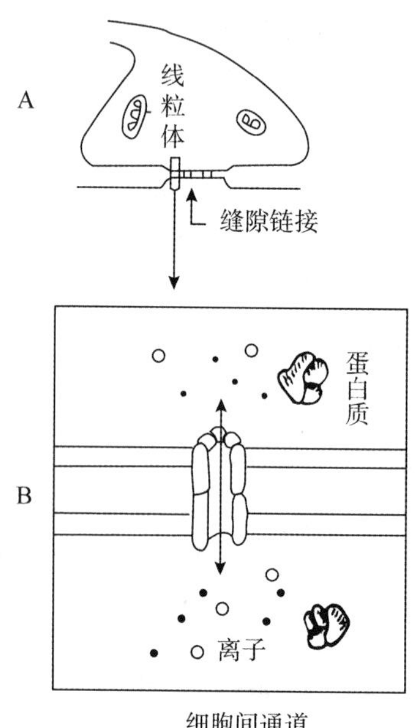

图 2-27 缝隙连接

四、神经胶质细胞

神经胶质细胞广泛存在于中枢神经系统和周围神经系统。分布在中枢神经系统的神经胶质细胞是一种有许多突起的细胞，但无树突和轴突之分。神经胶质细胞具有分裂能力，尤其是在脑或脊髓受伤时能大量

增生。神经胶质细胞主要有可分泌神经营养因子的星形胶质细胞、可形成包绕神经元突起形成髓鞘的少突胶质细胞和神经膜细胞（施万细胞），以及具吞噬功能的小胶质细胞等（图 2-28）。

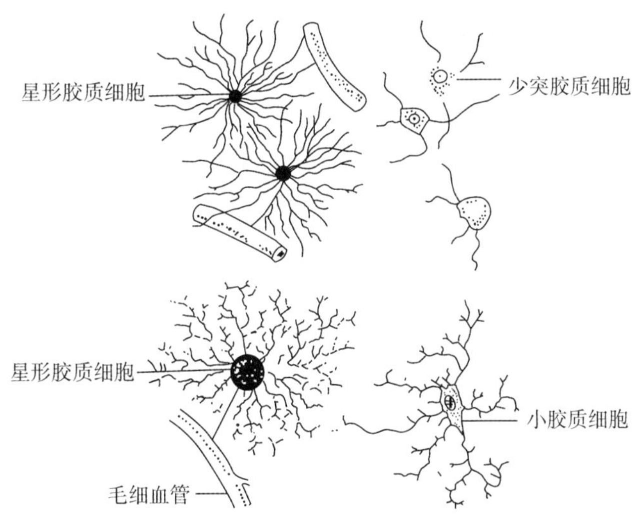

图 2-28　神经胶质细胞模式图

（万　勇、李伟东）

思考练习

参考答案

第三章　血　液

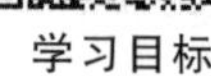

学习目标

血液（blood）是在心腔和血管内循环流动的液态结缔组织。血液最主要的功能是物质运输。人体各处组织细胞获得氧和营养物质、排出代谢废物等都需要经过血液运送。内分泌组织分泌的激素多数需由血液运送至靶细胞发挥调节作用。血液可以运载热量，从而使机体深部各处的温度趋于相近。血液中含有多种缓冲物质，在保持酸碱平衡中起着重要作用。血液性质的正常和稳定对于维持内环境稳态有着重要意义。另外，血液还参与生理性止血以及机体的防御。

PPT：血浆和血细胞

血液在遍布全身的毛细血管处与各组织进行交换，体内各组织的代谢状况均可在血液中体现，因此，对血液成分和理化性质的检测有着重要的临床价值。

第一节　血量、血细胞比容及血液的组成

正常人总血量约占体重的7％～8％。血液的比重接近1kg/L，体重为60kg的成人，其血量约为4.2～4.8L。幼儿体内的含水量较多，血液总量占体重的10％以上。人体安静时，约90％血液在心血管内流动，称循环血量；肝、脾、肺、肠系膜、皮下静脉等处部分血液流动缓慢，称贮存血量，约占总血量的10％。机体在剧烈运动、情绪激动或大量失血等时，贮存血量将参与血液循环，以补充循环血量。

正常血量对于人体很多器官的生理功能有着重要意义。失血对人体的影响程度与失血的量和速度有关。一次失血不超过血量的10％，一般不会影响健康。快速失血达血量的20％，生命活动将受到明显影响。快速失血超过血量的30％，则会危及生命。

从体内抽取全血抗凝处理后，以每分钟3000转的速度离心30分钟，使血细胞下沉压紧，可测出血细胞占全血的容积百分比值，称血细胞比容（HCT）。正常成年男性血细胞比容约为40％～50％，正常成年女性约为37％～48％。由于红细胞占血细胞容积的绝大部分，故血细胞比容又称红细胞比容。血细胞比容与红细胞数量、体积以及血浆量有关。临床测定血细胞比容有助于了解血液浓缩和稀释的情况，也有助于诊断脱水、贫血及红细胞增多等。

血液由血浆（plasma）和悬浮在血浆中的血细胞组成。抗凝全血静置或离心，血液就会分层。上层透明的淡黄色液体称为血浆。下层不透明的红色沉淀是红细胞（erythrocyte 或 red blood cell，RBC）。血浆与红细胞之间有薄层的白细胞（leukocyte 或 white blood cell，WBC）和血小板（platelet）。

图片：血液组成

第二节　血浆

一、血浆的成分

（一）水和电解质

血浆中最多的成分是水和电解质。水在血浆中约占 90%～92%。水是良好的溶剂，对于实现血液的运输、调节等功能具有重要的作用。电解质包括 Na^+、K^+、Ca^{2+}、Mg^{2+}、Cl^-、HCO_3^-、HPO_4^{-} 等，其中阳离子主要是 Na^+，阴离子主要是 Cl^-、HCO_3^-。电解质在形成血浆晶体渗透压、缓冲酸碱、维持神经肌肉兴奋性等方面具有重要作用。

（二）血浆蛋白

血浆中蛋白质约占 6%～8%，主要有白蛋白（又称清蛋白）、球蛋白和纤维蛋白原。正常成人血浆蛋白浓度约为 65～85g/L，其中白蛋白（A）约为 40～48g/L，球蛋白（G）约为 15～30g/L，纤维蛋白原约为 1～4g/L。白蛋白与球蛋白的比值称为白/球比（A/G），正常为 1.5～2.5。白蛋白和大部分球蛋白在肝脏合成，当肝功能异常时，A/G 值下降。

血浆蛋白的主要生理作用有：①形成血浆胶体渗透压；②作为载体运输激素、脂质、代谢产物等小分子物质；③抵御病原微生物和毒素，参与免疫反应；④参与血液凝固和纤维蛋白溶解；⑤营养功能等。

（三）非蛋白有机物

血浆中的非蛋白有机化合物分含氮和不含氮两大类。

非蛋白含氮化合物主要有氨基酸、尿素、尿酸、肌酸和肌酐等。这些非蛋白含氮化合物中的氮又称非蛋白氮（NPN）。正常血浆 NPN 浓度约为 14～25mmol/L，其中 1/3～2/3 为尿素氮。尿素、尿酸、肌酸和肌酐等是蛋白质和核酸的代谢产物，主要经肾排泄。当肾脏泌尿功能出现问题时，血浆中 NPN 浓度常升高。在感染、高烧、消化道出血、严重营养不良等情况下，体内蛋白质分解代谢增强，也会造成血浆 NPN 明显升高。所以，测定血浆中的非蛋白氮或尿素氮，可以了解肾功能和体内蛋白质代谢的情况。

血浆中不含氮的有机化合物主要是葡萄糖以及各种脂类、酮体、乳酸等。此外，血浆中还含有溶解的气体分子和一些微量物质如酶、维生素、激素等。

二、血浆渗透压

溶液所具有的、吸引和保留水分子的能力称为渗透压。渗透压的大小与一定量溶液中溶质的颗粒数成正比，而与溶质颗粒的种类、大小无关。血浆渗透压约为300mmol/L。根据参与形成渗透压的溶质颗粒不同，血浆渗透压分为晶体渗透压（crystalloid osmotic pressure）和胶体渗透压（colloid osmotic pressure）两部分。

（一）血浆晶体渗透压

形成晶体渗透压的是血浆中的离子和小分子晶体物质，如 Na^+、Cl^-、HCO_3^-、葡萄糖、氨基酸和尿素等，主要是 Na^+ 和 Cl^-。从血浆中溶质的颗粒数来说，离子和小分子占绝大多数。血浆晶体渗透压数值约为 298.7mmol/L，占血浆渗透压的绝大部分。

细胞外液和细胞内液的晶体成分虽有差异，形成的渗透压却基本相等，从而使水的移动保持平衡。血浆晶体渗透压升高，将使红细胞内的水分更多移出，引起红细胞皱缩。血浆晶体渗透压下降，进入红细胞内的水分增加，将引起红细胞膨胀甚至破裂。血浆晶体渗透压在调节细胞内外水交换、维持红细胞的正常形态中有着重要意义。

由于离子和小分子晶体物质可以自由通过毛细血管壁，血浆晶体渗透压和组织液晶体渗透压始终是基本相等的。因此血浆晶体渗透压不能影响血管内外的水交换。

（二）血浆胶体渗透压

血浆胶体渗透压由血浆蛋白形成。血浆蛋白中，白蛋白含量多、分子量相对较小，是形成血浆胶体渗透压的最主要成分。虽然血浆中蛋白质质量比不低，但由于分子量远大于晶体物质，所以颗粒数少。血浆胶体渗透压正常值约 1.3mmol/L，一般不超过 1.5mmol/L。

在数值上，血浆胶体渗透压比晶体渗透压小很多，但其作用却不能被晶体渗透压替代。正常情况下，蛋白质基本不能通过毛细血管壁。由于血浆蛋白浓度远高于组织液蛋白浓度，血浆胶体渗透压能够吸引组织间液的水分进入血液。如果血浆蛋白浓度下降，水分将更多进入组织间隙，引起水肿。可见，血浆胶体渗透压的主要作用是调节血管内外水交换，维持正常血容量。

血浆胶体渗透压的数值远低于晶体渗透压，因此在细胞内外的水交换中调节作用很小。

（三）等渗溶液与等张溶液

在临床或生理实验中，与血浆渗透压相等的溶液称为等渗溶液（iso-osmotic solu-

tion)，如 0.9%氯化钠溶液、5%葡萄糖溶液、1.9%尿素溶液等。高于或低于血浆渗透压的溶液，分别称为高渗溶液或低渗溶液。

能使红细胞保持正常形态和大小的等渗溶液，称等张溶液（isotonic solution）。临床常用的等张溶液有 0.9%氯化钠溶液、1.4%碳酸氢钠和 1.87%乳酸钠等。

等张溶液必须是等渗溶液，否则不能维持红细胞内外的水平衡，但等渗溶液不一定是等张溶液。尿素分子可以自由穿越细胞膜，如果将红细胞置于 1.9%尿素溶液中，随着尿素分子进入红细胞，水分也进入红细胞，可很快引起溶血。因此，1.9%尿素溶液虽是等渗溶液，但不是等张溶液。5%葡萄糖溶液在体外可以看作等张溶液，输入人体后，葡萄糖会逐渐进入细胞内代谢，因此在临床也不被认为是等张溶液。

第三节 血细胞

血细胞约占血液容积的 45%。正常人各种血细胞的数量和比例呈相对动态平衡。临床上将血细胞的形态、数量、比例和血红蛋白含量的测定称为血象。血象对于了解机体状况和诊断疾病十分重要。用 Wright 染色法染血涂片，是最常用的观察血细胞形态的方法（图 3-1）。血细胞包括红细胞、白细胞和血小板。

图片：血细胞

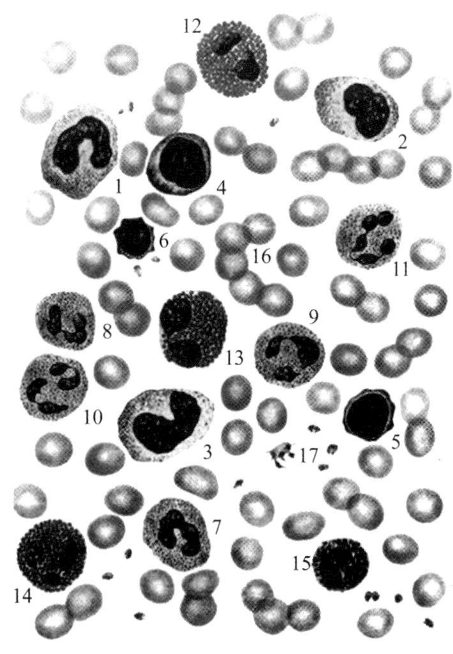

图 3-1 血细胞

1～3—单核细胞 4～6—淋巴细胞 7～11—中性粒细胞

12～14—嗜酸性粒细胞 15—嗜碱性粒细胞 16—红细胞 17—血小板

一、红细胞

我国正常成年男性血液中红细胞数为（4.0～5.5）$\times 10^{12}$/L，女性为（3.5～5.0）$\times 10^{12}$/L。红细胞数量与年龄、性别及生活条件等有关，高原居民的红细胞数量偏多。

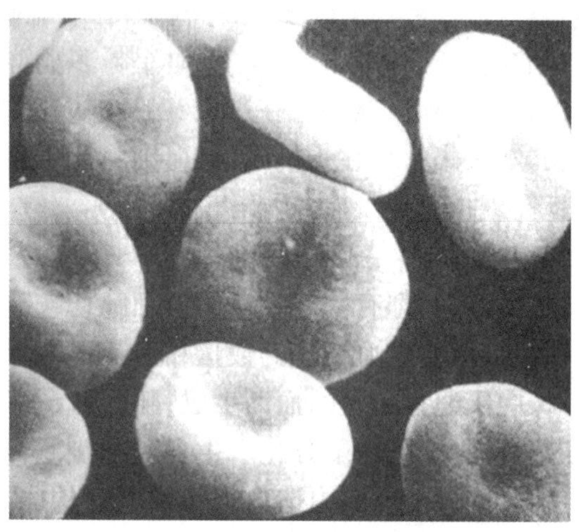

图 3-2　红细胞扫描电镜图

在扫描电镜下，正常红细胞呈双凹圆碟形，直径约 7～8μm，周边最厚处为 2.5μm，中央最薄处为 1μm。红细胞的这一形态特征，使红细胞的表面积与容积之比大大增加，因而具有可塑变形性、悬浮稳定性和渗透脆性等特征，并有利于红细胞实现其生理功能（图 3-2）。在血涂片上，红细胞中央染色较浅，周缘较深。每天有大量新生红细胞从骨髓进入血液，这些细胞内尚残留部分核糖体，用煌焦油蓝染色呈细网状，故称网织红细胞。新生的红细胞在血流中大约一天后完全成熟，核糖体消失。

红细胞内的主要成分是血红蛋白（hemoglobin，HB），其正常值成年男性为 120～160g/L，女性为 110～150g/L。新生儿血红蛋白浓度可达 200g/L 以上，出生后 6 个月降至最低，一岁后又逐渐升高，至青春期达到成人范围。成人红细胞数量或血红蛋白浓度低于正常值的下限，称贫血（anemia）。

（一）红细胞的生理特性和功能

1. 红细胞的生理特性　红细胞具悬浮稳定性和渗透脆性等生理特性。

（1）悬浮稳定性：红细胞的比重大于血浆，但红细胞在血浆中下沉却较为缓慢，能较长时间保持悬浮状态，这一特性称红细胞的悬浮稳定性。红细胞悬浮稳定性通常可用红细胞沉降率（erythrocyte sedimentation rate，ESR）来反映。即将抗凝全血置于血沉管中，垂直静置 1 小时，观察其中血浆层的高度。正常值（魏氏法）男性为 0～15mm，女性为 0～20mm。血沉值增加，表示红细胞悬浮稳定性降低。

图片：魏氏法血沉测试

月经期、妊娠期妇女及风湿热、结核病、一些恶性肿瘤患者的血沉常加快。当血浆中球蛋白、纤维蛋白原及胆固醇增多时，血沉也会加快。

（2）渗透脆性：将红细胞放入低渗溶液中，水分就会渗入细胞内，使细胞膨胀，最终导致细胞膜破裂，并释放出血红蛋白，这种现象称为溶血（hemolysis）。红细胞在低渗溶液中并不一定发生溶血，说明红细胞对低渗溶液有一定的抵抗力。将红细胞置于一系列低渗溶液中，观察其何时破裂溶血情况，称为红细胞渗透脆性（erythrocyte osmotic fragility）试验。红细胞抵抗低渗溶液的能力越强，说明其细胞膜脆性越低；反之说明脆性高。正常红细胞在 0.45%～0.40% NaCl 溶液中开始出现部分溶血，在 0.35%～0.30% NaCl 溶液中出现完全溶血。

图片：渗透脆性试验结果

衰老红细胞的脆性较大，对低渗溶液的抵抗力较弱；网织红细胞和初成熟的红细胞脆性较小，抵抗力较强。如巨幼红细胞性贫血患者，其血中幼稚红细胞较多，因而脆性较小。某些疾病如溶血性贫血，红细胞膜脆性增大，抵抗低渗溶液的能力减弱。

2. 红细胞的功能 红细胞的主要功能是运输 O_2 和 CO_2，红细胞的双凹圆碟形特点使细胞膜具有较大的表面积，有利于气体的扩散。红细胞运输气体的功能主要由血红蛋白完成。血红蛋白只有在红细胞内才能发挥作用，一旦红细胞膜破裂，血红蛋白逸出到血浆中，将丧失运输气体的功能。血红蛋白与 CO 的亲和力是其与 O_2 亲和力的约 210 倍。CO 中毒时，血红蛋白与 CO 结合，将丧失运输 O_2 的能力。

红细胞内有许多缓冲对（血红蛋白钾盐/血红蛋白、氧合血红蛋白钾盐/氧合血红蛋白、K_2HPO_4/KH_2PO_4、$KHCO_3/H_2CO_3$）能缓冲血液中酸碱度的变化。近年来的研究发现红细胞能合成某些生物活性物质，如抗高血压因子，对心血管活动具有一定的调节作用。此外，红细胞还参与机体的免疫活动。

（二）红细胞的生成与破坏

红细胞不断生成和破坏，每日约更新总数的 1/120。红细胞的生成和破坏保持平衡，因而外周血的红细胞总数保持稳定。

1. 红细胞的生成

（1）生成部位：在机体生长过程的不同阶段，红细胞生成的部位有所不同，胚胎时期分别在卵黄囊、肝、脾和骨髓，出生以后只有红骨髓保持造血能力。若骨髓造血功能受物理（X 射线、放射性核素等）或化学（苯、有机砷、抗肿瘤药、氯霉素等）因素影响而抑制时，将使红细胞和其它血细胞生成减少，引起再生障碍性贫血。

（2）生成原料：红细胞合成血红蛋白所需的原料主要是铁和蛋白质。衰老的红细胞被巨噬细胞吞噬后，血红蛋白中的铁约 95% 可被摄取再利用，约 5% 流失体外，需通过进食补充。若食物中长期缺铁（外源性缺铁）或长期慢性失血（内源性缺铁），可导致血红蛋白合成减少，引起缺铁性贫血，其特征是红细胞色素淡而体积小。

（3）促进生成的因子：红细胞由骨髓中多能造血干细胞分化而来，其生成和成熟大致可分为三个阶段。第一阶段是多能造血干细胞分化为髓系造血干细胞和淋巴系干细胞。髓系造血干细胞可分化为髓系红细胞、粒系、巨核系和单核系造血干细胞。第二阶段是髓系红细胞分化为红系造血祖细胞。第三阶段是红系造血祖细胞经早、中、晚幼红细胞三个阶段，发育为网织红细胞，最后成为成熟的红细胞。在红细胞的生成和成熟过程中，细胞体积逐渐减小，细胞核逐渐消失，血红蛋白逐渐增加。

红细胞的成熟过程，需要维生素 B_{12} 和叶酸作为辅酶参与。缺乏维生素 B_{12} 或叶酸可影响红细胞的成熟，导致巨幼红细胞性贫血。其特征是血液中幼稚红细胞增多、红细胞平均体积增大。胃黏膜壁细胞分泌的内因子与维生素 B_{12} 的吸收关系密切，胃大部切除或胃黏膜受损时，可导致内因子缺乏而引起维生素 B_{12} 吸收减少，参见消化系统一章。

2. 红细胞的破坏 红细胞在血液中的平均寿命约 120 天。衰老的红细胞主要在肝血窦、脾血窦和骨髓被巨噬细胞吞噬（血管外破坏），血红蛋白中的蛋白质和铁大部分被重新利用，脱铁血红素则主要经肝脏转化后排出体外。

衰老或受损红细胞的变形能力减弱而脆性增加，也可因受湍急血流的冲击而破损（血管内破坏）。

（三）红细胞生成的调节

目前已经证明红细胞的生成主要受体液因素的调节，包括爆式促进因子、促红细胞生成素（EPO）和雄激素。

爆式促进因子是一类分子量为 25000～40000 的糖蛋白，作用于早期红系祖细胞，使早期红系祖细胞增殖活动加强。

EPO 是一种分子量为 34000 的糖蛋白，主要由肾皮质管周细胞产生，其他组织如肝脏亦能合成分泌少量 EPO。机体缺氧可使肾脏分泌 EPO 增加，促进红细胞的生成。EPO 可促进晚期红系祖细胞增殖和分化，加速红系前体细胞的增殖分化并促进骨髓释放网织红细胞，对早期红系祖细胞的增殖分化亦有促进作用。当红细胞数量增加、缺氧得到改善时，血氧分压升高可负反馈抑制肾脏分泌 EPO，从而使红细胞数量保持相对稳定。肾衰竭后期因 EPO 分泌减少，可引起肾性贫血。

红细胞数量和血红蛋白浓度的性别差异，在青春期前并不存在。男性进入青春期后，睾酮分泌量增多，一方面直接刺激骨髓造血，另一方面促进肾脏分泌 EPO 间接促进骨髓造血。因此成年男性的红细胞正常值高于女性。

二、白细胞

白细胞是有核的球形细胞，一般较红细胞大。白细胞能作变形运动，穿过血管壁进入周围组织，发挥防御和免疫功能。根据胞质内有无特殊颗粒，白细胞可分为有粒白细胞（粒细胞）和无粒白细胞。根据细胞中特殊颗粒对染料的亲和性，粒细胞又可分为中性粒细胞、嗜酸性粒细胞和嗜碱性粒细胞三种；无粒白细胞则有单核细胞和淋

巴细胞两类。

（一）白细胞数量和分类计数

正常成人外周血白细胞总数约为（4.0～10.0）$\times 10^9$/L。分别计数各类白细胞占白细胞总数的百分比，称白细胞分类计数，其正常值为：中性粒细胞约占50%～70%；嗜酸性粒细胞占0～7%；嗜碱性粒细胞占0～1%；单核细胞占2%～8%；淋巴细胞占20%～30%。白细胞数量随机体生理状态而发生较大变化，如下午高于早晨，幼年高于成年，剧烈运动、进食后增多，也存在个体差异。虽然其数量变化较大，但各类白细胞之间的百分比是相对恒定的。

（二）白细胞的生理特性和功能

1. 中性粒细胞　是白细胞中数量最多的一种，占白细胞总数的50%～70%。细胞核呈腊肠形的称为杆状核；呈分叶状的称为分叶核，分叶数随细胞老化而增加，一般分为2～5叶，以2～3叶者居多。若血液中出现大量分叶少的中性粒细胞，称细胞核左移，常提示可能有严重感染。细胞质内有很多细小的淡紫红色的中性颗粒，分布均匀，颗粒内含有吞噬素和溶菌酶等。吞噬素有杀菌作用，溶菌酶能溶解细菌表面的糖蛋白。中性粒细胞具较强的变形运动能力，可以很快穿过毛细血管进入组织。中性粒细胞从骨髓进入血液，约停留6～8小时，然后离开，在结缔组织中存活2～3天。

中性粒细胞具有非特异性细胞免疫功能，单个吞噬能力虽不及单核细胞，但数量多、变形能力强，处于机体抵抗微生物病原体、尤其是化脓性细菌的第一线。在急性化脓性炎症时，中性粒细胞数量常明显增加。炎症发生时，中性粒细胞受细菌或细菌毒素等趋化性物质的吸引，游走到炎症部位吞噬细菌，并利用细胞内大量的溶酶体酶分解杀死细菌。当体内中性粒细胞减少至1×10^9/L时，机体对化脓性细菌的抵抗力将明显下降，极易引发感染。此外，中性粒细胞还可吞噬衰老受损的红细胞和抗原－抗体复合物。中性粒细胞在吞噬、处理了大量细菌后，自身也死亡，成为脓细胞。

2. 单核细胞　是血液中体积最大的白细胞，呈圆形或椭圆形；细胞核常呈肾形、马蹄铁形或扭曲折叠的不规则形；细胞质较多，弱嗜碱性，常染成灰蓝色。单核细胞在血液中停留约2～3天后迁移到周围组织，并进一步成熟为巨噬细胞（单核-巨噬细胞），吞噬能力大大增强。单核-巨噬细胞能合成、释放多种细胞因子，如集落刺激因子、白介素、肿瘤坏死因子、干扰素等，并在抗原信息传递、特异性免疫应答的诱导和调节中起重要作用。单核细胞内含有大量的非特异性酯酶并具有更强的吞噬能力，在某些慢性炎症时，其数量常常增加。

3. 嗜碱性粒细胞　细胞核分叶或呈“S”形或不规则形，着色较浅。细胞质内含有大小不等、分布不匀的嗜碱性颗粒，颗粒内含有肝素、组胺、嗜酸性粒细胞趋化因子等。组胺、过敏性慢反应物质可使毛细血管壁通透性增加、细支气管平滑肌收缩，引起荨麻疹、哮喘等过敏症状。趋化因子能吸引嗜酸性粒细胞聚集于局部，以限制嗜碱性粒细胞在过敏反应中的作用。肝素具有抗凝血作用，并可作为酯酶的辅基加快脂肪的分解。

4. 嗜酸性粒细胞 细胞核多分为2叶，细胞质内充满粗大均匀的鲜红色嗜酸性颗粒。颗粒内含有酸性磷酸酶和组胺酶等。嗜酸性粒细胞变形和吞噬能力较弱，缺乏溶菌酶，故基本上无杀菌作用。嗜酸性粒细胞可抑制嗜碱性粒细胞合成和释放生物活性物质、吞噬嗜碱性粒细胞所释放的活性颗粒、破坏嗜碱性粒细胞所释放的组胺等活性物质，从而限制嗜碱性粒细胞的活性。嗜酸性粒细胞可通过释放碱性蛋白和过氧化物酶损伤寄生虫体，参与对一些寄生虫感染的免疫反应。当机体发生速发型过敏反应、寄生虫感染时，其数量常增加。嗜酸性粒细胞在血液中一般停留6～8小时后，进入结缔组织，特别是肠道结缔组织，可存活8～12天。

5. 淋巴细胞（lymphocyte） 可分大、中、小三种。小淋巴细胞数量最多，细胞核圆形，一侧常有浅凹，染色质浓密呈块状，着色深；细胞质很少，在核周形成很薄的一周，嗜碱性，染成天蓝色。淋巴细胞具有后天获得性特异性免疫功能，在免疫应答反应过程中起核心作用。其中主要在胸腺激素作用下发育成熟的T淋巴细胞，可通过产生多种淋巴因子完成细胞免疫；主要在骨髓或肠道淋巴组织发育成熟的B淋巴细胞，可转化为浆细胞，通过产生免疫球蛋白（抗体）完成体液免疫。此外，还有类淋巴细胞称自然杀伤细胞（NK细胞），具有抗肿瘤、抗感染和免疫调节等作用。

三、血小板

血小板是从骨髓成熟的巨核细胞裂解脱落下来的、具有生物活性的小块胞质，体积很小，一般呈双凸盘状。正常成人血小板的数量约为（100～300）$\times10^9$/L。在血涂片标本中，血小板多成群分布，外形不规则，周围部染成浅蓝色，中央部有紫蓝色颗粒分布。正常人血小板的数量可随季节、昼夜和部位等而发生变化，如冬季高于春季、午后高于清晨、静脉高于毛细血管，其变化幅度一般在6%～10%。血小板的主要功能是参与生理性止血和维持血管内皮的完整性。

小血管破损后血液流出，正常情况下数分钟后出血自然停止，这个现象称生理性止血（hemostasis）。当小血管破损出血后，血小板及破损的血管内皮细胞释放5-羟色胺、血栓素A_2、内皮素等缩血管物质，使血管破损口缩小；接着被激活的血小板黏着、聚集于血管破损处，形成松软的止血栓堵塞破损口，实现初步止血。同时，血液凝固系统被激活，在血小板的参与下形成血凝块。血凝块在血小板内收缩蛋白作用下发生收缩、变硬，形成牢固的止血栓，从而达到止血目的。血小板数量减少或功能有缺陷时，出血时间常延长。

知识拓展：
出血时间测定

血小板对血管内皮的修复具有重要作用。用放射性同位素标记血小板示踪和电子显微镜观察，发现血小板可以融入血管内皮细胞，成为血管壁的一个组成部分。

当血小板数量减少至50×10^9/L以下时，出血倾向比较明显，微小创伤或血管内压力稍有升高，便可使皮肤、黏膜下出现淤点，甚至出现大片的紫癜或淤斑。当血小板数量大于 1000×10^9/L 时，血液凝固倾向增强，易于形成血栓。

第四节　血液凝固和纤维蛋白的溶解

一、血液凝固

血液由流动的液体状态转变为不能流动的凝胶状半固体的过程称为血液凝固（blood coagulation）。血液凝固的本质是血浆中纤维蛋白原转变为纤维蛋白，纤维蛋白连接成网，吸附大量水分、罗织血细胞，形成血凝块。

PPT：血液凝固和纤维蛋白溶解；血型和输血

血凝块回缩析出的淡黄色透明的液体称血清（serum）。血清与血浆的区别在于：血清中不含纤维蛋白原及在凝血过程中被消耗的一些其他凝血因子，增添了在血液凝固过程中由血管内皮和血小板所释放的化学物质。

（一）凝血因子

血液和组织中参与血液凝固的一些化学物质统称为凝血因子（blood clotting factors）。凝血因子以罗马数字Ⅰ～ⅩⅢ编号，共有 12 个（表 3-1）。在凝血因子中，除Ⅳ（Ca^{2+}）外，其余均为蛋白质。因子Ⅲ存在于血浆外，其余均存在于血浆中。正常情况下，大多数凝血因子以无活性状态存在，被激活后通常在其代号的右下角加“a”，如因子Ⅱ（凝血酶原）被激活后表达为Ⅱa（凝血酶）。肝可合成多种凝血因子，其中因子Ⅱ、Ⅶ、Ⅸ、Ⅹ合成过程中需维生素 K 的参与。因子Ⅷ先天性缺乏时，患者表现出较强的出血倾向，可引起甲种血友病。

表 3-1　按 WHO 命名编号的凝血因子

编号	同义名	编号	同义名
Ⅰ	纤维蛋白原	Ⅷ	抗血友病因子
Ⅱ	凝血酶原	Ⅸ	血浆凝血激酶
Ⅲ	组织凝血激酶	Ⅹ	斯图亚特因子
Ⅳ	钙离子	Ⅺ	血浆凝血激酶前质
Ⅴ	前加速素	Ⅻ	接触因子
Ⅶ	前转变素	ⅩⅢ	纤维蛋白稳定因子

（二）血液凝固过程

图片：血液凝固过程

血液凝固是一系列凝血因子相继被激活的过程，其最终结果是形成纤维蛋白（网）。一般将血液凝固过程大致分为凝血酶原激活物形成、凝血酶形成、纤维蛋白形成三个阶段（图 3-3）。

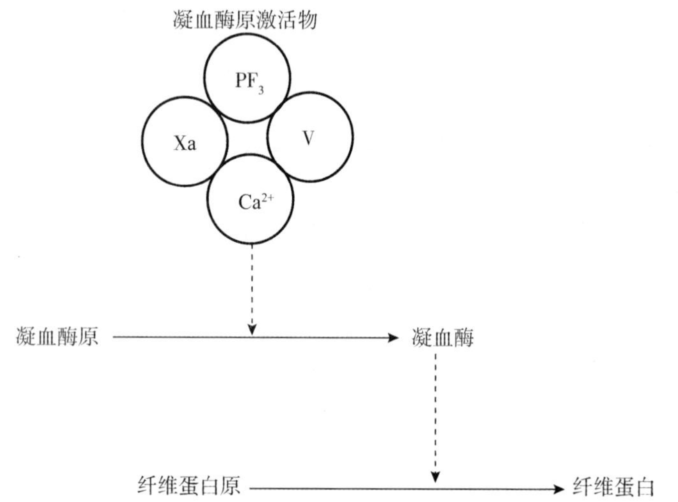

图 3-3　血液凝固的基本步骤

1. 凝血酶原激活物形成　凝血酶原激活物是因子Ⅹa 和因子Ⅴ、Ca^{2+}、PF_3 共同形成的复合物。血浆中因子Ⅹ的激活有内源性和外源性两条途径。

（1）内源性途径：血管内皮受损后，深面带负电荷的胶原组织暴露，血浆中的因子Ⅻ（接触因子）首先被激活，进而通过一系列反应激活因子Ⅹ。由于参与反应的凝血因子全部来自血浆。故称内源性途径。

（2）外源性途径：血管破损时，血管壁及组织中的组织因子（因子Ⅲ）进入血管内，与血浆中的一些凝血因子共同作用，直接激活因子Ⅹ。组织因子是一种跨膜糖蛋白，存在于大多数组织细胞，而以脑、肺、胎盘等组织尤为丰富。由于启动凝血的因子Ⅲ来自血浆外，故称外源性途径

2. 凝血酶形成　在凝血酶原激活物的作用下，凝血酶原（因子Ⅱ）被激活称为凝血酶（Ⅱa）。

3. 纤维蛋白形成　凝血酶可催化纤维蛋白原转变纤维蛋白单体，在ⅩⅢa 和 Ca^{2+} 的的作用下，形成不可溶性的纤维蛋白多聚体（血纤维），并网罗血细胞形成凝胶状的血凝块。

（三）血液中的抗凝因素

在正常情况下，血液中虽含有各种凝血因子，但不会发生血管内广泛凝血，其原

因主要有三个方面：①生理情况下血管内皮保持光滑、完整，Ⅻ因子不易激活，Ⅲ因子不易进入血管内启动凝血过程；②血液循环速度快，少量被活化的凝血因子可被稀释并运至肝脏等灭活，不能完成凝血过程；③血浆中存在抗凝物质，如抗凝血酶Ⅲ、肝素和蛋白质C等。

知识拓展：抗凝与促凝的应用

二、纤维蛋白的溶解

血浆中存在有纤维蛋白溶解酶原（纤溶酶原），是一种蛋白质，平时无活性，在一些物质的作用下可被激活。激活物可以是凝血时血管内皮释放的一些物质、血液凝固过程中产生的一些物质，以及存在于组织中的一些物质。纤溶酶原被激活后可将纤维蛋白（原）降解成更小片段，因而可溶解血栓。血液凝固过程启动后，纤溶系统也被激活。凝血系统、抗凝系统和纤溶系统共同配合、保持平衡，既保障了正常时血液的流动性，又能在血管破损时避免出血。

第五节　血型和输血

一、血型

血细胞膜表面特异抗原的类型，称为血型（blood group），包括红细胞血型、白细胞血型和血小板血型。人类红细胞膜上有多个血型抗原，可划分为不同系统，其中1901年由Landsteiner发现的ABO血型系统是与输血关系最密切的血型系统。

知识拓展：输血史及ABO血型的发现

（一）ABO血型系统

ABO血型系统有两种抗原，A抗原（又称A凝集原）和B抗原（又称B凝集原）。根据两种凝集原在不同人红细胞上的分布，ABO血型系统分四种血型，即A型、B型、AB型和O型。红细胞膜上只有A凝集原的为A型；只有B凝集原的为B型；A、B凝集原均有的为AB型；A、B凝集原均无的为O型。人类血浆中，天然存在有分别能与A抗原、B抗原特异性结合的抗A抗体（又称A凝集素）和抗B抗体（又称B凝集素）。当凝集素与红细胞膜上相应的凝集原相遇时，可引起红细胞凝聚成团，称凝集反应。不同血型的凝集原和凝集素分布见表3-2。

在ABO血型系统中还存在着亚型，其中与临床较为密切的是A型血的A_1、A_2亚型，人类血浆中也存在A_1亚型的天然抗体。我国汉族人群中A_2、A_2B型在A型血和AB型血中不超过1%，但在临床输血时仍需注意。

表 3-2 ABO 血型系统中的凝集原和凝集素

血型	亚型	红细胞上的凝集原	血清中的凝集素
A 型：	A_1	$A+A_1$	抗 B
	A_2	A	抗 B+抗 A_1
B 型		B	抗 A
AB 型：	A_1B	$A+A_1+B$	无
	A_2B	A+B	抗 A_1
O 型		无 A，无 B	抗 A+抗 B

（二）Rh 血型

1940 年 Landsteiner 和 Wiener 将恒河猴（Rhesus monkey）的红细胞注入家兔体内引起免疫反应，使家兔产生抗恒河猴红细胞的抗体（凝集素），该凝集素除能凝集恒河猴的红细胞外，还能凝集大多数人的红细胞，表明人类红细胞上有与恒河猴红细胞相同的抗原，称 Rh 抗原。

1. Rh 血型系统的抗原和抗体 人类 Rh 血型系统中，与临床关系密切的抗原主要有 C、c、D、E、e 五种，其中 D 抗原的抗原性最强，故将红细胞上有 D 抗原的称为 Rh 阳性，无 D 抗原的称 Rh 阴性。我国汉族和大部分少数民族人群中，Rh 阳性者约占 99%。但有些少数民族中 Rh 阴性者比例较高，如苗族为 12.3%，塔塔尔族为 15.8%。与 ABO 血型系统不同，人类血浆中不存在天然的（先天性）的 Rh 抗体。Rh 阴性者接受 D 抗原刺激后，通过特异性免疫反应，可产生抗 D 抗体，凝集 Rh 阳性红细胞。

2. Rh 血型的临床意义

（1）Rh 血型不合引起输血溶血：Rh 阴性受血者首次接受 Rh 阳性血，因体内无天然抗 D 抗体，一般不发生 Rh 血型不合的输血反应。但首次输血后，该受血者体内产生抗 D 抗体。当再次接受 Rh 阳性供血者的红细胞时，其体内的抗 D 抗体可凝集供血者红细胞而发生溶血。

（2）新生儿溶血：Rh 阴性的母亲第一次孕育 Rh 阳性的胎儿时，母亲体内无抗 D 抗体，胎儿不发生因 Rh 血型不合而引起的新生儿溶血。但在分娩时胎盘与子宫的剥离的过程中，胎儿的 Rh 阳性红细胞可刺激母体产生抗 D 抗体。Rh 抗体属不完全抗体 IgG，分子量较小，能透过胎盘屏障。当母亲再次孕育 Rh 阳性的胎儿时，母体内的抗 D 抗体可通过胎盘进入胎儿血液，引起溶血反应，严重时可导致胎儿死亡。Rh 阴性母亲在生育第一胎后，及时常规注射特异性抗 D 免疫球蛋白，可防止胎儿 Rh 阳性红细胞致敏母体。

对以上“第二次输血”及“第二次妊娠”的叙述应准确理解，如果 Rh 阴性受血者或 Rh 阴性母亲曾经接受过 D 抗原刺激，体内已经产生抗 D 抗体，那么第一次受血或妊娠时即可产生严重后果。

二、输血

前已述及，相应的凝集素和凝集原结合可引起凝集反应。整体内，红细胞凝集后，在补体的参与下可引起红细胞破裂溶血，产生严重输血反应。所以避免产生凝集反应是输血的最重要原则。

筛选供血者时，首先考虑其ABO血型与受血者相同，在一些少数民族地区还要考虑Rh血型。由于存在亚型及不同血型系统，即使受血者与供血者ABO血型相同，即使受血者曾经接受过该供血者的血液，输血前都必须进行交叉配血试验。

将供血者的红细胞与受血者的血清相混合，观察红细胞是否凝集，称交叉配血试验的主侧反应；将供血者的血清与受血者的红细胞相混合，观察红细胞是否凝集，称交叉配血试验的次侧反应（图3-4）。输血是供血者血液与受血者血液相混合的过程。交叉配血试验反映了双方的红细胞与对方的血浆相容性，是确定能否输血的最终标准。

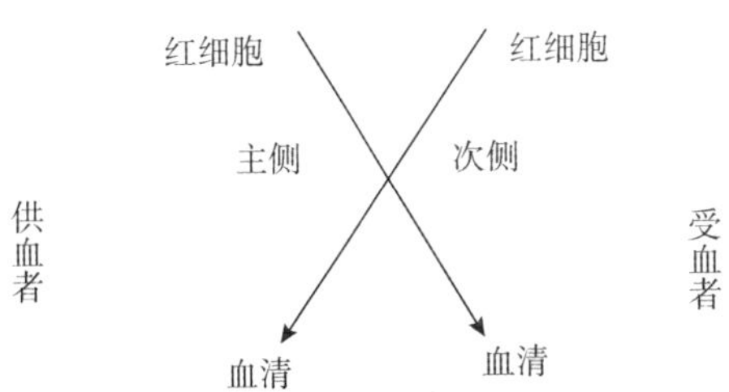

图3-4 交叉配血试验示意图

注：粗线代表主侧；细线代表次侧

交叉配血主侧、次侧反应均无红细胞凝集称血型相合，可以输血。只要主侧反应出现凝集则称血型不合，不能输血。

如果主侧反应无凝集而次侧反应凝集称血型基本相合，一般也不宜输血，但在紧急情况下可少量、缓慢输血，并需密切观察受血者状态。这是因为少量、缓慢输血时，供血者的血浆在受血者体内被稀释，凝集素浓度较低，对受血者红细胞影响相对较小。通常所说“O型是万能供血型、AB型是万能受血型”正是血型基本相合的情况。所谓“万能”是有条件的，并在仅考虑ABO血型系统的前提下成立。正常医疗情况下不会考虑异型输血。

（万　勇、高　虹、李伟东）

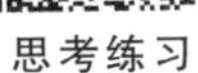
思考练习

参考答案

第四章 运动系统

学习目标

运动系统（locomotor system）由骨、骨连结和骨骼肌三部分组成，其重量约占成人体重的60%～70%。运动系统具有支持人体、保护体内器官和运动等功能。全身各骨借助骨连结构成人体的支架，称骨骼（图4-1）。骨骼能支持体重、保护内脏。绝大多数骨骼肌附着于骨，在神经系统支配下收缩和舒张，牵引骨以骨连结为支点改变位置，产生躯体运动。运动中，骨是杠杆，骨连结是运动的支点，骨骼肌为运动提供动力。

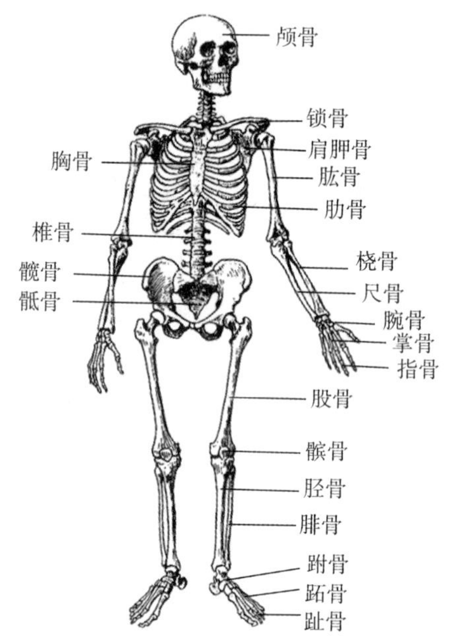

图4-1 人体的骨骼（前面）

人体表面，可观察、触摸到骨或骨骼肌形成的隆起或凹陷，称为骨性标志或肌性标志。它们常被作为确定器官位置、判定血管和神经走向、选取手术切口位置等的依据。因此，对这些骨性和肌性标志，在学习时应结合活体，进行认真地观察和触摸。

PPT：
运动系统概述；
骨与骨连接

第一节　骨与骨连结

一、概述

(一) 骨

骨（bone）是一种器官，具有一定形态和结构，主要由骨组织构成，外被骨膜，内容骨髓，不断进行新陈代谢和生长发育，并具有修复、再生和改建自身结构的能力。

1. 骨的分类和形态　成人有206块骨，按部位分为躯干骨、颅骨和附肢骨三部分。按形态，骨可分为长骨、短骨、扁骨和不规则骨。

长骨呈长管状，分一体两端。体又称为骨干或骨体，内为髓腔，含骨髓。两端膨大称骺，有光滑的关节面。长骨分布于四肢，如肱骨和股骨等。

短骨短小，近似立方形，如腕骨和跗骨。扁骨扁薄呈板状，如颅盖诸骨、胸骨和肋骨等。不规则骨形状不规则，如椎骨，有些不规则骨内含有空腔，称含气骨，如上颌骨。

2. 骨的表面形态　骨表面有肌肉附着、血管和神经通过，或与其他器官相邻，因此骨的表面具有一些特定的形态。

(1) 突起：因肌腱或韧带的牵拉，骨表面形成程度不同的隆起。其中明显高起于骨面的称突；较尖锐的小突起称棘；基底较广的突起称隆起；表面粗糙的隆起称粗隆或结节；线形的高隆起称嵴；低而粗涩的嵴称线。

(2) 凹陷：因骨与相邻器官、结构相接触或肌肉附着而形成。大而浅的光滑凹面称窝；略小的窝称凹或小凹；长形的凹称沟；浅凹陷称压迹。

(3) 空腔：容纳空气，或因某些结构穿行而成。骨内较大的腔洞称腔、窦或房；小腔称小房；长形通道称管或道；腔或管的开口称口或孔；边缘不完整的孔称裂孔。

(4) 膨大：骨端圆形膨大称头或小头；头下略细部分称颈；椭圆形膨大称髁；髁的突出处称上髁。

(5) 其他：平滑骨面称面；骨的边缘称缘。边缘的缺口称切迹，常为血管、神经或肌腱通过处。

3. 骨的构造　骨由骨质、骨膜和骨髓等构成（图4-2）。

(1) 骨质：由骨组织构成，分骨密质和骨松质。骨密质致密坚实，耐压性较大，分布于骨的表面。骨松质呈海绵状，分布于骨的内部，能承受较大的重量。颅盖诸扁骨有内、外两层骨密质，分别称为内板和外板，两板之间的骨松质称板障。

(2) 骨膜：除关节面外，新鲜骨的表面都覆盖有骨膜。骨膜由纤维结缔组织构成，含有丰富的血管、神经，对骨的营养、再生和感觉有重要作用。骨膜分内外两层，内层有成骨细胞和破骨细胞，分别有产生新骨质和破坏骨质的作用。

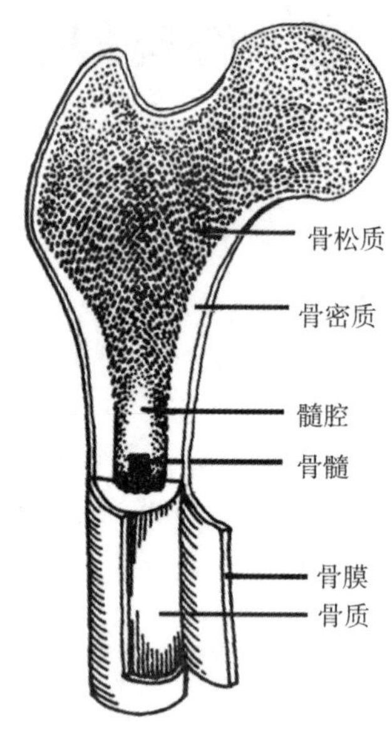

图 4-2 长骨的结构

(3) 骨髓：充填于髓腔和骨松质的间隙内，质地柔软。胎儿及幼儿的骨髓含不同发育阶段的红细胞和某些白细胞，呈深红色，是造血的场所。5 岁以后，长骨髓腔内的红骨髓逐渐被脂肪组织代替，变成黄色的黄骨髓，失去造血功能。但当失血过多或重度贫血时，黄骨髓可转化为红骨髓，恢复造血功能。在髂骨、胸骨、肋骨和椎骨等处，终生都是红骨髓，临床上常在这些骨的一定部位（如髂前上棘、髂后上棘）进行穿刺，检查骨髓象。

3. 骨的化学成分和物理特性 骨主要由无机质、有机质组成。有机质主要是骨胶原纤维和黏多糖蛋白，使骨具有韧性和弹性；无机质主要是碱性磷酸钙，使骨坚硬。有机质与无机质的比例随年龄增长而发生变化。幼儿的骨，有机质和无机质各占一半，骨的弹性和韧性较大，易弯曲变形，故儿童应养成良好的坐、立姿势，以免骨弯曲变形。成年人骨两种成分的比例约为 3∶7，最为合适，使骨既有很大的硬度，又有一定的弹性和韧性，能承受较大的压力而不变形。老年人的骨，无机质的比例增高，同时由于钙、磷沉积不良，骨质多孔疏松，骨组织减少，因而脆性较大，易发生骨折。

（二）骨连结

骨与骨之间借助连结装置相连，称骨连结，其形式可分为直接连结和间接连结两类。

1. 直接连结 骨与骨之间借致密结缔组织、软骨或骨直接相连，其间没有腔隙，运动性很小或完全没有。如颅骨之间的缝，椎骨之间的椎间盘等。

2. 间接连结 又称滑膜关节（synovial joint），常简称关节，是骨连结的最高分化形式。骨与骨之间借结缔组织囊相连，在相对的骨面之间有腔隙，内含滑液。滑膜关节具有较大的运动性能，是骨连结的主要形式。

（1）滑膜关节的结构：具有关节面、关节囊和关节腔三个基本结构（图 4-3）。①关节面是构成关节各相关骨的接触面，其表面覆盖一层透明软骨或纤维软骨，称关节软骨，表面光滑，可减小关节运动时的摩擦以及缓冲震荡和冲击；②关节囊为纤维结缔组织构成的膜性囊，附着于关节面周缘的骨面上，与骨膜融合，可分内、外两层。外层称纤维膜，厚而坚韧，由致密结缔组织构成，富含血管、淋巴管和神经；内层称滑膜，由疏松结缔组织膜构成，薄而柔软，能产生滑液。滑液具有润滑关节、营养关节软骨、促进关节运动效能等作用；③关节腔是关节囊的滑膜层和关节软骨所围成的密闭腔隙，腔内含少量滑液。关节腔内为负压，对维持关节的稳固性有一定作用。

滑膜关节除了具备上述基本结构外，有些关节还具有韧带、关节盘或关节唇等特殊结构。

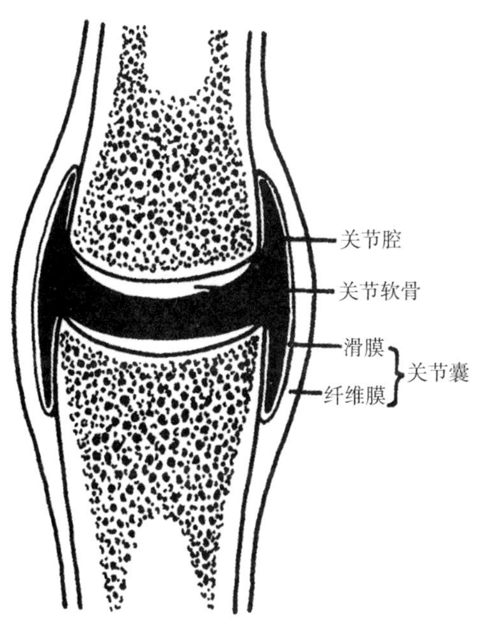

图 4-3　滑膜关节的基本结构模式图

（2）滑膜关节的运动：①屈和伸：是关节沿冠状轴进行的运动。通常将两骨之间角度变小的动作称为屈，角度增大的动作称为伸。如膝关节运动时，小腿向后贴近大腿称屈，反之称为伸；②收和展：是关节沿矢状轴进行的运动。骨向正中矢状面靠拢称为收或内收；远离正中矢状面的动作称为展或外展；③旋转：是关节沿垂直轴进行的运动。骨向前内侧的旋转称旋内，向后外侧的旋转称旋外；④环转：骨的近侧端在原位转动，远侧端作圆周运动，运动时描绘出一圆锥形的轨迹，实际上是屈、展、伸、收依次连续运动。

二、躯干骨及其连结

躯干骨共51块，包括24块椎骨、1块骶骨、1块尾骨、1块胸骨和12对肋，分别参与构成脊柱和骨性胸廓。骶骨和尾骨还参与骨盆的构成。

（一）脊柱

脊柱（vertebral column）位于躯干后壁的正中，由24块椎骨、1块骶骨和1块尾骨连结而成，构成人体的中轴，具有支持体重、运动和保护内脏器官等作用。

1. 椎骨（vertebrae） 幼年时有骶椎5块和尾椎3～4块，椎骨总数为32或33块。成年后5块骶椎融合成骶骨，3～4块尾椎融合成尾骨。

椎骨由前部的椎体和后部的椎弓组成（图4-4，图4-5）。椎体呈短圆柱状，是负重的主要部分。椎弓为弓形骨板，与椎体共同围成椎孔。所有椎骨的椎孔连成一条椎管，管内容纳脊髓。椎弓的前部较窄厚，紧连椎体，称椎弓根。根的上、下缘各有一切迹，相邻椎骨的上、下切迹围成的孔，称椎间孔，有脊神经和血管通过。椎弓的后部较宽薄，称椎弓板。椎弓发出7个突起：向后方或后下方伸出一个棘突，向两侧伸出一对横突，向上方和下方各伸出一对上关节突和下关节突。

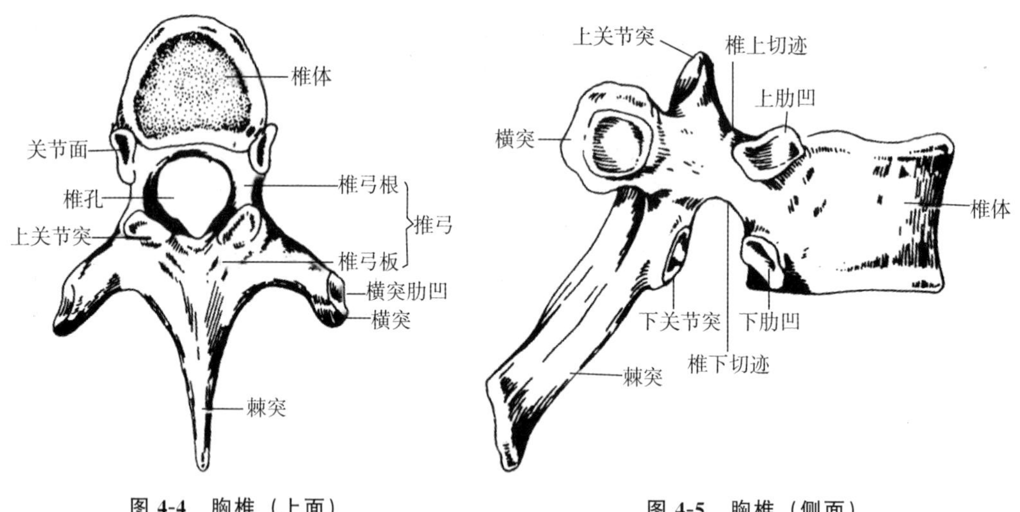

图4-4 胸椎（上面）　　图4-5 胸椎（侧面）

2. 椎骨间的连结 各椎骨之间借椎间盘、韧带和滑膜关节相连。

（1）椎间盘：椎间盘是连接相邻两个椎体的纤维软骨盘，分两部分，其周围部为纤维环，由多层呈同心圆排列的纤维软骨环构成；中央部为称髓核（图4-6）。颈、腰部的纤维环的前厚后薄，尤其是后外侧部缺乏韧带加强，故当猛力弯腰或劳损引起纤维环破裂时，髓核可突入椎间孔或椎管，压迫脊神经或脊髓，临床上称为椎间盘脱出症。

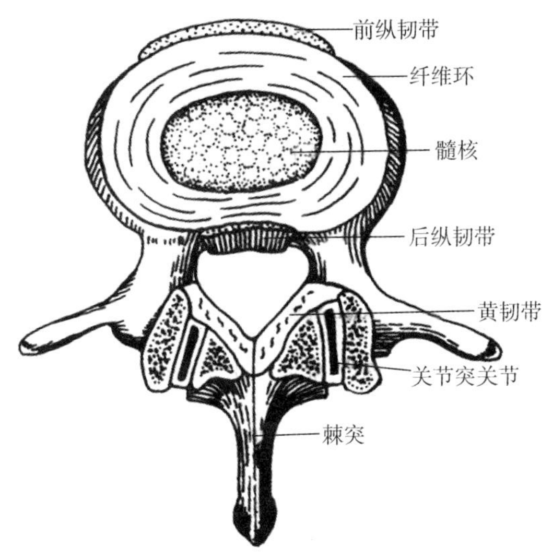

图 4-6　椎间盘和关节突关节（上面）

（2）韧带：连结椎骨的韧带有长、短两种。长韧带连接脊柱全长，共有 3 条，即前纵韧带、后纵韧带和棘上韧带。短韧带连结相邻的两个椎骨，主要有黄韧带、棘间韧带和横突间韧带。

（3）滑膜关节：椎骨间的关节主要是关节突关节。关节突关节运动幅度很小。

3. 脊柱的整体观

（1）前面观：可见椎体自上而下逐渐加宽，到第 2 骶椎最宽，从骶骨耳状面以下又渐次缩小。椎体大小的这种变化，与脊柱承受的重力变化密切相关。

（2）侧面观：可见脊柱有颈、胸、腰、骶 4 个生理性弯曲（图 4-7）。颈曲、腰曲凸向前，胸曲、骶曲凸向后。这些弯曲增大了脊柱的弹性，可稳定重心、减轻震荡，对脑和胸腹腔器官具有保护作用。

（3）后面观：可见棘突纵行排列在后正中线上形成纵嵴。颈椎的棘突短而分叉；胸椎的棘突斜向后下方，呈叠瓦状；腰椎的棘突向后平伸，棘突间的距离较大。

4. 脊柱的运动　相邻两个椎骨之间的运动幅度有限，但整个脊柱总和运动幅度较大。脊柱可作屈、伸、侧屈、旋转和环转运动。颈、腰部运动幅度大，损伤也较多见。

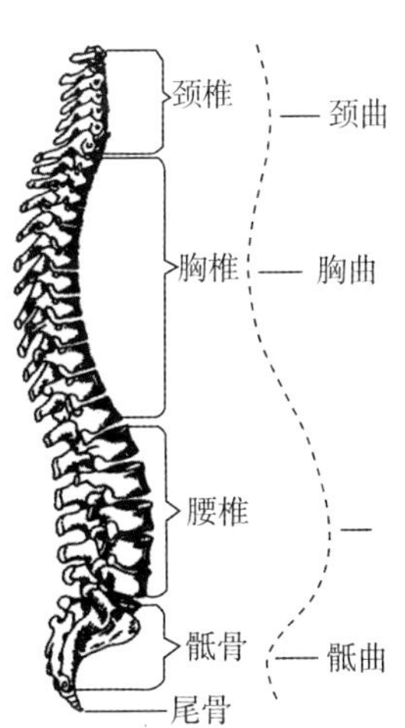

图 4-7　脊柱（侧面）

（二）胸廓

胸廓（thorax）由 12 块胸椎、12 对肋和 1 块胸骨连结而成，主要参与呼吸运动，此外还具有支持和保护胸、腹腔脏器的作用。

1. 胸骨（sternum） 位于胸前壁正中，前凸后凹自上而下依次分为柄、体和剑突三部分（图 4-8）。柄和体的连结处微向前凸，形成胸骨角，两侧平对第 2 肋，是计数肋的重要标志。剑突扁而薄，下端游离。

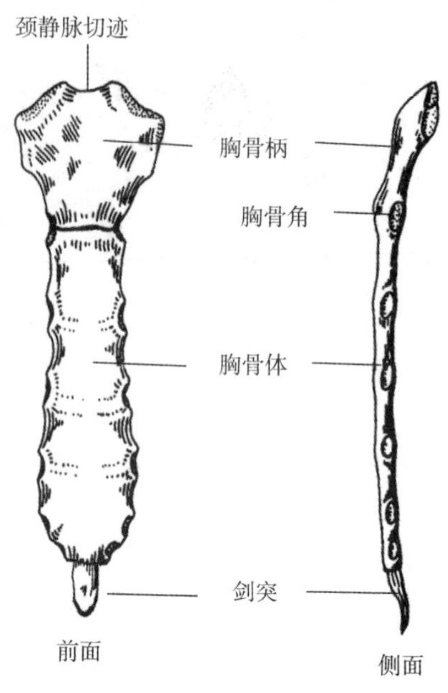

图 4-8 胸骨（前面、左侧面）

2. 肋（rib） 呈弓形，分前、后两部，后部是肋骨，前部是肋软骨（图 4-9）。

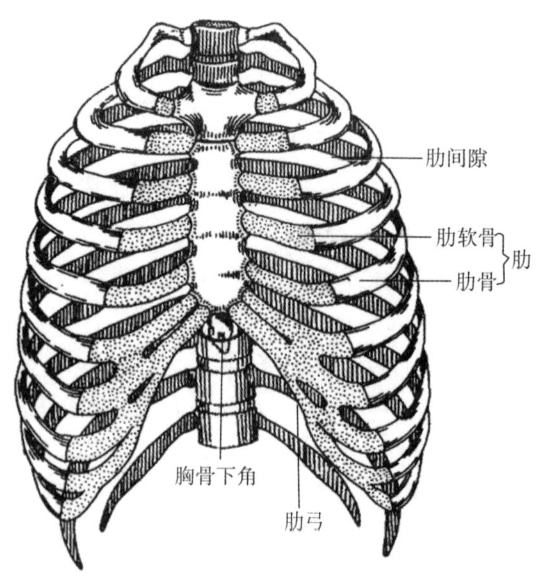

图 4-9 胸廓（前面）

肋前端的连结形式：第 1 肋与胸骨柄直接相连；第 2～7 肋软骨分别与胸骨的外侧缘形成微动的胸肋关节；第 8～10 肋软骨的前端依次连于上位肋软骨的下缘形成软骨连结，从而组成一条连续的软骨缘，称肋弓；第 11、12 肋前端游离于腹肌内。

3. 胸廓的运动　主要是参与呼吸运动。在呼吸肌的作用下吸气时，肋前部上提，肋体向外扩展，使胸廓向两侧和前方扩大，胸腔的容积增大；呼气时胸廓恢复原状，胸腔的容积缩小。

三、颅骨及其连结

颅骨共 23 块（中耳 3 对听小骨未计入），借骨连结连成颅（skull）。颅位于脊柱的上方，可分位于后上部的脑颅和前下部的面颅。

微视频：颅骨

（一）脑颅骨

脑颅骨 8 块，包括额骨、筛骨、蝶骨、枕骨各 1 块，顶骨、颞骨各 2 块（图 4-10）。脑颅骨围成颅腔，腔内容纳脑。颅腔的顶呈穹隆状，称颅盖，由额骨、枕骨和顶骨构成。颅腔的底称颅底，由位于中央的蝶骨、前方的额骨和筛骨、后方的枕骨以及两侧的颞骨构成

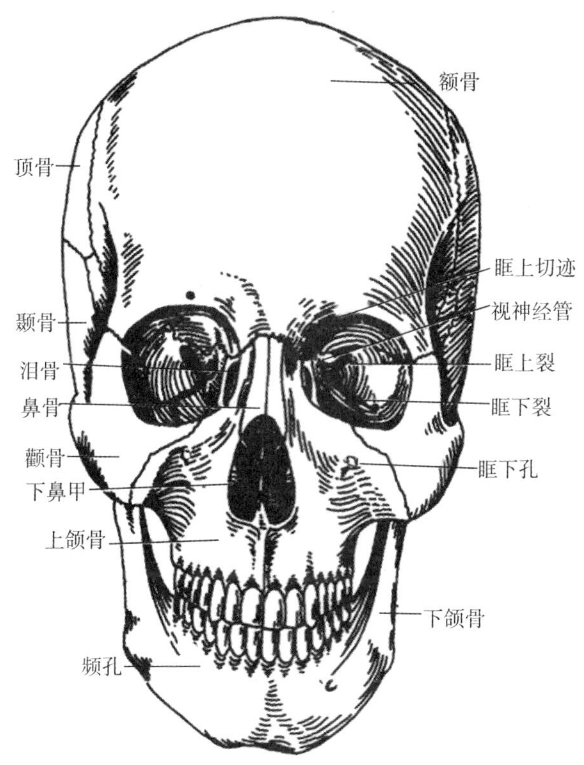

图 4-10　颅（前面）

（二）面颅骨

面颅骨有 15 块，包括不成对的犁骨、下颌骨、舌骨和成对的上颌骨、鼻骨、泪骨、颧骨、腭骨、下鼻甲（图 4-10）。它们构成面部的骨性基础，围成眶、鼻腔和口腔。

（三）颅的整体观

1. 颅的顶面 前方位于额骨与两侧顶骨之间的称冠状缝；两侧顶骨之间的称矢状缝；后方两侧顶骨与枕骨之间的称人字缝。

2. 颅的侧面 由额骨、蝶骨、顶骨、颞骨和枕骨组成。上方大而浅的窝，称颞窝。窝内额、顶、颞、蝶四骨的会合处呈 H 形，骨质薄弱，称翼点（图 4-11）。

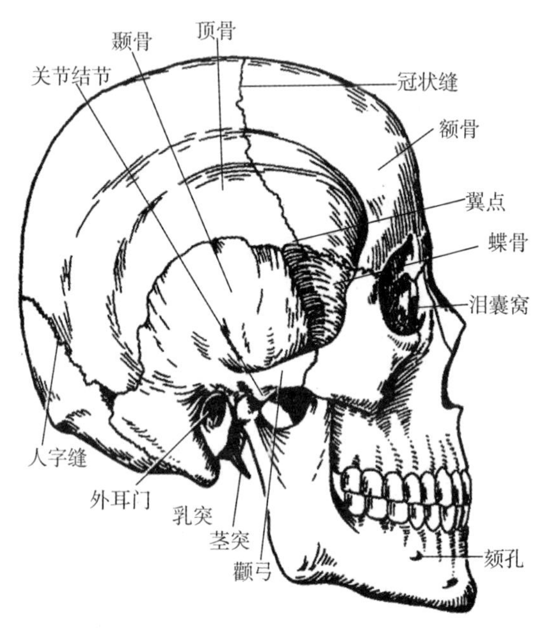

图 4-11 颅（侧面）

3. 颅底内面 凹凸不平，呈阶梯状，从前到后分别称颅前窝、颅中窝和颅后窝。

4. 颅底外面 高低不平，孔裂甚多，分前、后两部。颅底后部中央有枕骨大孔。枕骨大孔后上方有一隆起，称枕外隆凸。

5. 颅的前面 颅前面的主要结构有眶、骨性鼻腔和鼻旁窦。鼻旁窦为额骨、筛骨、蝶骨和上颌骨内的含气空腔，位于鼻腔周围并与其相通（图 4-10）。

图片：
颅的各面

（四）新生儿颅的特征

新生儿颅骨尚未完全骨化，颅顶各骨之间存在结缔组织膜，称颅囟（图 4-12）。位于冠状缝与矢状缝之间的菱形结缔组织膜，称前囟，面积最大，1～2 岁时闭合；位于矢状缝与人字缝之间的后囟在生后不久闭合。

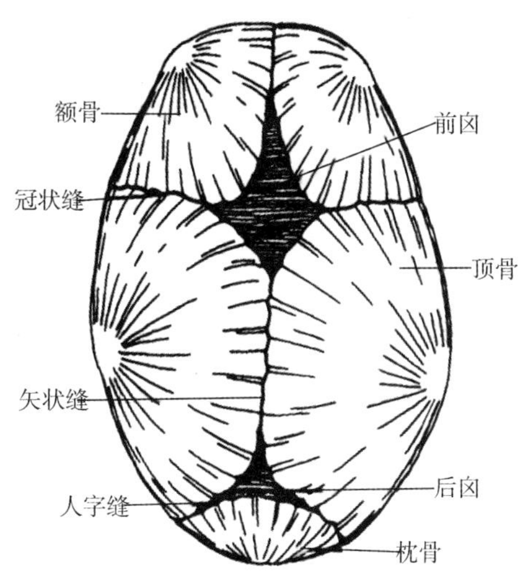

图 4-12　新生儿颅（上面）

（五）颅骨的连结

颅骨之间多以缝或软骨直接相连，而下颌骨与颞骨之间以颞下颌关节相连，舌骨与颅骨之间以韧带相连。

颞下颌关节（temporomandibular joint）由下颌骨和颞骨构成（图 4-13）。关节囊较松弛，关节腔内有一关节盘。两侧颞下颌关节须同时运动，可使下颌骨上提、下降，及向前、后和侧方运动。张口过大且关节囊过分松弛时，下颌头可滑脱至关节结节前方，造成颞下颌关节脱位。

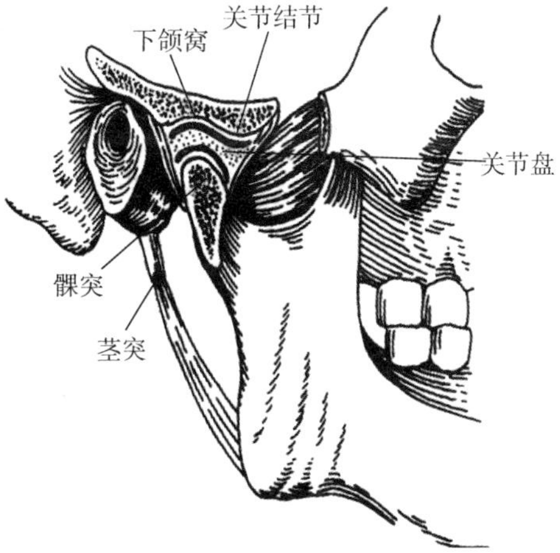

图 4-13　颞下颌关节

四、附肢骨及其连结

人类由于身体直立，上肢成为灵活的劳动器官，故上肢骨形体纤细轻巧，关节灵活；下肢的功能主要是支持和移动身体，因而下肢骨粗大坚实，关节稳固。

（一）上肢骨及其连结

1. 上肢骨每侧共 32 块

（1）肩胛骨（scapula）（图 4-14，图 4-15）：位于胸廓后面的外上方，略呈三角形。

肩胛骨前面微凹，称为肩胛下窝。后面有一斜向外上方的高嵴，称肩胛冈，其末端向外延伸的扁平突起，称肩峰，是肩部最高点。肩胛骨的上角平对第 2 肋，下角平对第 7 肋或第 7 肋间隙，常作为背部计数肋和肋间隙的标志。外侧角肥大，有一朝向外侧的浅窝，称关节盂。

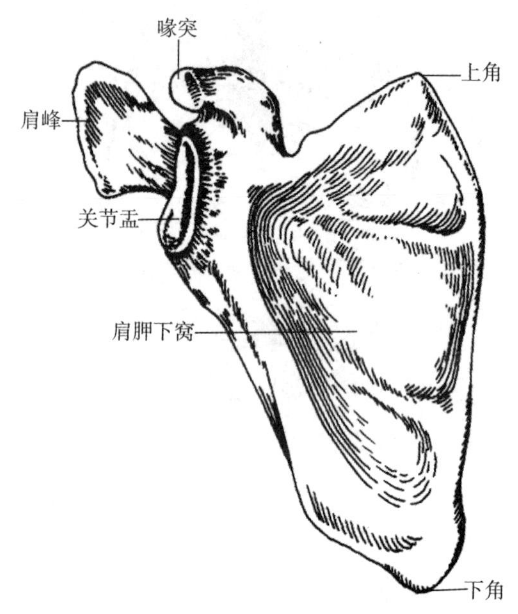

图 4-14 肩胛骨（右侧、前面）

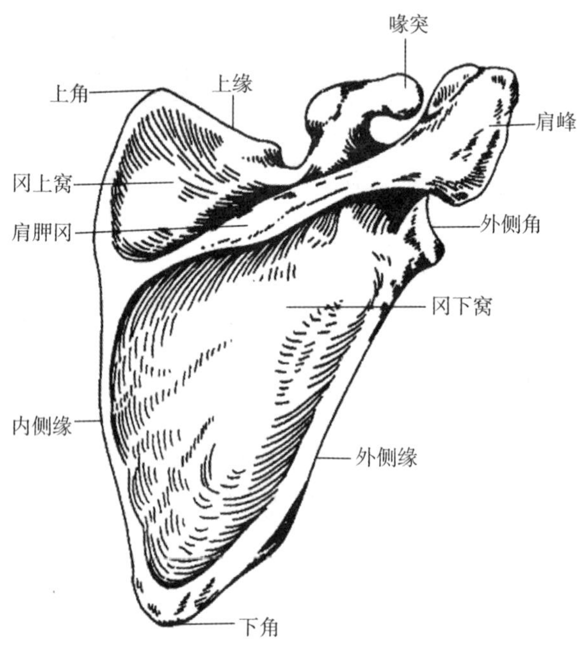

图 4-15 肩胛骨（右侧、后面）

（2）锁骨（clavicle）（图 4-16）：位于颈、胸交界处，呈“～”形弯曲。锁骨的内侧端圆钝称胸骨端，与胸骨柄构成胸锁关节；外侧端扁平称肩峰端，与肩胛骨的肩峰相关节。

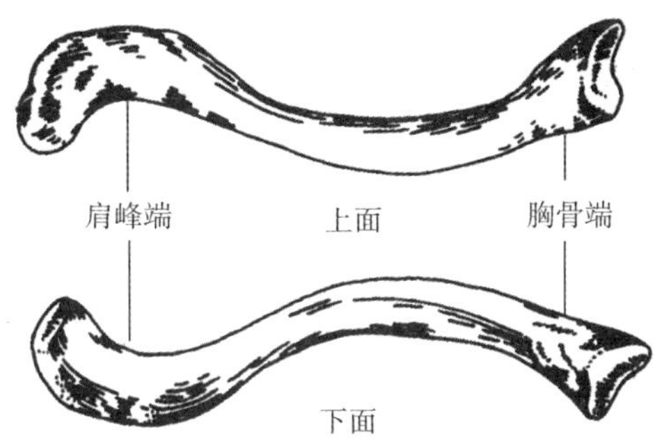

图 4-16　锁骨（右侧）

（3）肱骨（humerus）（图 4-17，图 4-18）：典型的长骨，分一体两端。上端膨大，其内上部呈半球形，称肱骨头，与肩胛骨关节盂相关节。上端与肱骨体交界处较细，称外科颈，是骨折的易发部位。

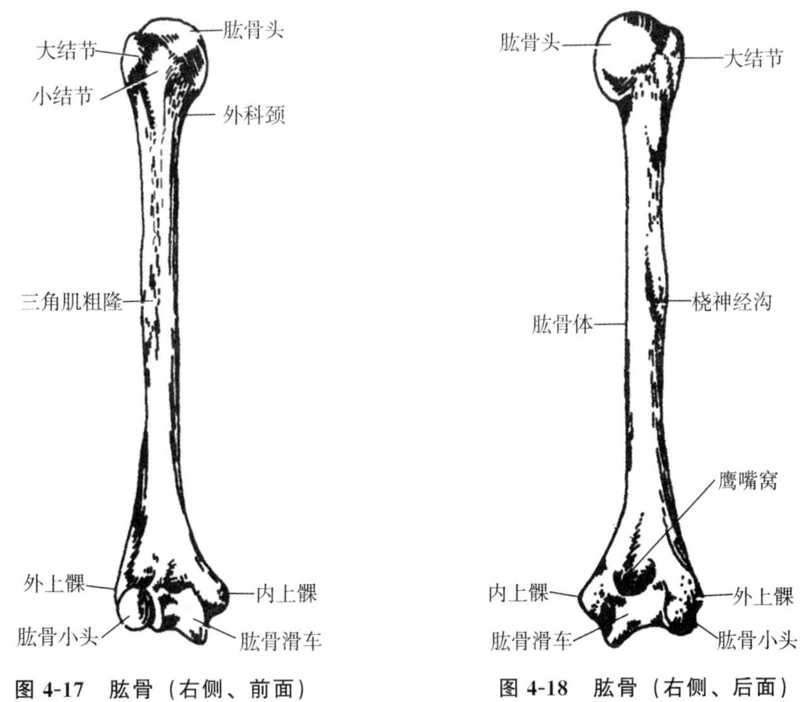

图 4-17　肱骨（右侧、前面）　　**图 4-18　肱骨（右侧、后面）**

（4）桡骨（radius）（图 4-19，图 4-20）：位于前臂外侧部。上端略膨大，为桡骨头。桡骨下端膨大，下面有腕关节面，与腕骨相关节；外侧向下突起，称茎突。

（5）尺骨（ulna）（图 4-19，图 4-20）：位于前臂内侧部。上端膨大，前面有一半月形凹陷，称滑车切迹，滑车切迹后上方的突起为鹰嘴。尺骨下端为尺骨头，尺骨头的后内侧向下的锥状突起，称茎突。

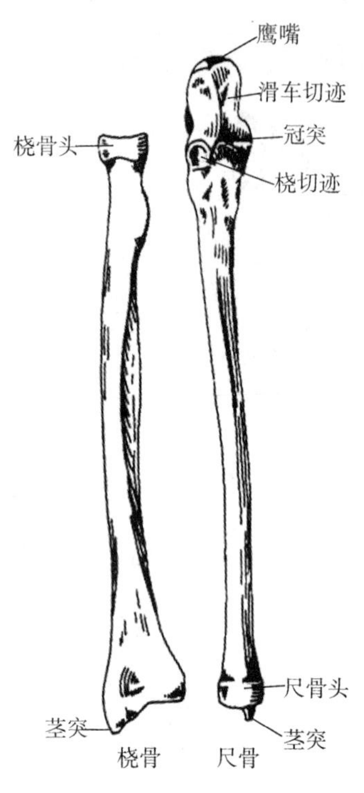

图 4-19 桡骨和尺骨（右侧、前面）

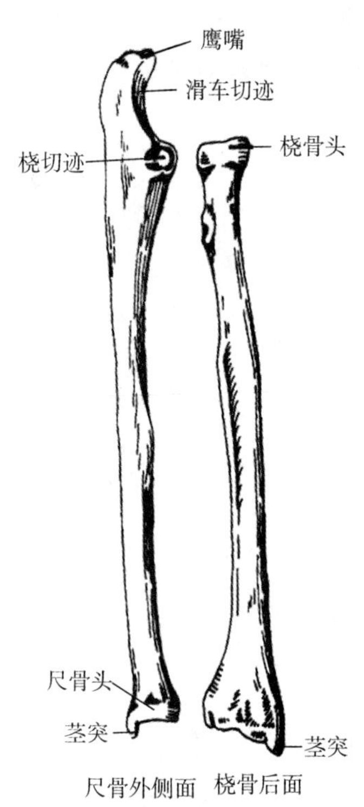

图 4-20 桡骨和尺骨（右侧）

（6）手骨：手骨包括腕骨、掌骨和指骨（图 4-21）。

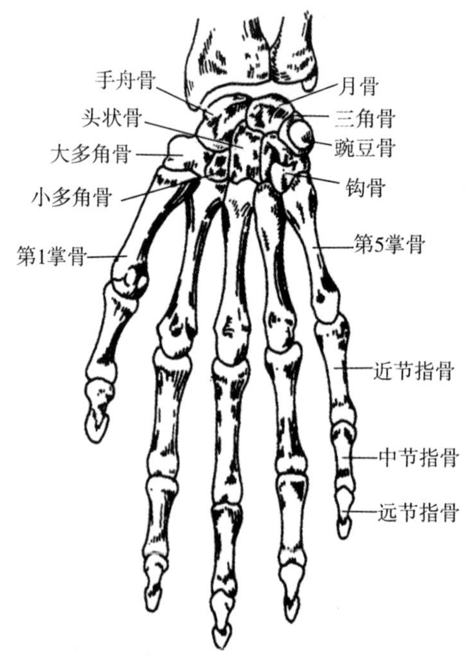

图 4-21 手骨（右侧、前面）

腕骨共8块，属短骨，排列成近、远两列。掌骨共5块，属长骨，由桡侧至尺侧，依次为第1～5掌骨。指骨共14块，属长骨。拇指为2块，其余各指均为3块，分别称为近节指骨、中节指骨和远节指骨。

2. 上肢骨的连结　除胸锁关节和肩锁关节外，主要有以下几个。

(1) 肩关节 (shoulder joint) (图4-22)：由肱骨头与肩胛骨的关节盂构成。肩关节的形态特点是：肱骨头大，关节盂小而浅，关节囊薄而松弛。关节囊的前、后、上壁都有腱纤维编入而使其加强，唯下壁薄弱，故肩关节脱位时肱骨头常从下壁脱出。

微视频：

肩关节

肩关节是人体运动幅度最大、最灵活的关节，可作屈、伸、收、展、旋内、旋外和环转运动。因而，肩关节也易损伤或脱位。

微视频：

肘关节

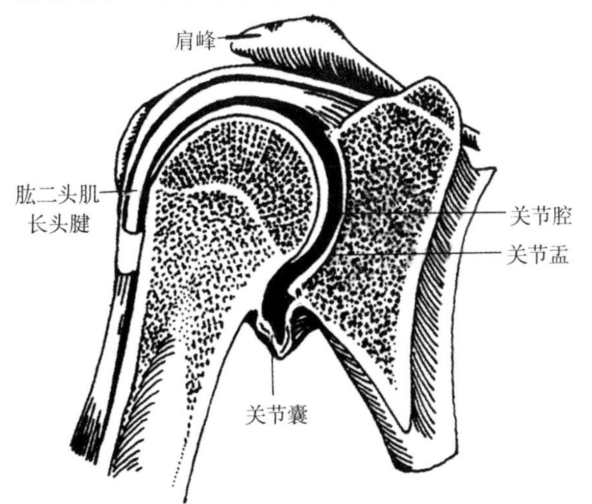

图4-22　肩关节（右侧、冠状切面）

(2) 肘关节 (elbow joint) (图4-23)：由肱骨下端与桡、尺骨的上端连结而成。肘关节可作屈、伸运动。

(3) 桡尺连结：包括桡尺近侧关节、前臂骨间膜和桡尺远侧关节。桡尺近侧关节和桡尺远侧关节必须同时运动，运动时可使前臂旋前、旋后。

(4) 手关节 (图4-24)：手关节包括桡腕关节、腕骨间关节、腕掌关节、掌骨间关节、掌指关节和指骨间关节。

微视频：

手关节

桡腕关节 (radiocarpal joint)：又称腕关节，关节囊松弛，前、后和两侧均有韧带加强，可作屈、伸、收、展和环转运动。

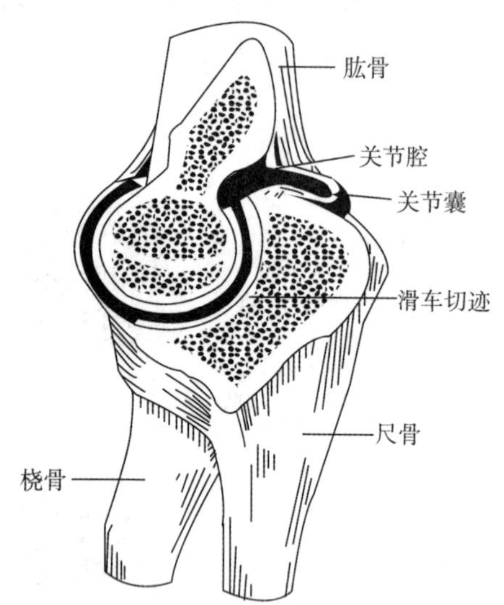

图 4-23 肘关节（右侧、矢状切面）

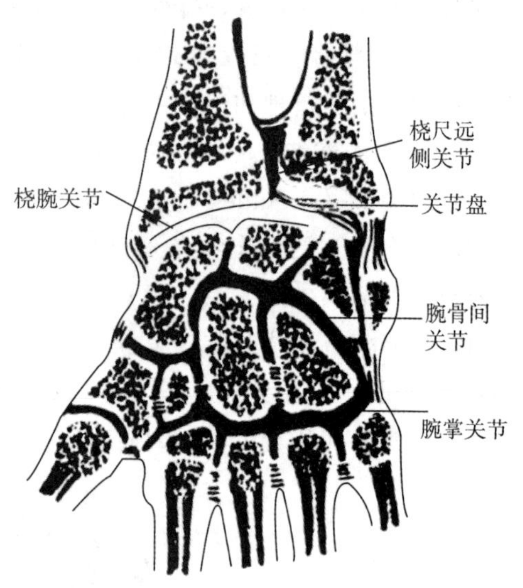

图 4-24 手关节（右侧、冠状切面）

（二）下肢骨及其连结

1. 下肢骨 每侧 31 块。

（1）髋骨（hip bone）（图 4-25，图 4-26）：位于盆部，属不规则骨。髋骨由髂骨、耻骨和坐骨构成，16 岁左右完全融合。三骨融合部有一深窝，称髋臼，其前下方的有一卵圆形大孔，称闭孔。

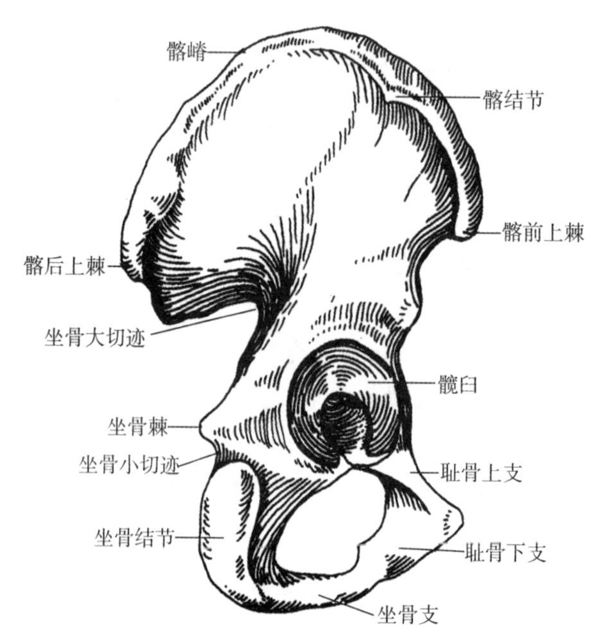

图 4-25 髋骨（右侧、外面）

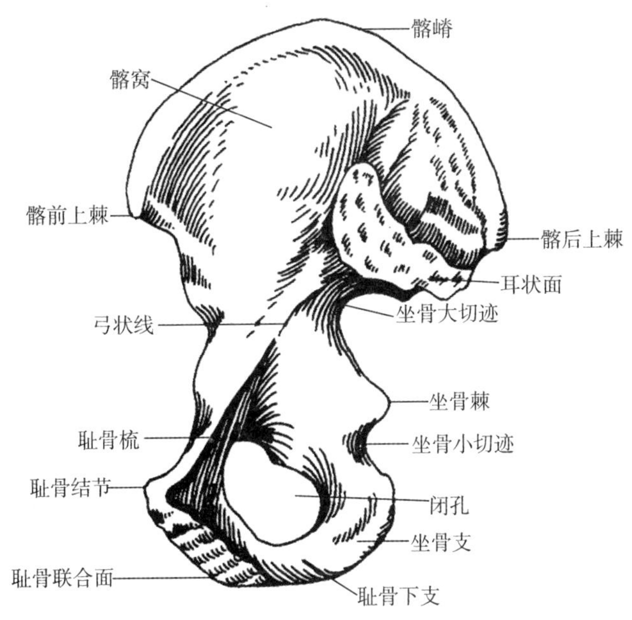

图 4-26　髋骨（右侧、内面）

髂骨构成髋骨的上部，髂骨的上缘肥厚，称髂嵴。两侧髂嵴最高点的连线，约平对第 4 腰椎棘突，是腰椎穿刺时的定位标志。髂嵴前端的突起，称为髂前上棘。在髂前上棘的后上方 5～7cm 处，髂嵴向外突出，称髂结节。

坐骨构成髋骨的下部，分坐骨体和坐骨支两部分，两者移行处的后部有粗糙的坐骨结节。坐骨结节后上方的尖形突起称坐骨棘。

耻骨构成髋骨的前下部。耻骨内侧的椭圆形粗糙面，为耻骨联合面。

（2）股骨（femur）（图 4-27，图 4-28）：位于股部，是人体最长最粗壮的长骨，上端有朝向内上方的球形股骨头，与髋臼相关节。股骨头外下方狭细的部分为股骨颈，股骨颈以下为股骨体。股骨下端膨大并向后突出，形成内侧髁和外侧髁。

（3）髌骨（patella）：位于股骨下端的前面，被股四头肌肌腱包被，是人体最大的籽骨，上宽下尖，扁椭圆形。

（4）胫骨（tibia）（图 4-29，图 4-30）：粗壮的长骨，位于小腿内侧部。上端膨大，向两侧突出，称内侧髁和外侧髁。上端前面的隆起为胫骨粗隆。胫骨下端略膨大，其内下有一突起，称为内踝。

（5）腓骨（fibula）（图 4-29，图 4-30）：细长，位于小腿外侧部，胫骨后外侧。上端略膨大称腓骨头，下端膨大称外踝。

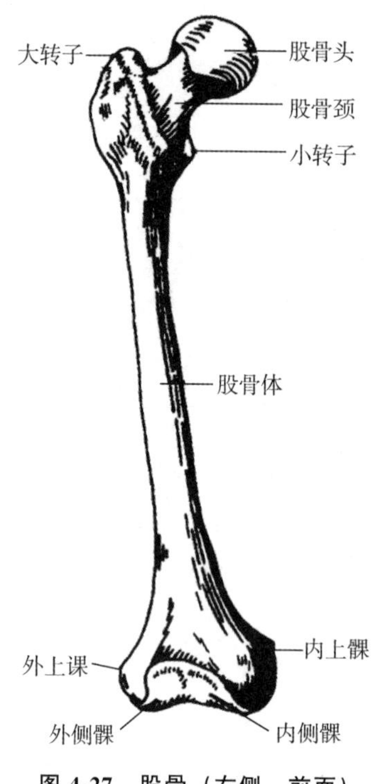

图 4-27　股骨（右侧、前面）

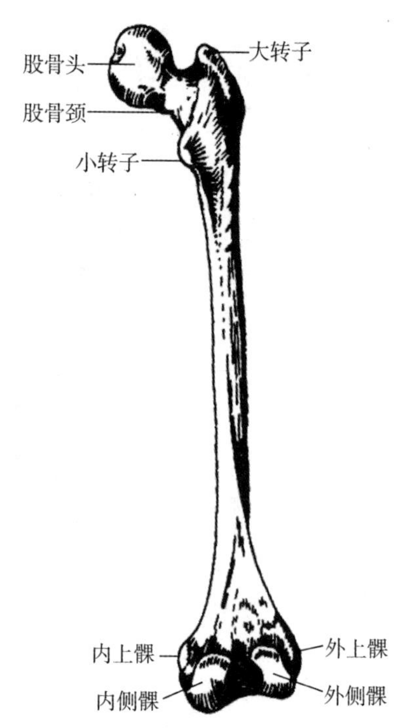

图 4-28　股骨（右侧、后面）

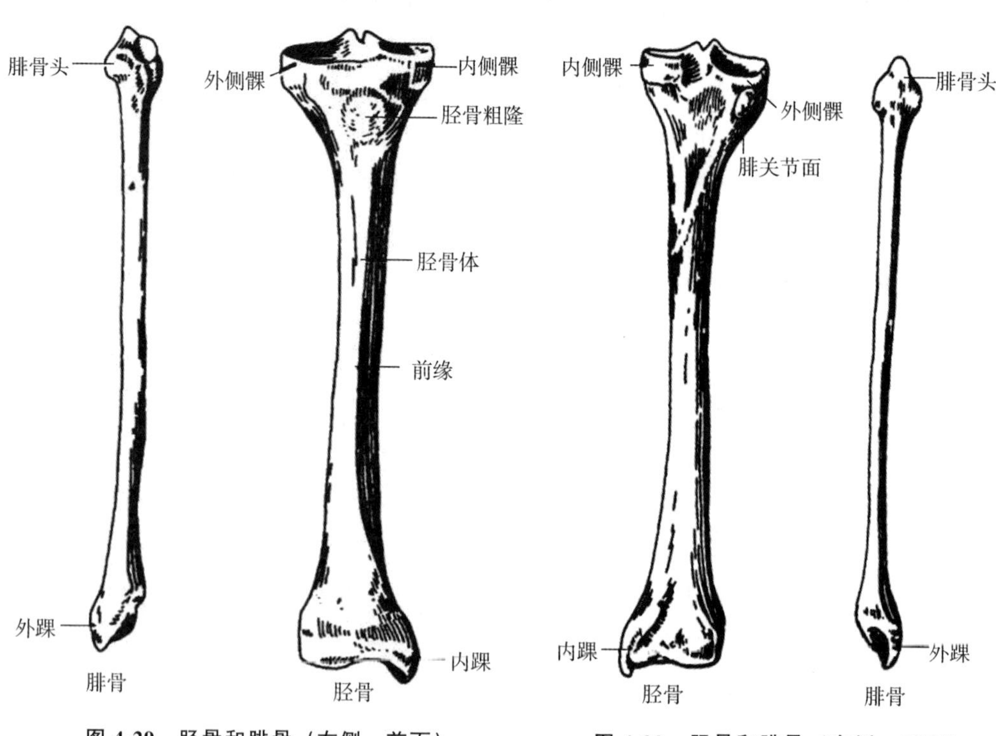

图 4-29　胫骨和腓骨（右侧、前面）

图 4-30　胫骨和腓骨（右侧、后面）

（6）足骨：包括跗骨、跖骨和趾骨（图 4-31）。跗骨共 7 块，属短骨。跖骨共 5

块，属长骨，自内侧向外侧，依次为第 1～5 跖骨。趾骨共 14 块，属长骨。

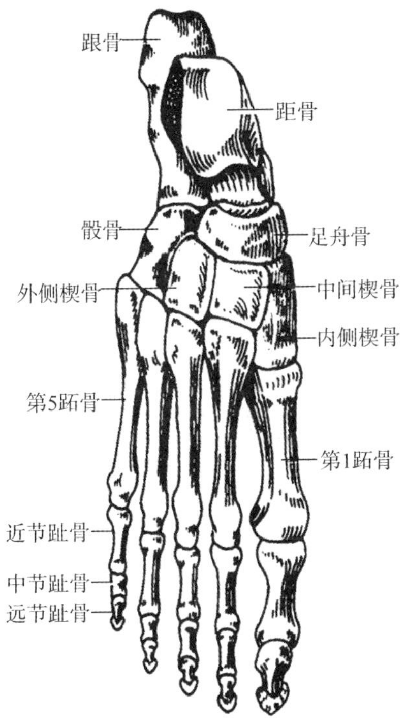

图 4-31　足骨（右侧、上面）

2. 下肢骨的连结

（1）髋骨的连结：两侧髋骨的后部借骶髂关节和韧带与骶骨相连；前部借耻骨联合相互连结。

图片：骨盆

骨盆（pelvis）由骶骨、尾骨和左、右髋骨以及其间的骨连结构成（图 4-32），具有保护骨盆腔内脏器和传递重力等功能。

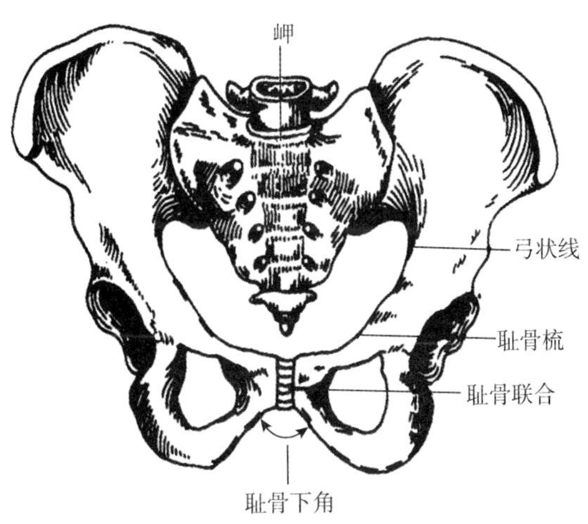

图 4-32　骨盆（前上观）

男女性骨盆的差异很大。由于女性骨盆要适应妊娠、分娩的需要，与男性骨盆比较，其骨盆较短而宽、上口较圆、下口和耻骨下角较大。

（2）髋关节（hip joint）（图 4-33）：由髋臼和股骨头构成。股骨头全部纳入髋臼内。关节囊厚而坚韧。髋关节可作屈、伸、收、展、旋内、旋外和环转运动。运动幅度比肩关节小，具有较大的稳固性，以适应其承重和行走的功能。

微视频：髋关节

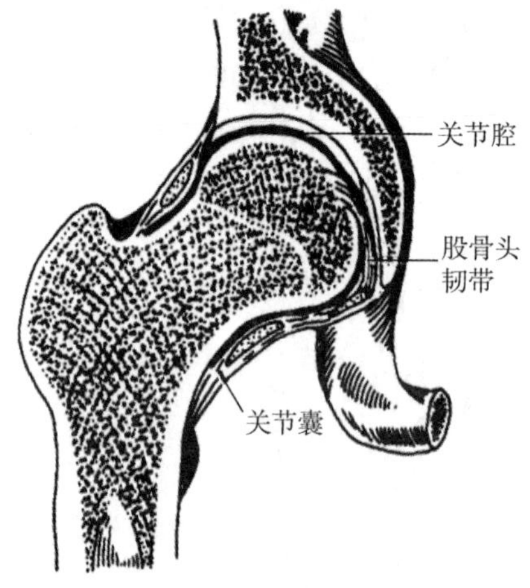

图 4-33 髋关节（右侧、冠状切面）

（3）膝关节（knee joint）（图 4-34，图 4-35）：由股骨内、外侧髁和胫骨内、外侧髁以及髌骨组成，是人体最大最复杂的关节。关节囊前壁有强大的髌韧带，是股四头肌腱从髌骨下缘至胫骨粗隆的部分。关节囊内有牢固地连于股骨与胫骨之间的前、后交叉韧带，以及分别位于股骨与胫骨同名髁之间的内、外侧半月板（图 4-35）。半月板使关节面形态相适应，同时能缓冲压力，吸收震荡，起弹性垫作用。膝关节可作屈、伸运动。

微视频：膝关节

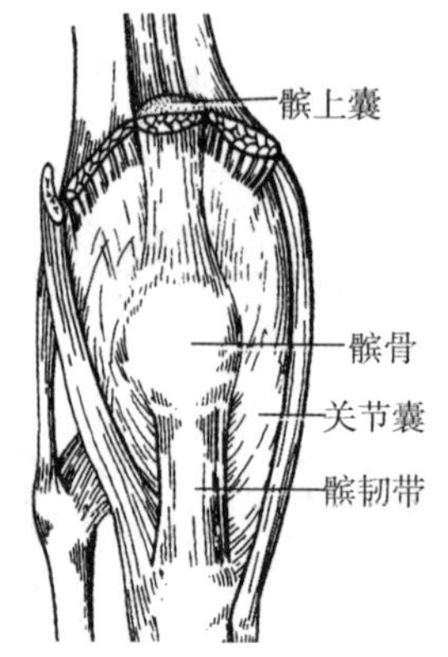

图 4-34 膝关节（右侧、前面）

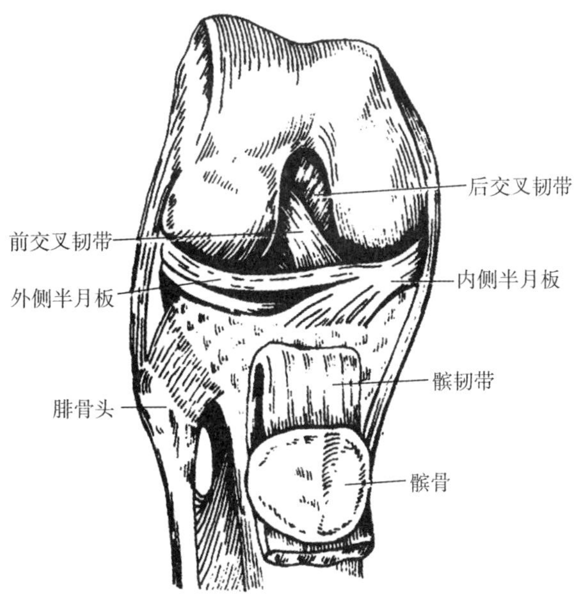

图 4-35　膝关节囊内结构（右侧、前面）

（4）胫腓连结：胫、腓两骨连结紧密，两骨间运动幅度极小。

（5）足关节（图 4-36）：包括距小腿关节、跗骨间关节、跗跖关节、跖骨间关节、跖趾关节和趾骨间关节。

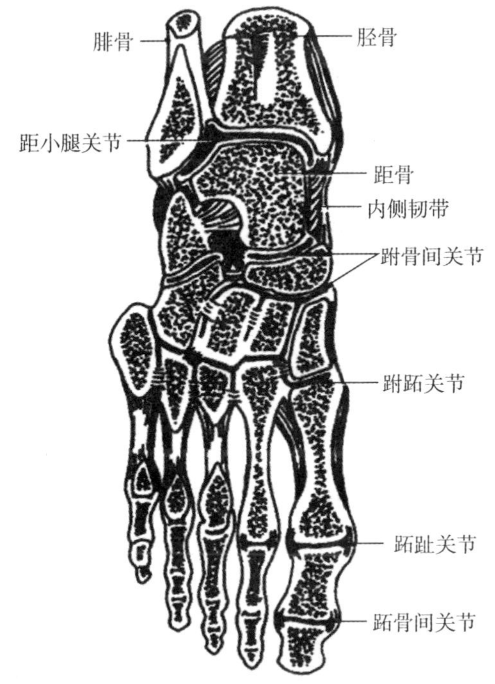

图 4-36　足关节（右侧、前面）

距小腿关节（talocrural joint）（又称踝关节）由胫、腓两骨的下端和距骨组成。在踝关节跖屈，且足过度内翻时易发生损伤。踝关节可作背屈（伸）和跖屈（屈）运动；与跗骨间关节协同作用时，可使足内翻和外翻。

微视频：
踝关节

（6）足弓：跗骨和跖骨借关节和韧带紧密相连，在纵、横方向上都形成凸向上方的弓形，称足弓（图 4-37）。足弓增加了足的弹性，在行走、跑跳和负重时，可缓冲地面对人体的冲击力，以保护体内器官。

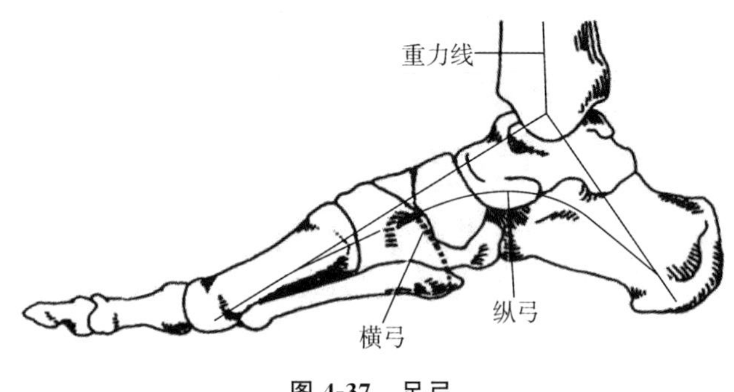

图 4-37　足弓

第二节　骨骼肌

一、概述

骨骼肌（skeletal muscle）在人体内广泛分布，共有 600 多块，约占成人体重的 40%，属横纹肌，大多附着于骨骼，可以根据人的意志收缩和舒张。每一块肌都具有一定的形态、结构和功能，有丰富的血管、淋巴管分布，接受一定的神经支配，故每块肌都可看作是一个器官。肌的血液供应受阻，可引起肌的坏死；支配肌的神经发生损伤，可引起肌的瘫痪。

PPT：
骨骼肌

（一）肌的形态和结构

肌的形态多种多样，按外形大致可分长肌、短肌、阔肌（扁肌）和轮匝肌 4 种（图 4-38）。长肌多见于四肢，收缩时明显缩短，故可产生幅度较大的运动。短肌多见于躯干深层，具有明显的节段性，收缩幅度较小。阔肌多见于躯干浅层，如胸腹壁，除运动外，还有保护和支持器官的作用。轮匝肌呈环形，位于孔裂的四周，收缩时可关闭孔、裂。

肌由肌腹和腱构成。肌腹位于肌的中部，呈红色，具有收缩功能。腱位于肌的两

端，色白而坚韧，没有收缩功能，主要传递力的作用。肌腹借腱附着于骨。阔肌（扁肌）的腱呈薄片状，称腱膜。

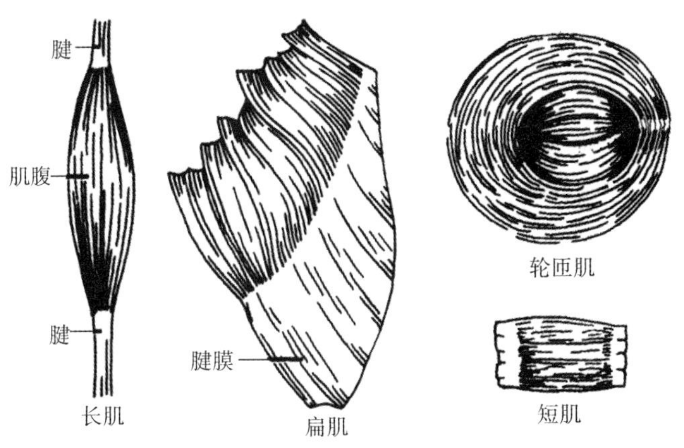

图 4-38 肌的形态

（二）肌的起止和配布

肌常以两端附于两块或两块以上的骨，中间跨过一个或多个关节。肌收缩时，两骨位置靠近或远离从而产生运动。肌在固定骨上的附着点称为起点或定点，在移动骨上的附着点称为止点或动点。

（三）肌的辅助结构

肌的辅助结构包括筋膜、滑膜囊和腱鞘等，具有保持肌的位置、减少运动摩擦及保护等功能。

1. 筋膜（fascia） 分浅筋膜和深筋膜两类（图 4-39）。

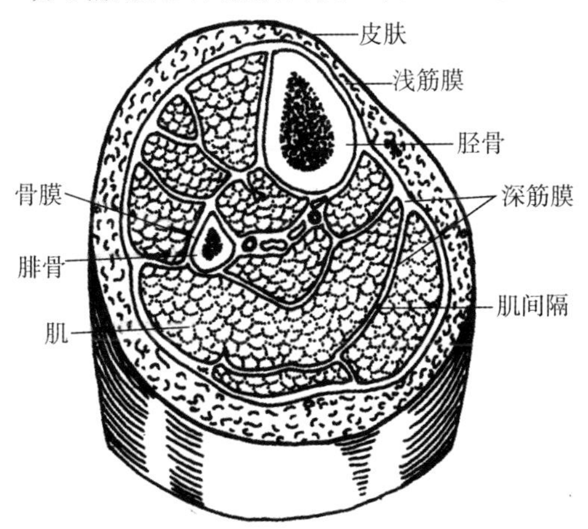

图 4-39 小腿横切面模式图（示筋膜）

（1）浅筋膜：位于皮肤深面，又称皮下筋膜，内含脂肪、浅动脉、皮下静脉、浅淋巴管和皮神经等。

（2）深筋膜：又称固有筋膜，位于浅筋膜的深面，包被体壁、肌和肌群以及血管神经等。

2. 滑膜囊（synovial bursa） 是密闭的结缔组织囊，壁薄，内含滑液，多位于腱与骨面之间，可减少摩擦。

3. 腱鞘（tendinous sheath） 是包绕长肌腱的鞘管，主要位于手、足部，使腱在腱鞘内能自由滑动。

（四）骨骼肌的收缩形式及影响因素

1. 等长收缩与等张收缩

（1）等长收缩：骨骼肌的收缩可表现为肌肉长度缩短或张力增加。肌肉收缩时，张力增加而长度不变的收缩形式，称等长收缩（isometric contraction）。如试图移动一个超过肌肉本身张力的负荷时，肌肉即产生等长收缩。等长收缩无位移，因此肌肉没有做外功。

（2）等张收缩：肌肉收缩时，长度缩短而张力不变的收缩形式，称为等张收缩（isotonic contraction）。肌肉克服负荷收缩时，先肌张力增加，当张力超过负荷时，才表现为肌肉的缩短。如果负荷不变，从肌肉开始缩短直至收缩结束，张力不再变化而保持恒定。肌肉作等张收缩时，出现了长度的缩短，故可完成一定的机械外功；外功的大小等于位移与所移动负荷重量的乘积。

整体情况下的肌肉收缩一般不是单纯的等张收缩或等长收缩，而是两者兼有、有所侧重的复合形式。例如，维持身体姿势的肌肉及肌肉负重时，以张力变化为主，近于等长收缩；而四肢的运动往往以长度变化为主，近于等张收缩。

2. 单收缩与强直收缩

（1）单收缩（single twitch）：肌肉受到一次短促的有效刺激而产生的一次收缩和舒张，称为单收缩。单收缩的全过程可分为3个时期：①潜伏期：指从刺激开始到肌肉开始收缩的一段时间，其中包括肌肉接受刺激后兴奋的产生、传导以及兴奋－收缩耦联所耗费的时间；②收缩期：指从肌肉开始收缩到肌肉收缩的顶峰点（长度最短或张力最大）的一段时间；③舒张期：指从收缩高峰到恢复原状的一段时间。

（2）强直收缩：如果给肌肉连续电脉冲刺激，当刺激频率较低时，每一个新的刺激出现在上一次刺激引起的单收缩全过程之后，因而引起一连串的单收缩；增加刺激频率，如果新刺激出现在前一次收缩的舒张期，则肌肉在尚处于一定程度收缩的基础上进行新的收缩，各刺激引起的收缩发生不完全的互相融合，收缩曲线呈锯齿形，称为不完全强直收缩；如果刺激频率继续增加，肌肉的收缩进一步融合。刺激频率增加至一定程度后，肌肉在收缩过程中将不出现明显舒张，收缩曲线上的锯齿形消失，称为完全强直收缩（图4-40）。

在整体内，受意识支配的骨骼肌收缩都是完全强直收缩，产生的张力远大于单收缩。

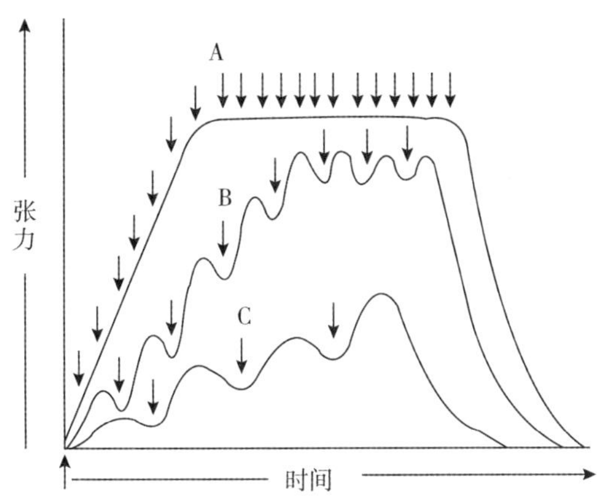

图 4-40 骨骼肌的强直收缩曲线

A—完全强直收缩曲线 B、C—不完全强直收缩曲线（曲线旁边的箭头表示刺激）

3. 影响肌肉收缩的主要因素

（1）前负荷：肌肉收缩前所承受的负荷，称为前负荷（preload）。前负荷决定了肌肉在收缩前的长度，即肌肉的初长度，增加前负荷可使肌肉的初长度增加。在一定范围内，肌肉的收缩张力与初长度成正变关系。使肌肉产生最大收缩张力的肌肉初长度称最适初长度，此时的前负荷称最适前负荷。达到最适前负荷后，随前负荷继续增加，肌肉收缩产生的张力减小。

（2）后负荷：肌肉开始收缩时才遇到的负荷，称为后负荷（afterload）。后负荷阻碍肌肉的缩短。肌肉收缩时，首先进行等长收缩，增加张力。当张力足以克服后负荷时，肌肉才能开始缩短。

（3）肌肉收缩能力：肌肉收缩能力是指与负荷无关的肌肉内部功能状态。缺氧、酸中毒、肌肉中能源物质缺乏等都可降低肌肉收缩能力，而咖啡因、肾上腺素等可使肌肉收缩能力增强。

二、躯干肌

躯干肌分为背肌、胸肌、膈、腹肌和会阴肌。

（一）背肌

1. 背浅肌 位于脊柱与上肢骨之间，主要有斜方肌和背阔肌（图 4-41）等。

（1）斜方肌（trapezius）：位于项部和背上部，一侧呈三角形，左、右两侧合成斜方形。

（2）背阔肌（latissimus dorsi）：是人体最大的扁肌，位于背下部、腰部和胸后外侧壁。

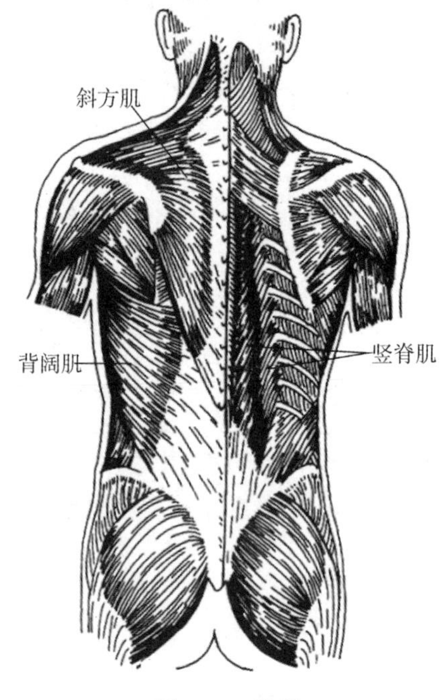

图 4-41　背肌

2. 背深肌　位于脊柱两侧。背深肌中最重要的是竖脊肌（erector spinae），它纵列于棘突两侧。两侧竖脊肌收缩可使脊柱后伸和仰头。

(二) 胸肌

胸肌可分两群，一群起自胸廓，止于上肢骨，称胸上肢肌；另一群起止均在胸廓上，称胸固有肌（图 4-42）。

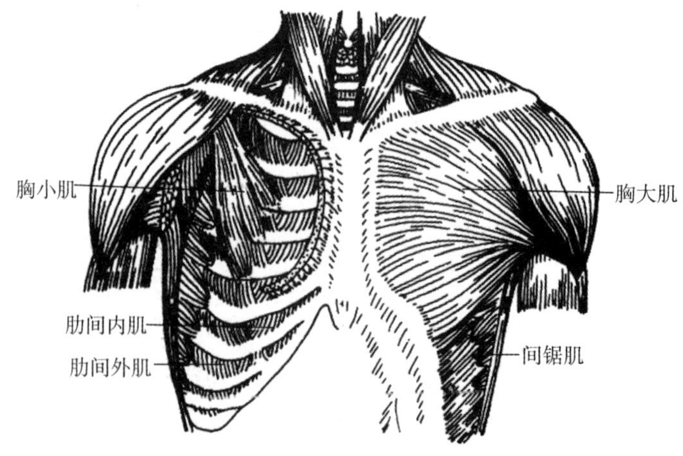

图 4-42　胸肌

1. 胸上肢肌

（1）胸大肌（pectoralis major）：位于胸前壁浅层，宽而厚，呈扇形。此肌收缩时使臂内收、旋内和前屈。当上肢固定时可上提躯干，与背阔肌共同完成引体向上的动作；还可提肋助吸气。

（2）胸小肌（pectoralis minor）：位于胸大肌深面，呈三角形。

2. 胸固有肌

（1）肋间外肌：位于各肋间隙的浅层，收缩时提肋助吸气，是重要的吸气肌。

（2）肋间内肌：位于肋间外肌的深面，收缩时降肋助呼气，是重要的呼气肌。

（三）膈

膈（diaphragm）是分隔胸、腹腔的一块向上膨隆呈穹隆形的扁肌，中央移行为腱膜，称中心腱（图 4-43）。膈有 3 个裂孔：位于第 12 胸椎体前方的是主动脉裂孔，内有主动脉和胸导管通过；主动脉裂孔的左前上方，约在第 10 胸椎水平有食管裂孔，内有食管和迷走神经通过；在食管裂孔右前上方的中心腱内有腔静脉孔，约在第 8 胸椎水平，内有下腔静脉通过。

膈是主要的吸气肌，收缩时膈穹隆下降，胸腔容积扩大，引起吸气。松弛时膈穹窿上升至原位，胸腔容积缩小，引起呼气。

（四）腹肌

腹肌位于胸廓与骨盆之间，是腹壁的主要组成部分，可分前外侧群和后群（图 4-43、图 4-44）。

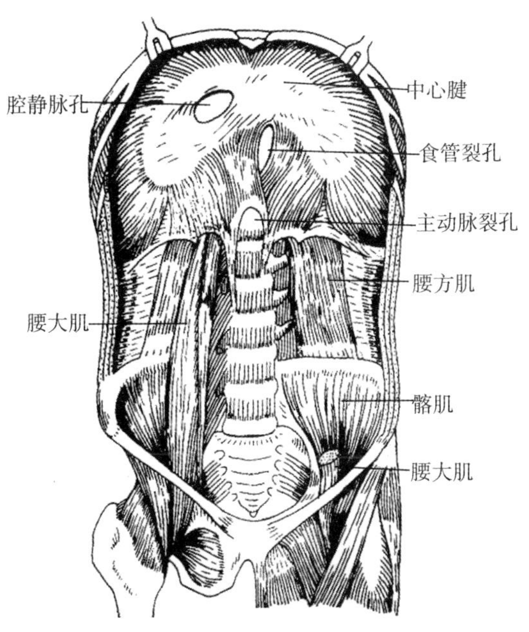

图 4-43　膈和腹后壁肌

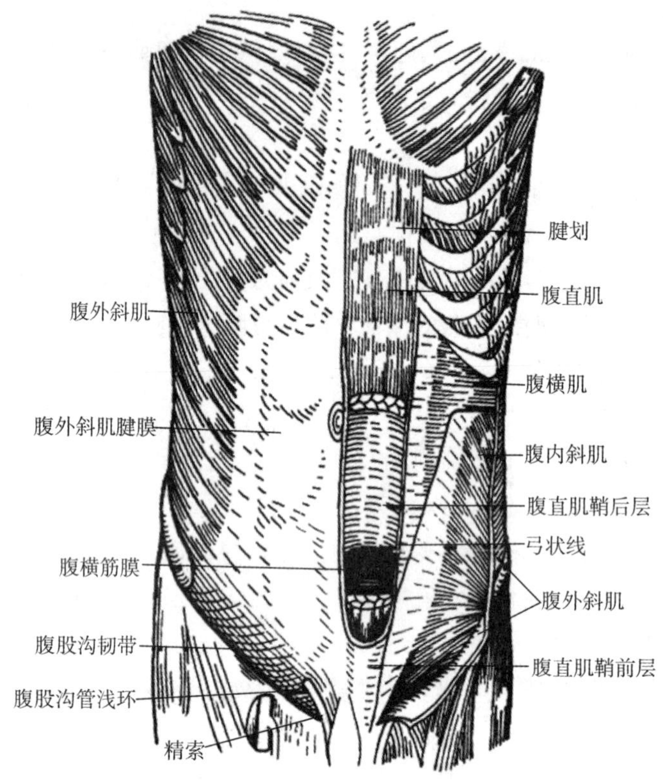

图 4-44　腹前外侧壁肌

1. 前外侧群　构成腹前外侧壁的肌群，包括三层扁肌和长带形的腹直肌。

（1）腹外斜肌：是位于腹前外侧壁浅层的扁肌，腱膜的下缘卷曲增厚，连于髂前上棘和耻骨结节之间，称腹股沟韧带。在耻骨结节的外上方，腱膜形成一个略呈三角形的裂孔，称腹股沟管浅环（皮下环）。腹股沟管是腹前外侧壁下部肌和腱膜之间的潜在性裂隙，男性的精索或女性的子宫圆韧带通过其中。

（2）腹内斜肌（obliquus internus abdominis）：位于腹外斜肌的深面。

（3）腹横肌（transversus abdominis）：位于腹内斜肌的深面。

（4）腹直肌（rectus abdominis）：纵列于腹前壁正中线的两侧。肌的全长被 3～4 条横行的结缔组织构成的腱划，分隔成几个肌腹。

2. 后群　包括腹后壁的腰大肌和腰方肌。

三、头肌

头肌分面肌和咀嚼肌两部分（图 4-45）

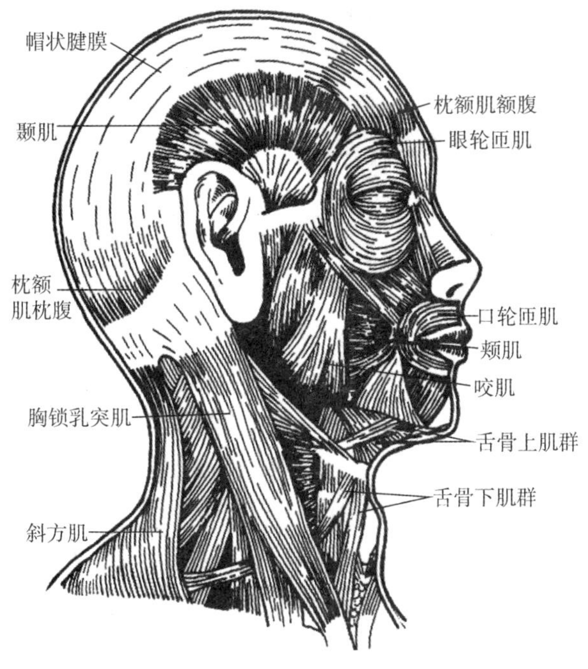

图 4-45　头颈肌

(一) 面肌

面肌位于面部和颅顶，大多起自颅骨，止于面部皮肤，收缩时牵动皮肤，显示各种表情，故又称表情肌。面肌主要有眼轮匝肌、口轮匝肌及枕额肌等。

(二) 咀嚼肌

咀嚼肌位于颞下颌关节的周围，包括：咬肌、颞肌等，参与咀嚼运动。

四、颈肌

颈肌可分三群。胸锁乳突肌（sternocleidomastoideus）位于颈外侧部，起自胸骨柄和锁骨的胸骨端，肌束斜向后上，止于颞骨乳突。一侧胸锁乳突肌收缩，使头向同侧倾斜，面部转向对侧；两侧同时收缩，使头后仰（图 4-45）。

五、上肢肌

上肢肌按部位分为上肢带肌、臂肌、前臂肌和手肌（图 4-46）。

(一) 上肢带肌

上肢带肌配布于肩关节的周围，能运动肩关节，并可增加肩关节的稳固性。上肢带肌主要有三角肌（deltoid），略呈三角形，肌束从前、后和外侧三面包围肩关节并向外下方集中。三角肌收缩主要使肩关节外展，其前部肌束还可使肩关节屈和旋内，其后部肌束使肩关节伸和旋外。腋神经损伤可瘫痪三角肌。

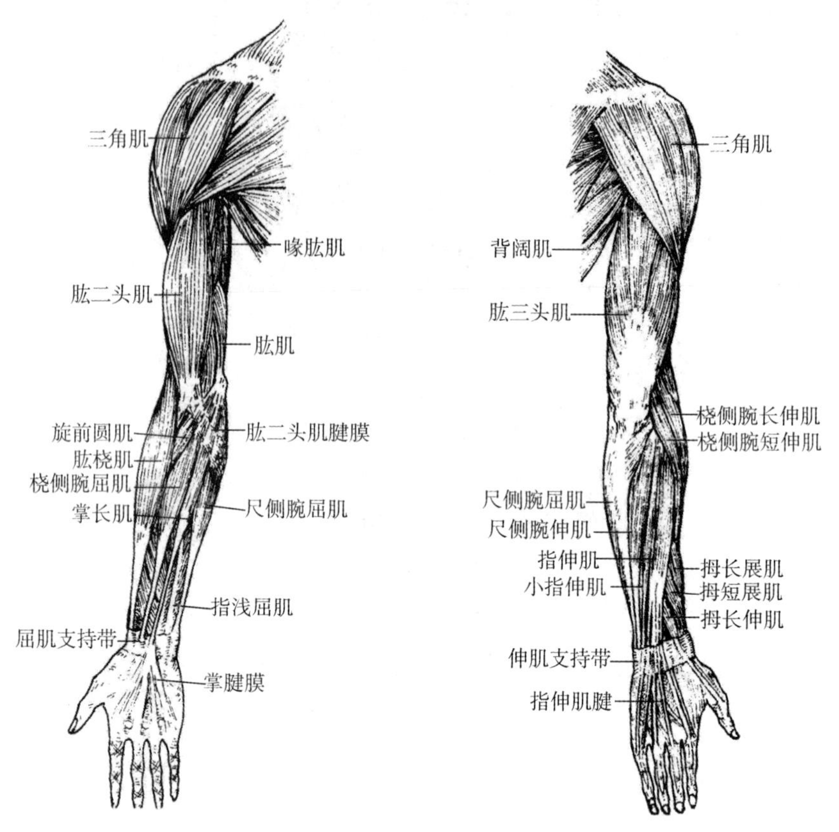

图 4-46　上肢肌（右侧）

（二）臂肌

臂肌配布于肱骨周围，分前、后两群，前群是屈肌，后群是伸肌。

1. 前群　有肱二头肌及其深面的喙肱肌和肱肌。肱二头肌（biceps brachii）呈梭形，起端有长、短两头，两头合成一个肌腹，向下移行为腱止于桡骨。肱二头肌收缩时屈肘关节并使前臂旋后，还可协助屈肩关节。

2. 后群　主要有肱三头肌（triceps brachii）：起端有三个头，三个头会合后以扁腱止于尺骨鹰嘴。肱三头肌收缩时伸肘关节，其长头还可使肩关节后伸和内收。

（三）前臂肌

前臂肌位于桡、尺骨的周围，多数为起自肱骨下端（深层起自桡、尺骨及前臂骨间膜）的长肌，腱细长，向下止于腕骨、掌骨或指骨。前臂肌分前、后两群，前群是屈肌和旋前肌，后群是伸肌和旋后肌。前臂肌的作用大多与其名称相一致。

(四) 手肌

手肌位于手掌，由一些运动手指的小肌组成，分为外侧、内侧和中间三群。外侧群形成明显的隆起称鱼际。内侧群形成的隆起称小鱼际。

六、下肢肌

下肢肌按部位分为髋肌、大腿肌、小腿肌和足肌（图 4-47）。

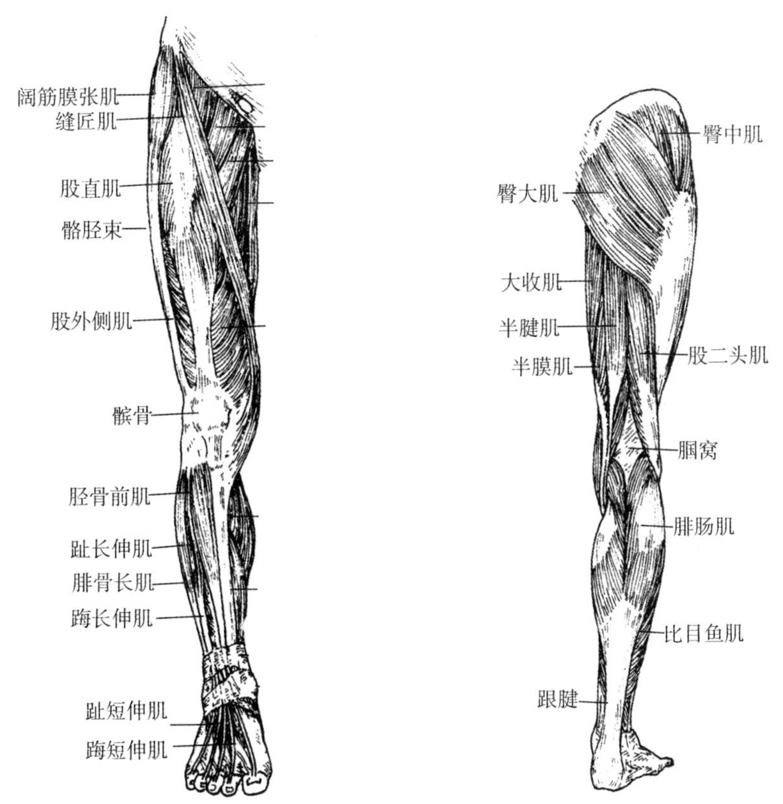

图 4-47　下肢肌（右侧）

(一) 髋肌

髋肌多数起自骨盆，跨过髋关节，止于股骨上部，主要运动髋关节。髋肌分前、后两群。

1. 前群　主要有髂腰肌和阔筋膜张肌。髂腰肌（iliopsoas）由髂肌和腰大肌合成。髂腰肌收缩时使髋关节前屈和旋外；下肢固定时，可使躯干前屈，与腹直肌等共同完成仰卧起坐的动作。

2. 后群　主要有臀大肌、臀中肌、臀小肌和梨状肌等。

(1) 臀大肌（gluteus maximus）：位于臀部浅层，略呈四边形，大而肥厚。臀大肌

收缩时使髋关节后伸并旋外；人体直立时，可制止躯干前倾。臀大肌的外上部为肌内注射的常选部位。

（2）臀中肌：位于臀部上外侧份，前上部位于皮下，后下部在臀大肌深面。

（3）臀小肌：在臀中肌的深面。

（4）梨状肌：位于臀大肌的深面和臀中肌的下方，收缩时使髋关节外展、旋外。

（二）大腿肌

大腿肌配布于股骨周围，分前群、内侧群和后群。

1. 前群　位于股前部，有缝匠肌和股四头肌。

（1）缝匠肌（satorius）：扁带状，是人体最长的肌，收缩时可屈髋关节和膝关节。

（2）股四头肌（quadriceps femoris）：是人体最大的肌，有四个头，分别称为股直肌、股内侧肌、股外侧肌和股中间肌。四个头会合向下移行为腱，包绕髌骨，向下延续为髌韧带，止于胫骨粗隆。股四头肌收缩时伸膝关节，股直肌还可屈髋关节。

2. 内侧群　位于股内侧部，收缩时使髋关节内收、旋外。

3. 后群　位于股后部，包括外侧的股二头肌和内侧的半腱肌、半膜肌。股后群肌收缩时屈膝关节、伸髋关节。

（三）小腿肌

小腿肌配布于胫、腓骨周围，分为前群、外侧群和后群。

1. 前群　收缩时可伸（背屈）踝关节。此外还能使足内翻、伸趾。

2. 外侧群　收缩时屈（跖屈）踝关节并使足外翻。

3. 后群　分浅、深两层。浅层有强大的小腿三头肌（triceps surae），它由浅面的腓肠肌（gastrocnemius）和深面的比目鱼肌（soleus）合成。两肌结合形成膨大的肌腹，向下移行为粗大的跟腱止于跟骨。小腿三头肌收缩时可屈踝关节和膝关节。在站立时，小腿三头肌能固定踝关节和膝关节，防止身体前倾。

（四）足肌

足肌分为足背肌和足底肌。足背肌收缩时助伸趾。足底肌分内侧、中间和外侧三群，其作用是维持足弓并能协助屈趾。

（任典寰、龙香娥）

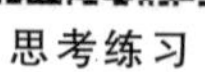
思考练习

参考答案

第五章　脉管系统

学习目标

脉管系统（angiological system）包括心血管系统和淋巴系统两部分。脉管系统的主要功能是以血液或淋巴作为载体进行物质运输，将氧气、营养物质及激素等运送到全身各器官、组织及细胞，同时将各细胞组织的代谢产物运送到肺、肾、皮肤等排泄器官排出体外。

心血管系统（cardiovascular system）是由心和血管组成的连续管道系统。心（heart）是血液循环的动力器官。心有节律地收缩和舒张，为血液在心腔和血管内循环流动提供原动力。血管是血液流动的管道，同时为血液与组织之间进行物质交换提供场所。

为了便于准确描述胸腔内器官的位置及体表投影，通常在胸部体表确定若干标志线。

1. 前正中线　沿身体前面正中所作的垂直线。

2. 胸骨线　沿胸骨外侧缘所作的垂直线。

3. 锁骨中线　通过锁骨中点所作的垂直线。

4. 胸骨旁线　在胸骨线与锁骨中线之间中点所作的垂直线。

5. 腋前线　通过腋前襞所作的垂直线。

6. 腋后线　通过腋后襞所作的垂直线。

7. 腋中线　通过腋前、后线之间中点所作的垂直线。

8. 肩胛线　通过肩胛骨下角所作的垂直线。

9. 后正中线　沿身体后面正中所作的垂直线。

第一节　心

一、心的位置、外形和体表投影

PPT：心的形态和结构

（一）心的位置和外形

心位于胸腔的中纵隔内、膈的中心腱上方，约 2/3 在身体正中线的左侧，1/3 在正中线的右侧。

心的外形略呈倒置的圆锥形，大小约相当于本人的拳头（图 5-1）。心尖朝向左前下方，心底朝向右后上方。上、下腔静脉分别从上、下方注入右心房，左、右肺静脉分别从两侧注入左心房。心脏表面有三个浅沟，可作为心腔在心表面的分界标志。心底附近的环形冠状沟，分隔上方的心房和下方的心室。心室的前、后面各有一条纵沟，分别叫做前室间沟和后室间沟，是左、右心室在心表面的分界标志。

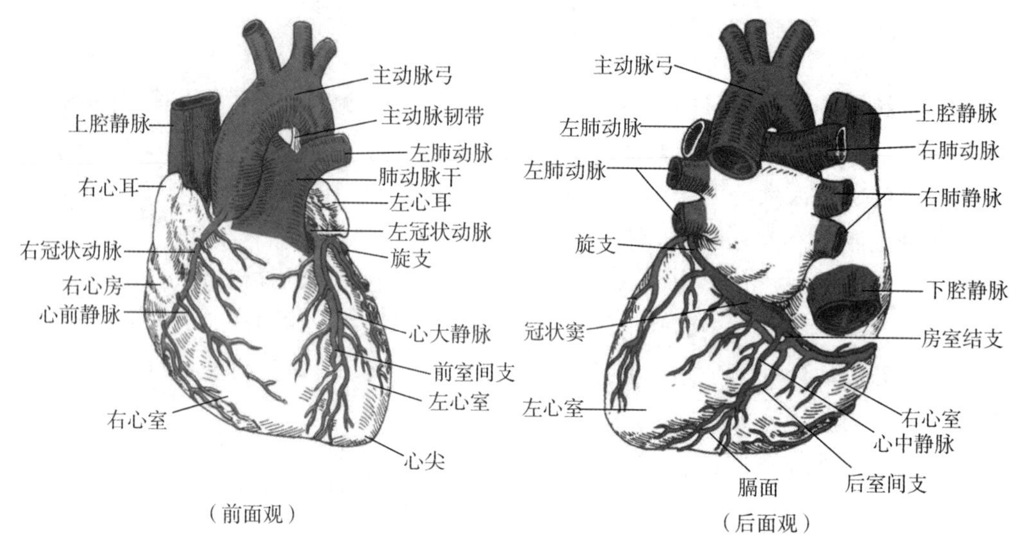

图 5-1　心的外形和血管

（二）心的体表投影

心在胸前壁的体表投影通常采用下列四点连线来确定（图 5-2）：

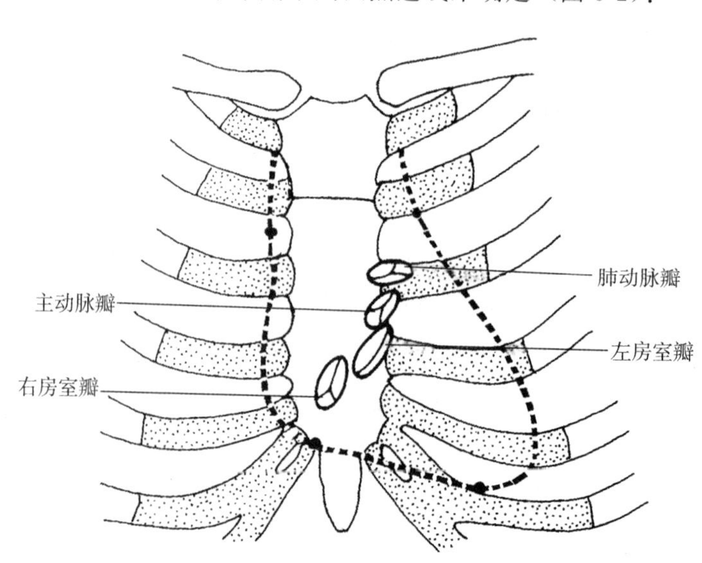

图 5-2　心的体表投影

1. 左上点 左侧第 2 肋软骨下缘，距胸骨左缘约 1.2cm 处。

2. 右上点 右侧第 3 肋软骨上缘，距胸骨右缘约 1.0cm 处。

3. 左下点 左侧第 5 肋间隙，左锁骨中线内侧 1～2cm 处（或距正中线 7～9cm 处）。

4. 右下点 右侧第 6 胸肋关节处。

用左、右上点连线为心上界；左、右下点连线为心下界；右上、下点连线为心右界；左上、下点连线是心左界。

二、心壁的结构

心是肌性的空腔器官，其壁由心内膜、心肌膜和心外膜构成（图 5-3）。

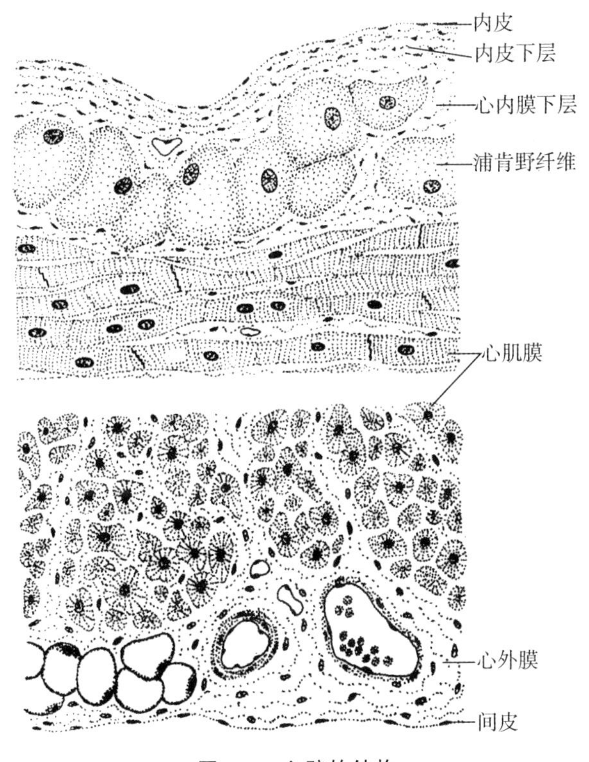

图 5-3 心壁的结构

（一）心内膜

1. 内皮 薄而平整，为心腔表面的单层扁平上皮（内皮）。

2. 内皮下层 为一薄层较细密的结缔组织，染色较淡，胶原纤维和弹性纤维细而均匀，有时还可见散在的平滑肌纤维。

3. 心内膜下层 在内皮下层深面，由疏松结缔组织组成，内有毛细血管和束细胞（蒲肯野纤维）。束细胞比一般心肌纤维粗大，细胞中央有 1～2 个核，肌浆较多、染色较淡，肌丝较少，多分布于细胞的周边部。细胞连接处闰盘较发达。

(二)心肌膜

此层最厚，主要由心肌纤维构成。心肌纤维集合成束，呈螺旋状排列，可分为内纵行、中环行和外斜行三层。心肌纤维之间有少量结缔组织和丰富的毛细血管。心房肌与心室肌不直接相连，它们分别起止于心房和心室交界处的纤维支架结构，形成各自独立的肌性壁，从而保证心房和心室各自进行独立地收缩与舒张。心房肌薄弱，心室肌较厚，其中左心室肌最厚。

(三)心外膜

为浆膜，是浆膜心包的脏层。其外表面为间皮，间皮深部是结缔组织，与心肌膜相连。结缔组织内含血管、神经和神经节，常有脂肪组织。

三、心腔的形态结构

心腔分为右心房、右心室、左心房和左心室。左、右心房之间有房间隔，左、右心室之间有室间隔，左、右侧心腔不直接相通。同侧心房和心室之间借房室口相通。

右心房通过上腔静脉口、下腔静脉口，接纳全身静脉的血液回流；通过冠状窦口，接纳心的静脉血液回流。右心房内的血液经右房室口流入右心室。在右房室口附有三尖瓣（右房室瓣），瓣尖伸向右心室，瓣膜藉腱索与右心室壁上的乳头肌相连。当心室收缩时，瓣膜封闭房室口以防止血液向心房内逆流。右心室的出口称为肺动脉口，通向肺动脉。在肺动脉口的周缘附有三片半月形的瓣膜，称为肺动脉瓣。其作用是当心室舒张时，瓣膜封闭肺动脉口，防止肺动脉的血液逆流至右心室（图 5-4，图 5-5）。

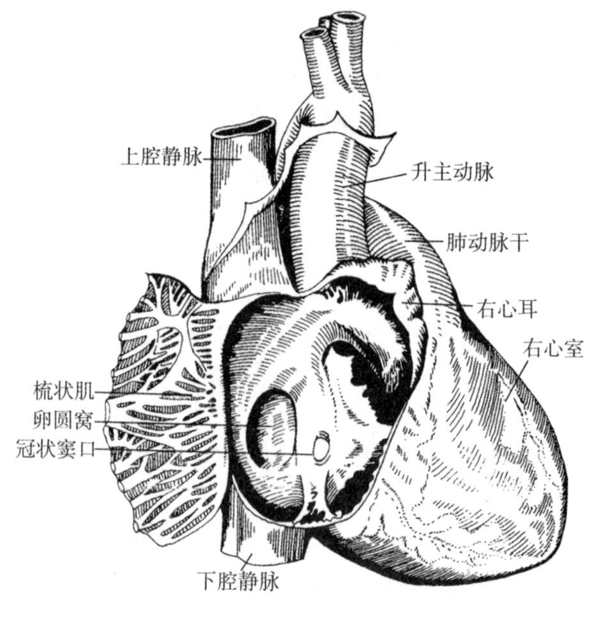

图 5-4　右心房的腔面

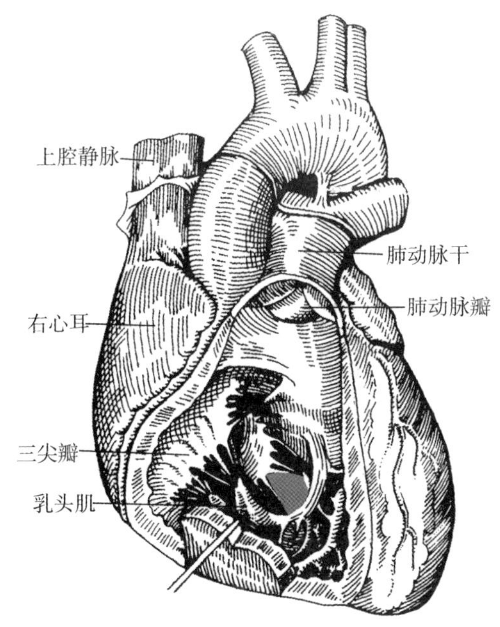

图 5-5　右心室的腔面

左心房通过四个肺静脉口收纳由肺回流的血液，然后经左房室口流入左心室，在左房室口处附有二尖瓣（左房室瓣）。左心室的出口称为主动脉口，左心室的血液通过此口射入主动脉。在主动脉口的周缘附有三片半月形的瓣膜，称为主动脉瓣。二尖瓣和主动脉瓣的形状、结构及作用与三尖瓣和肺动脉瓣的基本一致（图 5-6）。

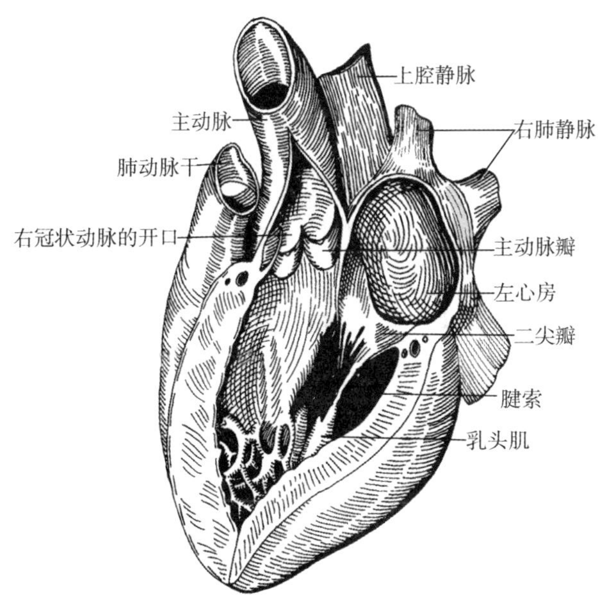

图 5-6　左心房和左心室

房室口和动脉口的瓣膜，是保证心腔血液单向流动的结构。当心室肌舒张时，房室瓣开放，而动脉瓣关闭，血液由心房流向心室；当心室肌收缩时，房室瓣关闭，动脉瓣开放，血液由心室射入动脉。

动画：房室瓣的运动

四、心包

心包（pericardium）（图 5-7）是包裹心和出入心的大血管根部的纤维浆膜囊。分内、外两层，外层为纤维心包，内层为浆膜心包。纤维心包是坚韧的结缔组织，上方与大血管的外膜相续，下方附于膈的中心腱。纤维心包有防止心过度扩张的作用。浆膜心包贴于纤维心包的内面，分互相移行的脏层和壁层。脏层位于心的表面，即心外膜；壁层衬于纤维心包的内面。浆膜心包的脏、壁两层之间的腔隙称心包腔（pericardial cavity）。腔内含少量浆液，起润滑作用，能减少心脏跳动时的摩擦。

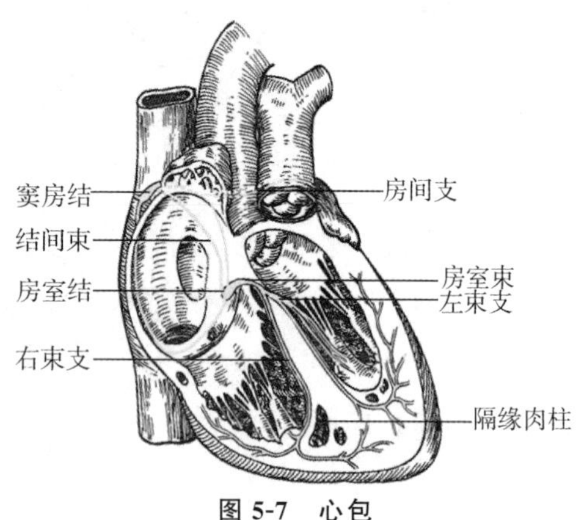

图 5-7　心包

五、心的传导系统

心传导系统由特殊分化的心肌纤维所构成，位于心壁内（图 5-8），具有产生兴奋、传导冲动和维持心正常搏动节律的功能。心传导系统包括窦房结、结间束、房室结、房室束、左右束支及浦肯野（Purkinye）纤维。

动画：心的传导系统

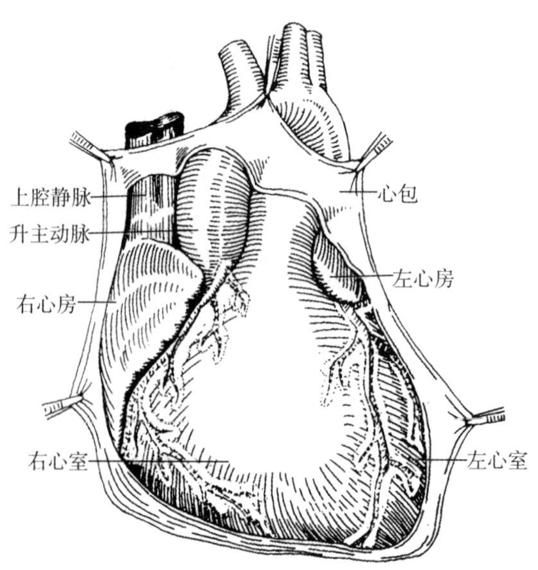

图 5-8　心的传导系统模式图

窦房结（sinuatrial node）是心正常的起搏点，位于上腔静脉与右心耳交界处的心外膜深面，呈长梭形。窦房结发出的节律性冲动，一方面借纤维传导至左、右心房，使心房肌收缩；另一方面经结间束传导至房室结之后，再经房室束、左右束支、浦肯野纤维传导至左、右心室，使心室肌收缩。

六、心的血管

营养心的动脉为发自升主动脉的左、右冠状动脉，其静脉最终汇集成冠状窦，开口于右心房。供给心脏本身的血液循环称之为冠状循环。

1. 动脉　左、右冠状动脉（图 5-1）均发自升主动脉起始部。

（1）右冠状动脉（right coronary artery）：沿冠状沟向右下绕心右缘至心的膈面，发出后室间支，沿后室间沟下行。右冠状动脉分支分布于右心房、右心室、室间隔后1/3、部分左心室后壁、房室结（分布率占 93%）和窦房结（分布率占 60%）。

（2）左冠状动脉（left coronary artery）：主干短而粗，向左前方行至冠状沟，随即分为前室间支和旋支。前室间支沿前室间沟下行，其分支供应左心室前壁、右心室前壁和室间隔前 2/3。旋支沿冠状沟左行，绕过心左缘至左心室膈面，主要分布于左心房、左心室左侧面、膈面和窦房结（分布率占 40%）等。

2. 静脉　心的静脉与动脉相伴行，心的静脉血通过心大、中、小静脉汇入冠状窦，再经过冠状窦口注入右心房。

七、心的泵血功能

（一）心率和心动周期

1. 心率　每分钟心跳的次数称为心率（heart rate，HR）。正常成人安静时心率为 60～100 次/分，平均约 75 次/分。安静情况下，成人心率超过 100 次/分，称心动过速；小于 60 次/分，称心动过缓。心率因年龄、性别和生理状态不同而有差异。新生儿心率可达 130 次/分，随着年龄增长而逐渐减慢，至青春期接近成年人；成年女性的心率略快于男性；经常进行体育活动和体力劳动者，安静时心率较慢；激动、紧张或运动时心率较快，而安静或睡眠时则较慢。

PPT：心的功能

2. 心动周期　心房或心室每收缩和舒张一次的机械活动过程，称为一个心动周期（cardiac cycle）。由于心脏的功能主要由心室来完成，因此，心动周期通常是指心室的活动周期。

心动周期的时间与心率成反比，其关系为：心动周期（s）＝60/心率。以平均心率 75 次/分计算，一个心动周期为 0.8 秒。一个心动周期中，两心房收缩持续 0.1 秒，继而心房舒张，持续 0.7 秒。当心房收缩时，心室处于舒张期；心房收缩完毕进入舒张期时，心室才开始收缩，持续 0.3 秒。随后心室进入舒张期，历时 0.5 秒。心室舒张的前 0.4 秒期间，心房也处于舒张期，这一时期称为全心舒张期（图 5-9）。

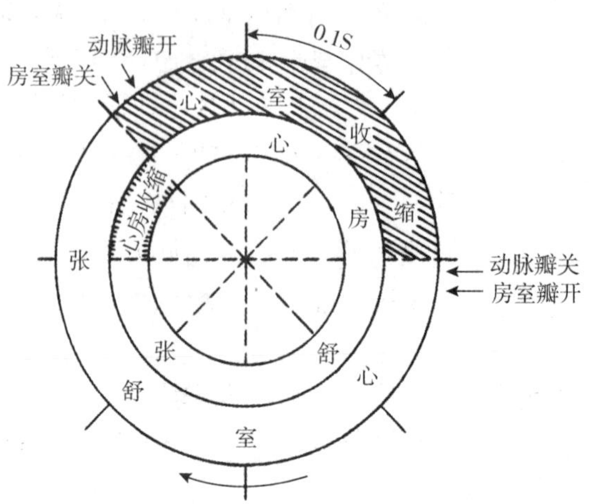

图 5-9　心动周期中心房与心室的活动示意图

心率增快时，心动周期持续时间就会缩短，主要是舒张期缩短，收缩期的变化小很多。

（二）心泵血的过程

心室肌有节律地收缩和舒张，导致心室内压力变化，配合以房室瓣和动脉瓣的开闭，推动血液单向流动。

1. 心室收缩期

（1）等容收缩期：心房收缩完毕，心室开始收缩。心室内压迅速升高，很快高于心房内压，心室内血液推动房室瓣关闭。此时心室内压仍低于动脉压，动脉瓣处于关闭状态。心室成为一个密闭的腔，容积不变，称为等容收缩期。

视频：心脏的泵血过程

（2）快速射血期：心室肌继续收缩，心室内压继续升高。当心室内压高于动脉压时，动脉瓣打开，血液由心室快速射入动脉，称快速射血期。此期射出的血量占心室收缩一次射血量的 70%左右。

（3）减慢射血期：快速射血期后，心室内血量减少，心室肌的收缩也减弱。同时，大量血液进入动脉，使得动脉内压力升高。此时的心室内压已经略低于动脉压，血液由于惯性继续流向动脉，但速度减慢，称为减慢射血期。

2. 心室舒张期　心室收缩结束，即开始舒张。

（1）等容舒张期：心室开始舒张后，心室内压急剧下降，很快低于动脉血压。动脉内血液返流冲击动脉瓣，使其关闭。此时心室内压仍明显高于心房内压，房室瓣依然关闭。心室又成为密闭的腔，容积不变，称为等容舒张期。

（2）快速充盈期：心室的舒张使心室内压继续下降，当低于心房内压时，心房的

血液冲开房室瓣，被快速“抽吸”进入心室，称为快速充盈期。此期心室充盈的血量约占总充盈量的 2/3。

（3）减慢充盈期：快速充盈期后，心室内已有相当的充盈血量，心室内压逐渐升高，心房的压力却逐渐降低。心房与心室压力差减小，血液以较慢的速度继续流入心室，称减慢充盈期。

3. 心房收缩期（房缩充盈期）　在心室舒张的最后时期，心房开始收缩，心房内压的升高，将血液进一步挤入心室。此期的心室充盈量仅占心室总充盈量的 10%～30%。心房收缩期末（也就是心室舒张期末）心室内的容积达到最大，称为心室舒张末期容积。此时心室充盈的血量又称心室舒张末期充盈量。

知识拓展：
心脏瓣膜疾病

心泵血的过程就是心室不断射血和充盈的过程。心室肌的活动在心泵血中起主导作用。心室肌收缩为心室射血提供动力；心室血液充盈的动力也主要来自心室舒张。心房的作用相对较小，其收缩可协助心室充盈。

（三）心音

在每一个心动周期中，心肌收缩、瓣膜开闭、血液对心血管壁的撞击等引起的振动，传导到胸壁形成的声音，称为心音（heart sound）。胸壁某些特定部位进行心音听诊，在判断心脏收缩力、活动节律和瓣膜功能等方面具有重要价值。

一个心动周期中，至少可听到两个心音，分别为第一心音和第二心音。在某些健康儿童和青年人可听到第三心音，用仪器还可能记录到第四心音。

第一心音发生在心室收缩期，主要由房室瓣关闭的振动引起，也与心室射出的血液冲击动脉壁有关，是心室开始收缩的标志。其听诊的特点是：音调较低，持续时间较长。

第二心音发生在心室舒张期，主要是由动脉瓣关闭的振动引起，也与血液返流冲击大动脉根部及心室壁振动有关，是心室开始舒张的标志。其听诊的特点是：音调较高，持续时间较短。

（四）心泵血功能的评价

1. 每搏排出量与射血分数

一侧心室一次收缩所射出的血量，称为每搏排出量（stroke volume），简称搏出量。搏出量可在一定程度上反映心肌的收缩力。正常成人在静息状态下的搏出量约 60～80ml。

搏出量占心室舒张末期容积的百分比，称为射血分数（ejection fraction）。正常成人在静息状态下心室舒张末期的容积约为 125～145ml，射血分数约为 55%～65%。在心室功能减退、心室异常扩大的情况下，虽然搏出量与正常人没有明显区别，但此时的射血分数却明显下降。因此射血分数是评价心肌收缩力更重要的指标。

2. 每分排出量与心指数

一侧心室每分钟射出的血量，称为每分输出量（cardiac output），简称心输出量，亦称心排出量，是搏出量与心率的乘积。若按心率 75 次/分计算，心输出量为 4.5～6.0L/min，平均约 5L/min。心排出量反映血液循环的整体速度，正常情况下与机体的代谢相适应。女性的心输出量略低于男性；青年人的心排出量高于老年人；情绪激动及运动时心排出量增加；睡眠或麻醉情况下心排出量则明显减少。

以每平方米体表面积计算的心排出量，称为心指数（cardiac index）。中等身材的成年人体表面积约为 1.6～1.7m^2，安静和空腹情况下心排出量约 4.5～6L/min，故心指数约为 3.0～3.5L/（min·m^2）。心指数去除了身高和体重因素对心排出量的影响。安静和空腹情况下的心指数，称之为静息心指数，是分析比较不同身高、体重个体心功能的常用指标。年龄在 10 岁左右时，静息心指数最大，可达 4L/（min·m^2）以上，以后随年龄增长而逐渐下降；到 80 岁时，静息心指数降至接近于 2L/（min·m^2）。

（五）影响心排出量的因素

心排出量等于搏出量与心率的乘积，搏出量或心率的变化，均能影响心排出量。

视频：影响心输出量的因素

1. 影响搏出量的因素

（1）前负荷：心室舒张末期容积影响心肌纤维收缩前长度（初长度），被称为心肌的前负荷。在一定范围内，舒张末期容积越大，心肌的初长度就越长，心肌的收缩力也就越强，因而搏出量增加。这种通过改变心肌初长度而引起心肌收缩力和搏出量改变的调节形式，称为异长自身调节。

能使心肌收缩力达到最大值的初长度称为最适初长度，此时的前负荷称为最适前负荷。心肌前负荷过大、心肌初长度过长时，心肌收缩力反而减弱，导致博出量减少。由于心包的限制作用以及心肌组织中存在大量胶原纤维，正常情况下心肌前负荷不会过大。但在病理情况或输液过多、过快时，可造成心室过度充盈而引起心力衰竭。

（2）后负荷：心室肌收缩后，打开动脉瓣射血，心室容积才会缩小、心肌纤维才能缩短。大动脉血压阻碍动脉瓣开放，被称为心肌后负荷。左心室的后负荷是主动脉血压，右心室的后负荷是肺动脉血压。动脉血压升高时，心室后负荷增大，导致等容收缩期延长，射血时间缩短，射血速度减慢，因而搏出量减少。

动脉血压升高使搏出量减少时，心室内的剩余血量增加，心室舒张末期容积增大。通过异长自身调节，搏出量可恢复到正常水平。若动脉血压长期升高，心肌长期加强收缩，将引起心肌肥厚等病理改变，最终导致心力衰竭。

（3）心肌收缩能力：是与前负荷无关的心肌收缩强度和速度特性。这种收缩能力的变化由心肌本身的功能状态决定，不受初长度影响，故称等长自身调节。一些神经体液因素和药物可通过改变心肌收缩能力来调节搏出量。如心交感神经兴奋和肾上腺素可使心肌收缩能力加强，而心迷走神经兴奋和乙酰胆碱则使心肌收缩能力下降。

2. 心率对心排出量的影响　在心肌收缩能力不变的情况下，如果心率加快，心室舒张的时间将缩短，导致心室充盈量减少、搏出量减少。因此心排出量并不是简单地与心率呈正比关系。心率在一定范围内加快时，心排出量也将增加，但不成比例。如果心率过快，超过 170～180 次/分，因为心室充盈量明显减少、搏出量下降幅度较大，心排出量将会减少。

（六）心泵血功能的储备

心排出量能随机体代谢的需要而增加的能力称为心功能储备，又称心力储备。心力储备是评价心泵血功能的重要指标之一。健康成人在剧烈运动或强体力劳动时，心排出量可达静息状态时的 5～6 倍，运动员可达 8 倍左右。经常进行体育锻炼，增强心泵功能，可提高心力储备。心脏疾病患者、不运动的人以及老年人等心力储备较低，安静时心排出量尚能满足需要，但运动或劳动时就可出现心悸气短、缺氧等心功能不足的表现。

八、心肌的生物电现象和生理特性

组成心肌的细胞多种多样，可有不同的分类。普通的心房肌和心室肌细胞主要执行收缩功能，故称为工作细胞；心传导系统的细胞没有收缩能力，称非工作细胞。心传导系的大部分细胞，如窦房结 P 细胞、房室交界处多数细胞、房室束的细胞和浦肯野细胞等有自动产生节律性兴奋的能力，称为自律细胞。工作细胞及房室交界处少数细胞为非自律细胞。

（一）心肌的生物电现象

不同类型心肌细胞的生物电特点及其形成机制均不同，下面以心室肌细胞和窦房结 P 细胞为例说明。

1. 心室肌细胞的生物电现象　正常心室肌细胞的静息电位约为－90mV，主要由 K^+ 外流形成。心室肌细胞的动作电位较复杂，整个过程可分五期：0 期的去极化过程和 1、2、3、4 期的复极化过程（图 5-10）。

（1）去极化过程（0 期）：心室肌细胞在窦房结传来的兴奋刺激作用下，膜内电位由静息状态下的－90mV 迅速上升到＋30mV 左右，历时仅 1～2 毫秒（ms）。0 期的形成是 Na^+ 快速内流所致。相关的 Na^+ 通道是一种快通道，不仅激活快，失活也很快，可被河豚毒所阻断。

（2）复极化过程：心室肌细胞去极化达峰值后立即开始复极，整个复极化过程较为缓慢，可分为以下四个阶段。

①1 期（快速复极化初期）：膜内电位由＋30mV 迅速下降到 0mV 左右，历时约 10ms，与 0 期构成锋电位。此期主要由 K^+ 外流形成；②2 期（缓慢复极期，平台期）：

此期复极过程非常缓慢，膜内电位停滞于 0mV 左右，记录曲线比较平坦，故又称为平台期，历时约 100～150ms。平台期的存在，是心肌细胞复极化缓慢、整个动作电位持续时间较长的主要原因。平台期的形成机制是 Ca^{2+} 缓慢持久内流抵消了 K^{+} 外流的作用。相关的钙通道属于慢通道，激活、失活的时间均较长；③3 期（快速复极化末期）：此期膜内电位从 0mV 左右较快下降到－90mV，历时约 100～150ms。3 期的产生是由于钙通道失活，K^{+} 迅速外流，膜内电位快速下降，完成复极化过程；④4 期（静息期）：此期膜内电位恢复并稳定于－90mV 水平，但膜内外的离子分布尚未恢复。此时钠泵活动增强，泵出 Na^{+} 而泵入 K^{+}，平台期内流的 Ca^{2+} 也主动转运到细胞外，从而使细胞内外的离子分布恢复至原先水平，以维持细胞的正常兴奋性。

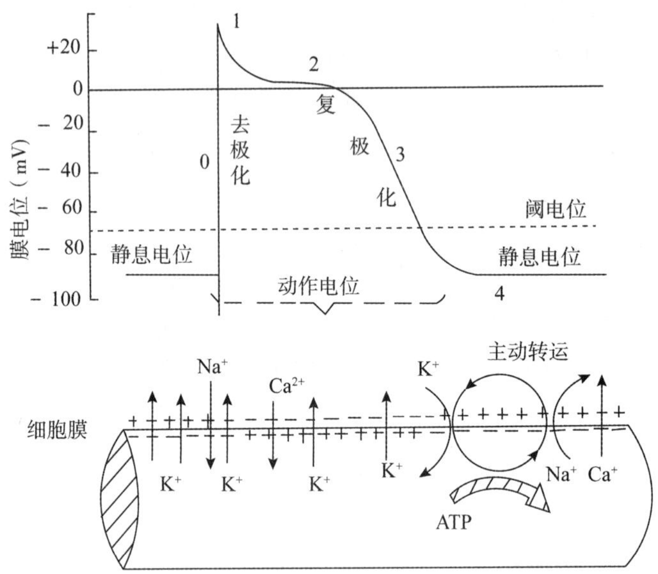

图 5-10　心室肌细胞的跨膜电位及其形成的主要离子机制

2. 窦房结 P 细胞的生物电现象　窦房结 P 细胞的动作电位过程及形成机制与心室肌细胞明显不同，可分为 0 期、3 期和 4 期三个时期（图 5-11）。

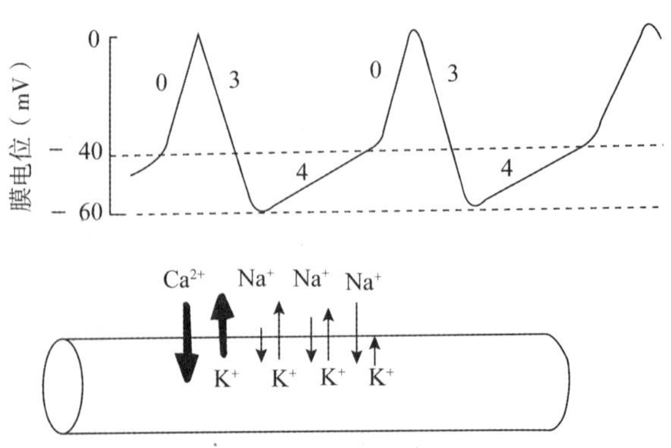

图 5-11　窦房结 P 细胞的动作电位及其形成机制

（1）去极化期（0期）：窦房结P细胞去极化速度慢、幅度低，历时约7ms。去极化是由于慢钙通道被激活，Ca^{2+}内流所致。

（2）复极化期（3期）：窦房结P细胞复极化没有平台期。由于钙通道逐步失活，Ca^{2+}内流逐步减少，而钾通道被激活，K^{+}外流，导致复极化。

（3）自动去极化期（4期）：当膜复极化达到－40mV时，钾通道逐渐失活，K^{+}外流进行性减少，同时Na^{+}内流进行性增强。导致膜内电位逐步升高，出现自动去极化。

窦房结P细胞生物电最大的特点为：动作电位复极化到最大水平后，出现4期自动去极化，而没有稳定的静息期。当自动去极化达到阈电位（约－40mV），即可激活膜上的慢钙通道，引起Ca^{2+}内流，从而产生新的动作电位。4期自动去极化是细胞具有自律性的生物电基础。

（二）心肌的生理特性

心肌具有兴奋性、自律性、传导性和收缩性。其中兴奋性、自律性和传导性是以心肌细胞的生物电活动为基础，是心肌的电生理特性。收缩性是心肌的机械特性。

1. 自动节律性　在没有外来刺激的条件下，心肌能自动地产生节律性兴奋与收缩的能力或特性，称为自动节律性，简称自律性。心脏的自律细胞中，窦房结P细胞的自律性最高（约100次/分），房室交界处细胞次之（约50次/分），浦肯野纤维的自律性最低（约25次/分）。

由于窦房结的自律性最高，正常情况下，窦房结控制着整个心脏的活动节律，称为心脏的正常起搏点。由窦房结引导的心脏活动节律称为窦性心律。通常在窦房结节律的抑制下，其他自律细胞不能表现出自律性，称为潜在起搏点。当窦房结病变、或窦房结的兴奋传导障碍、或潜在起搏点的自律性异常升高时，潜在起搏点则可取代窦房结而成为异位起搏点，产生异位心律。

2. 兴奋性

心室肌动作电位过程中，其兴奋性呈周期性变化，对心脏的泵血功能有着重要意义。

知识拓展：心律失常

（1）心室肌兴奋性的周期性变化：心室肌兴奋性变化可分为三个时期（图5-12）。①有效不应期：心室肌细胞去极化开始至复极化至－60mv的这段时间，由于Na^{+}通道处于失活状态或刚开始恢复，无法产生动作电位，没有兴奋性；②相对不应期：有效不应期后的一段时期（复极化到－60～－80mv之间），Na^{+}通道已恢复大部分。此时细胞具有兴奋性，但低于正常；③超常期：心室肌细胞复极化到－80～－90mv之间，细胞膜Na^{+}通道基本恢复正常。而此时的膜电位与阈电位差值较小，更容易产生动作电位，心肌细胞兴奋性高于正常时期。

其后，膜电位恢复到静息电位水平，细胞的兴奋性也恢复至正常。

（2）心室肌的兴奋性与收缩活动的关系：心室肌细胞兴奋性的特点是有效不应期

特别长。在收缩期及舒张的早期，心室肌处于有效不应期，没有兴奋性。因此，心室肌不会产生完全强直收缩，甚至也不易产生不完全强直收缩。这个特点保证了心脏收缩与舒张交替进行，实现泵血功能（图 5-12）。

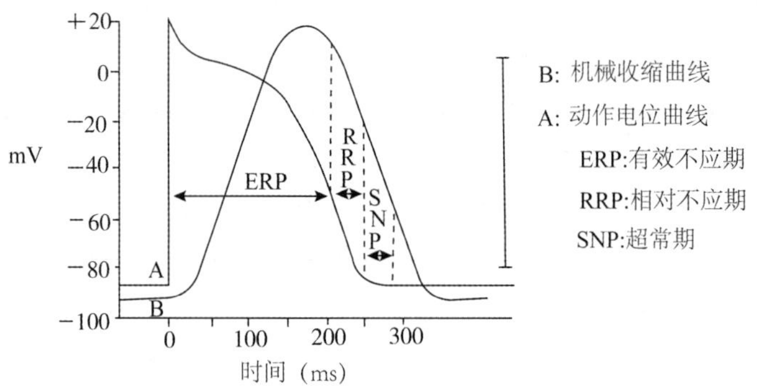

图 5-12　心室肌收缩曲线及兴奋性周期

（3）期前收缩和代偿间歇：正常情况下，心室肌的兴奋来源于窦房结。但如果在有效不应期之后、下一次窦房结冲动到达之前受到额外刺激，心室肌可发生一次提前的兴奋和收缩，称为期前收缩，亦称早搏。期前的兴奋也存在有效不应期，随后的一次窦房结兴奋传到时，常落在有效不应期内，必须等再下一次的窦房结兴奋传到，才能引起心肌兴奋和收缩。因此，一次期前收缩之后往往出现一段较长的心肌舒张期，称为代偿间歇（图 5-13）。

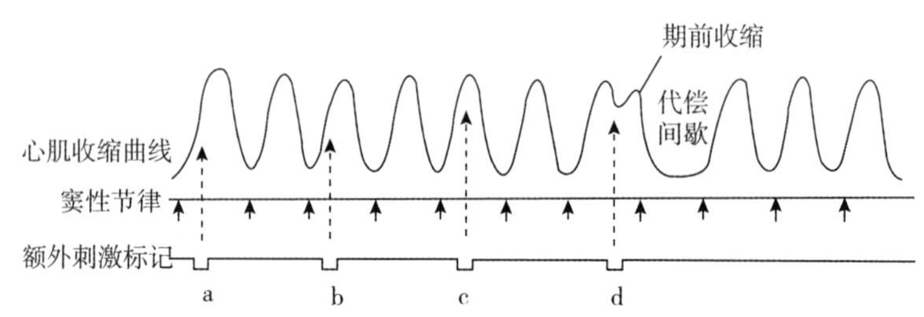

图 5-13　期前收缩和代偿间歇示意图

注：额外刺激 a、b、c 落在有效不应期内，对心肌没有影响；d 落在有效不应期之后、下一个窦性节律到达之前，引起期前收缩；刺激 d 之后的窦房结冲动落在期前兴奋的有效不应期，导致代偿间歇。

3. 传导性

心肌细胞传导兴奋的能力，称为传导性。由于心肌细胞之间的连接存在闰盘结构，且心房肌细胞之间、心室肌细胞之间各自通过分支相互连接，兴奋在心房内或心室内传递迅速。

图片：心内兴奋的传导

（1）心脏内兴奋传播的途径：窦房结是心脏兴奋的发源地，由窦房结发出的兴奋通过心房肌传导到整个右心房和左心房，引起左、右心房一起兴奋。同时，窦房结兴奋通过优势传导通路迅速传导到房室交界区，再经房室束和左、右束支传导到密布于心室肌的浦肯野纤维网，最后传到心室肌，引起左、右心室一起兴奋（图 5-8）。

（2）心脏内兴奋传播的特点：兴奋在心脏各个部分传播的速度并不相同。兴奋在心房内、心室内传导均较快。心房肌的传导速度为 0.4m/s，优势传导通路的传导速度可达 1m/s，心室肌的传导速度约为 1m/s，浦肯野纤维传导速度可达 4m/s。但房室交界区的传导速度仅 0.02m/s。房室交界区兴奋传导速度极慢、传导时间较长的现象称为房一室延搁。由于窦房结兴奋传往心室的过程中，必然经过房室交界。房一室延搁可以保证心房收缩先于心室，有利于心室的充盈。

4. 收缩性 与骨骼肌一样，心肌细胞受到刺激时先产生兴奋（动作电位），再通过兴奋一收缩耦联过程引起肌细胞收缩。但心肌细胞的收缩具有其本身的特点。

（1）不产生强直收缩：由于心肌细胞的有效不应期特别长，相当于整个收缩期及舒张的早期，因而心肌细胞不产生完全强直收缩。这一特点，保证了心肌收缩与舒张的交替进行，从而保证了心脏正常的充盈与射血。

（2）同步收缩：又称“全或无”式收缩。前文已述，原因是兴奋在心房内或心室内传播极快。值得注意的是，同步收缩是指心房所有肌细胞基本同时收缩、心室所有肌细胞基本同时收缩。但心房和心室的收缩并不同步。同步收缩的意义在于产生强大的张力，有利于心室内压力变化。

（3）对细胞外液的 Ca^{2+} 浓度有明显的依赖性：心肌细胞的肌质网不发达，贮存的 Ca^{2+} 量较少，细胞外 Ca^{2+} 的内流对于触发肌细胞收缩至关重要。因此，细胞外 Ca^{2+} 浓度下降时，心肌的收缩力会下降。反之，细胞外 Ca^{2+} 浓度升高时，心肌收缩力增强，但可舒张不完全。

九、心电图

心脏活动过程中所产生的电变化，可以通过其周围的导电组织，传导至身体表面。用引导电极置于体表的一定部位记录的心电变化曲线，称为心电图（electrocardiogram，ECG）。以下以正常标准Ⅱ导联的心电图（图 5-14）为例，介绍心电图的基本波形和意义。

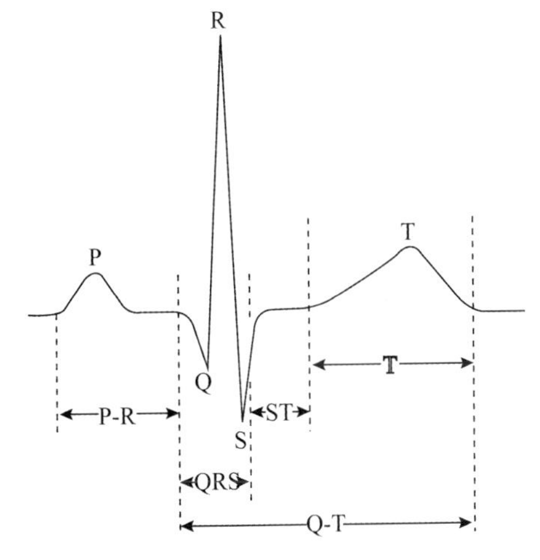

图 5-14 正常人心电模式图

（一）P 波

反映两心房的去极化过程。P 波形小而圆钝，历时 0.08～0.11 秒，波幅 0.05～0.25mV。

（二）QRS 波群

反映两心室的去极化过程。包括三个紧密相连的电位波动：第一个向下波为 Q 波，以后是高而尖峭的向上的 R 波，最后是一个向下的 S 波。QRS 波群历时 0.06～0.10 秒，波的幅度变化较大。

（三）T 波

反映两心室的复极化过程。历时 0.05～0.25 秒，波幅为 0.1～0.8mV。

（四）P－R 间期

是指从 P 波起点到 QRS 波群起点之间的时程，历时 0.12～0.20 秒。P－R 间期代表从心房开始兴奋到心室开始兴奋的时间，即房室传导时间。房室传导阻滞时，P－R 间期延长。

（五）Q－T 间期

是从 QRS 波群起点到 T 波终点的时程，历时 0.3～0.4 秒，代表心室从去极化开始到复极化完成的时间。

（六）S－T 段

是从 QRS 波群终点到 T 波起点之间的线段。它代表心室已全部处于去极化状态，各部分之间无电位差，曲线回到基线水平。

第二节　血　管

一、概述

（一）血管的分类

根据功能，血管分为动脉、静脉和毛细血管三类。

PPT：血管

1. 动脉（artery）　是将血液从心运输到全身各部毛细血管中去的血管。动脉从心室发出，可分为大动脉、中动脉、小动脉和微动脉，其管径也逐渐变细，最后移行为毛细血管。

大动脉包括主动脉、头臂干、颈总动脉、锁骨下动脉和髂总动脉等。大动脉的管壁中有多层弹性膜和大量弹性纤维，可扩张性强，在心缩期可储留部分血液，故又称弹性储器血管。

小动脉和微动脉管径较细，管壁中富平滑肌，可调节管径。小动脉和微动脉是血液循环中阻力最大、阻力改变能力最强的部分，又称阻力血管。

知识拓展：
血脑屏障

2. 毛细血管（capillary）　是极为微细的血管，分布范围广，互连成网。管壁菲薄、构造简单，仅有内皮和基膜。是血液与组织之间进行物质交换的场所。

3. 静脉（vein）　是将毛细血管内的血液运回心的血管，起于毛细血管，管径由细变粗，逐渐合成小静脉、中静脉和大静脉，最后汇入心房。与同级动脉相比，静脉数量较多、管壁较薄、管腔较大，又称容量血管。

（二）血液循环的途径

血液从心室泵出，经动脉、毛细血管、静脉，最后返回心房，这样周而复始的循环流动称血液循环（blood circulation）（图 5-15）。血液循环途径通常被分为体循环和肺循环两部分，两者互相连续，呈串联关系，构成一个完整的循环。

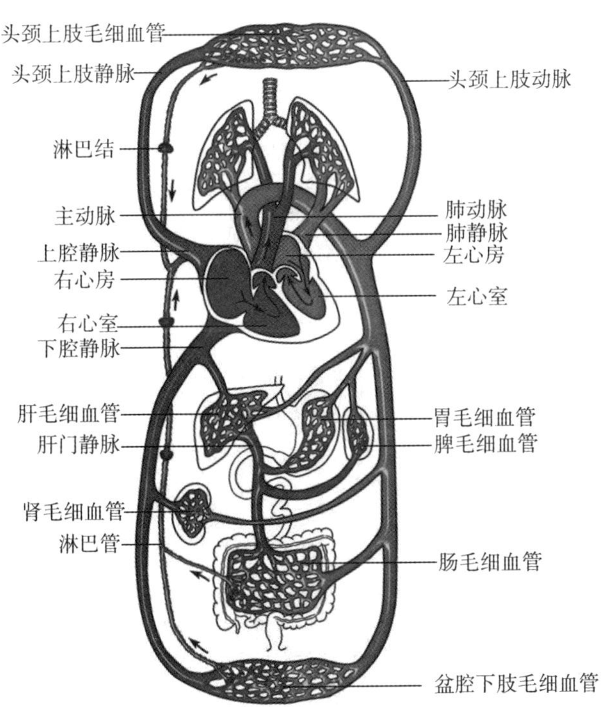

图 5-15　血液循环示意图

流程图：
血液循环途径

富含氧和营养物质等的动脉血从左心室射入主动脉，再经主动脉的各级分支到达全身毛细血管。血液在毛细血管与组织细胞之间进行气体及其他物质交换。血液中的氧气和营养物质进入组织细胞，而组织细胞产生的二氧化碳、其他代谢废物和激素等进入血液。经此交换，血液中氧减少而二氧化碳增加，成为静脉血，再经过各级静脉回流，最后汇入上、下腔静脉和冠状窦返回右心房。这一循环途径称体循环（systemic circulation），又称大循环。

右心房的静脉血进入右心室后，从右心室搏出，经肺动脉干及其各级分支到达肺泡毛细血管。血液在此进行气体交换，二氧化碳进入肺泡，肺泡的氧气进入毛细血管，血液又转变成含氧丰富的动脉血，然后经肺静脉返回左心房。这一循环途径称肺循环（pulmonary circulation），又称小循环。

动画：
血液循环

二、肺循环的血管

（一）肺动脉

肺动脉（pulmonary artery）起于右心室，为一短干，在主动脉弓下方分为左、右肺动脉，经肺门入肺，随支气管的分支而分支，在肺泡壁的周围，形成稠密的毛细血管网。

（二）肺静脉

肺静脉（pulmonary veins）其属支起于肺内毛细血管，逐级汇成较大的静脉，最后，左、右肺各汇成两条肺静脉，注入左心房。

三、体循环的血管

（一）动脉

1. 主动脉　主动脉（aorta）是体循环动脉的主干，全程可分为三段，即升主动脉、主动脉弓和降主动脉。降主动脉分为胸主动脉和腹主动脉。

升主动脉起自左心室，在起始部发出左、右冠状动脉营养心壁。

主动脉弓是升主动脉的直接延续，呈弓形向左后方弯曲，到第 4 胸椎椎体的左侧移行为胸主动脉。主动脉弓的凸侧，自右向左发出三个大的分支：头臂干、左颈总动脉和左锁骨下动脉。主动脉弓管壁内有压力感受器，能感受此处的血压。主动脉弓下方的椭圆形小体，称主动脉小球（主动脉体），可感受血液中二氧化碳分压、氧分压及氢离子浓度的变化。

胸主动脉，是主动脉弓的直接延续，沿脊柱前方下降，穿过主动脉裂孔移行为腹主动脉。腹主动脉，是胸主动脉的延续，沿脊柱前方下降，至第 4 腰椎平面分为左、右髂总动脉（图 5-16）。

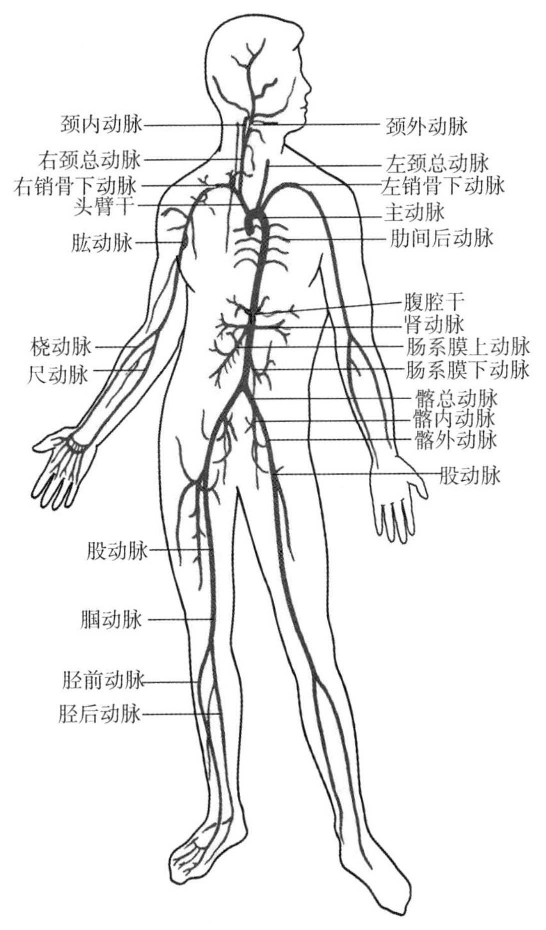

图 5-16 体循环动脉分布模式图

2. 头颈部的动脉 头颈部的动脉主要来源于颈总动脉。左颈总动脉直接发自主动脉弓，右颈总动脉起于头臂干。颈总动脉起始后沿气管和食管的外侧上升，至甲状软骨上缘平面分为颈内动脉和颈外动脉两支。颈内动脉经颅底的颈动脉管入颅，分支分布于脑和视器。颈外动脉，上行至下颌颈处分为颞浅动脉和上颌动脉两个终支。沿途的主要分支有甲状腺上动脉、舌动脉和面动脉等，分布于甲状腺、喉及头面部的浅、深层结构（图 5-17）。

颈总动脉末端和颈内动脉起始处管腔膨大，称颈动脉窦（carotid sinus）。颈动脉窦壁内有压力感受器，能感受此处的动脉血压。颈总动脉分叉处后方有椭圆形小体，称颈动脉小球（颈动脉体）（carotid glomus）。颈动脉小球是化学感受器，可感受血液中二氧化碳分压、氧分压及氢离子浓度的变化。

知识拓展：头颈部动脉的搏动点和压迫止血点

3. 上肢的动脉 上肢动脉的主干是锁骨下动脉。左锁骨下动脉，直接起于主动脉弓，右锁骨下动脉起于头臂干。锁骨下动脉经胸廓上口进入颈根部，越过第一肋，续为腋动脉。其主要分支有：椎动脉，穿经颈椎的横突孔由枕骨大孔入颅，分布于脑；甲状颈干，分布于甲状腺等；胸廓内动脉分布于胸腹腔前壁。

腋动脉（axillary artery）为锁骨下动脉的延续，穿行于腋窝，至背阔肌下缘，移行为肱动脉，腋动脉的分支，分布于腋窝周围结构。

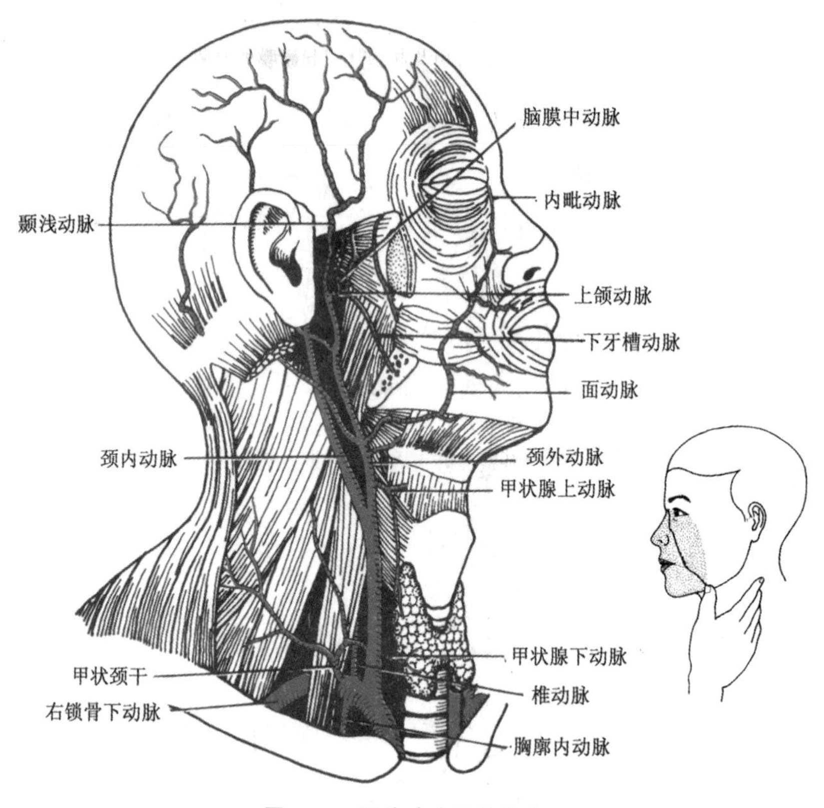

图 5-17　颈外动脉及其分支

肱动脉（brachil artery）沿臂内侧下行。在肘窝的稍上方，肱二头肌腱内侧可触到肱动脉的搏动，此处是测量血压时的听诊部位。当上肢远侧部发生大量出血时，可在臂中部的内侧向外侧压迫肱动脉于肱骨，进行止血（图 5-18）。

肱动脉至肘关节前面，分为桡动脉（radial artery）和尺动脉（ulnar artery），桡动脉和尺动脉分别沿前臂的桡侧和尺侧下降。桡动脉在腕关节掌侧面的桡侧上方仅被皮肤和筋膜遮盖，是临床触摸脉搏的常用部位。至手掌，两动脉的末端和分支在手掌吻合，形成掌浅弓和掌深弓（图 5-19）。

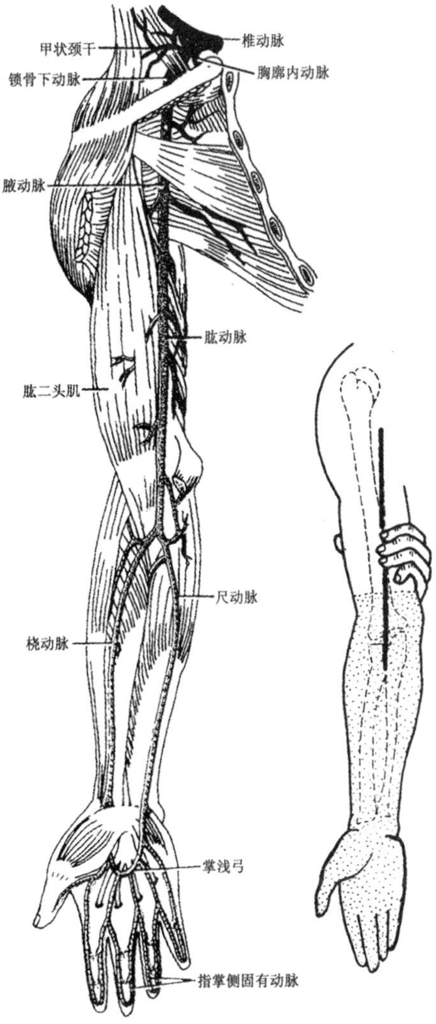

图 5-18 上肢的动脉（右侧）

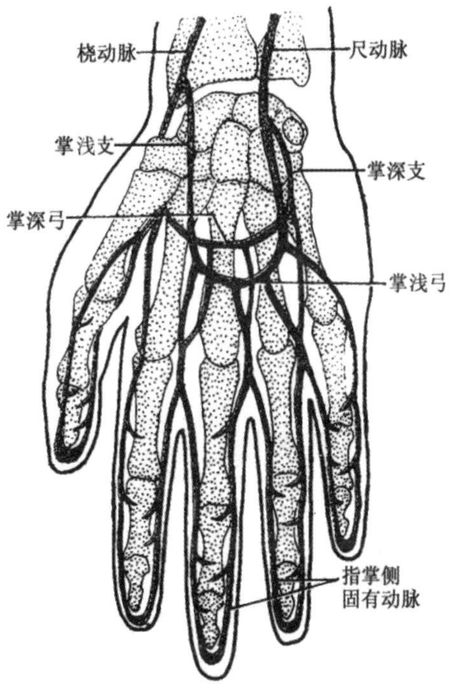

图 5-19 手的动脉（掌侧面）

4. 胸部的动脉 胸部的动脉主要起源于主动脉。分壁支和脏支两类。壁支主要有：肋间后动脉，共 9 对，行于第 3 至 11 肋间隙内；肋下动脉 1 对，沿第 12 肋下缘行走。壁支供养胸壁和腹前外侧壁等。脏支供给胸腔脏器，如气管、支气管、食管和心包等。

5. 腹部的动脉 腹部的动脉主要发自腹主动脉，分壁支和脏支两类。壁支分布于腹后壁、盆后壁及膈下面等；脏支供养腹腔脏器和生殖腺。腹部动脉的脏支分成对和不成对两类。成对的有肾上腺中动脉、肾动脉和生殖腺动脉（男性的睾丸动脉或女性的卵巢动脉）。不成对的有：腹腔干（图 5-20），分布于胃、肝、脾、胰等；肠系膜上动脉，分布于小肠、盲肠、升结肠和横结肠（图 5-21）；肠系膜下动脉分布于降结肠、乙状结肠和直肠上部（图 5-22）。

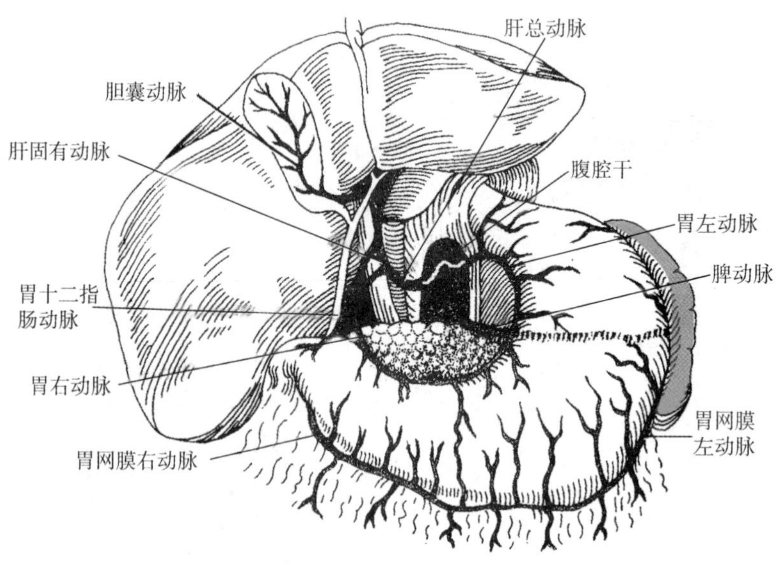

图 5-20　腹腔干及其分支

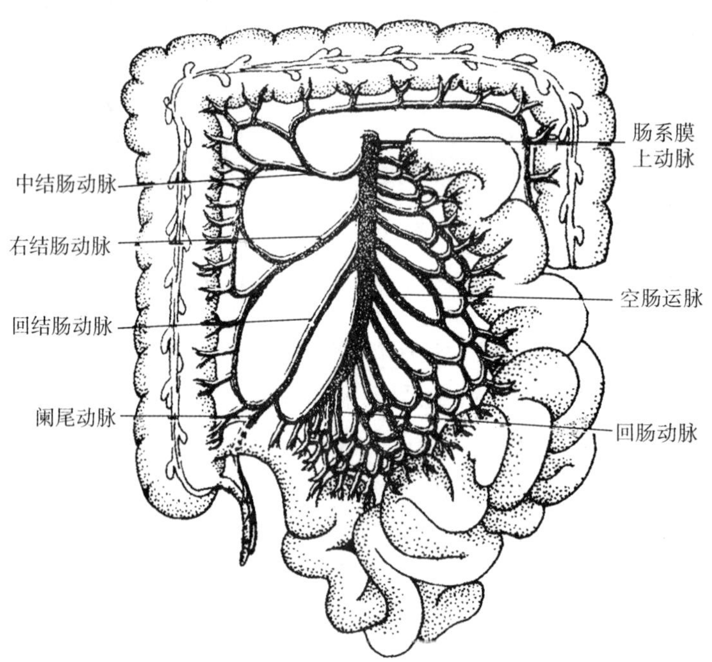

图 5-21　肠系膜上动脉及其分支

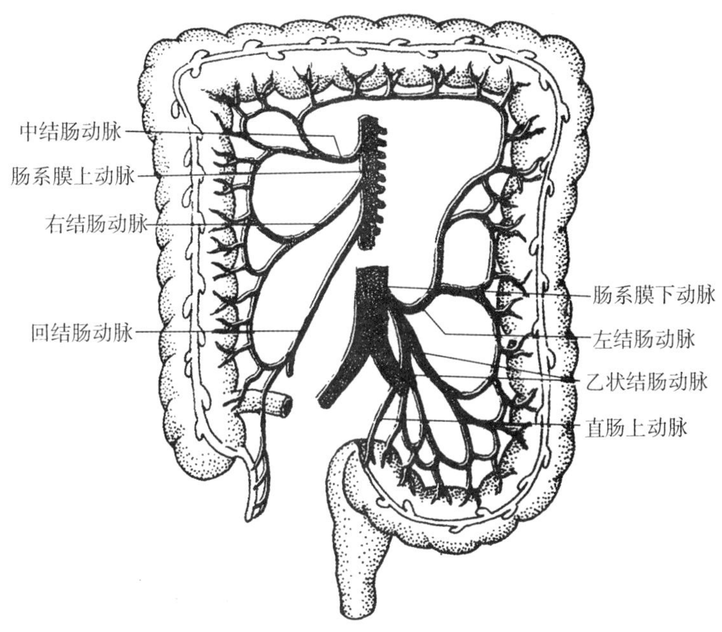

图 5-22　肠系膜下动脉及其分支

6. 盆部的动脉　腹主动脉在第 4 腰椎体的左前方，分为左、右髂总动脉。髂总动脉行至骶髂关节处又分为髂内动脉和髂外动脉。髂内动脉是盆部动脉的主干，沿小骨盆后外侧壁走行。其分支有壁支和脏支之分，壁支分布于盆壁、臀部及股内侧部，脏支分布于盆腔脏器（膀胱、直肠下段、子宫等）（图 5-23）。髂外动脉分支供养腹前壁下部。

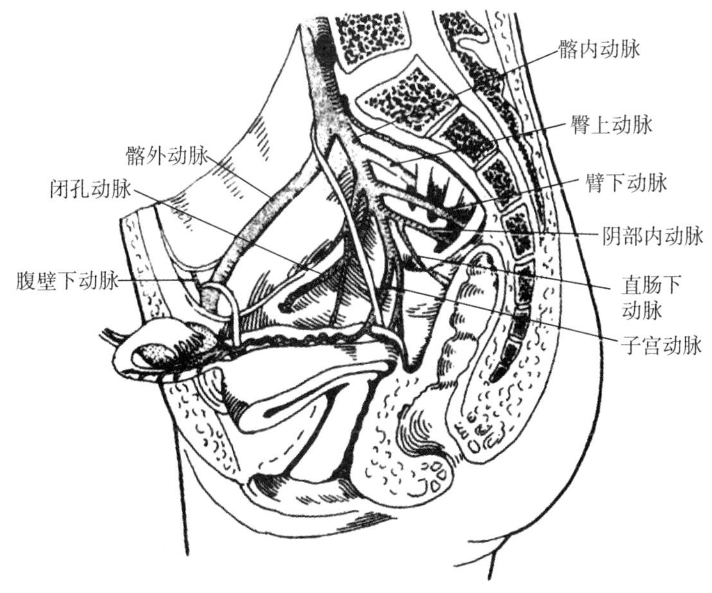

图 5-23　女性盆腔的动脉

7. 下肢的动脉 髂外动脉沿腰大肌内侧缘下行，经腹股沟韧带中点的深面进入股前部，续为股动脉（femoral artery）。股动脉是下肢动脉的主干。在腹股沟韧带中点稍内侧的下方，可摸到股动脉的搏动。当下肢大出血时，可在此处将股动脉压向耻骨，进行止血（图 5-24）。股动脉在股三角内下行，在股下部向后穿至腘窝，移行为腘动脉（popliteal artery）。腘动脉（图 5-25）在腘窝深部下行，在膝关节下方分为胫后动脉和胫前动脉。胫后动脉沿小腿后部深层下行，经内踝后方至足底，分为足底内侧动脉和足底外侧动脉。胫前动脉经胫、腓骨之间穿行向前，在小腿前部下行，越过踝关节前面至足背，移行为足背动脉。足背动脉在第 1、2 跖骨间穿行至足底与足底外侧动脉吻合形成足底动脉弓。

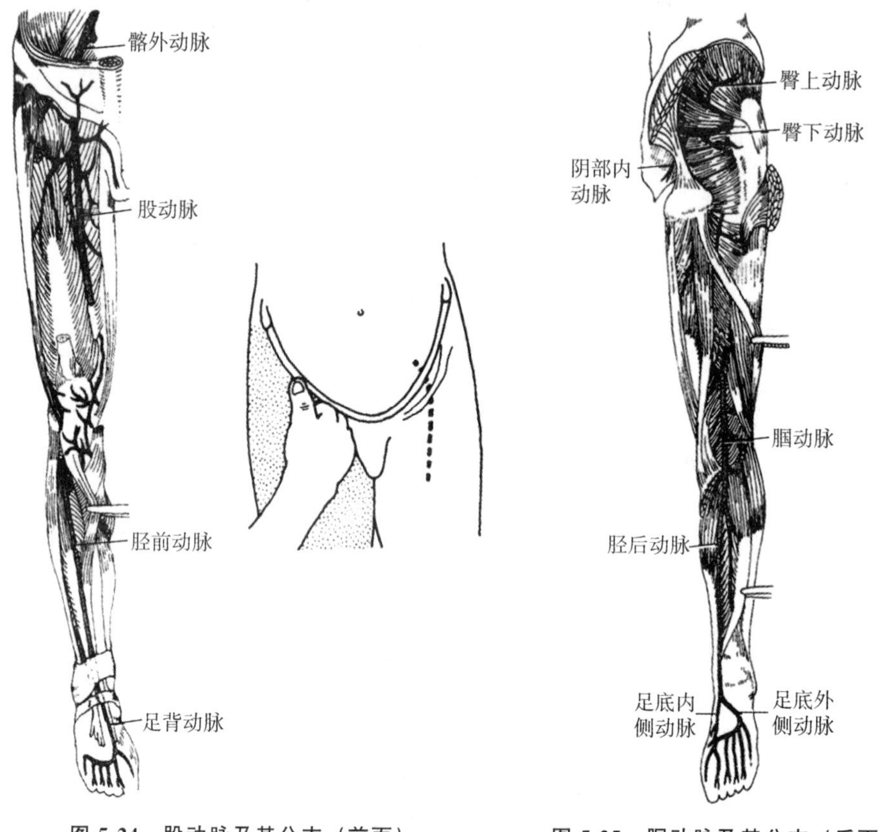

图 5-24 股动脉及其分支（前面）

图 5-25 腘动脉及其分支（后面）

（二）静脉

在结构和分布上，体循环静脉有一些特点。一些静脉管壁的内膜凸入管腔，褶叠形成彼此相对的两个半月形瓣膜，称静脉瓣。其作用是保障血液向心流动、防止逆流。四肢静脉的瓣膜较多。头面部、大静脉、肝门静脉、胸腹壁的静脉缺少或无静脉瓣膜（图 5-26）。体循环静脉分深浅两类。浅静脉又称皮下静脉，位于浅筋膜内，无动脉伴行，最后注入深静脉。在临床上，一些浅静脉常用来穿刺注射、输液等。深静脉位于深筋膜深面，与同名动脉相伴行。深静脉属支的收集范围，与同名动脉分支的供血范围也基本相同。

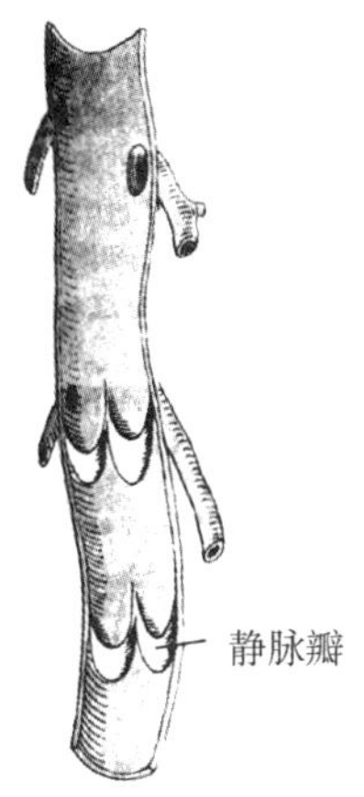

图 5-26　静脉瓣

根据汇入右心房的途径，体循环的静脉可分为上腔静脉系、下腔静脉系（包括门静脉系）和心静脉系。

1. 上腔静脉系　上腔静脉由左、右头臂静脉在右侧第一胸肋关节后合成后，垂直下行，汇入右心房。在其汇入前有奇静脉注入上腔静脉。上腔静脉主要接纳头颈、上肢和胸部的静脉血。

头臂静脉左右各一，由同侧颈内静脉和锁骨下静脉在胸锁关节后方汇合而成，汇合处所形成的夹角，称为静脉角。

（1）头颈部的静脉：头颈部最大的深静脉为颈内静脉，起自颅底的颈静脉孔，在颈内动脉和颈总动脉的外侧下行。颈内静脉除接纳颅内的静脉血流外，还接纳从咽、舌、喉、甲状腺和头面部来的静脉血，最主要的属支是面静脉。头颈部最大的浅静脉为颈外静脉，起始于下颌角处，越过胸锁乳突肌表面下降，注入锁骨下静脉（图 5-27）。

面静脉（facial vein）：起自内眦静脉，与面动脉伴行后斜向外下方，至下颌角下方接受下颌后静脉的前支，下行至舌骨高度注入颈内静脉。面静脉通过眼上静脉、眼下静脉与颅内海绵窦交通，亦可经面部深静脉与海绵窦交通。由于面静脉缺乏静脉瓣，当面部发生化脓性感染，特别是鼻根至两侧口角间的三角区的感染处理不当（如挤压）时，病菌可经上述途径导致颅内感染。因此，临床称此区为“危险三角区”。

（2）上肢的静脉：上肢的深静脉均与同名动脉伴行。上肢较大的浅静脉主要有三条：头静脉起自手背静脉网的桡侧，沿前臂和臂外侧上行，汇入腋静脉。贵要静脉起自手背静脉网尺侧，沿前臂尺侧上行，在臂内侧中点汇入肱静脉，或伴随肱静脉向上汇入腋静脉。肘正中静脉在肘部前面连于头静脉和贵要静脉之间（图 5-28）。

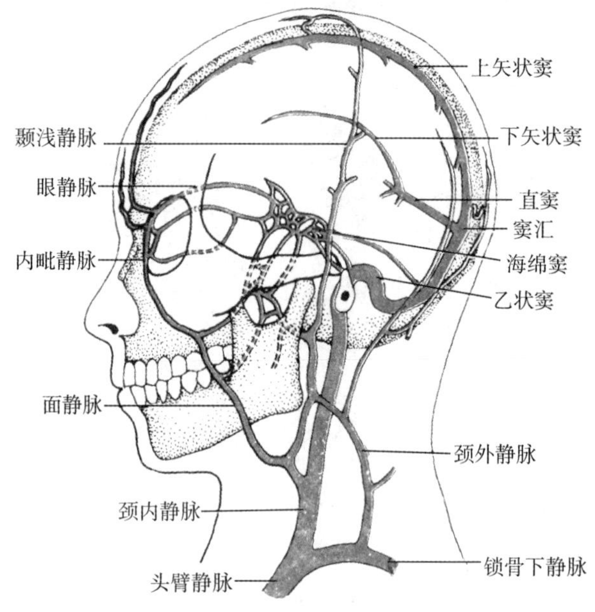

图 5-27　头颈部的静脉

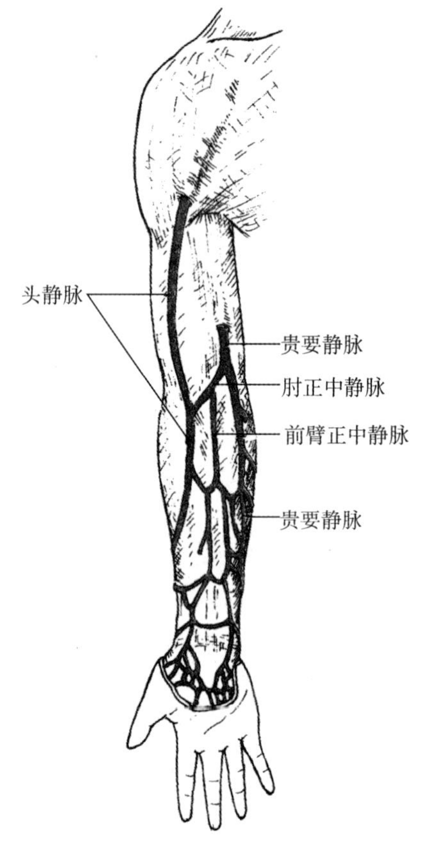

图 5-28　上肢浅静脉

（3）胸部的静脉：右侧肋间静脉、支气管静脉和食管静脉汇入奇静脉；左侧肋间静脉先汇入半奇静脉或副半奇静脉，然后汇入奇静脉。奇静脉沿胸椎体右前方上行，弓形越过右肺根汇入上腔静脉。

2. 下腔静脉系　下腔静脉是人体最大的静脉，主要接受膈以下各体部（下肢、盆部和腹部）的静脉血。下腔静脉由左、右髂总静脉在第四腰椎下缘处汇合而成，沿腹主动脉右侧上行，穿过膈的腔静脉孔，注入右心房。

（1）下肢的静脉：下肢的深静脉与同名动脉伴行，由股静脉延续为髂外静脉。下肢较大的浅静脉有（图 5-29）：大隐静脉，起自足背静脉弓的内侧端，经内踝前方，沿下肢内侧上行，在股前部靠上端处汇入股静脉；小隐静脉，起自足背静脉弓外侧端，经外踝后方，沿小腿后面上行，在腘窝注入腘静脉。大隐静脉、小隐静脉进入深静脉处有静脉瓣阻止血液逆流。如果深静脉回流不好、压力过高，可导致这些静脉瓣关闭不全，深静脉血液可逆流入浅静脉，引起下肢静脉曲张。

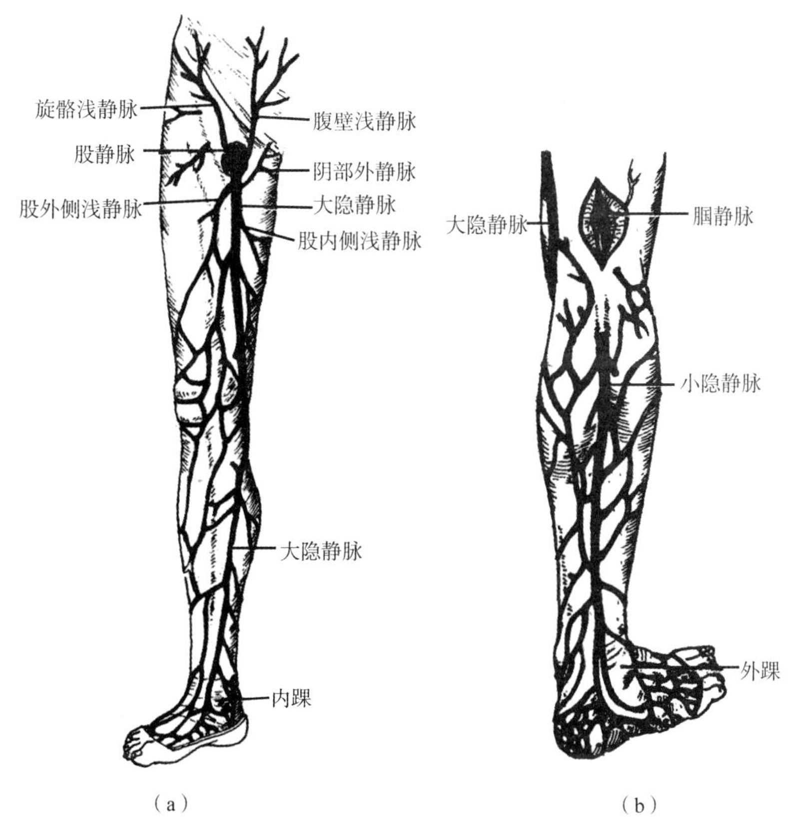

图 5-29　大隐静脉、小隐静脉及其属支

（a）大隐静脉　（b）小隐静脉

（2）盆部的静脉：与同名动脉伴行。主干包括髂内静脉和髂外静脉，两者在骶髂关节前方汇成髂总静脉。

（3）腹部的静脉：腹腔脏器和腹壁的静脉血直接或间接汇入下腔静脉，主要有肾静脉、睾丸静脉（或卵巢静脉）、肝静脉和肝门静脉等。

3. 肝门静脉系 由肝门静脉及其属支所组成，收集腹腔内不成对脏器（除肝和直肠下段）的静脉血。肝门静脉（portal vein of hepatis）长约6～8cm，由肠系膜上静脉和脾静脉在胰头的后方汇合而成。肝门静脉经肝门进入肝内部，在肝内反复分支，最终与肝固有动脉的分支共同注入肝血窦。肝血窦汇成肝内小静脉，最后形成3支肝静脉注入下腔静脉。肝门静脉系的特点是起、止两端均为毛细血管，并缺乏静脉瓣。由于缺乏静脉瓣，当肝门静脉血流受阻时，血液可发生逆流。

肝门静脉的主要属支（图5-30）有肠系膜上静脉、脾静脉、肠系膜下静脉、胃左静脉（胃冠状静脉）、胃右静脉、胆囊静脉、附脐静脉等。

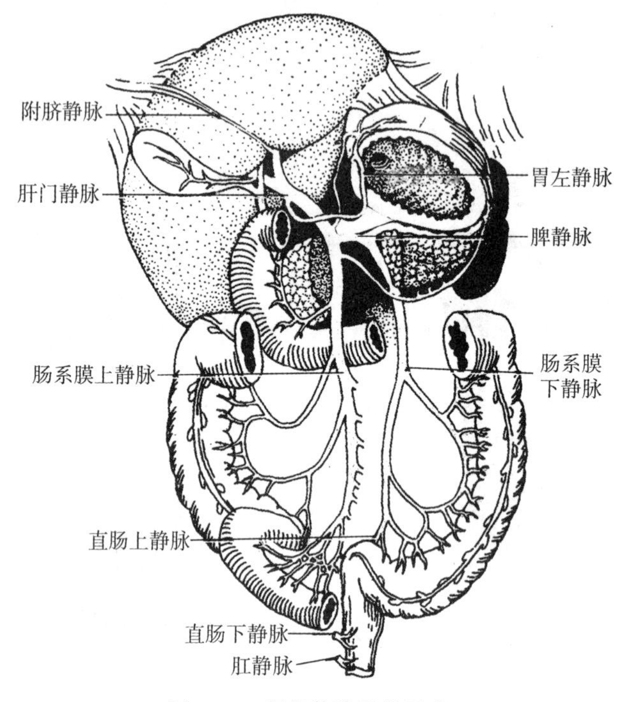

图5-30 肝门静脉及其属支

肝门静脉系与上、下腔静脉系的吻合主要有以下三处：食管静脉丛、直肠静脉丛和脐周静脉网（图5-31）。在正常情况下，这些吻合支细小，血液按正常方向回流。当肝门静脉压力升高时（如肝硬化引起的门脉高压），肝门静脉系的血液可经上述吻合支流入上、下腔静脉系，形成门脉侧支循环。大量血液经侧支循环流向上、下腔静脉，可引起这些吻合支的血管曲张、甚至破裂出血。食管静脉丛、直肠静脉丛的破裂导致呕血、或便血；腹壁的静脉曲张，以脐为中心呈放射状排列，临床称为“海蛇头”体征。

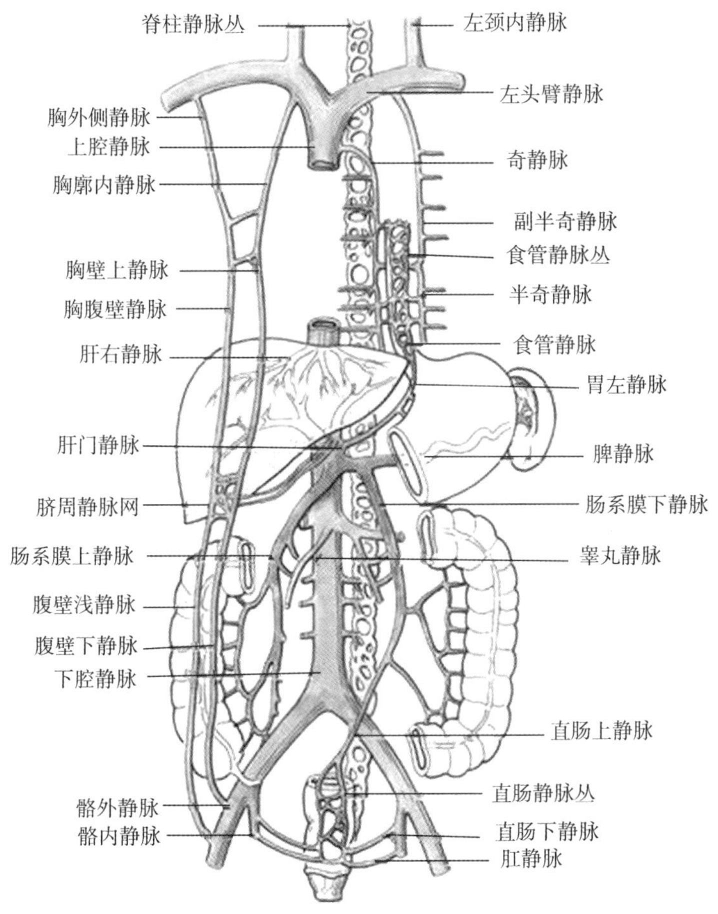

图 5-31　肝门静脉系模式图

四、血管生理

PPT：
血管功能

血管是血液流动的管道，具有输送、分配血液及完成血液与组织液之间物质交换等功能，并参与血压的形成与维持。血压（blood pressure，BP）是指血管内流动的血液对单位面积血管壁的侧压强。不同血管内的血压分别称为动脉血压、毛细血管血压和静脉血压等。在体循环，主动脉等大动脉中压力最高。随着血液不断克服阻力，流向中动脉、小动脉、毛细血管、小静脉、大静脉等，血管内压力逐渐降低，上、下腔静脉及右心房内压力最低。血管内的压力差是推动血液流动的直接动力。

（一）动脉血压

1. 动脉血压的相关概念　一般不特别指明血管时，所说的血压或动脉血压专指主动脉血压。在一个心动周期中，动脉血压随心脏的舒缩活动发生规律性波动。心室收缩射血时，血压升高，达到的最高值称为收缩压（systolic pressure）。心室舒张停止射血时，动脉血压下降，降到的最低值称为舒张压（diastolic pressure）。收缩压与舒张压的差值称为脉搏压（pulse pressure），简称脉压。一个心动周期中动脉血压的平均值，称为平均动脉压（mean arterial pressure），平均动脉压约等于舒张压＋1/3 脉压。动脉血压的书写形式是收缩压/舒张压 mmHg，如 110/70mmHg。

2. 动脉血压的正常值 肱动脉血压与大动脉血压接近，通常测量肱动脉血压代表动脉血压。我国正常成年人安静状态下收缩压为 90～139mmHg，舒张压为 60～89mmHg，平均动脉压约为 100mmHg。

知识拓展：高血压的诊断和危害

安静时动脉血压的理想值为：收缩压 100～120mmHg、舒张压 60～80mmHg，同时脉搏压为 30～40mmHg。收缩压 130～139mmHg 或舒张压 85～89mmHg，为正常血压的高值。收缩压 140mmHg 或舒张压 90mmHg 及以上，为高血压。

男性血压一般略高于女性。情绪激动或运动时，由于交感神经兴奋，血压升高。血压还受体位、昼夜、环境温度等因素的影响。

3. 动脉血压的形成 形成动脉血压的前提条件是心血管系统内有足够的血液充盈。心脏射血和外周阻力是形成动脉血压的两个根本因素。

（1）收缩压的形成：在心室收缩期射入动脉的血液，由于受到外周阻力的作用，只有约 1/3 流向外周，其余约 2/3 暂时贮存在大动脉内，使动脉扩张，引起大动脉血压上升，上升到的最高值称为收缩压。

（2）舒张压的形成：心室舒张停止射血时，大动脉管壁弹性回缩，推动贮存在大动脉的血液继续流向外周，动脉血压下降。在下次心室射血前，动脉血压降到最低，就是舒张压。

视频：动脉血压的形成

（3）大动脉管壁的弹性缓冲作用：弹性较好的大动脉，在心室射血时易于扩张，可以储存部分血液而压力并不升高很多；在心室舒张时，大动脉的回缩力量也不会很大，下次心室射血前仍储有一定血量。因而使收缩压不至于太高，舒张压不至于太低。

4. 影响动脉血压的因素

（1）每搏排出量：每搏排出量增加，心室收缩期射入大动脉内的血量增加，收缩压明显升高。但大动脉回缩导致的血流速度也加快，因此心舒期末大动脉内存留的血量增加并不很多，舒张压升高并不多，脉压增加。每搏排出量的变化主要影响收缩压，收缩压的高低也主要反映每搏排出量的多少。

（2）心率：心率增加，舒张压升高较为明显，而收缩压升高不多，脉压减小。因为心率增快时，心舒期缩短明显，在心舒期流至外周的血液减少，存留在大动脉的血液增加使舒张压升高。心室收缩期缩短相对较少，且由于大动脉压力升高，血液流向外周的速度加快，故收缩压升高不如舒张压明显。

（3）外周阻力：外周阻力增大，心舒期内动脉血液流向外周的速度变慢，使心舒末期存留在大动脉的血量增多，舒张压明显升高。但由于血压升高，心缩期血流速度加快，收缩压的升高幅度不如舒张压明显，脉压减小。外周阻力的变化主要影响舒张压，而舒张压的高低也主要反映了外周阻力的大小。

（4）大动脉管壁的弹性：动脉血压形成部分已述大动脉的弹性缓冲作用。大动脉的弹性减退时，收缩压升高、舒张压降低，脉搏压明显变大。

（5）循环血量和血管容量的比例：在正常情况下，循环血量和血管容量相适应，维持心血管系统适度充盈。当循环血量减少、血管容量不变时，或循环血量不变、血管容量增加时，循环血量和血管容量的比例下降，动脉血压将会降低。反之则动脉血压升高。

需说明的是，上述分析的前提是假设其他因素不变。在完整机体，动脉血压的改变，往往是各种因素共同作用的综合结果。如，大动脉的弹性减弱，导致收缩压升高、舒张压下降。但一些老年人除大动脉硬化外，小动脉和微动脉亦有硬化，外周阻力增加，故往往收缩压升高，舒张压也升高。

（二）动脉脉搏

动脉压力随心脏收缩和舒张而周期性变化，导致动脉管壁发生周期性的扩张和回缩。这种波动称为动脉脉搏，简称脉搏（pulse）。脉搏波首先在主动脉根部产生，然后沿着动脉管壁向外周动脉传播，其传播速度比血流速度快得多。用手指可在身体浅表部位摸到动脉脉搏，桡动脉是最常用的触摸部位。脉搏的频率和节律能反映心率和心律；脉搏的强弱、紧张度大小与心肌收缩力强弱、心排出量多少及血管壁弹性有密切关系。

（三）静脉血压和静脉回流

1. 静脉血压 体循环血液通过动脉、毛细血管到达小静脉时，血压已降至约15～20mmHg，流至下腔静脉时为3～4mmHg，最后汇入右心房时压力已接近零。通常将各器官和肢体的静脉血压称为外周静脉压，而将右心房和胸腔内大静脉的血压称为中心静脉压（central venous pressure，CVP）。中心静脉压的正常变动范围为4～12cmH_2O，其高低取决于心脏射血能力和静脉回心血量之间的相对关系。右心射血能力不足或静脉回心血量过多时，中心静脉压升高，反之中心静脉压降低。在临床上，中心静脉压可用作控制输液速度、输液量及监护心功能的指标。如中心静脉压偏低或有下降趋势，常提示输液不足；中心静脉压进行性升高，则提示输液过快或心功能不全。

2. 影响静脉血回流的因素

（1）循环系统平均充盈压：循环系统平均充盈压是反映心血管系统内血液充盈程度的指标，其高低取决于循环血量与血管容积的比例。当循环血量减少或血管容积增大时，循环系统平均充盈压下降，静脉回心血量减少；反之，静脉回心血量则增加。

视频：影响静脉血回流的因素

（2）心脏收缩能力：外周静脉压与中心静脉压的差，是静脉回流的动力。如果右心收缩能力增强、射出血量增多，心室舒张时充盈则增加，可降低中心静脉压，促进静脉回流。反之，心脏收缩能力减弱时回心血量减少。右心衰竭时，静脉血回流困难，造成体循环静脉系统淤血，出现颈外静脉怒张、肝淤血肿大和双下肢水肿等体征。左心衰竭引起肺循环淤血、肺水肿也是同样道理。

（3）体位改变：由于静脉管壁薄而易扩张、静脉压差较小，重力和体位因素对静脉回流影响较大。由平卧位突然变为直立位时，因重力作用，静脉血回流减少。而直立位突然变为平卧位时，静脉血回流增加。

如果静脉回流减少，右心充盈和射血就会减少，肺循环血流量、左心的充盈和射血均会减少，从而导致动脉血压下降、脑等重要器官供血不足。休克病人、长期卧床的体质虚弱病人、心血管调节能力较差的老年人等须注意体位改变对静脉回流的影响。

（4）骨骼肌的挤压作用：四肢骨骼肌的静脉中富含静脉瓣结构。骨骼肌收缩和舒张交替，配合静脉瓣的开闭，可产生类似“泵”的作用，促进静脉回流（图 5-32）。长时间站立时，因不能发挥“泵”的作用，易引起血液在下肢静脉内潴留，导致下肢静脉曲张。

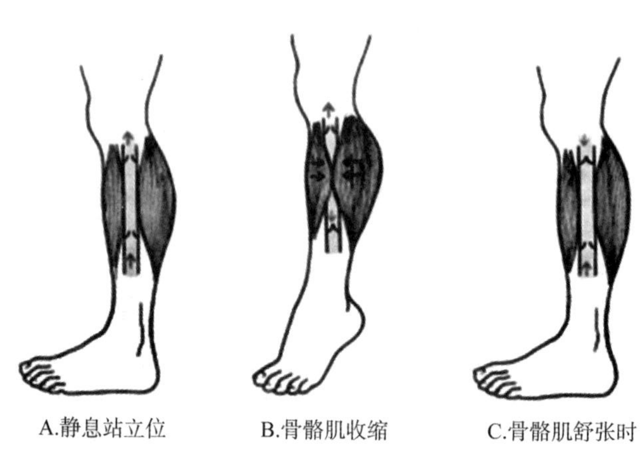

图 5-32　骨骼肌的挤压作用对静脉回心血量的影响

（5）呼吸运动：吸气时，胸内负压值增大，大静脉和右心房扩张，中心静脉压下降，有利于静脉血回流。呼气时，胸内负压值减小，静脉回心血量相应减少。气胸病人的胸内负压消失，可影响到静脉回流。

（四）微循环

微循环（microcirculation）是指微动脉到微静脉之间的血液循环。典型的微循环

由微动脉、后微动脉、毛细血管前括约肌、真毛细血管（网）、通血毛细血管、动一静脉吻合支和微静脉等部分组成（图5-33）。血液从微动脉流至微静脉可有三种通路。

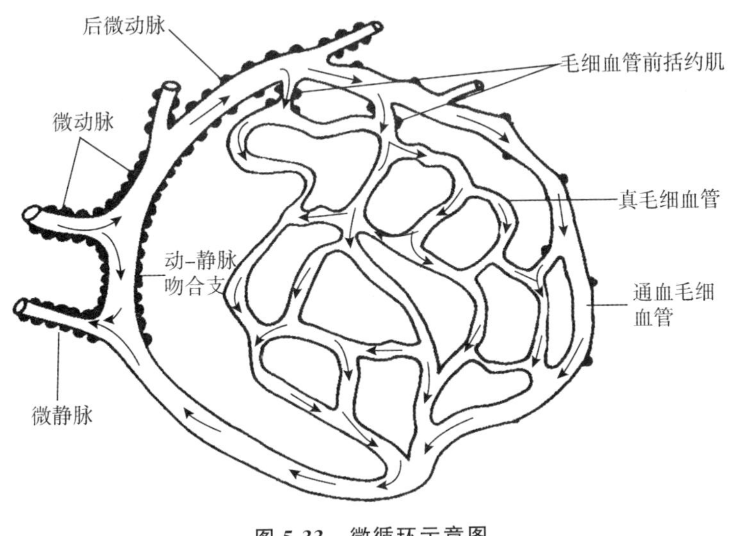

图5-33 微循环示意图

1. 微循环的血流通路

（1）迂回通路：又称营养通路。指血液流经微动脉→后微动脉→毛细血管前括约肌→真毛细血管网→微静脉的通路。真毛细血管网穿行于组织细胞之间，迂回曲折，血流缓慢。真毛细血管管壁单薄，是血液和组织液进行物质交换的场所。

真毛细血管网的血流受毛细血管前括约肌控制。组织安静时，毛细血管前括约肌交替开放，保持约20%～30%真毛细血管有血流通过。当组织代谢旺盛时，更多毛细血管前括约肌开放。

（2）直捷通路：指血液流经微动脉→后微动脉→通血毛细血管→微静脉的通路。通血毛细血管短而直，血流速度较快，经常处于开放状态。其主要功能不是物质交换，而是使一部分血液能迅速进入静脉流回心脏。直捷通路在骨骼肌组织的微循环中较为多见。

（3）动一静脉短路：指血液从微动脉→动静脉吻合支→微静脉的通路。动一静脉短路在皮肤、皮下组织较为多见，平常处于关闭状态。当人体需要大量散热时，动一静脉吻合支开放增多，皮肤血流量增加，有利于皮肤散热。可见，其该通路的功能与体温调节有关。

2. 微循环血流量的调节 微循环血流量受神经和体液的调节。

微动脉是微循环的前阻力血管，控制着整个微循环的血液灌入，又称为“前闸门”“总闸门”。后微动脉和毛细血管前括约肌控制分支的血流，被称为“分闸门”。微静脉是微循环的后阻力血管，控制着整个微循环的血液流出，被称为“后闸门”。

交感神经兴奋可引起微动脉与微静脉的收缩，使微循环血流量减少。交感神经末梢在微动脉平滑肌分布密度更高，因此微动脉的收缩更加明显，微循环灌入比流出减少更加严重，毛细血管压和毛细血管血量均减少。

体液因素中，去甲肾上腺素、肾上腺素和血管紧张素等可使微血管平滑肌收缩，而局部代谢产物如CO_2、乳酸、腺苷等能使微血管平滑肌舒张。

后微动脉和毛细血管前括约肌主要受局部代谢产物的经常调节。组织安静状态下代谢水平较低，毛细血管前括约肌开放较少。组织代谢旺盛时，局部代谢产物增加，导致毛细血管前括约肌开放增多，微循环血流量增加，有利于运走更多代谢产物。

（五）组织液与淋巴液的生成和回流

1. 组织液的生成和回流 在微循环处，血液中的一些成分进入组织间隙生成组织液，组织液又可回流至血管内，组织液处于不断更新之中。多数毛细血管壁由有孔内皮及不完整基膜构成，其孔隙允许水、无机盐和小分子物质进出，但不允许蛋白质通过。组织液成分与血浆基本相同，但蛋白质的浓度明显低于血浆。

视频：组织液的生成和回流

组织液生成的动力是有效滤过压（effective filtration pressure，EFP）。有效滤过压＝（毛细血管血压＋组织液胶体渗透压）－（血浆胶体渗透压＋组织液静水压）。前两项因素是促进组织液生成的力量，后两项因素是阻止组织液生成的力量。

毛细血管动脉端的血压约为30mmHg，而静脉端的血压约为12mmHg；组织液胶体渗透压约为15mmHg；血浆胶体渗透压约为25mmHg；组织液静水压约为10mmHg。将这些数字代入有效滤过压计算公式，毛细血管动脉端的有效滤过压为10mmHg，表明在毛细血管动脉端不断生成组织液；毛细血管静脉端的有效滤过压为－8mmHg，表明组织液在此重回血液（图5-34）。毛细血管动脉端生成的组织液大部分（约90％）在毛细血管静脉端回流，少部分（约10％）经毛细淋巴管回流。淋巴回流的途径和意义将在后文淋巴系统部分介绍。

案例：肾病性水肿

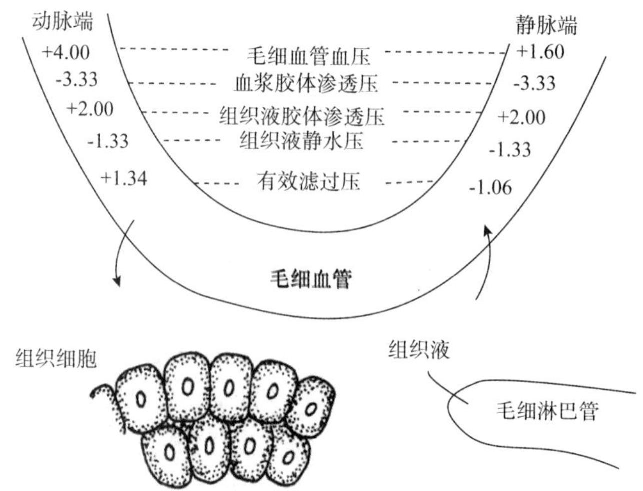

图5-34 组织液生成与回流示意图

2. 影响组织液生成与回流的因素　在正常情况下，组织液的生成和回流维持动态平衡，使体液分布正常。如组织液生成多于回流，过多的液体潴留于组织间隙，形成水肿。反之则引起脱水。

(1) 毛细血管血压：毛细血管血压升高，有效滤过压增大，组织液生成就增多。如右心衰竭时，静脉血回流障碍，使毛细血管血压逆行性升高，导致水肿。

(2) 血浆胶体渗透压：血浆胶体渗透压下降，有效滤过压增大，组织液生成增加。肝脏疾病、严重营养不良或某些肾脏疾病使血浆蛋白浓度下降时，可引起水肿。

(3) 毛细血管壁通透性：毛细血管壁通透性增加，血浆蛋白渗出至组织，使组织液胶体渗透压升高，组织液生成增加。如炎症等原因使毛细血管壁通透性增加，可引起水肿。

(4) 淋巴回流：当淋巴管因各种原因（如肿瘤压迫）被阻塞时，淋巴回流受阻而引起被阻塞淋巴管收集范围的组织水肿。

第三节　心血管活动的调节

在不同生理状态下，人体各器官组织的代谢水平不同，对血流量的需求也不同。在神经和体液调节下，心脏和各部分血管的活动得到调整，以适应机体的需要。

一、神经调节

（一）心脏和血管的神经支配

1. 心脏的神经支配　直接支配内脏器官（心肌、平滑肌、腺体）的神经纤维称内脏运动神经纤维。内脏运动神经纤维有交感和副交感两种成分。很多内脏器官同时接受这两种纤维支配，且支配作用相互拮抗。有关内容在神经系统一章详细介绍。支配心脏的神经有心交感神经和心迷走神经，心迷走神经纤维属于副交感。

(1) 心交感神经及其作用：心交感神经的节后纤维支配窦房结、房室交界、房室束、心房肌和心室肌。心交感神经兴奋时，节后纤维末梢释放去甲肾上腺素，与心肌细胞膜上的 β_1 受体结合，引起心率加快、心肌收缩力加强、房室传导加快。普萘洛尔是 β 受体阻断剂，能阻断心交感神经对心脏的兴奋效应。

(2) 心迷走神经及其作用：心迷走神经的节后纤维分布于窦房结、心房肌、房室交界、房室束，仅有较少纤维分布到心室肌。心迷走神经兴奋时，节后纤维末梢释放乙酰胆碱，与心肌细胞膜上的 M 受体结合，引起心率减慢、心肌收缩力减弱、房室传导减慢。阿托品为 M 型受体阻断剂，能阻断心迷走神经对心脏的抑制效应。

2. 血管的神经支配　支配血管平滑肌的神经可分为缩血管神经纤维和舒血管神经纤维。

（1）交感缩血管神经纤维：交感缩血管神经的节后纤维末梢释放去甲肾上腺素，与血管平滑肌上的α受体结合，导致血管收缩，外周阻力增大，血压升高。人体绝大多数血管仅接受交感缩血管神经纤维的单一支配。

交感缩血管神经纤维在不同部位血管的分布密度不同。皮肤血管中分布最密，骨骼肌和内脏血管较少，心、脑血管几乎没有分布。在同一器官，交感缩血管神经纤维的分布密度也存在差异，微动脉中密度最高，微静脉分布较少，毛细血管前括约肌很少。由于分布差异，当交感缩血管神经兴奋时，皮肤、肾等血流量显著减少，而心、脑血流量不减少或反而增加。

（2）舒血管神经纤维：舒血管神经纤维包括交感舒血管神经纤维和副交感舒血管神经纤维两种。交感舒血管神经纤维支配骨骼肌微动脉，末梢释放乙酰胆碱，与血管平滑肌上的M受体结合，使血管舒张。当机体情绪激动或剧烈运动时，交感舒血管纤维兴奋，使骨骼肌血管舒张，血流量增加。副交感舒血管神经纤维主要分布于脑膜、消化腺和外生殖器等少数器官的血管，末梢释放乙酰胆碱，与血管平滑肌上的M受体结合，使血管扩张。副交感舒血管纤维仅对局部血流起调节作用，对循环系统总外周阻力的影响很小。

（二）心血管中枢

调节心血管活动的中枢分布在从脊髓到大脑皮层的各级水平上，它们各具不同功能，又互相密切联系，使整个心血管系统的活动协调一致，以适应整个机体的活动。

1. 延髓的心血管中枢 心血管活动最基本的中枢位于延髓。延髓的腹外侧部有心交感中枢和交感缩血管中枢，分别发出神经纤维控制脊髓心交感神经和交感缩血管神经的节前神经元。心迷走中枢位于延髓的迷走神经背核和疑核，发出心迷走神经的节前纤维。心交感中枢、交感缩血管中枢和心迷走中枢经常性地发放低频的冲动影响心血管的活动，这种现象称为心血管中枢的紧张性活动。这些中枢活动增强、发放冲动频率增加，称为紧张性升高。反之称为紧张性降低。

2. 延髓以上的心血管中枢 在脑干、下丘脑、小脑和大脑皮质中，都存在与心血管活动有关的神经元。它们除了调节心血管反射活动之外，还起着协调心血管活动与其他生理机能的整合功能。

（三）心血管反射

神经系统对心血管活动的调节是通过反射实现的，其意义在于使循环系统的功能适应内、外环境的各种变化。

视频：窦弓反射

1. 颈动脉窦和主动脉弓压力感受性反射 简称窦弓反射。颈动脉窦和主动脉弓的血管外膜下分布有感受动脉血压变化的压力感受器（图5-35），其中颈动脉窦的作用强于主动脉弓。

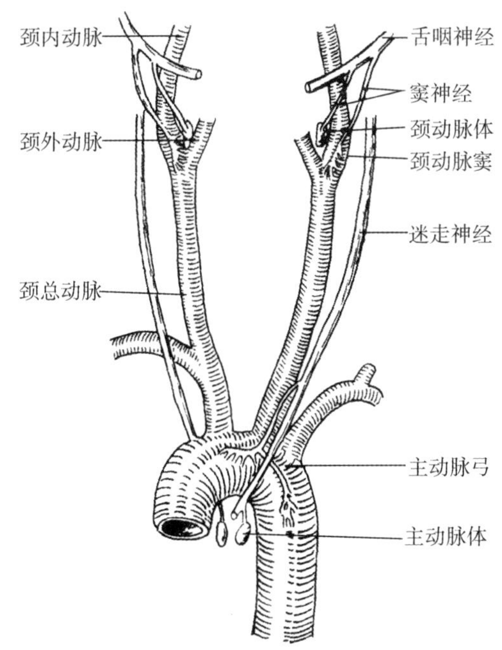

图 5-35　颈动脉窦和主动脉弓区的压力感受器与化学感受器

当动脉血压升高时，压力感受器兴奋，动作电位频率增加。冲动沿窦神经和主动脉神经传至延髓的心血管中枢，使心交感中枢及交感缩血管中枢紧张性降低、心迷走中枢紧张性升高。通过相应的传出神经纤维，导致心率减慢，心肌收缩力减弱，心排出量减少；血管舒张，外周阻力降低。由于心排出量减少和外周阻力降低，动脉血压下降。这一反射又称降压反射。反之，当动脉血压下降时，压力感受性反射活动减弱，又可引起血压回升。

压力感受性反射是一种负反馈调节。其生理意义在于：经常监测动脉血压的变化，当动脉血压发生突然变化时，可对心血管活动进行调节，以维持动脉血压的相对稳定，从而保障心、脑等重要器官的血流供应。

知识拓展：
颈动脉窦按摩

2. 颈动脉体和主动脉体化学感受性反射　本章前文已述，在颈总动脉分叉处及主动脉弓与肺动脉之间的血管壁外存在化学感受器，分别称为颈动脉体（小球）和主动脉体（小球）化学感受器。当颈动脉体和主动脉体化学感受器兴奋时，神经冲动分别经窦神经和迷走神经传入延髓，主要兴奋呼吸中枢，引起呼吸加深加快。同时也可引起心率加快、心排出量增加，外周阻力增高，血压升高。

在正常情况下，化学感受性反射主要调节呼吸，对心血管活动的影响很小。只有在低氧、窒息、失血、动脉血压过低和酸中毒时，才发挥比较明显的作用。因此，化学感受性反射主要参与应急状态时的循环功能调节。

二、体液调节

心血管活动的体液调节是指血液和组织液中一些化学物质对心肌和血管平滑肌活动的调节作用。这些体液因素中，有些通过血液运输，广泛作用于心血管系统。有些则在组织中形成，主要作用于局部的血管，调节局部组织的血流量。

（一）肾上腺素和去甲肾上腺素

肾上腺素和去甲肾上腺素由肾上腺髓质分泌、释放，属于儿茶酚胺类激素，均通过 α 和 β 儿茶酚胺受体发挥调节效应。心血管系统的 β 受体有 β_1 和 β_2 两个亚型。两种激素与 β 受体亚型的结合能力不完全相同，对心脏和血管的作用也有差别。

在前文介绍的心交感神经及交感缩血管神经，其末梢递质也是去甲肾上腺素，与肾上腺髓质的去甲肾上腺素是相同的物质。但肾上腺髓质激素经血液运送，作用范围更加广泛。

1. 肾上腺素对心血管的作用 肾上腺素可与 α 和 β 受体结合。肾上腺素与心肌细胞的 β_1 受体结合，使心率加快、传导加速、心肌收缩力增强，故心排出量增多，临床上常用作强心药。

肾上腺素对血管的作用取决于血管平滑肌上 α 和 β 受体分布的情况。皮肤、肾脏和胃肠道血管 α 受体分布占优势，肾上腺素使这些器官的血管收缩。在骨骼肌、肝脏和冠状血管，β_2 受体数量占优势。生理剂量的肾上腺素通过兴奋 β_2 受体，引起这些血管舒张。因此，生理浓度的肾上腺素对总外周阻力影响不大。对血压的影响主要通过增加心输出量升高血压，收缩压升高更明显。

骨骼肌、肝脏血管平滑肌上也分布有少量 α 受体。大剂量肾上腺素可作用于这些血管的 α 受体，引起血管收缩，从而使总外周阻力升高。

2. 去甲肾上腺素对心血管的作用 去甲肾上腺素主要与 α 受体结合，也可与心肌 β_1 受体结合，但对 β_2 受体作用较弱。因此，去甲肾上腺素通过 α 受体使血管收缩、外周阻力增加，从而使血压升高，以舒张压升高更明显。

去甲肾上腺素也可以激动心肌细胞的 β_1 受体。但去甲肾上腺素升高血压可引起压力感受性反射加强，反射对心脏的抑制效应可以超过去甲肾上腺素对心脏的直接兴奋效应。

（二）肾素－血管紧张素系统

肾素是由肾的近球细胞合成和分泌的一种蛋白水解酶。当肾血液灌注减少、致密斑处 Na^+ 浓度降低或交感神经兴奋时，肾素的合成与释放增加。血浆中存在肝脏合成和释放的血管紧张素原，但没有活性。肾素可使血管紧张素原水解为有活性的血管紧张素Ⅰ。血管紧张素Ⅰ流经肺循环时，在肺血管内皮表面的血管紧张素转换酶作用下水解，变为血管紧张素Ⅱ。血管紧张素Ⅱ在血浆和组织中的氨基肽酶的作用下生成血

管紧张素Ⅲ（图 5-36）。

血管紧张素原

↓← 肾素

血管紧张素Ⅰ（10肽）

↓← 血管紧张素转换酶

血管紧张素Ⅱ（8肽）

↓← 氨基肽酶

血管紧张素Ⅲ（7肽）

图 5-36 肾素一血管紧张素系统

血管紧张素Ⅱ对心血管系统的活性最强。其生理作用：①可直接使全身微动脉收缩，外周阻力增加，血压升高；使静脉收缩，回心血量增加；②刺激肾上腺皮质合成和释放醛固酮，后者可促进肾小管对 Na^+、水的重吸收，使细胞外液量和循环血量增加；③作用于交感缩血管纤维末梢上的血管紧张素受体，使交感神经末梢释放递质增多；④可作用于脑内一些神经元的血管紧张素受体，使交感缩血管神经元紧张性加强。

由于肾素、血管紧张素和醛固酮三者关系密切，故将它们联系起来称为肾素一血管紧张素一醛固酮系统（RAAS）。在正常情况时，肾素分泌量不多。但大失血时，交感神经兴奋和肾血液灌流量减少，引起近球细胞分泌大量肾素，使血管紧张素活化增加，从而促使血压回升。临床上有些抗高血压药物通过对抗 RAAS 而发挥降血压作用。

（三）血管升压素

血管升压素又称抗利尿激素，由下丘脑视上核和室旁核神经元合成，通过轴浆运输至神经垂体贮存，在适宜刺激下由神经垂体释放入血，发挥效应。

生理量的血管升压素主要调节肾小管对水的重吸收，详见泌尿系统。大剂量的血管升压素，还可引起血管平滑肌收缩，增加外周阻力，升高血压，所以称血管升压素。在禁水、失水和失血等情况下，血管升压素释放增加，通过保留体液容量、收缩血管，对动脉血压的维持起重要作用。

（四）其他体液因素

前列环素（PGI_2）、内皮舒张因子（NO）、内皮缩血管因子（内皮素）、激肽、心房钠尿肽、组胺等也具有使血管收缩或舒张的作用。

第四节　淋巴系统

淋巴系统（lymphatic system）包括淋巴管道、淋巴器官和淋巴组织。淋巴器官包括淋巴结、脾、胸腺、腭扁桃体、舌扁桃体和咽扁桃体等。淋巴组织是含有大量淋巴细胞的网状结缔组织，广泛分布于消化道和呼吸道等器官的黏膜内，也具有防御功能。

一、淋巴管道

淋巴管道（lymphatic vessels）包括毛细淋巴管、淋巴管、淋巴干和淋巴导管等。

（一）毛细淋巴管

毛细淋巴管（图 5-37）以盲端起于组织间隙，由一层内皮细胞构成，细胞间隙大。毛细淋巴管通透性较大，组织液中的蛋白质、脂肪微粒、细菌、癌细胞等大分子物质可进入毛细淋巴管内。中枢神经、上皮组织、骨髓、软骨和脾实质等器官组织内不存在毛细淋巴管。

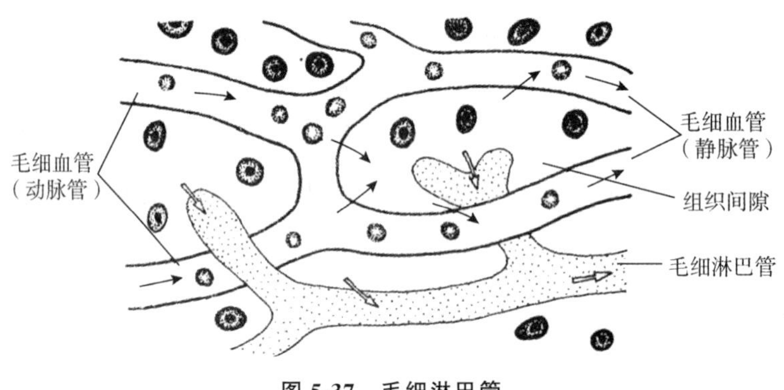

图 5-37　毛细淋巴管

（二）淋巴管

由毛细淋巴管汇合而成，管壁与静脉相似，但较薄、瓣膜较多且发达，外形粗细不匀，呈串珠状。淋巴管道内的压力差较小，瓣膜可阻止淋巴倒流。淋巴管根据其位置分为浅、深两组，浅淋巴管位于皮下与浅静脉伴行；深淋巴管与深部血管伴行，二者间有较多交通支。淋巴管在行程中均通过一个或多个淋巴结，从而把淋巴细胞带入淋巴液。

（三）淋巴干

由淋巴管多次汇合而形成，全身淋巴干共有 9 条（图 5-38）：即收集头颈部淋巴的

左、右颈干；收集上肢、部分胸壁淋巴的左、右锁骨下干；收集胸部淋巴的左、右支气管纵隔干；收集下肢、盆部及腹腔成对器官淋巴的左、右腰干以及收集腹腔不成对器官淋巴的肠干。

(四) 淋巴导管

包括胸导管（左淋巴导管）和右淋巴导管。胸导管的起始部膨大叫乳糜池，位于第 11 胸椎与第 2 腰椎之间。乳糜池接受左、右腰干和肠干淋巴的汇入。胸导管穿经膈肌的主动脉裂孔进入胸腔，再上行至颈根部，最终汇入左静脉角，沿途接受左支气管纵隔干、左颈干和左锁骨下干的汇入。胸导管收集下半身及左上半身的淋巴。右淋巴导管为一短干，收集右支气管纵隔干、右颈干和右锁骨下干的淋巴，即右上半身的淋巴，注入右静脉角。

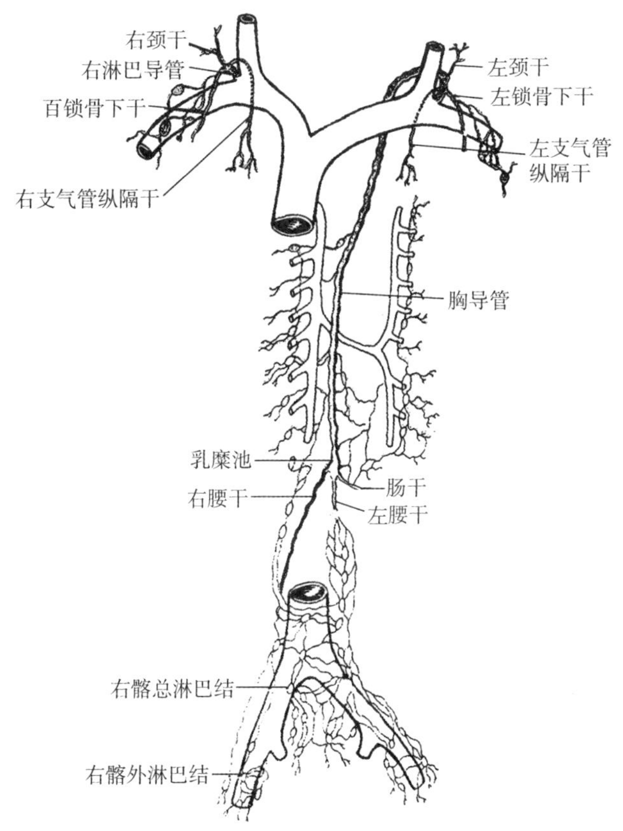

图 5-38　胸导管和右淋巴结

(五) 淋巴液回流的意义

在毛细血管的动脉端生成的组织液，大部分在毛细血管的静脉端被吸收入静脉内，小部分进入毛细淋巴管内成为淋巴。在压力差的驱动下，淋巴沿毛细淋巴管、淋巴管、淋巴干向心流动，最后通过胸导管、右淋巴导管注入静脉角。淋巴起于组织液，最终重回血液。淋巴循环可以看作血液循环的一个侧支。淋巴液回流具有重要的生理意义：

1. 调节血浆与组织液间的体液平衡 在本章组织液生成与回流部分已做介绍。

2. 回收组织液中的蛋白质 由于压力的原因，少量血浆蛋白质可在毛细血管处被滤出，但无法通过毛细血管壁回收。这部分蛋白质将通过淋巴循环回到血液，以维持组织和血浆的胶体渗透压稳定。

3. 运输脂肪等营养物质 小肠吸收的脂肪，在小肠黏膜上皮细胞内合成乳糜微粒。乳糜微粒较大，不能进入毛细血管，只能通过淋巴途径运输入血液。参见消化系统章节。

4. 防御作用 组织间隙的一些细菌、异物颗粒等进入淋巴管道，随淋巴流至淋巴结时，能被巨噬细胞清除。淋巴结产生的淋巴细胞、浆细胞等可通过淋巴循环进入血液发挥作用。

二、淋巴器官

淋巴器官包括淋巴结、脾、胸腺、腭扁桃体、舌扁桃体和咽扁桃体等。

（一）淋巴结

1. 淋巴结的形态 淋巴结（lymph nodes）是灰红色的扁圆形或椭圆形小体，常成群聚集，亦有浅、深群之分，多沿血管分布，位于身体较隐蔽的部位（如关节的屈侧、腋窝、腘窝等）。胸腔、腹腔、盆腔的淋巴结多位于脏器的门和大血管的周围。淋巴结的主要功能是滤过淋巴液，产生淋巴细胞和抗体，参与人体免疫反应，为重要的防御器官之一。

2. 人体各部主要淋巴结位置和引流 局部淋巴结（regionallymphnodes）指引流某个器官或部位淋巴的第一级淋巴结，通过输入淋巴管收纳一定区域的淋巴，过滤后经输出淋巴管输送至下一级淋巴结群或其他淋巴管道。当某器官感染或癌变时，细菌、病毒、寄生虫或癌细胞可沿淋巴管到达相应的局部淋巴结，局部淋巴结则迅速增殖、肿大，产生大量的淋巴细胞，过滤、阻截和杀灭这些病原体，防止病变进一步扩散，从而使病灶远处免受病原体的侵袭。但当病原体的致病力过强或淋巴结功能低下时，该局部淋巴结不能成功地过滤、拦截和杀灭病原体，病变则沿该淋巴结的引流方向继续向远处蔓延，波及下一级淋巴结群。因此，局部淋巴结的肿大往往提示其引流范围内有感染灶存在。了解局部淋巴结的位置及其变化情况、淋巴液的引流范围和引流去向，对某些部位疾病的诊断和治疗有重要的临床意义。有些器官如甲状腺、食管及肝的部分淋巴管可不经淋巴结的过滤，直接注入胸导管，使得这些器官的病变或肿瘤细胞得不到淋巴结的监测，易于向远处转移，波及其他器官。

（1）头颈部淋巴结的位置和引流：头颈部淋巴结较多，主要分布于头颈交界处和颈内、外静脉的周围，其中主要有：①下颌下淋巴结：位于下颌下腺周围，收纳面部和口腔的淋巴，其输出管注入颈外侧深淋巴结；②颈外侧浅淋巴结：位于胸锁乳突肌的浅面，沿颈外静脉排列，收纳耳后和腮腺下部等处的淋巴，其输出管注入颈外侧深

淋巴结；③颈外侧深淋巴结：沿颈内静脉排列，其中位于锁骨上方部分的颈外侧深淋巴结称为锁骨上淋巴结。颈外侧深淋巴结直接或间接收纳头颈部各群淋巴结的输出管，其输出管汇成颈干；右侧颈干注入右淋巴导管，左侧颈干注入胸导管，在颈干注入胸导管处，常无瓣膜，故胃癌或食管癌患者，癌细胞可经胸导管转移到左锁骨上淋巴结（图 5-39，图 5-40）。

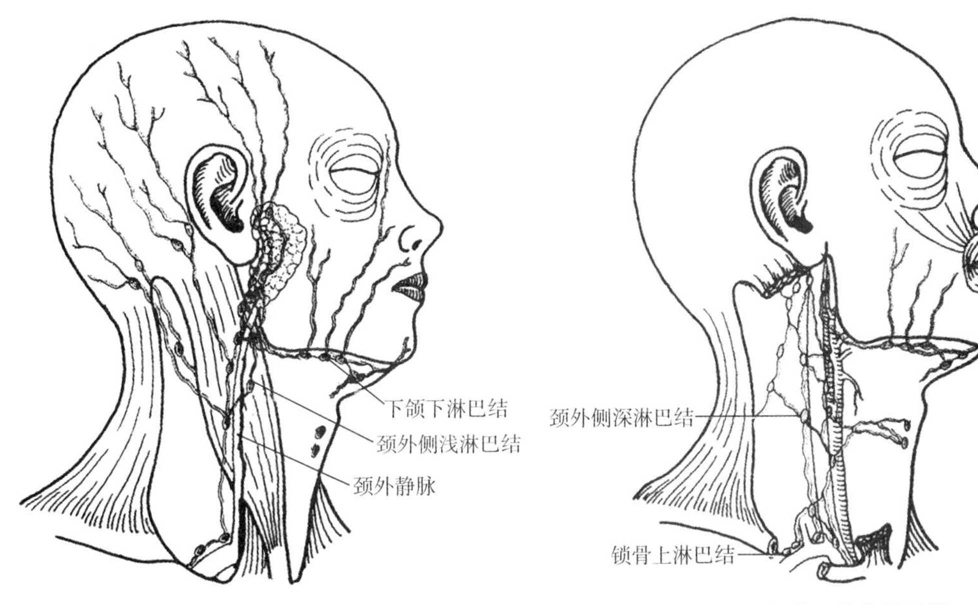

图 5-39　头颈部淋巴结和淋巴管　　**图 5-40　颈深部淋巴结和淋巴管**

（2）上肢淋巴结的位置和引流：主要有腋淋巴结群。腋淋巴结群（axillary lymph nodes）分为外侧淋巴结、胸肌淋巴结、肩胛下淋巴结、中央淋巴结和尖淋巴结等 5 群（图 5-41），位于腋窝内，分布于腋血管及其分支的周围，收纳上肢、胸前外侧壁、乳房和肩部等处的淋巴，其输出管形成锁骨下干。左侧的锁骨下干注入胸导管；右侧的锁骨下干注入右淋巴导管。乳腺癌常转移到腋淋巴结。

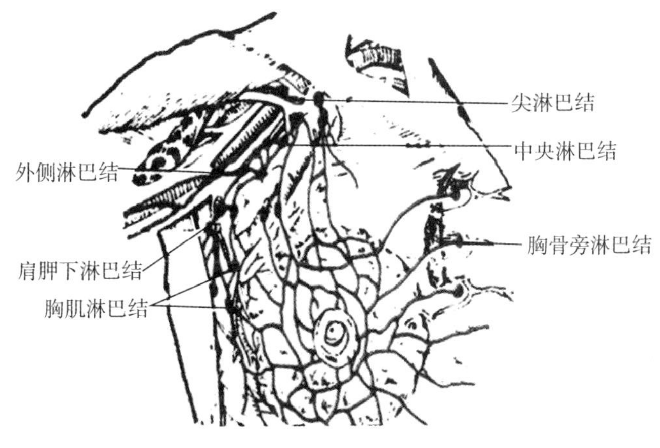

图 5-41　腋淋巴结

（3）胸部淋巴结的位置和引流：胸部的淋巴结有胸壁淋巴结和胸腔器官淋巴结。胸壁淋巴结中有胸骨旁淋巴结，沿胸廓内血管排列，收纳胸前壁、腹前壁上部和乳房内侧部等处的淋巴，其输出管注入支气管纵隔干。胸腔器官淋巴结中有支气管肺门淋巴结，位于肺门处，又称肺门淋巴结，引流肺、支气管和胸膜脏层等淋巴。肺门淋巴结的输出管注入气管支气管淋巴结，气管支气管淋巴结位于支气管杈上、下方，其输出管注入气管旁淋巴结。气管旁淋巴结的输出管汇合成支气管纵隔干。左、右支气管纵隔干分别注入胸导管和右淋巴导管。

（4）下肢淋巴结的位置和引流：主要有腹股沟淋巴结，根据其位置深浅又分为：①腹股沟浅淋巴结：位于腹股沟韧带下方的浅筋膜内，分为上、下两群（图 5-42），上群与腹股沟韧带平行排列，收纳腹前外侧壁下部、臀部、会阴部和子宫底的淋巴。下群沿大隐静脉末端分布，收纳除足外侧缘和小腿后外侧部之外的下肢浅淋巴。腹股沟浅淋巴结的输出管注入腹股沟深淋巴结或髂外淋巴结；②腹股沟深淋巴结：位于股静脉根部周围，收纳下肢深淋巴、会阴的淋巴，以及足外侧缘和小腿后外侧浅部的淋巴，并接受腹股沟浅淋巴结的输出管。其输出管注入髂外淋巴结。

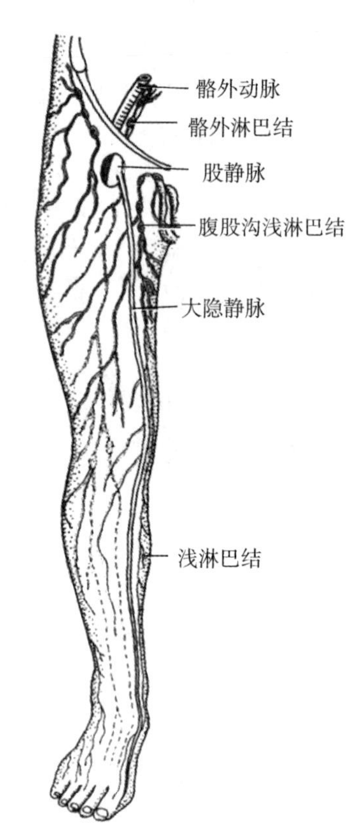

图 5-42　下肢的淋巴管和淋巴结

（5）盆部淋巴结的位置和引流：盆部的淋巴结沿髂内血管、髂外血管和髂总血管排列，分为髂外淋巴结、髂内淋巴结、髂总淋巴结。收纳同名动脉分布区域的淋巴，最后经髂总淋巴结的输出管注入腰淋巴结。

（6）腹部淋巴结的位置和引流：腹部淋巴结主要有（图 5-43，图 5-44）：①腰淋巴结：沿腹主动脉和下腔静脉排列，收纳腹后壁及腹腔内成对脏器的淋巴，以及髂总淋巴结的输出管，腰淋巴结的输出管汇合成左、右腰干，注入乳糜池；②腹腔淋巴结：位于腹腔干周围，收纳腹腔干各级分支分布区域的淋巴；③肠系膜上淋巴结：位于肠系膜上动脉根部周围，收纳肠系膜上动脉分布区域的淋巴；④肠系膜下淋巴结：位于肠系膜下动脉根部周围，收纳肠系膜下动脉分布区域的淋巴。腹腔淋巴结、肠系膜上淋巴结、肠系膜下淋巴结的输出管共同汇合成一条肠干，向上行注入乳糜池。

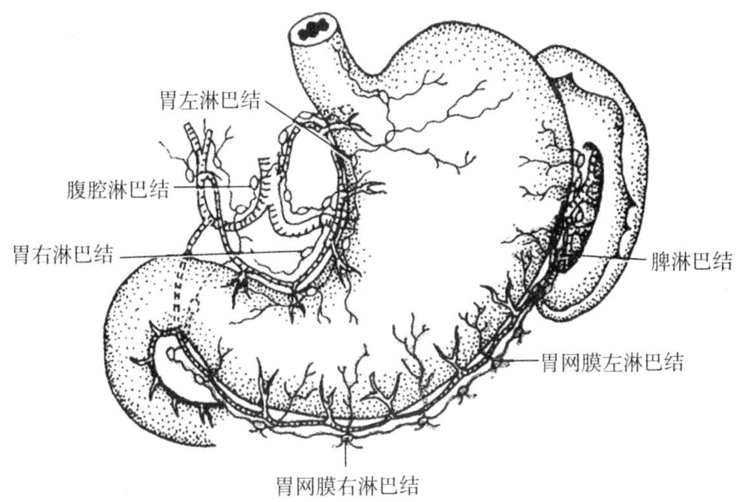

图 5-43　胃的淋巴管和淋巴结

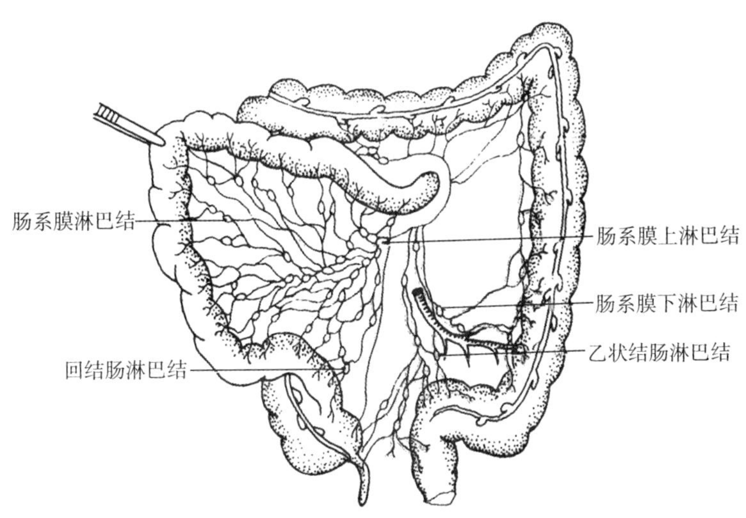

图 5-44　肠的淋巴管和淋巴结

(二) 脾

1. 脾的位置和形态　脾（spleen）是人体最大的淋巴器官（图 5-45），位于左季肋区，与第 9～11 肋相对，其长轴与第 10 肋一致，正常时在肋下缘不能触及。脾为暗红色，呈扁椭圆形，质软且脆，在左季肋区遭受暴力打击时，易导致脾破裂而出血。

脾可分为膈、脏两面，上、下两缘，前、后两端。膈面隆凸光滑，与膈相贴。脏面凹陷，中央处有脾门，是血管、神经和淋巴管出入的部位。脾的上缘较薄，有 2～3 个脾切迹。当脾肿大时，是触诊脾的标志。

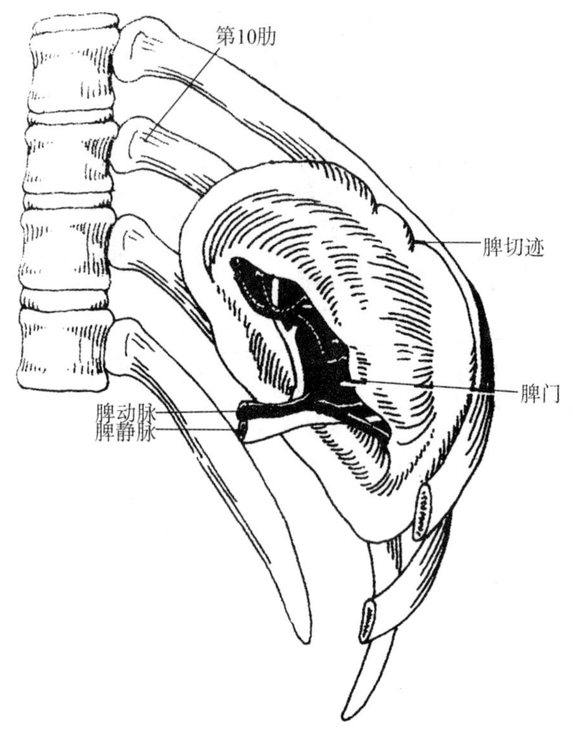

图 5-45 脾的形态和位置

2. 脾的功能

（1）滤血：血液流经脾内时，脾内的巨噬细胞吞噬清除血液中病原体和衰老的血细胞，主要为红细胞。当脾肿大或机能亢进时，红细胞破坏过多，产生贫血。如将脾切除后，血液中的异形衰老红细胞大量增多。

（2）免疫：脾是各类免疫细胞居住的场所，也是对血源性抗原物质产生免疫应答的部位，是体内产生抗体最多的部位。可产生体液免疫应答和细胞免疫应答。

（3）造血：在胚胎早期，脾有造血功能，出生后只产生淋巴细胞，但脾内仍有少量造血干细胞，当机体严重失血或贫血时，脾可恢复造血功能。

（4）储血：脾可储存约 40ml 的血液，当剧烈运动或大失血时，脾内平滑肌收缩，可将储存的血液挤入血循环中。

（三）胸腺

胸腺（thymus）是中枢淋巴器官，具有培育并向周围淋巴器官（淋巴结、脾和扁桃体）和淋巴组织输送 T 细胞的功能。

1. 胸腺的位置和形态 胸腺位于胸骨柄后方，上纵隔的前部，分为不对称的左、右两叶。新生儿和幼儿较大，性成熟后最大，重达 25～40g。以后逐渐萎缩退化，到成人时腺组织常被结缔组织所代替（图 5-46）。

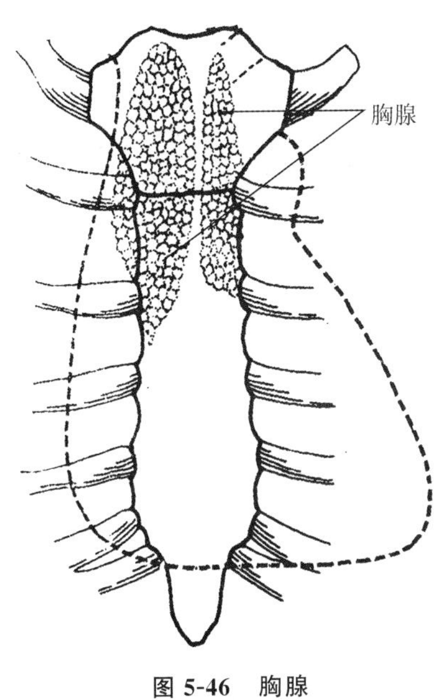

图 5-46　胸腺

2. 胸腺的功能　胸腺是 T 细胞分化的场所，胸腺分泌的胸腺素和胸腺生成素促进胸腺细胞分化成为 T 细胞，它具有识别外来抗原的能力，进入周围淋巴器官。胸腺具有重要的免疫调节功能。

（曾　斌、况　炜、李　娜）

思考练习

参考答案

第六章　呼吸系统

学习目标

呼吸系统（respiratory system）由呼吸道和肺组成，主要功能是进行气体交换，即从外界摄入氧并排出体内二氧化碳。此外，鼻还是嗅觉的器官，喉具有发音的功能。

呼吸道是传送气体的通道，包括鼻、咽、喉、气管和各级支气管（图 6-1），临床上常将鼻、咽、喉称为上呼吸道。

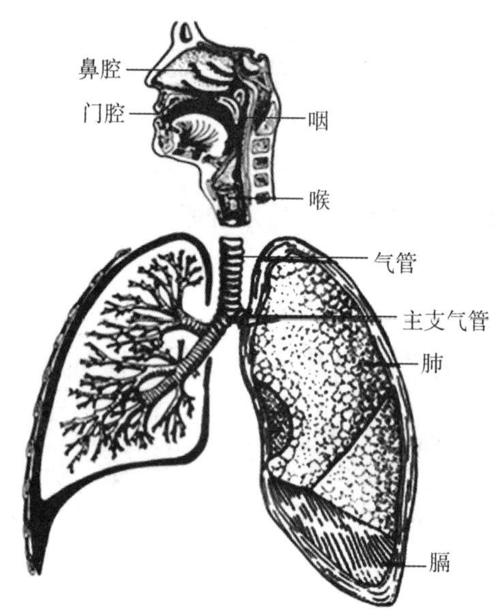

图 6-1　呼吸系统全貌

第一节　呼吸系统的结构

PPT：呼吸道

一、呼吸道

（一）鼻

鼻（nose）是呼吸道的起始部，也是嗅觉器官，分为外鼻、鼻腔和鼻旁窦 3 部分。

1. 外鼻　外鼻（external nose）位于面部中央。上端狭窄位于两眶之间，称鼻根，鼻根向下延伸为鼻背，其末端隆起为鼻尖，鼻尖两侧膨大的部分称鼻翼。外鼻下方的开口称鼻孔，主要由鼻翼和鼻柱围成。外鼻上部以鼻骨为支架，下部以软骨作基础，外被皮肤。

视频：鼻

2. 鼻腔　鼻腔（nasal cavity）位于颅前窝下方、腭的上方，由骨和软骨作支架，内面衬以黏膜和皮肤。鼻腔被鼻中隔分为左、右两半。鼻中隔由犁骨、筛骨垂直板和鼻中隔软骨等覆以黏膜组成。鼻腔向前经鼻孔通外界，向后经鼻后孔通鼻咽（图 6-2）。

图 6-2　鼻腔外侧壁（右侧）

（1）鼻前庭（nasal vestibule）：为鼻腔的前下部，内面衬以皮肤，生长有鼻毛，有过滤灰尘和净化吸入空气的作用。

（2）固有鼻腔（nasal cavity proper）：是鼻腔的主要部分，由骨性鼻腔内衬黏膜构成。外侧壁上有上、中、下三个鼻甲，各鼻甲的下方分别为上、中、下三个鼻道。在上鼻甲的后上方与鼻腔顶壁间有一凹陷称蝶筛隐窝。上鼻道和中鼻道内有鼻旁窦的开口，下鼻道前端有鼻泪管的开口。

固有鼻腔的黏膜按其生理功能的不同，分为嗅区和呼吸区两部分。嗅区指覆盖上鼻甲及其对应的鼻中隔以上部分的黏膜，内含嗅细胞，能感受气味的刺激。除嗅区以外的鼻黏膜为呼吸区，内含丰富的毛细血管和鼻腺，能温暖、湿润吸入的空气。鼻中隔前下部的黏膜内，有丰富的毛细血管吻合丛，是鼻出血的好发部位，称易出血区（Little 区）。

3. 鼻旁窦　鼻旁窦（paranasal sinuses）又称副鼻窦，由骨性鼻旁窦内衬黏膜构成，共 4 对，包括：上颌窦、额窦、筛窦和蝶窦，均开口于鼻腔（图 6-3）。额窦、上颌窦和筛窦前群、中群开口于中鼻道；筛窦后群开口于上鼻道；蝶窦开口于蝶窦隐窝。

由于鼻旁窦的黏膜与固有鼻腔的黏膜相延续，因此鼻腔的炎症常可蔓延至鼻旁窦。

上颌窦是鼻旁窦中最大的一对，窦的开口位置高于窦底，炎症时，脓液不易流出，故上颌窦的慢性炎症较多见。鼻旁窦的黏膜具有丰富的血管，可调节吸入空气的温度和湿度，对发音还有共鸣作用。

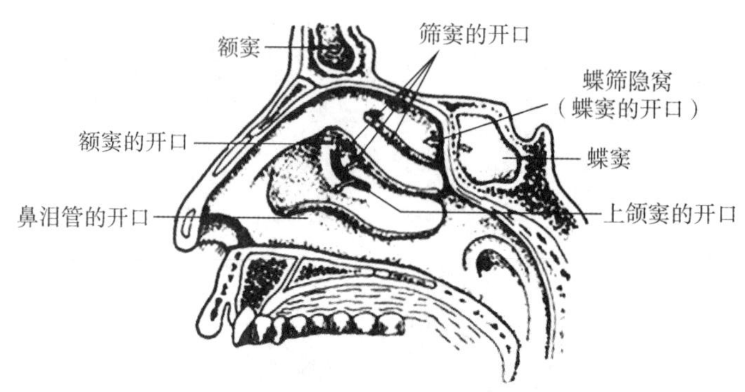

图 6-3　鼻旁窦的开口（右侧）

（二）咽

咽是一个前后略扁的漏斗形肌性管道，位于 1～6 颈椎的前方，长约 12cm，上起颅底，下达第 6 颈椎下缘移于食管。咽的后壁及侧壁完整，其前壁不完整，分别与鼻腔、口腔和喉腔相通。咽是消化道与呼吸道的共同通道，以腭帆（参见消化系统）游离缘与会厌上缘为界，分为鼻咽、口咽和喉咽（图 6-4，图 6-5）。

视频：咽

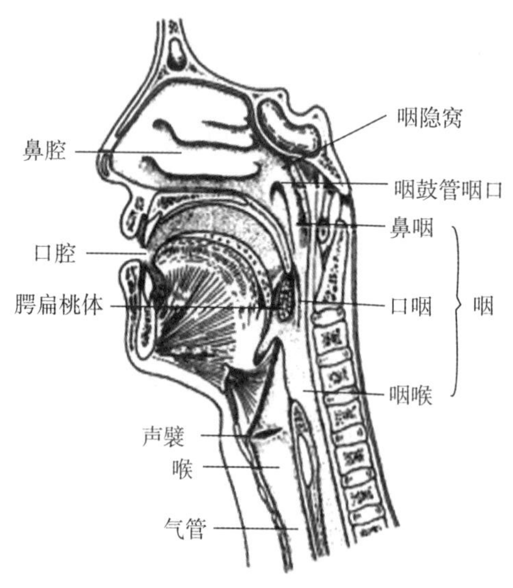

图 6-4　头颈部（正中矢状切面）

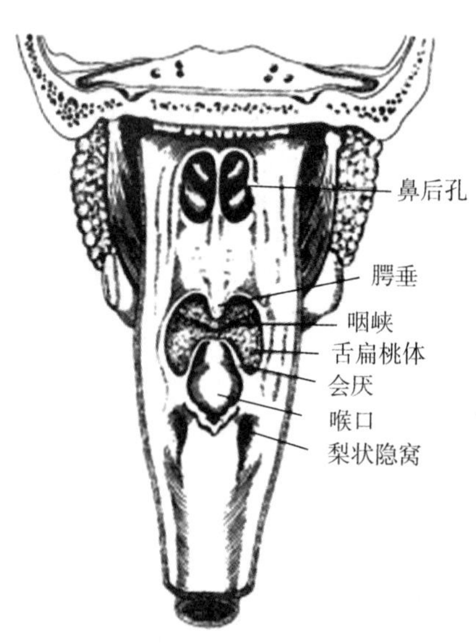

图 6-5　咽的后面观

1. 鼻咽　位于鼻腔的后方，介于颅底与腭帆游离缘之间，向前经鼻后孔与鼻腔相通。上壁后部黏膜下有丰富的淋巴组织，称咽扁桃体，在婴幼儿较发达，6～7 岁后开始萎缩，至 10 岁后差不多完全退化。

在鼻咽的两侧壁相当于下鼻甲后方 1.0cm 处各有一个咽鼓管咽口，借咽鼓管通中耳鼓室。咽鼓管圆枕后方与咽后壁之间的纵行深窝称咽隐窝，是鼻咽癌的好发部位。

2. 口咽　位于口腔的后方，介于腭帆游离缘与会厌上缘之间，向上通鼻咽，向下通喉咽，向前经咽峡通口腔。口咽外侧壁在腭舌弓与腭咽弓之间的凹陷称扁桃体窝，窝内容纳腭扁桃体。

3. 喉咽　位于喉的后方，上起会厌上缘，下至第 6 颈椎体下缘平面移行于食管。向前经喉口通喉腔。喉咽是咽腔中最狭窄的部分，在喉口两侧各有一个深凹，称梨状隐窝，常为食物滞留的部位。

视频：喉

（三）喉

喉（larynx）既是呼吸的通道，又是发音的器官。

1. 喉的位置　喉位于颈前部中份，成年人的喉在第 3～6 颈椎之间。喉上通咽，下续气管，前方有皮肤、颈筋膜和舌骨下肌群所覆盖，后方是喉咽部。喉的两侧与颈部大血管、神经和甲状腺相邻。喉可随吞咽或发音而上、下移动。

2. 喉的结构　喉由数块喉软骨借关节和韧带连成支架，周围附有喉肌，内面衬以喉黏膜构成（图 6-6，图 6-7）。

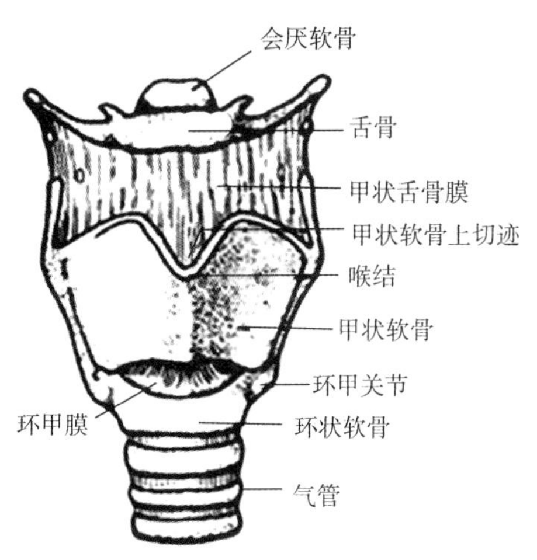

图 6-6　喉软骨及其连结（前面观）

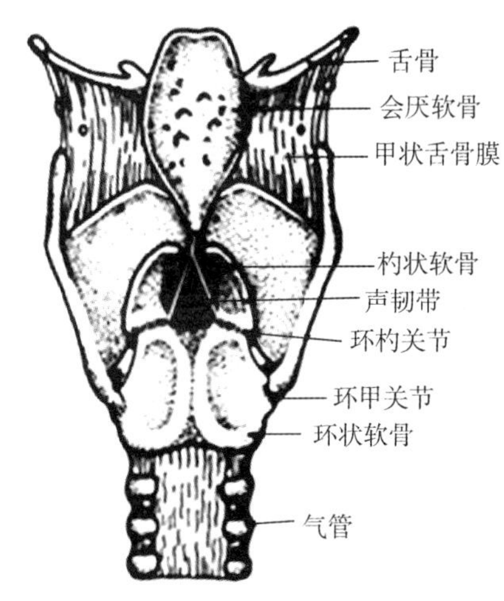

图 6-7　喉软骨及其连结（后面观）

（1）喉软骨其连结：喉软骨包括不成对的甲状软骨、环状软骨、会厌软骨和成对的杓状软骨。①甲状软骨：最大，位于舌骨的下方，构成喉的前外侧壁。甲状软骨的上缘正中向前突出的部分称喉结，成年男性喉结特别明显。喉结上方呈“V”形的切迹称上切迹。甲状软骨上缘借甲状舌骨膜与舌骨相连，下缘两侧与环状软骨构成环甲关节，下缘与环状软骨弓上缘之间有环甲膜，当急性喉阻塞来不及进行气管切开时，可切开环甲膜或在此穿刺，建立临时的通气道，抢救病人生命；②环状软骨：在甲状软骨下方，是喉软骨中唯一呈环形的软骨。环状软骨前窄后宽，环状软骨弓后方平对第6颈椎，是颈部重要的体表标志之一；③会厌软骨：形似叶片状，上端宽而游离，下端窄细附着于甲状软骨上切迹的后下方。会厌软骨连同表面覆盖的黏膜构成会厌，吞咽时，喉上提，会厌可盖住喉口，以防止食物误入喉腔；④杓状软骨（arytenoid cartilage）：左、右各一，呈三棱锥体形，其尖向上，底朝下，位于环状软骨后部的上方，与环状软骨构成环杓关节。每侧杓状软骨与甲状软骨间都有一条声韧带相连。声韧带是发音的重要结构。

（2）喉腔及喉黏膜：喉的内腔称喉腔（laryngeal cavity）（图6-8，图6-9），喉腔的入口称喉口。喉向上经喉口与喉咽相通，向下通气管。喉腔壁的内面衬有黏膜，与咽、气管的黏膜相延续。喉腔中部的两侧壁上，有上、下两对呈前后方向的黏膜皱襞：上方的一对称前庭襞，两侧前庭襞之间的裂隙称前庭裂；下方的一对称声襞，由喉黏膜覆盖声韧带构成，两侧声襞之间的裂隙称声门裂。声门裂是喉腔最狭窄的部位。

视频：喉腔

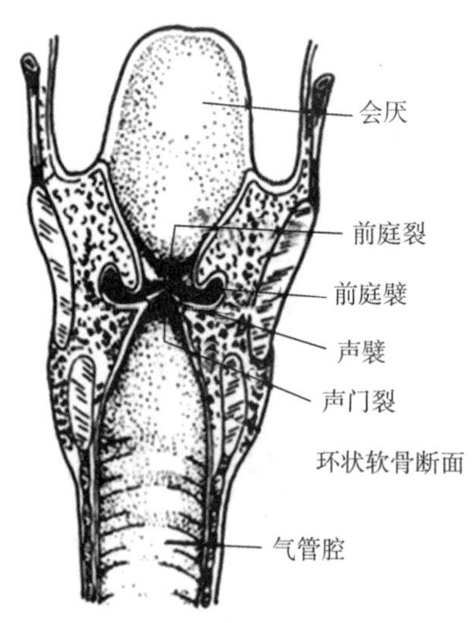

图6-8 喉腔（冠状面）

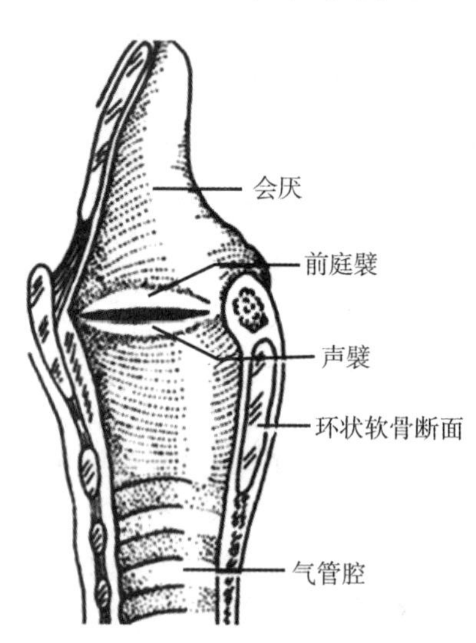

图6-9 喉腔（矢状面）

喉腔借两对皱襞分为三部分：喉前庭、喉中间腔和声门下腔。声门下腔的黏膜下组织比较疏松，炎症时易引起水肿。幼儿因喉腔较狭小，水肿时易引起阻塞而造成呼吸困难。

（3）喉肌：为骨骼肌，附着于喉软骨。喉肌的舒缩使环甲关节和环杓关节产生运动，引起声襞紧张或松弛、声门裂开大或缩小，从而调节音调的高低和声音的强弱。

视频：声带的发生过程

（四）气管与主支气管

气管和主支气管是连接喉与肺之间的通气管道。

1. 形态和位置　气管（trachea）和主支气管（principal bronchus）是后壁平坦的通气管道（图 6-10）。气管上接环状软骨，沿食管前面降入胸腔，在胸骨角平面分为左、右主支气管。其分叉处称气管杈，在气管杈内面有一向上凸的半月状嵴，称气管隆嵴，是支气管镜检的定位标志。气管在颈部的位置表浅，在颈部正中可以触摸到。临床上作气管切开术，常在第 3～5 气管软骨处进行。左主支气管较细长，走行方向接近水平位；右主支气管略粗短，走行方向较垂直，加之气管隆嵴略偏左侧，因此，误入气管的异物，常易坠入右主支气管内。

视频：气管与支气管

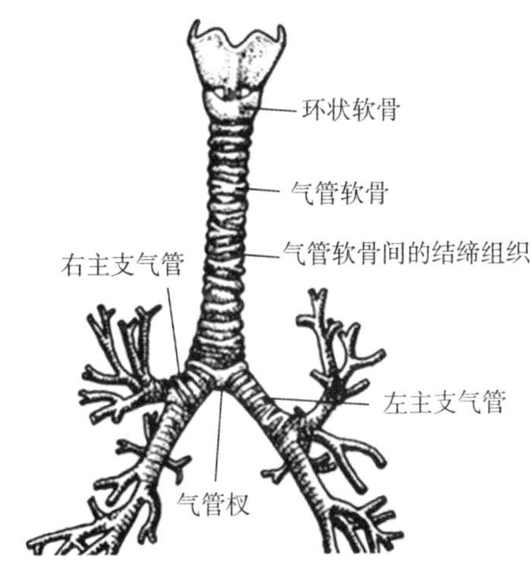

图 6-10　气管和主支气管

2. 微细结构　气管和主支气管的管壁由黏膜、黏膜下层和外膜构成（图 6-11）。

视频：气管与主支气管的微细结构

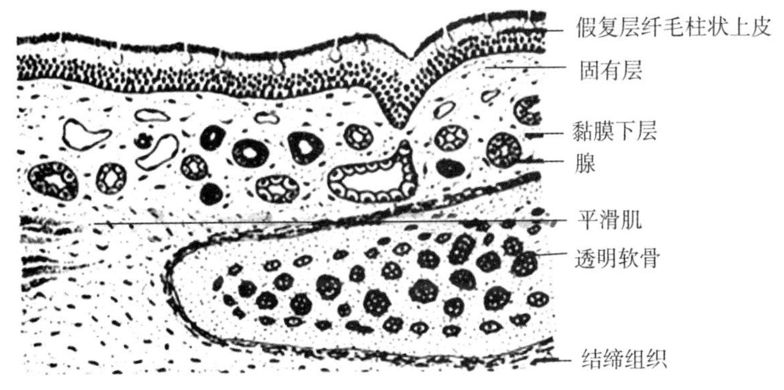

图 6-11　气管的微细结构（横切面）

(1) 黏膜：黏膜由上皮和固有层构成。上皮为假复层纤毛柱状上皮，其间夹有杯状细胞。固有层由结缔组织构成，含有较多弹性纤维、小血管和散在淋巴组织。

(2) 黏膜下层：黏膜下层为疏松结缔组织，含有气管腺、小血管、淋巴管和神经。

(3) 外膜：外膜由"C"形透明软骨和结缔组织组成，软骨有较好的支撑作用。气管软骨后方的缺口由平滑肌和结缔组织封闭，咳嗽时平滑肌收缩可缩小管径，加快气流速度，有利排痰。

二、肺

(一) 肺的位置和形态

肺 (lung) 是进行气体交换的器官，位于胸腔内，纵隔两侧，左、右各一（图 6-12）。肺的质地柔软，富有弹性。幼儿肺的颜色呈淡红色，随着年龄的增长，空气中的尘埃、碳末等颗粒吸入肺内，肺的颜色逐步变为暗红色或深红色。肺形似半圆锥形，左肺稍狭长，右肺略宽短。肺的上端钝圆称肺尖，突入颈根部，在锁骨内侧 1/3 部高出上方 2～3cm。肺的下面凹陷称肺底，与膈相贴，故肺底又称膈面。肺的外侧面与肋和肋间肌相邻，故称肋面。肺的内侧面朝向纵隔，其近中央处有一凹陷为肺门。

PPT：肺

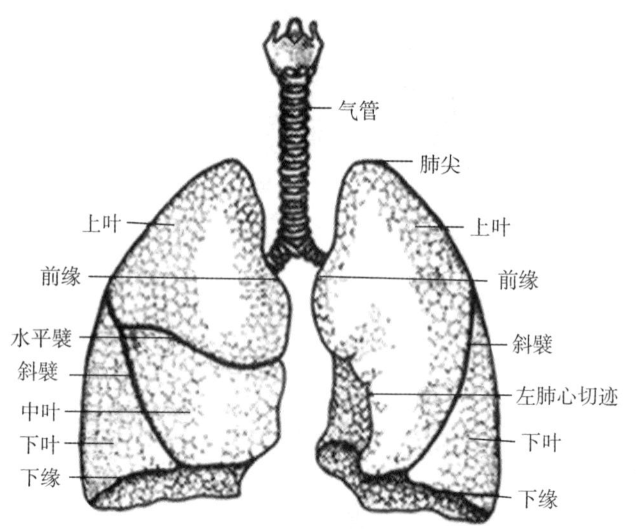

图 6-12 肺的形态

肺门是主支气管、肺动脉、肺静脉、支气管动脉、支气管静脉、淋巴管和神经等出入肺的部位，出入肺门的结构被结缔组织包绕称为肺根。肺的前缘和下缘薄而锐利，左肺前缘下份有一明显的凹陷，称心切迹。肺下缘在体表的投影为：在锁骨中线处与第 6 肋相交，腋中线处与第 8 肋相交，肩胛线处与第 10 肋相交，后正中线处于第 10 胸椎棘突平面。左肺被斜裂分为上、下两叶，右肺被斜裂和水平裂分为上、中、下三叶。

微视频：肺的大体结构

(二) 肺内支气管和支气管肺段

1. 肺内支气管 主支气管进入肺门后，左主支气管分上、下两支，右主支气管分上、中、下三支，进入相应的肺叶，构成肺叶支气管。肺叶支气管再分支成为肺段支气管（图 6-10）。支气管在肺内反复分支，形成支气管树（bronchial tree）。

视频：肺内支气管和支气管肺段

视频：肺的微细结构

2. 支气管肺段 每一肺段支气管的分支及其所连属的肺组织构成一个支气管肺段，简称肺段。肺段呈椎体形，尖朝向肺门，底朝向肺的表面。

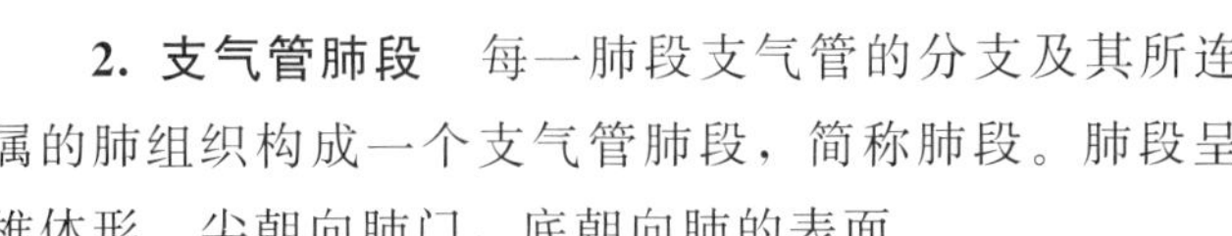

(三) 肺的微细结构

肺的表面覆有一层浆膜。肺可分实质和间质两部分（图 6-13）。肺实质由支气管树和肺泡构成。肺间质为肺内的结缔组织、血管、淋巴管和神经。

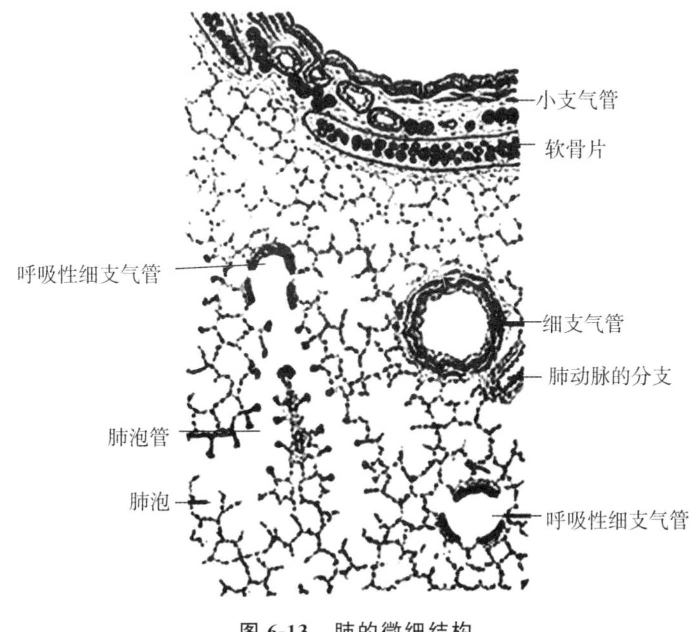

图 6-13 肺的微细结构

根据功能不同，肺实质又可分为导气部和呼吸部。

1. 导气部 包括肺叶支气管、肺段支气管、小支气管、细支气管以及终末细支气管等。导气部只有传送气体的功能，不能进行气体交换。当小支气管分支的口径为 1mm 左右时，称为细支气管。每条细支气管及其各级分支和其所属的肺泡构成一个肺小叶。

导气部的各级支气管壁微细结构与主支气管相似，但随着管腔逐渐变细，管壁逐渐变薄，上皮由假复层纤毛柱状上皮逐渐移行为单层纤毛柱状上皮，杯状细胞、腺体和软骨逐渐减少，然而平滑肌相对增多。到终末细支气管（管径约0.5mm），其管壁的上皮为单层柱状上皮，杯状细胞、腺体和软骨均消失，平滑肌形成完整的环行。细支气管和终末细支气管壁环形平滑肌的收缩或舒张可直接改变管径，从而调节出入肺小叶的气流量。

2. 呼吸部 包括呼吸性细支气管、肺泡管、肺泡囊和肺泡，是进行气体交换的部位。

(1) 呼吸性细支气管（respiratory bronchiole）：是终末细支气管的分支，管壁上有少量肺泡的开口。上皮由单层柱状上皮移行为单层立方上皮，其外围有少量结缔组织和平滑肌。

(2) 肺泡管（alveolar duct）：是呼吸性细支气管的分支，管壁上有许多肺泡的开口。

(3) 肺泡囊（alveolar sac）：为多个肺泡的共同开口处。

(4) 肺泡（pulmonary alveolus）：为多面形囊泡，每侧肺约有3亿～4亿个，是进行气体交换的场所。肺泡壁极薄，由肺泡上皮构成，周围有丰富的毛细血管网和少量的结缔组织。肺泡上皮为单层上皮，有两种类型：Ⅰ型肺泡细胞，呈扁平形，是构成肺泡壁的主要细胞；Ⅱ型肺泡细胞，呈圆形或立方体形，嵌在Ⅰ型肺泡细胞之间（图6-14），主要功能是分泌磷脂类物质。

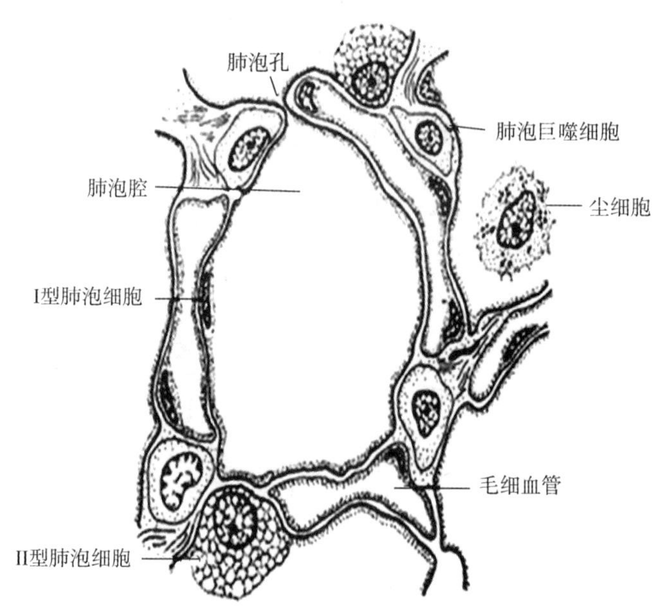

图6-14　肺泡上皮和肺泡隔

相邻肺泡之间的薄层结缔组织称肺泡隔（图6-14），内含有丰富的毛细血管网、较多的弹性纤维和肺泡巨噬细胞。毛细血管与肺泡紧密相贴，中间间质极薄，肺泡内面有薄层液体。当肺泡与血液之间进行气体交换时，气体经过液体分子层、肺泡上皮及基膜、间质、毛细血管内皮的基膜、毛细血管内皮，这六层结构称为气-血屏障，又称呼吸膜。肺泡隔中的弹性纤维使肺泡具有良好的弹性回缩力。肺泡巨噬细胞能作变形运动，有吞噬病菌和异物的能力，吞噬了灰尘的肺泡巨噬细胞称为尘细胞。

(四) 肺的血管

肺有两套血管，即功能性血管和营养性血管。

1. 功能性血管　即肺循环的血管，与肺的气体交换有关。

2. 营养性血管　肺的营养血管营养肺组织和各级支气管，由支气管动脉和支气管静脉组成。

三、胸膜与纵隔

(一) 胸膜

胸膜（pleura）是由间皮和薄层结缔组织构成的浆膜，分为互相移行的脏胸膜和壁胸膜两部分。脏胸膜又称肺胸膜，紧贴在肺表面，并伸入斜裂、水平裂内。壁胸膜衬贴在胸壁的内面、膈的上面及纵隔的两侧面，按其贴附部位的不同，分别称肋胸膜、膈胸膜和纵隔胸膜。壁胸膜在肺尖上方的部分称胸膜顶。

PPT：胸膜与纵膈

脏胸膜与壁胸膜在肺根处互相移行，围成一个潜在性的密闭腔隙，称胸膜腔（pleural cavity）（图 6-15）。胸膜腔左、右各一，互不相通，腔内呈负压，内含少量浆液。呼吸运动时，浆液可减少脏胸膜与壁胸膜之间的摩擦。

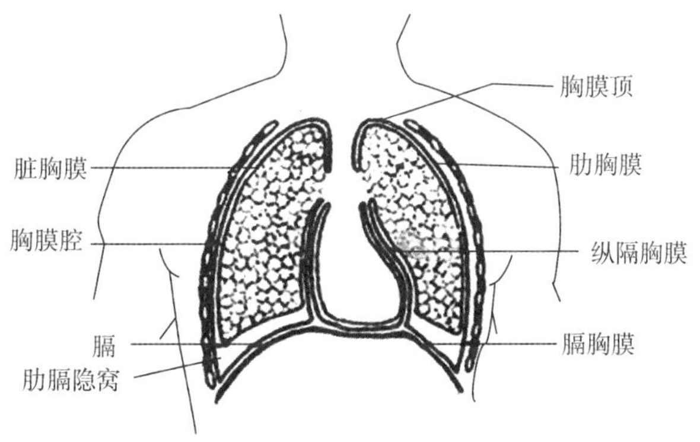

图 6-15　胸膜和胸膜腔示意图

(二) 纵隔

纵隔（mediastinum）是两侧纵隔胸膜之间所有器官和组织的总称。纵隔前界为胸骨，后界为脊柱的胸部，两侧界为纵隔胸膜，上达胸廓上口，下至膈。纵隔通常以胸骨角平面为界，分为上纵隔和下纵隔。下纵隔又可分为三部分（图 6-16）：胸骨与心包之间的部分称前纵隔；心及大血管所在部位称中纵隔；心包与脊柱胸部之间的部分称后纵隔。纵隔内有心、出入心的大血管、胸腺、膈神经、气管和主支气管、迷走神经、食管、胸导管、胸主动脉、交感干以及淋巴结等。

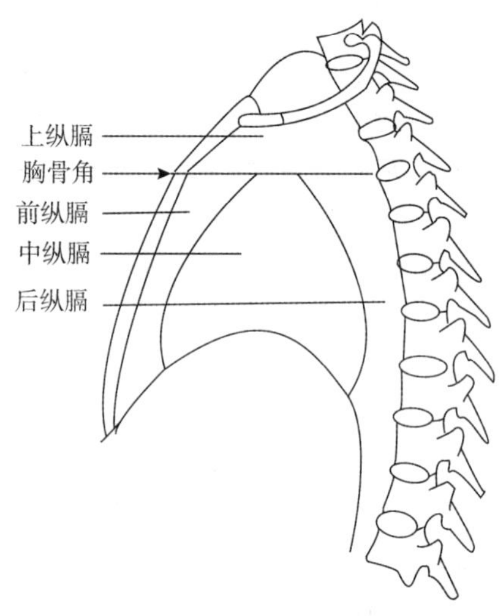

图 6-16　纵隔的分部

第二节　呼吸系统的功能

呼吸是指人体与外界环境之间气体交换的过程。呼吸全过程可分为四个环节：即肺通气、肺换气、气体在血液中的运输和组织换气（图 6-17），肺通气和肺换气合称外呼吸。

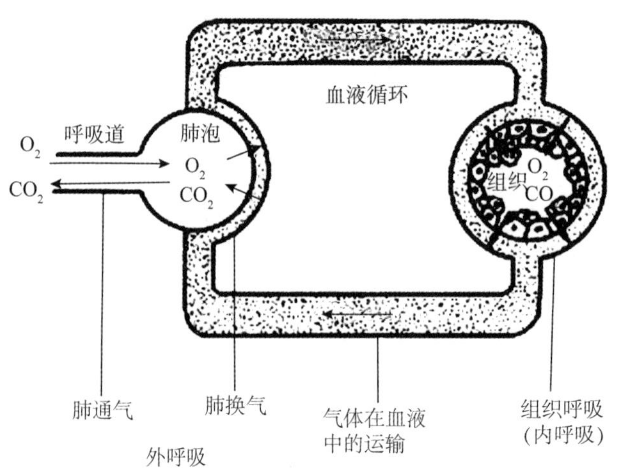

图 6-17　呼吸的过程

一、肺通气

肺通气是指肺与外界环境之间的气体交换过程。

PPT：肺通气

（一）肺通气的动力

肺通气的直接动力是肺内压与大气压的差值。肺内压低于大气压，气体从外界被吸入肺泡；肺内压高于大气压，肺内气体被驱出至大气。呼吸肌有节律地收缩和舒张，引起胸腔容积扩大与缩小的运动，称为呼吸运动。生理情况下，呼吸运动导致了肺内压变化，使其形成与大气压的差值，是肺通气的原动力。

视频：
呼吸运动

呼吸运动分为吸气运动和呼气运动。吸气运动由吸气肌和辅助吸气肌收缩引起；呼气运动由吸气肌的舒张或呼气肌的收缩引起。人体主要的吸气肌有膈肌和肋间外肌，其收缩分别引起膈顶下降和肋上提，导致胸腔容积增加。胸大肌、胸小肌、前锯肌及颈深肌群等收缩也有助于提肋，为辅助吸气肌。主要的呼气肌为肋间内肌，其收缩可降肋。腹壁肌肉收缩可增加腹内压力、使膈顶进一步升高，为辅助呼气肌。

呼吸运动按其深度一般分为平静呼吸和用力呼吸两种。人体在安静时，平稳而缓慢的自然呼吸，称平静呼吸，每分钟约为12～18次。此时吸气的产生是由于膈肌和肋间外肌的收缩引起，是主动过程；而呼气是由于膈肌和肋间外肌舒张所致，不需肌肉收缩，所以是被动的。运动或劳动时，深而强的呼吸称用力呼吸。用力吸气时，除膈肌与肋间外肌加强收缩外，胸大肌、颈深肌等吸气辅助肌也参与收缩；用力呼气时，除吸气肌群舒张外，肋间内肌和腹壁肌等呼气肌群也参与收缩。可见，用力呼吸时，吸气和呼气都是主动过程。在某些病理情况下，即使用力呼吸仍不能满足人体需要，病人可有鼻翼扇动等现象，及喘不过气的主观感觉，临床上称为呼吸困难。

根据引起呼吸运动的主要肌群不同，呼吸运动又可分为腹式呼吸和胸式呼吸。以膈肌舒缩为主的呼吸运动，伴有明显的腹壁起伏，称为腹式呼吸；以肋间肌舒缩为主时，胸廓起伏明显，称为胸式呼吸。正常成人呼吸大多是胸式呼吸和腹式呼吸同时存在的混合式呼吸。一般女性和儿童胸式呼吸成分多些，男性和老人腹式呼吸成分多些。临床上，患者胸廓有病变如胸膜炎、胸腔积液等时，胸廓运动受限，常呈腹式呼吸；腹腔有巨大肿块或大量腹水的患者以及妊娠末期妇女，膈肌的升降受限，多呈胸式呼吸。婴儿因胸廓发育不完善，肋骨较为垂直且不易提起，也以腹式呼吸为主。

（二）呼吸时肺内压和胸内压的变化

1. 肺内压的变化　肺内气道和肺泡内的压力称为肺内压。在呼吸运动过程中，肺内压随胸腔容积的变化而变化。平静吸气初，肺内压下降，通常低于大气压1～2mmHg，外界气体经呼吸道流入肺泡。随着肺内气体逐渐增多，肺内压逐渐升高，当肺内压与大气压相等时，气体不再流入，则吸气结束。在呼气初，肺内压升高，高于大气压 1～2mmHg，肺内气体经呼吸道流出体外。随着肺泡内气体逐渐减少，肺内压逐渐降低，当肺内压等于大气压时，气体不再流出，则呼气结束（图 6-18）。

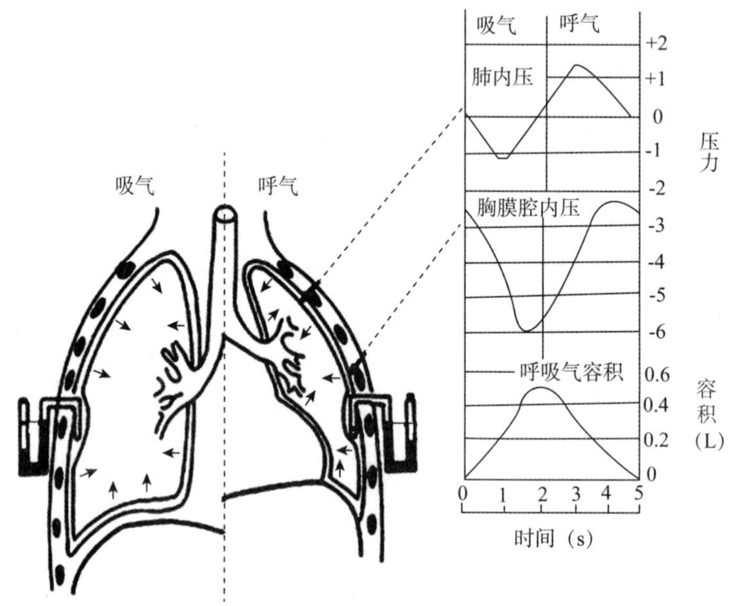

图 6-18　呼吸时肺内压、胸膜腔内压和肺容量的变化

临床上抢救自主呼吸停止患者常用人工呼吸。各种人工呼吸方式的原理，都是人为改变肺内与外界的压力差，使患者实现肺通气。

知识拓展：人工呼吸

2. 胸内压的变化　胸内压指胸膜腔内的压力。通常，在吸气和呼气过程中胸内压均低于大气压，因此又称胸内负压。

（1）胸内负压的形成：胎儿在母体内时，由于受羊水压迫，胸廓容积小于其固有容积，娩出后胸廓即弹性回位。在第一次吸气瞬间，肺被动扩张至与胸廓容积相应，导致肺弹性回缩，但肺的回缩力不足以使胸膜腔的脏、壁两层分离，从此肺就处于一定的扩张并具有一定的回缩力的状态，胸内负压因此而形成。在出生后的发育期间，由于胸廓的生长速度比肺快，使肺被牵拉的程度加大，胸膜腔负压值也随之增大。因此，成人的胸内负压值比幼儿大。

胸内压与两种方向相反的作用力有关：一种是使肺泡扩张的肺内压，另一种是使肺泡缩小的肺回缩力，胸内压＝肺内压－肺回缩力。在吸气末或呼气末，肺内压等于大气压，设大气压为 0，则胸内压＝－肺回缩力。吸气时，肺扩大，回缩力增大，胸内负压也增大；呼气时，肺缩小，回缩力减小，胸内负压也减小。

（2）胸内负压的生理意义：①胸内负压使肺处于扩张状态，并使肺能随胸廓的扩大而扩张，有利于肺通气；②胸内负压使上、下腔静脉和胸导管扩张，降低中心静脉压和胸导管内压，有利于静脉血和淋巴液的回流。

如果外力损伤引起胸膜壁层受损，或肺部疾病引起胸膜脏层破裂时，气体进入胸膜腔而造成气胸。气胸时，胸内负压减小甚至消失，导致肺不张、不能随胸廓的运动而舒缩，从而影响肺通气功能，引起缺氧。严重时还可影响静脉血和淋巴液的回流。

（二）肺通气的阻力

肺通气的阻力分弹性阻力和非弹性阻力两种，正常情况下，弹性阻力约占总通气阻力的70%。临床上，通气阻力增大是肺通气障碍的最常见原因。

视频：肺通气的阻力

1. 弹性阻力 有肺弹性阻力和胸廓弹性阻力。

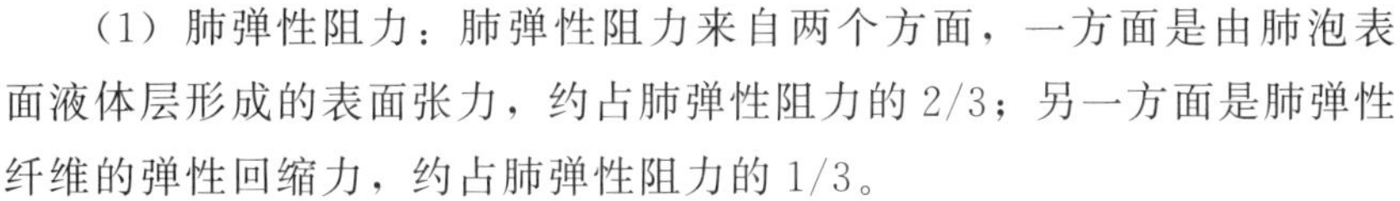

（1）肺弹性阻力：肺弹性阻力来自两个方面，一方面是由肺泡表面液体层形成的表面张力，约占肺弹性阻力的2/3；另一方面是肺弹性纤维的弹性回缩力，约占肺弹性阻力的1/3。

1）肺泡表面张力：肺泡的内表面覆有一薄层液体，与肺泡内气体形成液－气界面。液体分子间作用的合力，表现为沿肺泡球面切向相互吸引的力，即肺泡表面张力。肺泡表面张力使肺泡趋向缩小，是肺泡扩张的阻力，还能吸引肺血管内液体进入肺泡而引起肺泡内积液。

肺泡Ⅱ型上皮细胞分泌的磷脂类物质，称为表面活性物质。表面活性物质以单分子层的形式排列在肺泡液体层表面，可降低肺泡表面张力，从而：减小吸气阻力，有利于肺扩张和肺通气；防止肺泡内液体积聚；稳定不同大小的肺泡内压和容积。一些早产儿由于肺泡Ⅱ型上皮细胞尚未完全成熟，表面活性物质分泌不足，肺扩张困难，导致呼吸窘迫综合征。

2）肺弹性回缩力：肺的弹性回缩力主要源于间质中的弹性纤维。在一定范围内，肺被扩张得越大，肺弹性回缩力也愈大。肺气肿时，弹性纤维被破坏，肺回缩力下降，导致肺内气体不能被呼出，肺泡内存留的余气量增大，肺通气和肺换气效率降低。

（2）胸廓弹性阻力：胸廓的弹性阻力来自于胸壁的弹性组织，具有双向弹性作用。大约在平静吸气末，胸廓处于自然位置。此时如果呼气，胸廓小于自然位置，弹性力成为呼气的阻力、吸气的动力。深吸气时，胸廓大于自然位置，其弹性回缩力成为吸气的阻力、呼气的动力。

2. 非弹性阻力 非弹性阻力包括惯性阻力、黏滞阻力和气道阻力。其中，气道阻力最主要，约占非弹性阻力的80%～90%。

影响气道阻力的因素有气道口径、气流速度和气流形式等。气道口径小、气流速度快、气流呈湍流时，气道阻力大；反之则气道阻力小。气道口径是影响气道阻力最重要的因素，气流阻力与气道管径的四次方成反比。大气道（口径＞2mm）内易形成湍流，是产生气道阻力的主要部位。小气道（口径＜2mm）总的截面较大，气流速度慢且为层流，阻力较小。但小气道管壁富含平滑肌，当平滑肌收缩时，小气道可成为形成气道阻力的重要部分。如支气管哮喘患者，由于小气道平滑肌痉挛收

知识拓展：支气管哮喘

缩，气道阻力显著增加，导致通气困难。

气道平滑肌的舒缩活动受神经和体液因素的调节。迷走神经兴奋、组胺、5－羟色胺等可使气道平滑肌收缩，气道口径缩小，气道阻力增大；交感神经兴奋及儿茶酚胺激素等可引起气道平滑肌舒张，气道口径扩大，使气道阻力减小。

（三）肺通气功能的评价

评价肺通气功能通常用肺容量和肺通气量两方面的指标。

1. 肺容量 肺容量是指肺容纳的气量。在肺通气过程中，肺容量随通气而变化，可用肺量计测量（图 6-19）。

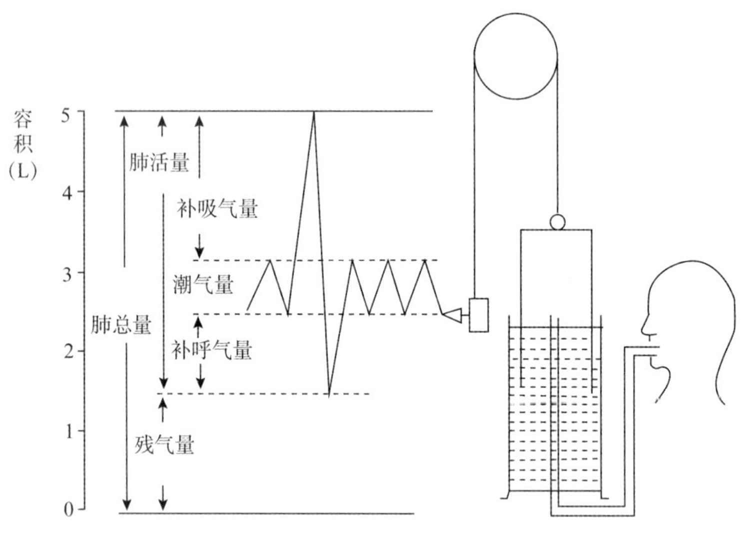

图 6-19 肺容量及测量

（1）潮气量：每次吸入或呼出的气量称为潮气量（tidal volume，TV）。正常成人平静呼吸时，平均潮气量约为 0.5L。

（2）补吸气量：平静吸气末再做最大吸气，所能吸入的气量，称为补吸气量，又称吸气贮备量（inspiratory reserve volume，IRV）。正常成人约为 1.5～2L。补吸气量与潮气量之和即为深吸气量（inspiratory capacity，IC）。

（3）补呼气量：平静呼气末再做最大呼气，所能呼出的气量，称补呼气量（expiratory reserve volume，ERV），是呼气的贮备量。正常成人约为 0.9～1.2L。

（4）残气量和功能残气量：最大呼气末，仍残留于肺内的气量，称为残气量（residual volume，RV），正常成人约为 1～1.5L。平静呼气末，肺内残留的气量，称为功能残气量（functional residual volume，FRV）。功能残气量是补呼气量与残气量之和，正常成人约为 2.5L。

（5）肺活量：最大吸气后，所能呼出的最大气量，称为肺活量（vital capacity，VC）。肺活量为潮气量、补吸气量和补呼气量三者之和，正常成年男性平均约为 3.5L，

女性约为 2.5L。肺活量反映一次通气的最大能力，是肺通气功能的静态指标。肺活量个体差异较大，通常宜作自身比较。

(6) 用力肺活量：最大吸气后尽快呼气，所能呼出的最大气量，称为用力肺活量 (forced vital capacity，FVC)。由于用力呼气时，胸内压上升较快，可导致小气道过早关闭，肺泡内部分气体不能排出，因此 FVC 通常低于 VC。老年人小气道弹性不佳，FVC 与 VC 差距可较大。

第 1 秒末、第 2 秒末、第 3 秒末的用力呼气量 (forced expiratory volume，FEV) 分别缩写为 FEV_1、FEV_2、FEV_3，与 FVC 的比值可以较好反映通气的速度。正常成人 FEV_1/FVC 约为 83%，FEV_2/FVC 约为 96%，FEV_3/FVC 约为 99%，其中 FEV_1/FVC 最具意义。如测定肺活量时不限制呼气时间，慢性阻塞性肺病患者 VC 仍可正常。但患者通气阻力增大，需要更长时间才能呼出全部肺活量气体，FEV_1/FVC 显著降低。

(7) 肺总量：肺可容纳的最大气体量，称为肺总量。肺总量是肺活量与余气量之和，成年男子平均约为 5.0L，女子约为 3.5L。

2. 肺通气量

(1) 每分肺通气量：每分钟吸入或呼出肺的气体总量，称为每分肺通气量。每分肺通气量＝潮气量×呼吸频率。正常成人平静状态下，呼吸频率约为 12～18 次/分，潮气量约为 0.5L，则每分肺通气量约为 6.0～9.0L。每分肺通气量随年龄、性别、身材和活动量的不同而有差异。

视频：
肺通气量

尽力作深快呼吸时，每分钟吸入或呼出的气量，称为最大随意通气量 (maximal voluntary ventilation，MVV)。MVV 反映了肺通气功能的贮备能力，是评估受试者能进行多大运动量的一项重要指标。测定时，一般只测 15 秒，将测得值乘 4 即得 MVV。健康成人 MVV 一般可达 70.0～120.0L/min。

(2) 每分肺泡通气量：每分钟吸入肺泡与血液进行气体交换的有效空气量，称为肺泡通气量，又称有效通气量。肺泡通气量＝(潮气量－无效腔气量)×呼吸频率。无效腔包括解剖无效腔和肺泡无效腔。解剖无效腔是指从鼻到终末细支气管的气体通道(即导气部)，其容量在正常成年人较恒定，约为 0.15L。肺泡无效腔是指未发生气体交换的肺泡容积，健康成人平卧时，肺泡无效腔接近零。

由于解剖无效腔的容积是个常数，因此每分肺泡通气量主要受潮气量和呼吸频率的影响。如果保持每分肺通气量不变，浅快呼吸时的肺泡通气量相对较低(表 6-1)。因为每次通气都有一定无效腔气量。通气频率越高，无效腔气量的总量就越多，如果通气总量(每分肺通气量)不变，有效气量就会减少。可见从有效通气的角度，深慢呼吸方式的效率更高。

表 6-1 不同呼吸形式时肺泡通气量

呼吸形式	每分肺通气量（L/min）	每分肺泡通气量（L/min）
平静呼吸	0.50×16=8.0	（0.50−0.15）×16=5.6
浅快呼吸	0.25×32=8.0	（0.25−0.15）×32=3.2
深慢呼吸	1.00×8=8.0	（1.00−0.15）×8=6.8

二、呼吸气体的交换

呼吸气体的交换包括肺换气和组织换气两个过程

PPT：肺换气，组织换气

（一）气体交换原理

1. 气体扩散的动力——分压差 气体分子总是由分压高处向分压低处移动，这一过程称为气体扩散。无论在混合气体中、液一气界面，还是液体中，某种气体扩散的动力均来自其分压差。在混合气体中，某种气体贡献的压力称为该气体的分压。一种气体分压占混合气体总压力的比例，与其所占体积比一致。血浆、组织液等液体中溶解的气体，其逃逸的张力也就是该气体的分压。人体不同部位 O_2 分压和 CO_2 分压见表 6-2。

表 6-2 肺泡气、血液和组织中 O_2 和 CO_2 的分压（mmHg）

	肺泡气	动脉血	静脉血	组织
PO_2	104	100	40	30
PCO_2	40	40	46	50

2. 影响气体扩散速率的物理因素 气体的扩散速率与气体分压差、气体溶解度、温度等成正比，而与气体分子量的平方根成反比。在肺部，呼吸膜两侧 O_2 分压差约是 CO_2 分压差的 10 倍，CO_2 溶解度是 O_2 溶解度的 24 倍，而 CO_2 分子量的平方根是 O_2 的 1.17 倍。综合上述因素，CO_2 的扩散速率是 O_2 的 2 倍。由于 CO_2 比 O_2 容易扩散，故临床上肺换气障碍时，缺 O_2 比 CO_2 潴留更为常见。

视频：肺换气的影响因

（二）肺换气

肺泡气与肺毛细血管血液之间的气体交换，称为肺换气。

1. 肺换气的过程 当肺动脉中的静脉血流经肺毛细血管时，由于肺泡气的 PO_2 大于静脉血的 PO_2，O_2 由肺泡扩散入血液；而肺泡气的 PCO_2 小于静脉血的 PCO_2，CO_2 由静脉血扩散入肺泡。肺换气的结果使静脉血变成含 O_2 较多、CO_2 较少的动脉血（图 6-20）。

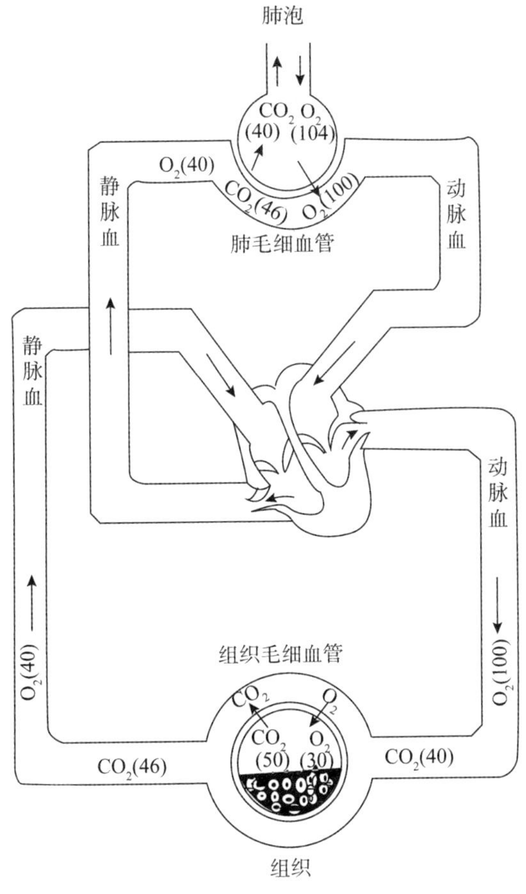

图 6-20　气体交换示意图

2. 影响肺换气的生理因素

(1) 呼吸膜的面积：正常成人平静呼吸时，可供气体交换的呼吸膜面积约 $40m^2$；用力呼吸时，肺毛细血管开放增加，呼吸膜面积可达 $70m^2$。呼吸膜广大的面积及良好的通透性，保证了肺泡与血液之间能迅速进行气体交换。但肺不张、肺气肿、肺大部切除等，可使呼吸膜的面积减小，影响肺换气。

(2) 呼吸膜的厚度：正常呼吸膜（图 6-21）非常薄，平均厚度不到 1mm，气体很容易扩散通过。在肺水肿、肺纤维化等病理情况下，呼吸膜厚度增加，使气体的扩散距离增加，可导致气体扩散量减少，影响肺换气效率。

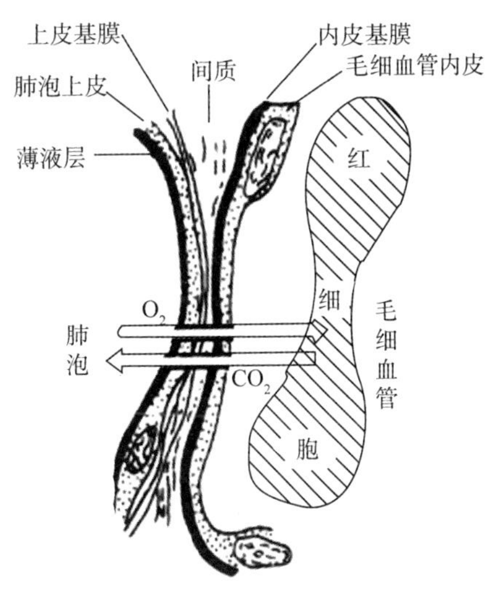

图 6-21　呼吸膜结构示意图

(3) 通气/血流比值：每分钟肺泡通气量与

每分钟肺血流量之间的比值，称通气/血流比值（ventilation/perfusion ratio，V/Q 比值）。正常成人在安静状态下，每分钟肺泡通气量约为 4.2L，每分钟肺血流量约为 5L，V/Q 约为 0.84。在此情况下，肺泡通气量与肺血流量配合适当，气体交换效率高，静脉血流经肺毛细血管时，将全部变成动脉血。

V/Q 增大，说明通气相对过度或肺血流相对不足，肺泡中的新鲜气体没有得到交换，导致肺泡无效腔增大。V/Q 增大多见于部分肺泡血流不足，如部分肺血管栓塞时，使这部分肺泡的气体不能与血液充分交换，就增加了肺泡无效腔（图 6-22）。

V/Q 减小，说明通气相对不足或肺血流相对过快，会导致流经肺泡的静脉血没有得到充分交换，相当于形成了动静脉短路（功能性动-静脉短路）。V/Q 减小也常见于部分肺泡通气不良，如局部支气管痉挛。当血液流经通气不良的肺泡，不能充分进行气体交换，血液得不到足够的 O_2，并且不能排出足够的 CO_2（图 6-22）。

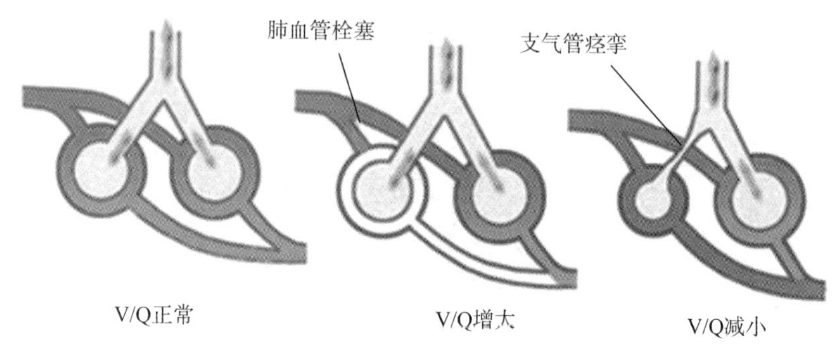

图 6-22　V/Q 变化对肺换气的影响

（二）组织换气

在组织中，由于细胞代谢不断消耗 O_2 并产生 CO_2，组织内 PO_2 较动脉血中低，而 PCO_2 较动脉血中高。当动脉血流经组织毛细血管时，在分压差的作用下，O_2 从血液扩散入组织细胞，CO_2 则从组织细胞扩散入血液。结果使动脉血成为含 CO_2 较多、含 O_2 较少的静脉血。

三、气体在血液中运输

气体在血液中的运输，是肺换气和组织换气之间的重要环节。O_2 和 CO_2 在血液中的存在有物理溶解、化学结合两种形式，其中以化学结合为主。

PPT：气体在血液中的运输

（一）氧气的运输

动脉血 PO_2 为 100mmHg 时，O_2 在血浆中溶解的量很少，约占血液总含氧量的 1.5%，但却是实现化学结合运输所必需的中间步骤。

O_2 的主要运输形式是化学结合，绝大部分（98.5%）O_2 进入红细胞，通过与血红蛋白的结合而运输。

1. O_2 与血红蛋白的结合 O_2 与血红蛋白结合的过程称为氧合，形成氧合血红蛋白（HbO_2）。氧合不同于氧化，是一种快速、可逆和不需酶催化的过程。当血液流经肺时，O_2 从肺泡扩散入血液，使血中 PO_2 升高，促进 O_2 与 Hb 氧合，形成 HbO_2；当血液流经组织时，O_2 从血液扩散入组织，使血液中 PO_2 降低，从而导致 HbO_2 解离，释放出 O_2 而成为去氧血红蛋白（Hb）。

HbO_2 呈鲜红色，去氧 Hb 呈暗红色。正常情况下，毛细血管中去氧 Hb 的平均浓度为 26g/L。当血液中去氧 Hb 含量达到 50g/L 以上时，口唇、甲床等处出现青紫色，称为发绀。发绀一般表示人体缺氧，但也有例外。如严重贫血患者因其血液中 Hb 含量大幅减少，虽有缺氧，但血液中去氧 Hb 达不到 50g/L，所以不表现出发绀。而某些红细胞增多者，即使不缺氧，血液中去氧 Hb 含量也可超过 50g/L，表现出发绀。CO 中毒时，Hb 与 CO 结合形成 HbCO，失去与 O_2 结合的能力，可造成人体缺氧。但患者并不发绀，而是出现 HbCO 特有的樱桃红色。

1 分子 Hb 能结合 4 分子 O_2。通常将 1L 血液中 Hb 所能结合 O_2 的最大量称血氧容量。血氧容量取决于血红蛋白的质（与氧结合的能力）和量，其正常值约为 200ml/L。1L 血液中 Hb 实际结合 O_2 的量称血氧含量。动脉血氧含量约为 195ml/L，静脉血氧含量约为 145ml/L。动-静脉氧含量差反映组织摄取氧和利用氧的情况，正常人约为 50ml/L。氧含量占氧容量的百分数称血氧饱和度。正常动脉血氧饱和度为 98%，静脉血氧饱和度为 75%。

2. 氧解离曲线 血氧饱和度主要受血氧分压的影响，血氧饱和度随血氧分压变化的曲线，称为氧解离曲线，简称氧离曲线。如图 6-23 所示，在一定范围内，血氧饱和度与氧分压呈正相关，但并非完全的线性关系，而是呈近似 S 形的曲线。该曲线的形态有重要的生理及临床意义。

视频：氧离曲线

（1）曲线上段较平坦：当血液 PO_2 在 60～100mmHg 时，血氧饱和度变化却不大，曲线较平坦。因此，在高原地区或轻度呼吸功能不全时，只要血 PO_2 不低于 60mmHg，血氧饱和度就可维持在 90%以上，不致发生明显缺氧。但同时也使某些疾病在早期缺氧阶段，不易被察觉而延误治疗。

（2）曲线中段较陡：当 PO_2 在 40～60mmHg 时，血氧饱和度随 PO_2 的下降而迅速降低，曲线较陡。这表明此时 Hb 与 O_2 的亲和力较低，有利于释放 O_2。在安静状态下，动脉血流经组织后，PO_2 便由 100mmHg 降至 40mmHg，血氧饱和度则由 98% 降至 75%，1L 血液释放出约 50ml O_2 供组织利用。

（3）曲线下段最陡：当 PO_2 在 15～40mmHg 时，曲线最陡，表明 PO_2 稍有下降，血氧饱和度就明显降低。这说明此时有更多的 O_2 从 HbO_2 中解离出来。当组织活动加强时，PO_2 可降至 15mmHg 左右，血液流经后，血氧饱和度降至 22%，每升血液能供给组织约 150ml O_2，为安静时的 3 倍。

氧离曲线还受 PCO_2、pH、温度及 2,3-二磷酸甘油酸（2,3-DPG，产生于红细胞糖酵解）等多种因素的影响。血液中 PCO_2 升高、pH 下降、温度升高或 2,3-DPG 增多时，氧离曲线右移，即 Hb 与 O_2 的亲和力降低，有利于释放 O_2；反之，氧离曲线左移，Hb 与 O_2 的亲和力增加，不利于释放 O_2 供机体进行利用。

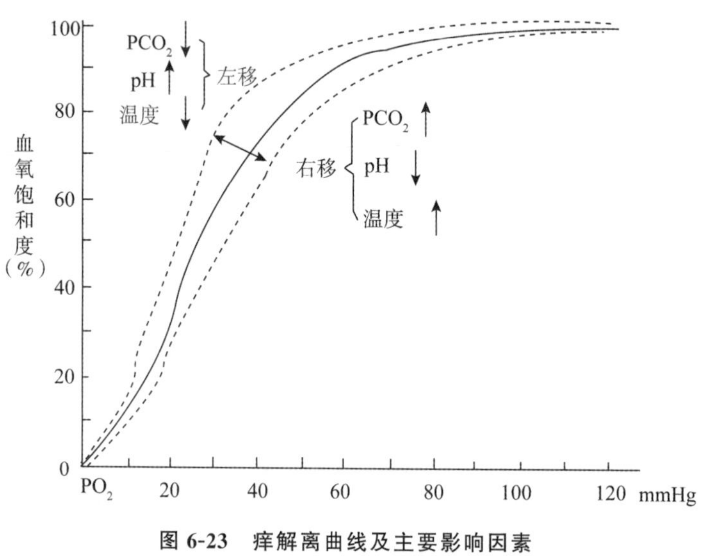

图 6-23　痒解离曲线及主要影响因素

（二）二氧化碳的运输

物理溶解的 CO_2 约占血液中 CO_2 总运输量的 5%，其余 95%是以化学结合的形式运输。CO_2 在血液中的化学结合形式有碳酸氢盐和氨基甲酰血红蛋白两种。

1. 碳酸氢盐形式　碳酸氢盐是 CO_2 在血液中运输的最主要形式。组织细胞生成的 CO_2 扩散入血液，大部分进入红细胞，在碳酸酐酶催化下与 H_2O 结合形成 H_2CO_3，H_2CO_3 迅速解离成 H^+ 和 HCO_3^-。生成的 HCO_3^- 除一小部分与细胞内的 K^+ 结合为 $KHCO_3$ 外，大部分扩散入血液，与 Na^+ 结合生成 $NaHCO_3$ 进行运输。

2. 氨基甲酰血红蛋白　以氨基甲酰血红蛋白形式运输的 CO_2 量，占 CO_2 运输总量的 7%。一部分进入红细胞的 CO_2 与 Hb 的氨基结合，形成氨基甲酰血红蛋白（HbN-HCOOH）而进行运输。

第三节　呼吸的调节

PPT：
呼吸的调节

人的呼吸运动节律有两重属性，一方面，呼吸运动节律接受意识控制，称随意性；另一方面，在没有意识支配的情况下，呼吸运动仍

然有节律进行，称自主性。以下主要讨论机体对自主呼吸运动节律的调节。

一、呼吸中枢

呼吸中枢（respiratory center）是指中枢神经系统内产生呼吸节律和调节呼吸运动的神经细胞群。通过动物实验发现，如果在动物中脑和脑桥之间横断脑干，呼吸节律无明显变化；若在延髓和脊髓之间横断，则呼吸停止。这些结果表明呼吸节律产生于低位脑干。如果在脑桥和延髓之间横断，则出现一种喘息样呼吸，表现为呼气时间延长，吸气突然发生和突然终止。因此认为，产生呼吸运动节律的基本中枢在延髓。进一步研究发现，在延髓背侧的一些呼吸神经元主要与吸气有关，其接受外周感受器的传入，并发出纤维间接支配膈肌运动。延髓腹侧有与吸气和呼气相关的神经元群，可支配肋间肌的活动。脑桥有调整延髓呼吸神经元的中枢，其作用主是要抑制吸气，使吸气向呼气转化，被称为呼吸调整中枢。基本正常的呼吸节律需要延髓与脑桥两者共同完成。

另外，呼吸运动还受脑桥以上中枢部位的影响，如大脑皮层、边缘系统、下丘脑等。

二、呼吸的反射性调节

中枢神经系统接受各种感受器传入冲动，实现对呼吸运动调节的过程，称为呼吸的反射性调节。

（一）肺牵张反射

肺的扩张或缩小引起呼吸运动的反射性变化，称肺牵张反射，也称黑－伯反射。肺牵张反射包括肺扩张引起吸气抑制和肺缩小引起吸气兴奋的两种反射。

肺牵张感受器位于从气管到细支气管的平滑肌中，对牵拉刺激敏感。吸气时，肺扩张，当肺内气体量达一定容积时，牵拉支气管和细支气管，使感受器兴奋，冲动经迷走神经传入延髓，通过吸气切断机制抑制吸气神经元，使吸气停止，转为呼气。呼气时，肺缩小，牵张感受器的放电频率降低，经迷走神经传入的冲动减少，延髓吸气神经元的抑制解除，吸气神经元兴奋，转为吸气。

肺牵张反射有明显的种属差异，在动物（尤其是兔）较强，人最弱。在人体，平静呼吸时，肺牵张反射不参与呼吸调节；当潮气量增加至800ml以上时，才能引起该反射。可见肺牵张感受器反射的生理意义是阻止吸气过深过长。病理情况下，例如肺炎、肺水肿、肺充血等，由于肺顺应性降低，平静吸气对气道的牵张就可以引起该反射，使呼吸变浅变快。

（二）化学感受器反射

动脉血 PO_2、PCO_2 和 H^+ 浓度的变化，可通过化学感受器反射性地调节呼吸运动。化学感受器反射是平时调节呼吸运动最重要的反射。

1. 化学感受器 参与呼吸调节的化学感受器按其所在部位不同，分为外周化学感受器和中枢化学感受器（图 6-24）。

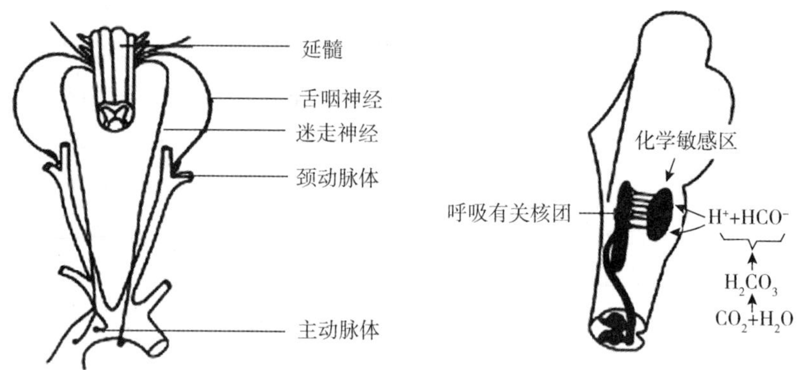

图 6-24 外周化学感受器和中枢化学感受器

（1）外周化学感受器：外周化学感受器位于颈动脉体（颈动脉小球）和主动脉体（主动脉小球）。当动脉血中 PO_2 降低、PCO_2 升高或 H^+ 浓度升高时，外周化学感受器兴奋，冲动经窦神经（后并入舌咽神经）和主动脉神经（后并入迷走神经）传至延髓，兴奋呼吸中枢，引起呼吸加深加快和血液循环变化。其中，颈动脉体对呼吸调节的作用较主动脉体强。

视频：CO_2、H^+、O_2 对呼吸的调节

（2）中枢化学感受器：中枢化学感受器位于延髓腹外侧的浅表部位，与呼吸中枢邻近，对脑组织细胞外液中的 H^+ 浓度变化敏感。由于外周血中的 H^+ 不易通过血脑屏障，故外周血 pH 变动对中枢化学感受器的直接作用不大。外周血中的 CO_2 增加时，CO_2 能迅速通过血脑屏障，与 H_2O 形成 H_2CO_3，再解离出 H^+，刺激中枢化学感受器，引起呼吸中枢兴奋（图 6-25）。中枢化学感受器不感受低 O_2 刺激，但对 CO_2 的敏感性比外周化学感受器高。

2. CO_2、H^+ 和 O_2 对呼吸的调节

（1）CO_2 对呼吸的调节：CO_2 是调节呼吸运动最重要的体液因素。血液中保持一定浓度的 CO_2，是维持呼吸中枢正常兴奋性的必要条件。如过度通气，排出 CO_2 过多，血中 PCO_2 过低，可引起呼吸暂停。动脉血 PCO_2 在一定范围内升高，可通过刺激中枢化学感受器和外周化学感受器两条途径兴奋呼吸中枢、使呼吸加深加快，以前者为主。但动脉血 PCO_2 过高，可直接抑制呼吸中枢，引起呼吸困难、头痛、头晕，甚至昏迷，出现 CO_2 麻醉。

知识拓展：潮式呼吸及原理

（2）H^+ 对呼吸的调节：动脉血 H^+ 浓度增高时，呼吸加深加快，肺通气量增加；H^+ 浓度降低时，呼吸抑制。外周血 H^+ 对呼吸的调节主要通过刺激外周化学感受器而实现。

(3) O_2 对呼吸的调节：低 O_2 对呼吸中枢的直接作用是抑制，并随低 O_2 程度的加重而加强。低 O_2 又可通过刺激外周化学感受器使呼吸中枢兴奋，但需动脉血中 PO_2 降低到 80mmHg 以下时，才有明显效应。在轻、中度低 O_2 情况下，反射性兴奋呼吸中枢的作用比直接抑制作用强，呼吸运动加深加快，肺通气量增加。但在严重低 O_2 时，对中枢的直接抑制作用占上风，导致呼吸抑制。

综上所述，在一定范围内，血液 PCO_2 升高、PO_2 降低、H^+ 浓度升高，都有兴奋呼吸的作用。这些调节过程中存在负反馈机制，对维持内环境中 PO_2、PCO_2 和 H^+ 浓度的相对稳定以及调节酸碱平衡等有着重要意义。

（张 玲 于纪棉）

思考练习

参考答案

第七章　消化系统

第一节　概述

学习目标

一、消化系统的组成

消化系统（alimentary system）由消化管和消化腺组成（图 7-1）。

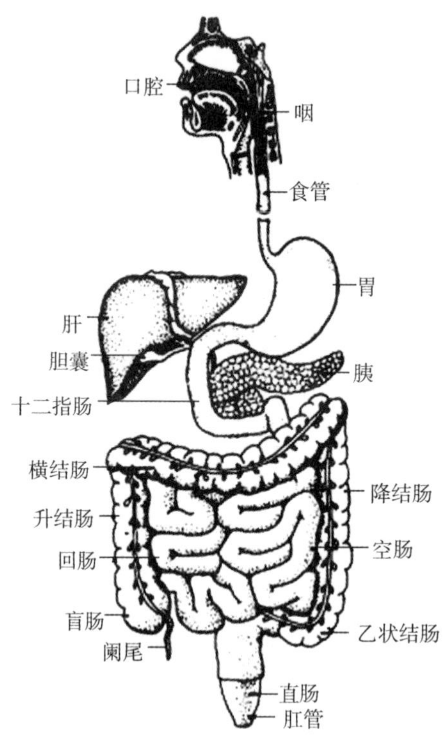

图 7-1　消化系统概观

PPT：概述

消化管是一条从口腔到肛门的管道，其各部的功能不同，形态各异，可分为口腔、咽、食管、胃、小肠（十二指肠、空肠、回肠）和大肠（盲肠、阑尾、结肠、直肠、肛管）。临床上通常把口腔到十二指

肠的这部分管道称为上消化道；空肠及以下的部分称为下消化道。

消化腺有两种：大消化腺包括大唾液腺、肝和胰，小消化腺是指消化管壁内的许多小腺体，如颊腺、胃腺和肠腺等。

二、消化和吸收概述

消化系统的基本功能是摄取食物、消化和吸收营养物质、形成和排出粪便。机体新陈代谢所需的营养物质主要来自食物，包括蛋白质、脂肪、糖类、维生素、水和无机盐等。维生素、水和无机盐可以直接被吸收利用。而结构复杂的大分子物质如蛋白质、脂肪和糖类，须先在消化管内被分解成为结构简单的小分子物质，才能透过消化管黏膜进入血液循环。食物中大分子在消化管内被分解为可吸收小分子的过程称为消化（digestion）。

食物的消化包括机械消化和化学消化两种方式。机械消化通过咀嚼和消化管平滑肌的运动，将食物磨碎、与消化液充分混合及向消化管远端推送。化学消化指通过消化酶的作用，食物中的大分子营养物质被分解成可被吸收的小分子物质。两种方式共同作用、密切配合。

消化后的小分子物质以及水、无机盐和维生素通过消化管黏膜，进入血液和淋巴循环的过程，称为吸收（absorption）。消化和吸收是两个相辅相成、紧密联系的过程。

三、腹部的分区

消化系统的大部分器官位于胸腹腔内，为了便于描述内脏器官的正常位置及其体表投影，通常在胸腹部体表确定若干标志线和分区。胸部的标志线在脉管系统一章已经介绍。

在腹部前面，用两条横线和两条纵线将腹部分成9个区域（图7-2）。上横线一般采用通过两侧肋弓最低点所作的连线。下横线多采用通过两侧髂结节所作的连线。两条纵线为通过两侧腹股沟韧带中点向上所作的垂直线。上述4条线将腹部分为9区：上腹部分为中间的腹上区和两侧的左季肋区和右季肋区；中腹部分为中间的脐区和两侧的左、右腹外侧区（腰区）；下腹部分为中间的耻区（腹下区）和两侧的左、右腹股沟区（髂区）。

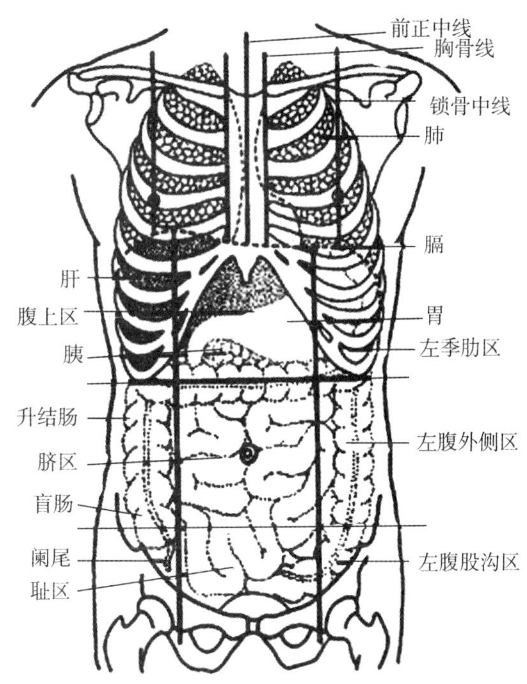

图7-2　胸部标志线和腹部分区

临床上，有时通过脐作纵横两条相互垂直的线，将腹部分为左、右上腹部和左、右下腹部 4 个区。

PPT：消化管

第二节 消化管

一、消化管的一般结构

除口腔与咽外，消化管壁一般可分为四层，由内到外依次为黏膜、黏膜下层、肌层和外膜（图 7-3）。

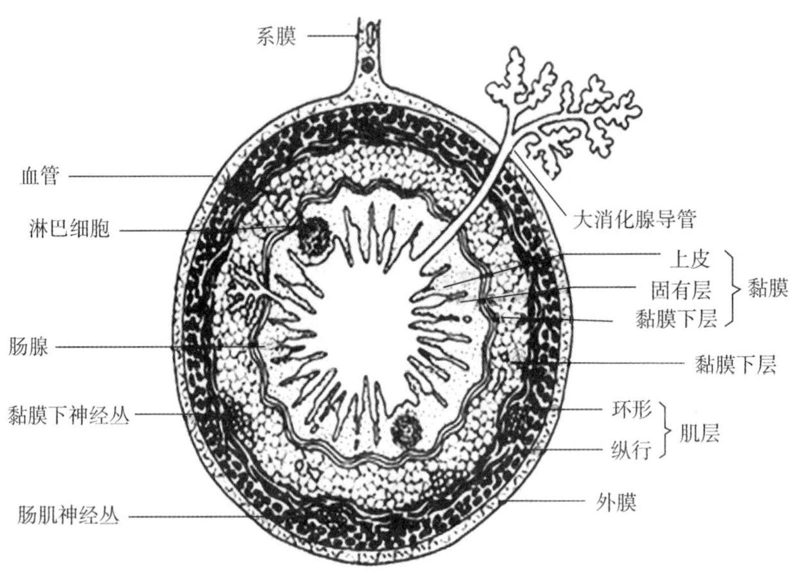

图 7-3 消化管的微细结构模式图

（一）黏膜

黏膜（mucosa）位于管壁的最内层，分为上皮、固有层和黏膜肌层。

1. 上皮 衬在消化管腔的内表面。胃肠道的上皮为单层柱状上皮，以消化吸收功能为主。

2. 固有层 由疏松结缔组织构成，内含小腺体、血管、神经、淋巴管和淋巴组织。

3. 黏膜肌层 黏膜肌层由薄层平滑肌构成，黏膜肌层收缩时，其微弱的运动有助于血液运行、腺体分泌物的排出以及营养物质的吸收。

（二）黏膜下层

黏膜下层（submucosa）由疏松结缔组织构成，内含小血管、淋巴管和黏膜下神经

丛。黏膜和黏膜下层共同向管腔内突起，形成环行或纵行的皱襞，从而扩大了黏膜的表面积。

(三) 肌层

肌层（muscularis）除口腔、咽、食管上段和肛门外括约肌为骨骼肌外，其余部分均为平滑肌。一般分内环行、外纵行两层，两层间有肌间神经丛。

(四) 外膜

外膜（adventitia）在咽、食管、直肠下段的为纤维膜，由薄层结缔组织构成；在胃、小肠和部分大肠的为浆膜，由薄层结缔组织和间皮共同构成。

二、口腔

口腔（oral cavity）是消化管的起始部，向前经口裂通外界，向后经咽峡与咽交通。口腔前为上、下唇，两侧为颊，上为腭，下为口底。口腔内有牙、舌等器官。口腔以上、下牙弓（包括牙槽突、牙龈和牙列）分为口腔前庭（oral vestibule）和固有口腔（oral cavity proper）两部分。当上、下牙咬合时，口腔前庭与固有口腔仅可经第三磨牙后方的间隙相通，临床病人牙关紧闭时可经此插管或注入营养物质。

(一) 口唇和颊

口唇（oral lips）和颊（cheek）均由皮肤、皮下组织、肌（口轮匝肌、颊肌等）及黏膜组成。上、下唇间的裂隙称口裂，其左右结合处称口角。上唇两侧以弧形的鼻唇沟与颊部分界，在上唇外面正中线处有一纵行浅沟称为人中（philtrum），是人类特有的结构，昏迷病人急救时常在此处进行指压或针刺。

在上颌第 2 磨牙牙冠相对的颊黏膜上有腮腺管乳头，上有腮腺管的开口。

(二) 腭

腭（palate）构成口腔的上壁，分隔鼻腔和口腔。腭分前 2/3 的硬腭及后 1/3 的软腭。硬腭（hard palate）以骨腭（由上颌骨的腭突和腭骨的水平板构成）为基础，表面覆以黏膜，黏膜与骨紧密结合。软腭（soft palate）是硬腭向后延伸的柔软部分，由横纹肌、肌腱和黏膜构成，其后部斜向后下称为腭帆。腭帆后缘游离，中央有一向下突起称腭垂或称悬雍垂。自腭帆向两侧各有两条弓形皱襞，前方一对向下延续于舌根，称腭舌弓，后方一对向下延至咽侧壁，称腭咽弓。腭垂、腭帆游离缘、两侧的腭舌弓及舌根共同围成咽峡（isthmus offauces），它是口腔和咽之间的狭窄部，也是两者的的分界（图 7-4A、B）。

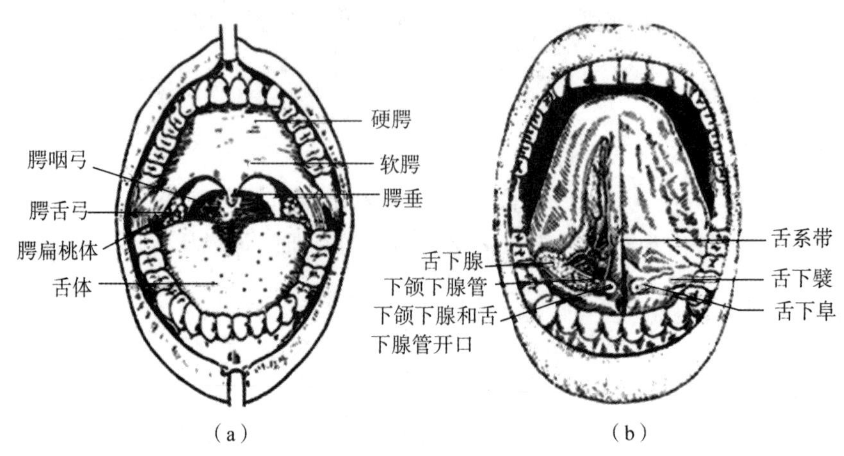

图 7-4　口腔

（a）口腔及咽峡　（b）口腔底及舌下面

(三) 牙

牙（teeth）嵌于上、下颌骨的牙槽内，是人体最坚硬的器官。

1. 牙的形态　每个牙在外形上可分为牙冠、牙颈和牙根 3 部分（图 7-5）。暴露在口腔内的称牙冠，嵌于牙槽内的称牙根，介于牙冠与牙根交界部分称牙颈。每个牙根有牙根尖孔通过牙根管与牙冠内较大的牙冠腔相通。牙根管与牙冠腔合称牙腔或髓腔。

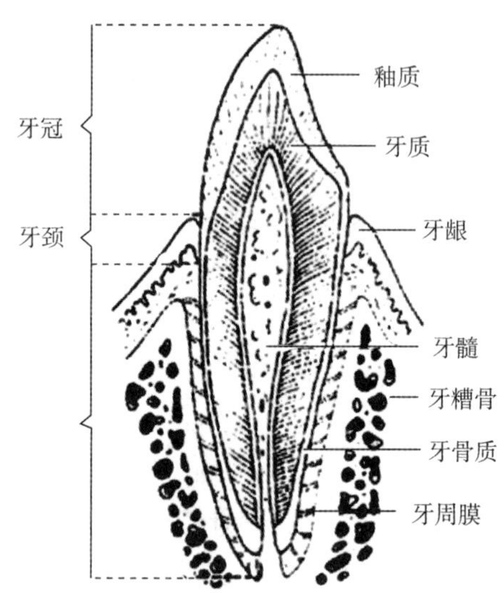

图 7-5　牙的构造模式图（纵切面）

2. 牙的分类　牙是对食物进行机械加工的器官，并有协助发音等作用。根据形态和功能，牙可分为切牙、尖牙、前磨牙和磨牙（图 7-6，图 7-7）。切牙牙冠呈凿形，尖牙牙冠呈锥形，它们都只有一个牙根。前磨牙牙冠呈方圆形，一般也只有 1 个牙根。

磨牙牙冠最大，呈方形，上颌磨牙有 3 个牙根，而下颌磨牙只有 2 个牙根。

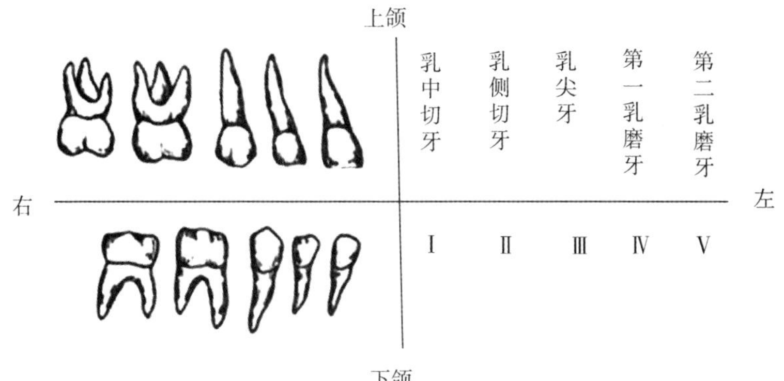

图 7-6 乳牙的名称和符号

人的一生中换一次牙。第一套牙称乳牙（deciduous teeth），一般在出生后 6～7 个月开始萌出，3 岁左右出全，共 20 个（图 7-6）。第二套牙称恒牙（permanent teeth）。6～7 岁时，乳牙开始脱落，恒牙中的第一磨牙首先长出，12～14 岁逐步出全并替换全部乳牙。而第三磨牙萌出最迟称迟牙，到成年后才长出，有的甚至终生不出。因此恒牙数 28～32 个均属正常（图 7-7）。

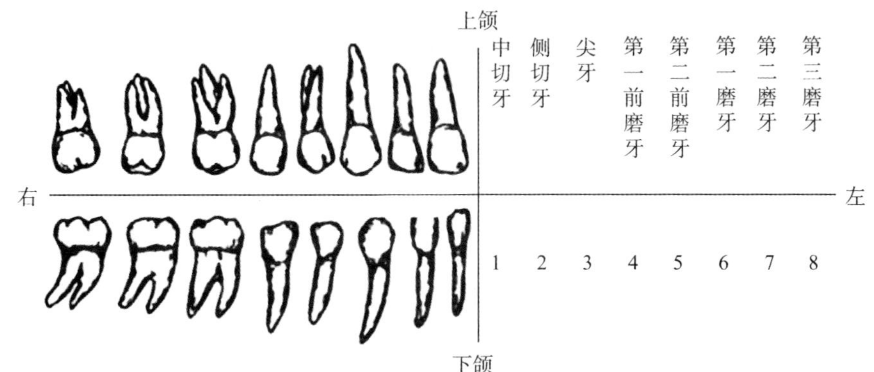

图 7-7 恒牙的名称和符号

3. 牙的排列 乳牙上、下颌左右各 5 个，共 20 个。恒牙上、下颌左右各 8 个，共 32 个。临床上为了记录牙的位置，常以人的方位为准，以“十”记号划分 4 区表示左、右侧及上、下颌的牙位，并以罗马数字Ⅰ～Ⅴ表示乳牙，用阿拉伯数字 1～8 表示恒牙。如$+^{IV}$表示左上颌第 1 乳磨牙。$_{6}+$表示右下颌第 1 磨牙。

4. 牙组织 由牙质、釉质和牙骨质组成。牙质构成牙的大部分。在牙冠部的牙质表面覆有坚硬洁白的釉质。在牙颈和牙根部的牙质外面包有牙骨质。牙腔内有牙髓，由神经、血管和结缔组织共同构成（图 7-5）。

5. 牙周组织 包括牙周膜、牙槽骨和牙龈，对牙起保护、固定和支持的作用。牙周膜是介于牙根和牙槽骨之间的致密结缔组织，固定牙根，并可缓冲咀嚼时的压力。牙龈是口腔黏膜的一部分，血管丰富，包被牙颈，与牙槽骨的骨膜紧密相连（图 7-5）。

（四）舌

舌（tongue）位于口腔底。是肌性器官，表面覆有黏膜。具有协助咀嚼吞咽、感受味觉和辅助发音等功能。

1. 舌的形态 舌分舌体和舌根两部分。舌有上、下两面。上面称舌背，其后部可见“∧”形的界沟将舌分为前 2/3 的舌体和后 1/3 的舌根。舌体的前端称舌尖（图 7-4）。

2. 舌黏膜 淡红色，覆于舌的背面。其表面有许多小突起，称舌乳头，按形状可分为丝状乳头、菌状乳头、轮廓乳头、叶状乳头四种。丝状乳头数量最多，如丝绒状，无味蕾，故无味觉功能。其他舌乳头均含有味觉感受器，称味蕾，能感受甜、酸、苦、咸等味觉。在舌背根部的黏膜内，有许多由淋巴组织集聚而成的突起，称舌扁桃体。

舌下面的黏膜在舌的中线处有连于口腔底的黏膜皱襞，称舌系带。在舌系带根部的两侧有 1 对小圆形隆起，称舌下阜，是下颌下腺管和舌下腺大管的开口处。由舌下阜向后外侧延续成舌下襞，舌下腺位于舌下襞的深面，舌下腺小管开口于舌下襞上（图 7-3）。

3. 舌肌 为骨骼肌，可分为舌内肌和舌外肌。舌内肌起止点均在舌内，其肌纤维分纵行、横形和垂直三种，收缩时，分别可使舌缩短、变窄或变薄。舌外肌起自舌外、止于舌内（图 7-8），收缩时可改变舌的位置，其中颏舌肌在临床上较重要。颏舌肌起自下颌体后面的颏棘，肌纤维呈扇形向后上方分散，止于舌中线两侧。两侧颏舌肌同时收缩，拉舌向前下方（伸舌）；一侧收缩时使舌尖伸向对侧。如一侧颏舌肌瘫痪，伸舌时舌尖偏向瘫痪侧。

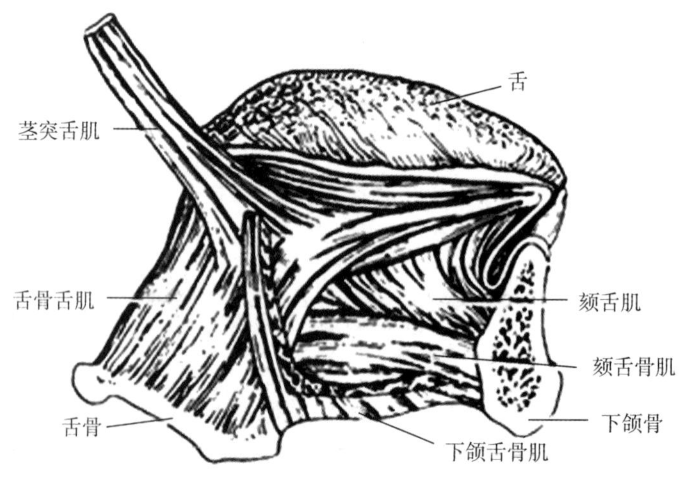

图 7-8　舌外肌

（五）唾液腺

唾液腺（oral glands）分泌唾液，有清洁口腔和帮助消化食物的功能。可分大、小两种种，小唾液腺数目多，如唇腺、颊腺、腭腺等；大唾液腺有三对（图 7-9）。

1. 腮腺（parotid gland）　是最大的一对，呈不规则的三角形，位于耳廓的前下方，上达颧弓，下至下颌角附近。腮腺管自腮腺前缘穿出，在颧弓下方一横指处，横过咬肌表面，穿颊肌，开口于平对上颌第二磨牙的颊黏膜处。

2. 下颌下腺（submandibular gland）　呈卵圆形，位于下颌骨体内面的下颌下腺凹处，其导管沿腺内侧前行，开口于舌下阜。

3. 舌下腺（sublingual gland）　为最小的一对，位于口底舌下襞深面。腺管分大、小两种，舌下腺小管约 10 条，开口于舌下襞；舌下腺大管 1 条，与下颌下腺管共同开口于舌下阜。

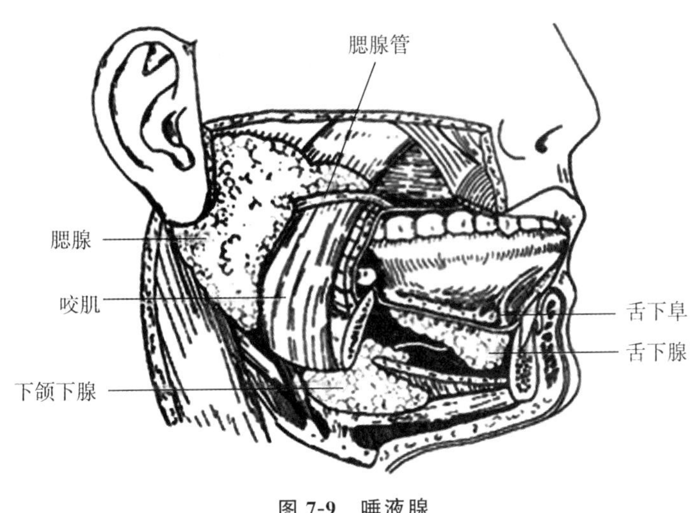

图 7-9　唾液腺

三、咽

见呼吸系统。

四、食管

（一）食管的位置和分部

食管（esophagus）为前后扁窄的肌性管道，是消化管各部中最狭窄的部分。上端于第 6 颈椎体下缘平面续咽，下行穿过膈的食管裂孔后，下端约于第 11 胸椎左侧与胃连接，全长约 25cm。按其行程可分为颈部、胸部和腹部 3 部。颈部较短，长约 5cm，自始端至胸骨颈静脉切迹平面。胸部较长，为 18～20cm，自颈静脉切迹平面至食管裂孔。腹部最短，长 1～2cm，自食管裂孔至贲门（图 7-10）。

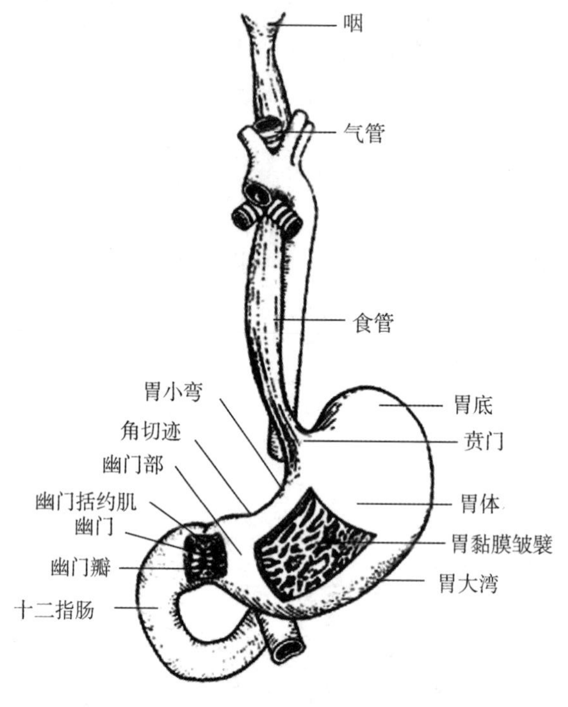

图 7-10　食管、胃和十二指肠

（二）食管的狭窄

食管有 3 个生理性狭窄：第一个狭窄在食管的起始处，距中切牙约 15cm；第二个狭窄在食管与左主支气管交叉处，距中切牙约 25cm；第三个狭窄为食管穿过膈的食管裂孔处，距中切牙约 40cm。狭窄处是异物易停留和肿瘤好发的部位。

（三）食管的微细结构

食管腔面有纵行皱襞，食物通过时皱襞消失。食管壁由内向外分为黏膜、黏膜下层、肌层和外膜。

1. 黏膜　上皮为未角质化复层扁平上皮，耐磨擦，具有保护作用。食管下端的复层扁平上皮与胃贲门部的单层柱状上皮骤然相接，是食管癌的易发部位。固有层为致密的结缔组织，并形成乳头突向上皮。黏膜肌层由纵行平滑肌束组成。

2. 黏膜下层　含有食管腺，食管腺周围常有密集的淋巴细胞及浆细胞，甚至淋巴小结。

3. 肌层　分内环行与外纵行两层。食管上 1/3 段为骨骼肌，中 1/3 段由平滑肌和骨骼肌混合构成，下 1/3 段为平滑肌。

五、胃

胃（stomach）上接食管，下续十二指肠，是消化管中最膨大的部分。成人胃的容量约 1500ml，新生儿的胃容量约为 30ml。

（一）胃的形态和分部

胃有前、后壁，大、小弯和上、下口。上缘凹而短，朝向右上，称胃小弯，胃钡餐造影时，在胃小弯的最低处，可明显见到一切迹，称角切迹，它是胃体与幽门部在胃小弯的分界。下缘凸而长，朝向左下，称胃大弯。胃的上口称贲门，接食管。下口称幽门，通十二指肠。在幽门的表面常有缩窄的环形沟，为幽门括约肌所在之处（图 7-12）。

胃可分为 4 部。位于贲门附近的部分称贲门部；位于贲门平面向左上方凸出的部分称胃底；胃的中间部分称胃体；位于角切迹与幽门之间的部分称幽门部。在幽门部大弯侧有一不太明显的浅沟，称中间沟，此沟将幽门部分为右侧呈管状的幽门管和左侧较为扩大的幽门窦（图 7-11）。

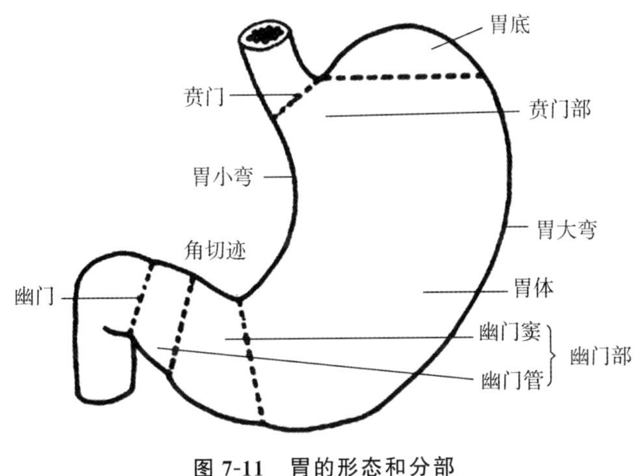

图 7-11　胃的形态和分部

（二）胃的位置和毗邻

胃在中等充盈程度时，大部分位于左季肋区，小部分位于腹上区。贲门位于第 11 胸椎体左侧，幽门在第 1 腰椎体右侧。胃前壁在右侧与肝左叶靠近；在左侧与膈相邻，为左肋弓所遮盖；在剑突下方的胃前壁直接与腹前壁相贴，是胃的触诊部位。胃后壁与胰、横结肠、左肾和左肾上腺相邻。胃底与膈和脾相邻。

（三）胃壁的结构

胃壁可分为黏膜、黏膜下层、肌层和外膜 4 层（图 7-13）。

1. 黏膜 活体胃黏膜柔软，血供丰富，呈淡红色。空虚时形成许多网络状的皱襞，充盈时变平坦，但在胃小弯处有4～5条较为恒定的纵行皱襞（图7-12）。胃黏膜表面有许多小窝，称胃小凹。胃小凹的底部是胃腺的开口处。

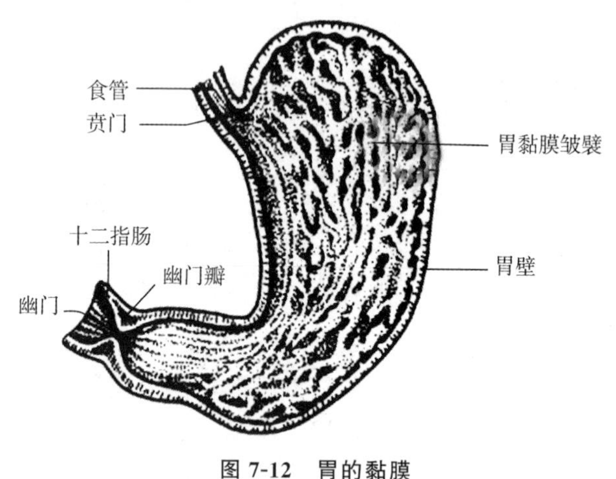

图7-12 胃的黏膜

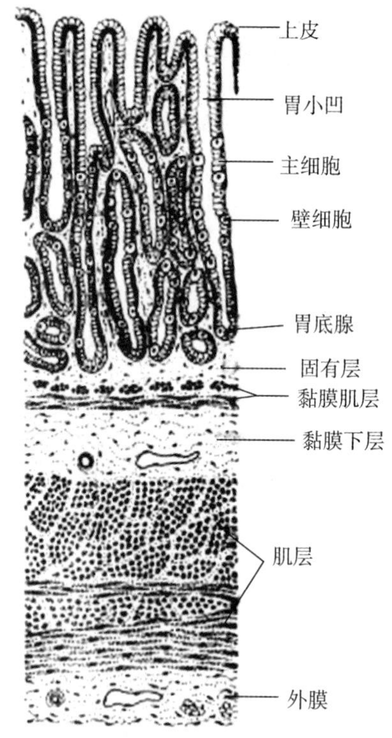

图7-13 胃壁的结构

（1）上皮：为单层柱状上皮，能分泌黏液。黏液覆盖在胃黏膜表面，有重要保护作用，可防止胃酸损伤胃黏膜和胃蛋白酶对胃的自身消化。

(2) 固有层：含有大量管状的胃腺。胃腺能分泌胃液，按分布部位不同，分为贲门腺、胃底腺和幽门腺三种。贲门腺和幽门腺以分泌黏液为主。胃底腺（fundic gland）位于胃体和胃底，主要由主细胞和壁细胞构成。主细胞又称胃酶细胞，数量最多，主要分布于胃底腺底部，分泌胃蛋白酶原。壁细胞（parietal cell）又称盐酸细胞，数量较少，能分泌盐酸及内因子。颈黏液细胞，数量少，位于胃底腺颈部，分泌物为可溶性的酸性黏液。

(3) 黏膜肌层：由内环行与外纵行两薄层平滑肌组成。

2. 黏膜下层 为致密的结缔组织，内含较粗的血管、淋巴和神经，可见成群脂肪细胞。

3. 肌层 较厚，由内斜、中环、外纵三层平滑肌构成。环形肌在贲门和幽门部增厚，分别形成贲门括约肌和幽门括约肌。幽门括约肌表面覆有胃黏膜，突入管腔内形成环形皱襞，称幽门瓣。幽门括约肌与幽门瓣有控制胃内容物排空和防止肠内容物逆流至胃的作用。

4. 外膜 为浆膜。

六、小肠

小肠（small intestine）上起幽门，下连盲肠，成人全长 4～6m，分十二指肠、空肠和回肠 3 部分，是消化管中最长的一段，也是进行消化吸收最重要的部分。

（一）十二指肠

十二指肠（duodenum）介于胃与空肠之间，成人长约 25cm，呈“C”形包绕胰头，按其位置不同可分为上部、降部、水平部和升部四部（图 7-14）。

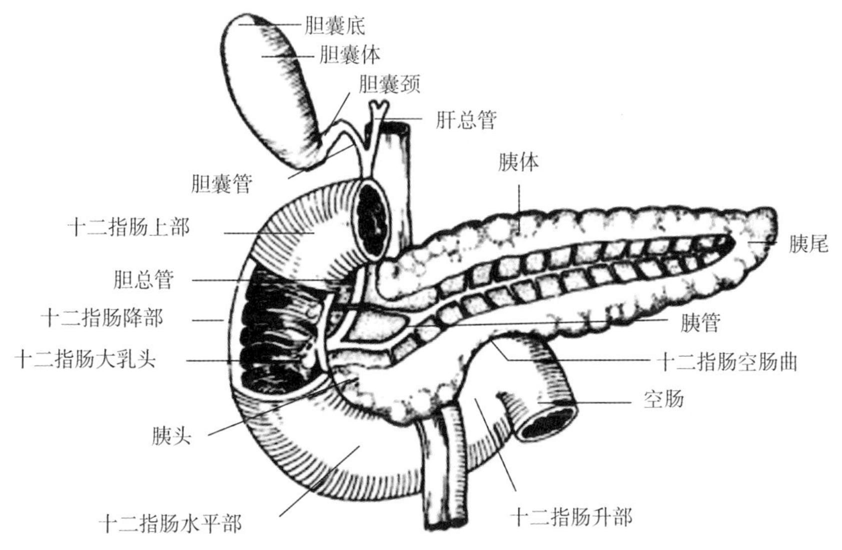

图 7-14 十二指肠和胰

1. 上部 起自胃的幽门，行向右后方，至肝门下方急转向下移行为降部，转折处为十二指肠上曲。上部与幽门相接处约 2.5cm 的一段肠管，壁较薄，黏膜面较光滑，无环状襞，称十二指肠球，是十二指肠溃疡及穿孔的好发部位。

2. 降部 起自十二指肠上曲，沿右肾内侧缘下降，至第 3 腰椎水平，弯向左侧续水平部。降部内面黏膜环状皱襞发达，在其后内侧襞上有一纵行皱襞称十二指肠纵襞。纵襞下端有一突起称十二指肠大乳头，是肝胰壶腹的开口处，距中切牙约 75cm。有时在十二指肠大乳头稍上方可见十二指肠小乳头，是副胰管的开口之处。

3. 水平部 又称下部，向左横行达第 3 腰椎左侧续于升部。肠系膜上动脉与肠系膜上静脉紧贴此部前面下行。

4. 升部 最短，自第 3 腰椎左侧斜向左上方，达第 2 腰椎左侧急转向前下方，形成十二指肠空肠曲，移行于空肠。

十二指肠空肠曲被十二指肠悬肌连于腹后壁。十二指肠悬肌和其表面的腹膜共同构成十二指肠悬韧带，又称 Treitz 韧带，是确定空肠起始的重要标志。

（二）空肠和回肠

空肠（jejunum）和回肠（ileum）全部为腹膜包被，在腹腔内迂曲盘旋形成肠袢。空肠和回肠均由肠系膜连于腹后壁，其活动度较大。

（三）小肠壁的结构

小肠管壁结构均可分为四层，由内到外为黏膜、黏膜下层、肌层和外膜（图 7-15，图 7-16）。

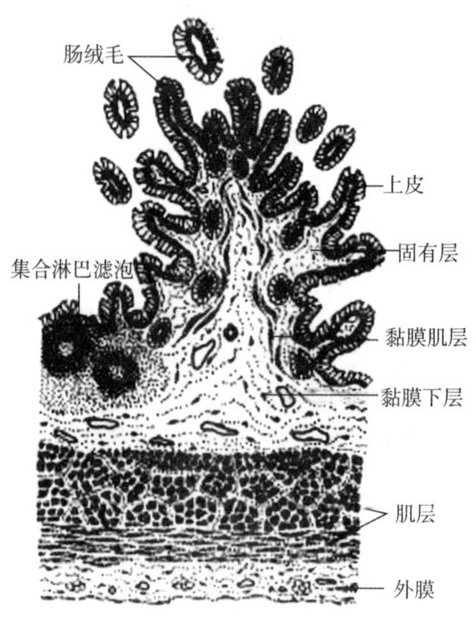

图 7-15 回肠的微细结构（纵切面）

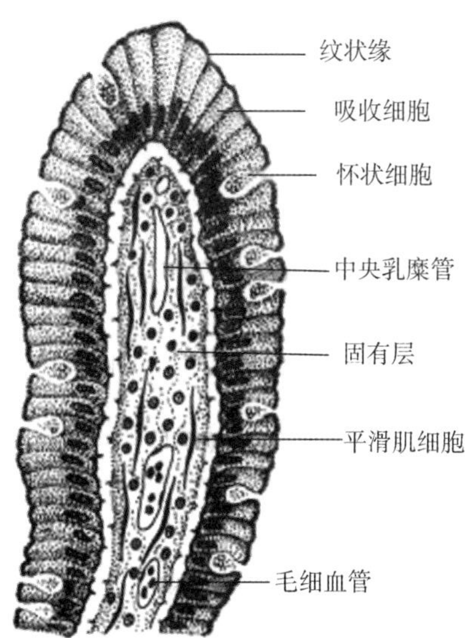

图 7-16　小肠绒毛

1. 黏膜　小肠黏膜的特点是腔面有环行皱襞。黏膜表面还有许多细小的肠绒毛，是由上皮和固有层向肠腔突起而成，以十二指肠和空肠头段最发达。环行皱襞和绒毛使小肠内表面积扩大 20～30 倍，极大地增加了小肠的吸收面积。

(1) 上皮：为单层柱状上皮。肠绒毛上皮由吸收细胞、杯状细胞和少量内分泌细胞组成；小肠腺除上述细胞外，还有潘氏细胞和未分化细胞。

①吸收细胞：最多，呈高柱状，位于基部。细胞游离面有微绒毛形成的纹状缘。微绒毛由细胞膜的指状突起构成，可扩大细胞膜与肠腔内容物的接触面积；②杯状细胞：散在于吸收细胞之间，分泌黏液，有润滑和保护作用。从十二指肠至回肠末端，杯状细胞逐渐增多；③潘氏细胞：是小肠腺的特征性细胞，常三五成群位于腺底部。其分泌颗粒含有防御素，又称隐窝素、溶菌酶，对肠道微生物有杀灭作用；④内分泌细胞：种类很多，主要分泌胃肠激素；⑤未分化细胞：位于小肠腺下半部，细胞不断增殖、分化、向上迁移，补充在绒毛顶端脱落的吸收细胞和杯状细胞，也可分化为潘氏细胞和内分泌细胞。

(2) 固有层：在结缔组织中除有大量小肠腺外，还有丰富的淋巴细胞、浆细胞、巨噬细胞、嗜酸性粒细胞和肥大细胞。绒毛中央有 1～2 条纵行毛细淋巴管，称中央乳糜管，以盲端起始于绒毛顶部。中央乳糜管管腔较大，内皮细胞间隙宽，无基膜，通透性大，可吸收细胞释出的乳糜微粒后运输。此管周围有丰富的有孔毛细血管，肠上皮吸收的氨基酸、单糖等水溶性物质主要经此入血。肠绒毛内还有少量平滑肌细胞，其收缩使绒毛变短，有利于物质吸收及淋巴和血液运行（图 7-16）。

(3) 黏膜肌层：由内环行和外纵行两薄层平滑肌组成。

2. 黏膜下层　致密的结缔组织中有较多血管、淋巴管和大量十二指肠腺。

3. 肌层 由内环行和外纵行两层平滑肌组成。

4. 外膜 除大部分十二指肠壁为纤维膜外，余均为浆膜。

七、大肠

大肠（large intestine）全长约 1.5m，分盲肠、阑尾、结肠、直肠和肛管 5 部分。大肠口径较粗，除直肠、肛管与阑尾外，结肠和盲肠具有 3 种特征性结构，即结肠带、结肠袋和肠脂垂（图 7-17）。结肠带有 3 条，由肠壁的纵行肌增厚而成，沿肠纵轴排列，三条结肠带汇集于阑尾根部。结肠袋的形成是由于结肠带较肠管短，使肠管形成许多由横沟隔开的囊状突出。肠脂垂为沿结肠带两侧分布的许多脂肪突起。这 3 个形态特点可作为区别大肠和小肠的标志。在结肠内面，相当于横沟处环行肌增厚，肠黏膜皱摺成结肠半月性皱襞。

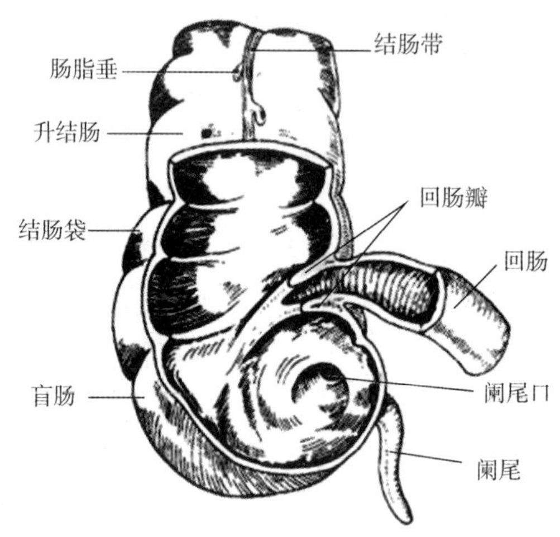

图 7-17 升结肠、盲肠和阑尾

（一）盲肠

盲肠（caecum）（图 7-17）位于右髂窝内，是大肠的起始部，下端呈盲囊状，左接回肠，长 6～8cm，向上与升结肠相续。回肠末端开口于盲肠，开口处有上、下两片唇样黏膜皱襞，称回盲瓣。回盲瓣既可控制小肠内容物进入盲肠的速度，使食物在小肠内充分消化吸收，又可防止大肠内容物逆流到回肠。在回盲瓣下方约 2cm 处，有阑尾的开口。

（二）阑尾

阑尾（vermiform appendix）（图 7-17）为一蚓状突起，根部连于盲肠的后内侧壁，远端游离，一般长 5～7cm，偶尔长达 20cm 或短至 1cm。

阑尾的位置变化很大，根据我国人体调查统计，阑尾以回肠后位和盲肠后位较多见。三条结肠带汇集于阑尾根部，临床做阑尾手术时，可沿结肠带向下寻找阑尾。

阑尾根部的体表投影，通常位于脐与右髂前上棘连线的外、中 1/3 交点处，称麦氏点（McBurney 点）。急性阑尾炎时，此点附近有明显压痛。

（三）结肠

结肠（colon）围绕在小肠周围，始于盲肠，终于直肠。可分为升结肠、横结肠、降结肠和乙状结肠 4 部（图 7-1）。

1. 升结肠（ascending colon） 在右髂窝起于盲肠，沿右侧腹后壁上升，至肝右叶下方，转向左形成结肠右曲（或称肝曲），移行于横结肠。

2. 横结肠（transverse colon） 起自结肠右曲，向左横行至脾下方转折向下形成结肠左曲（或称脾曲），续于降结肠。横结肠由横结肠系膜连于腹后壁，活动度大，常形成下垂的弓形弯曲。

3. 降结肠（descending colon） 起自结肠左曲，沿左侧腹后壁向下，至左髂嵴处移行于乙状结肠。

4. 乙状结肠（sigmoid colon） 呈乙字形弯曲，于左髂嵴处上接降结肠，沿左髂窝转入盆腔内，至第 3 骶椎平面续于直肠。乙状结肠借乙状结肠系膜连于骨盆侧壁，系膜较长，易造成乙状结肠扭转。

（四）直肠

直肠（rectum）长 10～14cm，位于小骨盆腔的后部、骶骨的前方。其上端在第 3 骶椎前方续乙状结肠，沿骶骨和尾骨前面下行穿过盆膈，移行于肛管。直肠并非笔直，在矢状面上有两个弯曲，即骶曲和会阴曲，骶曲是直肠在骶、尾骨前面下降形成凸向后的弯曲；会阴曲是直肠绕过尾骨尖形成凸向前的弯曲（图 7-18）。临床上进行直肠镜或乙状结肠镜检查时，必须注意这些弯曲，以免损伤肠壁。

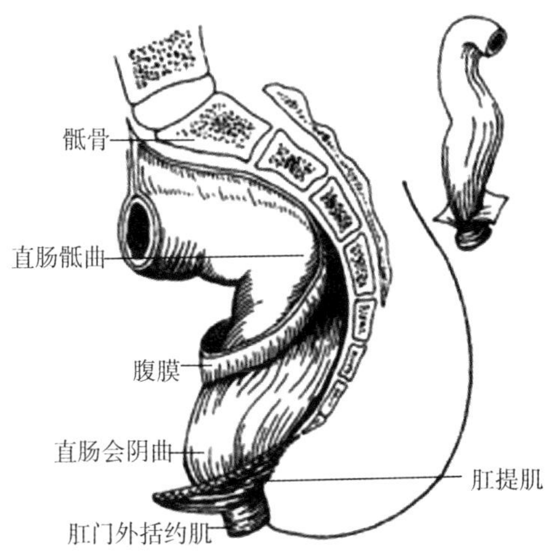

图 7-18 直肠的位置和形状

直肠下段肠腔膨大，称直肠壶腹（ampulla of rectum）。直肠内面常有三个直肠横襞，由黏膜和环形肌构成（图 7-19）。其中最大而且恒定的一个是中间的直肠横襞，位于直肠壶腹上份的直肠右前壁上，距肛门 6～7cm，相当于直肠前壁腹膜返折的水平，因此在乙状结肠镜检查中，可用作确定肿瘤与腹膜腔位置关系的定位标志。

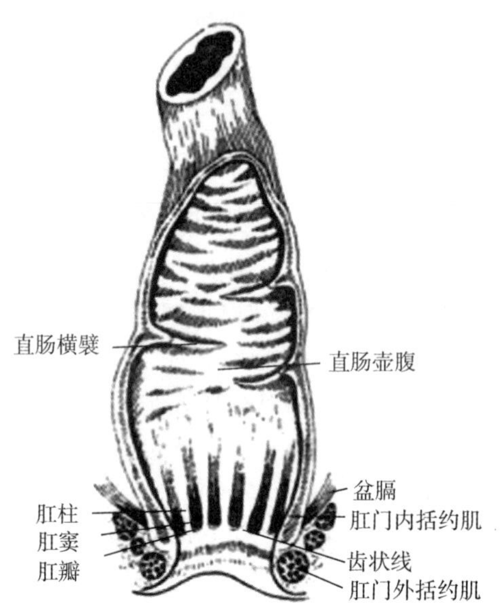

图 7-19　直肠和肛管的内面观

男性直肠的前方有膀胱、前列腺、精囊腺；女性直肠的前方有子宫及阴道。直肠指诊可触到这些器官。

（五）肛管

肛管（anal canal）是盆膈以下的消化管，长约 4cm，上续直肠，末端终于肛门。肛管内面有 6～10 条纵行的黏膜皱襞，称肛柱（anal column）。肛柱下端之间有半月状的黏膜皱襞相连，称肛瓣（anal valve）。肛瓣与相邻肛柱下端共同围成向上的小隐窝，称肛窦（analsinuse）（图 7-19），粪屑易积存在窦内，如发生感染可引起肛窦炎。

肛瓣与肛柱下端共同连成锯齿状的环形线，称齿状线（dentate line），此线以上为黏膜，以下为皮肤。在肛管的黏膜下和皮肤下有丰富的静脉丛，在病理情况下曲张而突起称为痔。发生在齿状线以上的称内痔，齿状线以下的称外痔。

肛管周围有内、外括约肌环绕。肛门内括约肌属平滑肌，是肠壁环行肌增厚而成，有协助排便的作用。肛门外括约肌为横纹肌，在外下方围绕在肛门内括约肌周围，可随意括约肛门，控制排便。

第三节　消化腺

一、肝

PPT：消化腺

肝（liver）是人体最大的腺体，也是最大的消化腺。我国成人肝重，男性为1230～1450g，女性为1100～1300g。肝被誉为人体的“代谢中心”，不仅参与蛋白质、脂类和糖类等的合成与分解，而且还参与维生素、激素、药物等物质的转化。肝还具有分泌胆汁、贮存糖原、解毒、吞噬防御以及在胚胎时期造血等功能。

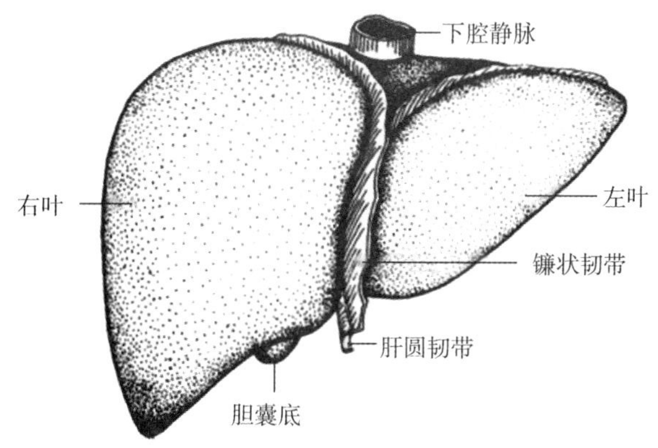

图7-20　肝的膈面

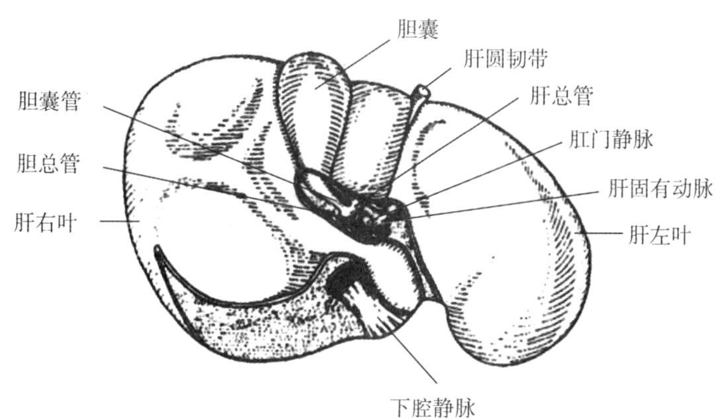

图7-21　肝的脏面

（一）肝的形态

肝呈楔形，可分为上、下两面，前、后、左、右四缘。肝上面隆凸，与膈相接触，故称膈面（图 7-20），膈面的前部由镰状韧带分为大而厚的肝右叶和小而薄的肝左叶。膈面的后部没有腹膜被覆的部分称裸区，裸区的左侧有一较宽的沟称腔静脉沟，有下腔静脉通过。

肝下面凹凸不平，邻接一些腹腔器官，又称脏面（图 7-21）。脏面有一近似“H”形的沟，左纵沟的前部有肝圆韧带，是胎儿时期脐静脉闭锁后的遗迹。肝圆韧带离开此沟后即被包于镰状韧带的游离缘中，连至脐。左纵沟的后部有静脉韧带，是胎儿时期静脉导管的遗迹。右纵沟的前部为一凹窝，称胆囊窝，容纳胆囊。右纵沟的后部为腔静脉沟，有下腔静脉经过。横沟称为肝门（porta hepatis），是肝固有动脉左、右支，肝门静脉左、右支，肝左、右管以及神经和淋巴管出入之处，这些结构被结缔组织包绕，共同构成肝蒂。肝的脏面借“H”形沟分为 4 叶，右纵沟右侧为右叶；左纵沟左侧为左叶；左、右纵沟之间在横沟前方为方叶；横沟后方为尾状叶。

（二）肝的位置和毗邻

肝大部分位于右季肋区和腹上区，小部分位于左季肋区。肝的前面大部分被肋所掩盖，仅在腹上区的左、右肋弓，有一小部分露出剑突之下，直接与腹前壁接触。当腹上区和右季肋区遭到暴力冲击或肋骨骨折时，肝可能被损伤而破裂。

肝的上界与膈穹窿一致，在右侧锁骨中线平第 5 肋或第 5 肋间，正中线平胸骨体下端，向左至左锁骨中线附近平第 5 肋间。肝下界即肝下缘，在右锁骨中线的右侧与右肋弓一致，但在腹上区左、右肋弓间，肝下缘居剑突下约 3cm。故在体检时，在右肋弓下不能触到肝。3 岁以下健康幼儿，腹腔的容积较小、肝体积相对较大，肝前缘常低于右肋弓下 1.5～2.0cm。到 7 岁以后，肝在右肋弓下不能触到，否则应考虑病理性肿大。

肝的脏面在右叶从前向后分别邻接结肠右曲、十二指肠、右肾和右肾上腺；在左叶与胃前壁相邻，后上部邻接食管的腹部。

（三）肝的微细结构

肝表面覆以致密结缔组织被膜，除在肝下面各沟窝处以及右叶上面后部为纤维膜外，均为浆膜。肝门部的结缔组织随肝门静脉、肝固有动脉和肝管的分支伸入肝实质，将实质分成许多肝小叶。肝小叶之间各种管道密集的部位为门管区（图 7-22）。

1. 肝小叶（hepatic lobule） 是肝的基本结构单位，呈多角棱柱体，长约 2mm，宽约 1mm，成人肝有 50 万～100 万个肝小叶。肝小叶中央有一条沿其长轴走行的中央静脉，肝索和肝血窦以中央静脉为中心向周围呈放射状排列（图 7-22，图 7-23）。

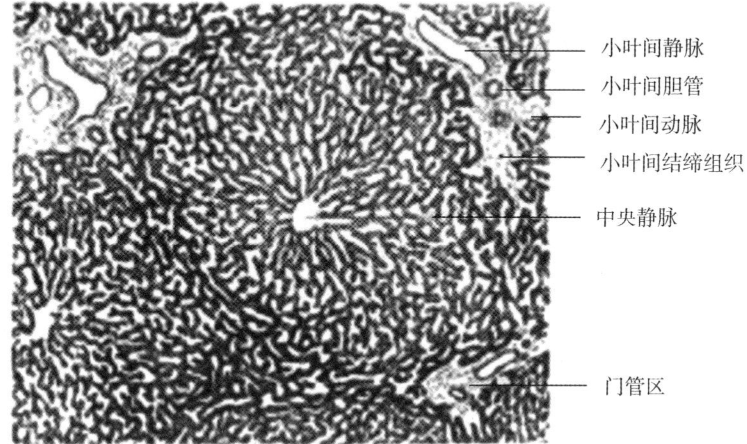

图 7-22　肝的微细结构（低倍）

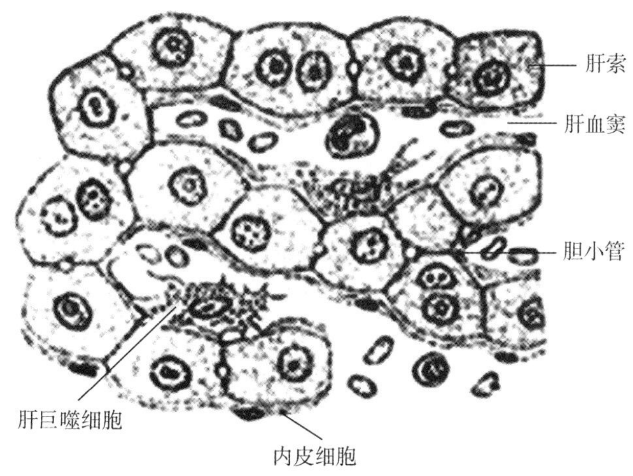

图 7-23　肝的微细结构（高倍）

肝细胞单层排列成凹凸不平的板状结构，称肝板。相邻肝板吻合连接，形成迷路样结构，其断面呈索状，称肝索。肝板之间为肝血窦，血窦经肝板上的孔互相通连。肝细胞相邻面的膜局部凹陷，形成微细的胆小管。这样，肝板、肝血窦和胆小管在肝小叶内形成各自独立而又密切相关的复杂网络。

（1）肝细胞（hepatocyte）：占肝内细胞总数的 80％。肝细胞呈多面体形，每个肝细胞有三种类型的功能面，即血窦面、胆小管面及肝细胞连接面。血窦面和胆小管面有许多微绒毛，借以扩大肝细胞的表面积。相邻肝细胞之间的连接面有紧密连接、桥粒和缝隙连接等结构。

肝细胞的胞质内各种细胞器均丰富，堪称体内细胞之最。主要细胞器有：①粗面内质网：可合成多种蛋白质，包括白蛋白、纤维蛋白原、凝血酶原、脂蛋白、补体等；

②滑面内质网：细胞摄取的有机物在此进行连续的合成、分解、结合、转化等反应，包括胆汁合成、脂类代谢、糖代谢以及各种生物转化等；③高尔基复合体：粗面内质网合成的蛋白质和脂蛋白中，一部分转移至高尔基复合体加工后，再经分泌小泡由血窦面排出。近胆小管处的高尔基复合体尤为发达，与胆汁排泌相关。此外，肝细胞富含线粒体、溶酶体和过氧化物酶体。

（2）肝血窦（hepatic sinusoid）：肝血窦壁由内皮细胞围成。来自小叶间动脉和小叶间静脉的血液，在肝血窦缓慢流动，与肝细胞交换后，汇入中央静脉。

窦内有常驻的肝巨噬细胞，又称库普弗细胞（Kupffer cell），由来自血液的单核细胞分化而成，具有很强的吞噬能力，能吞噬细菌、异物和衰老的红细胞等。

（3）窦周隙（perisinusoidal space）：肝血窦内皮与肝板之间有狭小间隙，称窦周隙。窦周隙内有一种散在的、形态不规则的贮脂细胞，其功能之一是贮存脂肪和维生素 A。另一功能是产生细胞外基质，窦周隙内的网状纤维即由它产生。

（4）胆小管（bile canaliculus）：是相邻肝细胞膜局部凹陷而成的微细管道（图 7-25），在肝板内连接成网。肝细胞分泌的胆汁直接进入胆小管，肝细胞间的紧密连接可阻止胆汁渗出管外。当肝脏病变、肝细胞紧密连接被破坏时，胆汁可经肝细胞之间的间隙流入窦周隙和肝血窦，这是黄疸形成的原因之一。胆小管的胆汁流入小叶间胆管。

2. 门管区（portal area） 相邻肝小叶之间呈三角形或椭圆形的结缔组织小区，称门管区。每个肝小叶周围有 3～4 个门管区，其中可见三种伴行的管道，即小叶间动脉、小叶间静脉和小叶间胆管（图 7-22）。小叶间动脉是肝固有动脉的分支，小叶间静脉是肝门静脉的分支。小叶间胆管向肝门方向汇集，最后形成左、右肝管出肝。在非门管区的小叶间结缔组织中，还有小叶下静脉，由中央静脉汇集形成，最终汇集为肝静脉出肝。

（四）肝外胆道

肝外胆道包括肝左管、肝右管、肝总管、胆囊与胆总管等（图 7-24，图 7-25）。

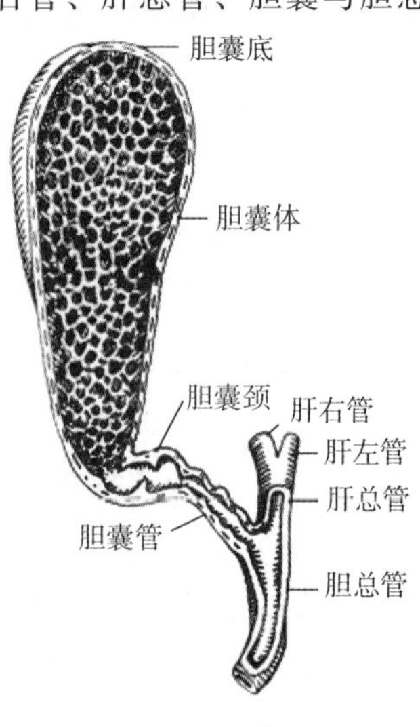

图 7-24 胆囊

1. 肝总管（common hepatic duct） 长约 3cm，由肝左管和肝右管汇合而成，肝总管下端与胆囊管汇合成胆总管。

2. 胆囊（gallbladder） 位于肝的胆囊窝内，似长茄形，为贮存和浓缩胆汁的器官。容量 40～60ml。胆囊上面借结缔组织与肝相连。胆囊分底、体、颈、管 4 部分：前端钝圆称胆囊底，中间称胆囊体，后端变细称胆囊颈，胆囊颈移行于胆囊管（cystic duct）。胆囊管长 3～4cm，直径约 0.3cm。胆囊内面衬有黏膜，其中胆囊底和体的黏膜呈蜂窝状。而胆囊颈和胆囊管的黏膜形成螺旋襞，可控制胆汁的进出，胆囊结石易嵌顿于此处。胆囊底露出于肝下缘，并与腹前壁相贴。胆囊底的体表投影位置在右锁骨中线与右肋弓相交处。当胆囊病变时，此处常出现明显压痛和反跳痛。

4. 胆总管（common bile duct） 由肝总管与胆囊管会合而成，长 4～8cm，直径 0.3～0.6cm。胆总管在肝十二指肠韧带内下降，经十二指肠上部的后方，至胰头与十二指肠降部之间与胰管汇合，汇合处形成略膨大的肝胰壶腹，共同斜穿十二指肠降部的后内侧壁，开口于十二指肠大乳头。肝胰壶腹周围有增厚的环行平滑肌称肝胰壶腹括约肌，又称 Oddi 括约肌。在胆总管和胰管末段的周围也有少量平滑肌环绕，分别称胆总管括约肌和胰管括约肌。

平时肝胰壶腹括约肌保持收缩状态而胆囊舒张，肝细胞分泌的胆汁经肝左、右管，肝总管，胆囊管进入胆囊储存和浓缩。进食后，尤其进食高脂肪食物后，由于食物和消化液的刺激，反射性地引起胆囊收缩，肝胰壶腹括约肌舒张，使胆囊内的胆汁经胆囊管、胆总管排入十二指肠，参与消化食物。

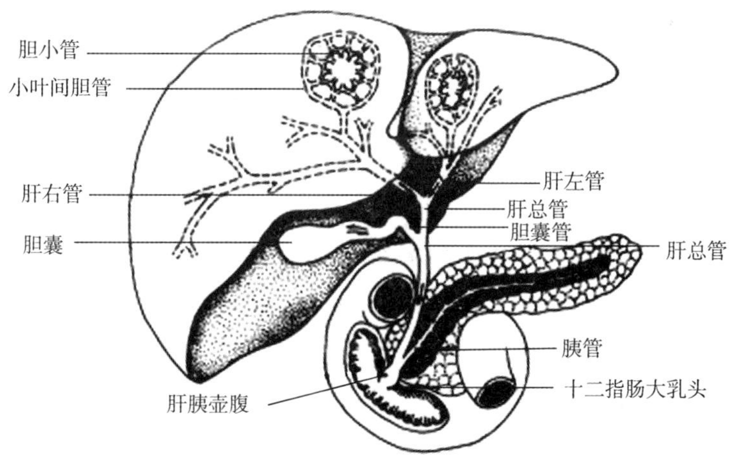

图 7-25　输胆管道模式图

二、胰

胰（pancreas）（图 7-25）是人体第二大腺体，兼有内、外分泌功能。

（一）胰的形态和位置

胰呈长条形，质软，色灰红，全长 14～20cm，重量为 80～115g，位置较深，在第 1、2 腰椎水平横贴于腹后壁，分头、颈、体、尾 4 部分，各部无明显界限。胰头较膨大，被十二指肠"C"形包绕，并向左下方伸出一钩突。胰头后面与胆总管、肝门静脉相邻。胰颈是位于胰头与胰体之间的狭窄扁薄部分，胃幽门位于其前上方。胰体位于胰颈和胰尾之间，占胰的大部分。胰体前面隔网膜囊与胃相邻，故胃后壁的溃疡穿孔或癌肿常与胰粘连。胰尾为伸向左上方较细的部分，紧贴脾门。胰管位于胰的实质内，贯穿胰的全长，它与胆总管汇合成肝胰壶腹，开口于十二指肠大乳头。在胰头上部，位于胰管上方常有一条副胰管，开口于十二指肠小乳头。

（二）胰的微细结构

胰腺表面覆以薄层结缔组织被膜，结缔组织伸入腺内将实质分隔为许多小叶。胰腺实质由外分泌部和内分泌部组成（图 7-26）。外分泌部分泌胰液，含有多种消化酶，在食物消化中起重要作用。内分泌部分泌激素，主要参与糖代谢的调节。

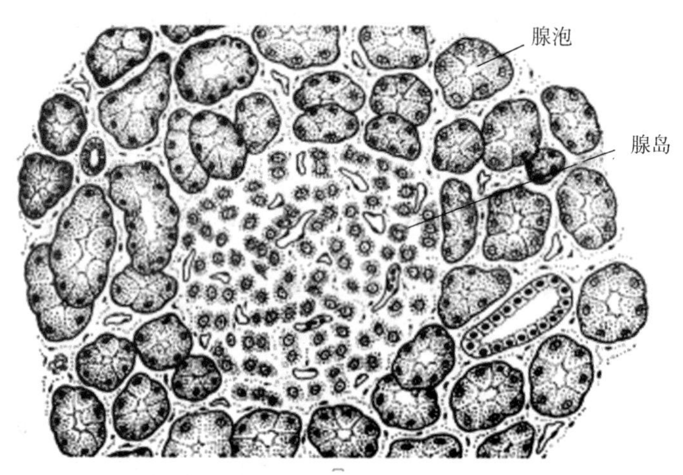

图 7-26 胰的微细结构

1. 外分泌部 由腺泡和导管构成。每个腺泡由 40～50 个腺泡细胞组成，腺泡细胞分泌多种消化酶，如胰蛋白酶原、胰糜蛋白酶原、胰淀粉酶、胰脂肪酶等。腺泡细胞还分泌一种胰蛋白酶抑制因子，能防止这两种酶原在胰腺内被激活。

导管起于各腺泡腔，逐级汇合成贯穿胰腺全长胰管。胰管在胰头部与胆总管汇合，开口于十二指肠乳头。

2. 内分泌部 为分布于腺泡之间内分泌细胞团，称胰岛（pancreas islet）。成人胰腺约为 100 万个胰岛，分布在胰尾部较多。胰岛大小不等，直径 75～500μm，小的仅由 10 多个细胞组成，大的有数百个细胞。胰岛细胞呈团索状分布，细胞间有丰富的有

孔毛细血管。

人胰岛主要有A、B、D和PP四种细胞。A细胞约占胰岛细胞总数的20%，分泌胰高血糖素（glucagon）。B细胞约占胰岛细胞总数的70%，分泌胰岛素（insulin）。D细胞约占胰岛细胞总数的5%，分泌生长抑素，抑制和调节A、B或PP细胞的分泌活动。PP细胞数量很少，分泌胰多肽，有抑制胃肠运动和胰液分泌以及减弱胆囊收缩等作用。

第四节　食物的消化和吸收过程

一、口腔内消化

PPT：食物的消化和吸收

消化过程从口腔开始。食物在口腔停留的时间15～20秒。食物在口腔内被咀嚼磨碎，并与唾液混合而便于吞咽。

（一）唾液

人的口腔周围有三对大唾液腺，即腮腺、下颌下腺和舌下腺，另还有众多散在的小唾液腺，唾液是这些腺体分泌的混合液。

1. 唾液的性质和成分　唾液（saliva）是近于中性（pH6.6～7.1）的低渗或等渗液体，其中水分约占99%；有机物主要为黏蛋白，还有球蛋白、唾液淀粉酶、溶菌酶等；无机物有Na^+、K^+、HCO_3^-、Cl^-等。正常人每日分泌的唾液量为1.0～1.5L。

2. 唾液的作用　①湿润和溶解食物，以易于吞咽并引起味觉；②清除口腔中的食物残渣，冲淡和中和进入口腔的有害物质，对口腔起清洁和保护作用；③唾液中的溶菌酶和免疫球蛋白有杀灭细菌和病毒的作用；④唾液中含有唾液淀粉酶（最适pH是7.0），可将少量熟淀粉分解为麦芽糖，其消化意义不大，主要是引起味觉。

（二）咀嚼和吞咽

咀嚼（mastication）是由各咀嚼肌按一定的顺序收缩而实现的，通过对食物的切割、研磨和舌的搅拌，起到以下作用：①使食物细碎；②将食物与唾液混合形成食团，便于吞咽；③使食物与唾液淀粉酶充分接触。此外，咀嚼还能加强食物对口腔内各种感受器的刺激，反射性地引起胃、胰、肝、胆囊等活动加强，为下一步的消化及吸收过程做好准备。

吞咽（swallowing）虽然可由意识支配发动，但整个过程是一个复杂的反射活动。吞咽动作分为三期。

第一期：由口腔到咽。这是在大脑皮层控制下的随意动作。舌尖到舌后部依次上举，抵触硬腭并后移，将食团挤至咽部。

第二期：由咽到食管上端。由于食团刺激了软腭和咽部的触觉感受器，引起一系列反射动作，包括软腭上升，咽后壁向前突出，封闭鼻咽通路；声带内收，喉头升高并向前紧贴会厌，封闭咽与气管的通路，呼吸暂停。食管上括约肌舒张，食团被挤入食管。

第三期：沿食管下行至胃。当食团通过食管上括约肌后，该括约肌即反射性收缩，食管随即产生由上而下的蠕动，将食团向下推送。

蠕动（peristalsis）是消化管共有的基本运动形式，其作用是使消化道内容物向前推进。内容物的刺激，反射性引起内容物近端的消化管收缩、远端的消化管舒张。这种有序的收缩和舒张不断向前传递，推动内容物向前运动。

昏迷、深度麻醉和某些神经系统疾病发生时，可引起吞咽反射障碍，食物或口腔等部位的分泌物易误入气管。

二、胃内消化

胃是消化道中最膨大的部分，胃的主要功能是容纳食物，并为食物在小肠内的消化做好准备。

（一）胃液

纯净的胃液是一种 pH 为 0.9～1.5 的无色液体。正常人每日分泌量 1.5～2.5L。胃液的成分主要是水，无机物有盐酸、钠和钾的氯化物等，有机物有黏蛋白、消化酶等。

1. 胃液的主要成分及作用

视频：胃液的组成和生理功能

（1）盐酸（胃酸）：由胃底腺的壁细胞分泌。壁细胞分泌 H^+ 是逆着巨大浓度梯度进行的主动过程，壁细胞胞质内的水解离生成 H^+ 和 OH^-，H^+ 在位于壁细胞内的分泌小管膜上 H^+-K^+ 依赖式 ATP 酶（又称质子泵）的作用下，主动分泌到小管内，OH^- 留在细胞内有待被中和。壁细胞内富含碳酸酐酶，能催化 CO_2 与 H_2O 形成 H_2CO_3。H_2CO_3 随即离解成 H^+ 和 HCO_3^-。H^+ 和 OH^- 中和生成水，HCO_3^- 则与血浆中的 Cl^- 进行交换而进入血液。而进入壁细胞的 Cl^- 则通过分泌小管膜上的 Cl^- 通道进入小管腔，在小管内与 H^+ 形成 HCl，当需要时再由壁细胞分泌入胃腔。由于质子泵被证实是各种因素引起胃酸分泌的最后通路，选择性抑制质子泵的药物（如奥美拉唑）已被临床用来有效地抑制胃酸分泌。

盐酸的主要生理作用有：①杀灭随食物进入胃内的细菌；②激活胃蛋白酶原，并为胃蛋白酶提供必要的酸性环境；③盐酸随食糜进入小肠后，可引起促胰液素的释放，从而促进胰液、胆汁和小肠液的分泌；④盐酸可使食物中蛋白质变性，有利消化；⑤盐酸所造成的酸性环境还有利于铁和钙在小肠内的吸收。

盐酸分泌过多对胃和十二指肠黏膜有侵蚀作用，是溃疡病发病的重要原因之一。

(2) 胃蛋白酶原：主要由胃底腺的主细胞分泌。胃蛋白酶原在盐酸作用下转变为有活性的胃蛋白酶。胃蛋白酶在酸性条件下，又可继续激活胃蛋白酶原。胃蛋白酶可分解蛋白质为脲和胨，以及少量的多肽或氨基酸。胃蛋白酶作用的最适 pH 为 2.0～3.5，当 pH>5 时便失活。

(3) 黏液和 HCO_3^-：胃的黏液是由黏膜上皮细胞、胃底腺的颈黏液细胞、贲门腺和幽门腺共同分泌的，其主要成分为糖蛋白。黏液具有较高的黏滞性和形成凝胶的特性，在正常人胃黏膜表面形成一个厚约 500μm 的凝胶层，可减少粗糙食物对胃黏膜的机械性损伤。胃内 HCO_3^- 主要是由胃黏膜的非泌酸细胞分泌的，仅有少量的 HCO_3^- 是从组织间液渗入胃内的。

黏液和 HCO_3^- 联合作用形成一个屏障，可有效地保护胃黏膜免受盐酸及胃蛋白酶侵蚀，称为"黏液－HCO_3^- 屏障"。黏液的黏稠度为水的 30～260 倍，胃腔内的 H^+ 通过黏液层向胃黏膜上皮细胞扩散时，移动速度将明显减慢。同时。H^+ 不断地与黏液层中的 HCO_3^- 遭遇，发生中和（图 7-27)。黏液层靠近胃腔侧的 pH 一般为 2.0 左右，而靠近上皮细胞侧的 pH 则为 7.0 左右。黏液深层的中性 pH 环境也能使靠近胃黏膜的胃蛋白酶丧失活性。

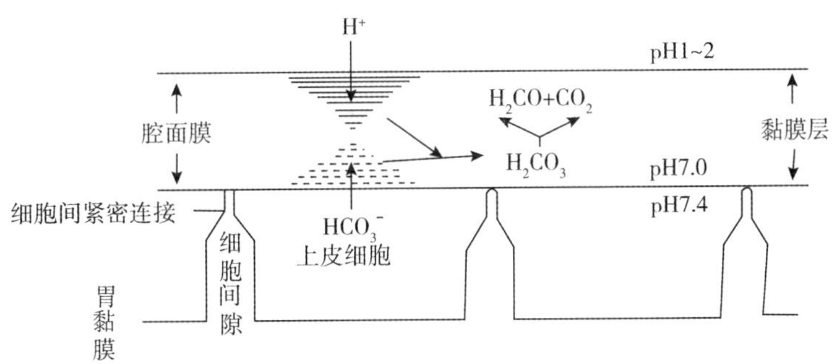

图 7-27 胃黏液－碳酸氢盐屏障示意图

除黏液－HCO_3^- 屏障外，胃黏膜本身也具有屏障作用。胃黏膜上皮细胞的腔膜面和相邻细胞间的紧密连接构成的生理屏障具有防止 H^+ 向黏膜的扩散，并阻止 Na^+ 从黏膜向胃腔扩散的作用，也称胃黏膜屏障。

(4) 内因子：壁细胞还分泌一种分子量约 6 万的糖蛋白，称为内因子（intrinsic factor)，可与食物中的维生素 B_{12} 结合，保护维生素 B_{12} 免受小肠内酶的分解，并促进其在回肠的吸收。

2. 胃液分泌的调节 空腹时胃液很少分泌或不分泌，进食是胃液分泌的自然刺激。一般按接受食物刺激的部位，将胃液分泌分成头期、胃期和肠期。但三个时期的划分只是为了便于叙述，实际上，这三个时期几乎是同时开始、相互重叠的。

(1) 头期：头期的胃液分泌是由进食动作引起的，因其传入冲动均来自头部感受器（眼、耳、口腔、咽、食管等)。因而称为头期。头期胃液分泌包括条件反射性和非条例反射性两种分泌。头期胃液分泌的特点是量多、酸度高、胃蛋白酶原含量高（消化力强)。

(2) 胃期：食物入胃后，对胃产生机械性和化学性刺激，继续引起胃液分泌。此阶段胃液酸度也很高，但胃蛋白酶含量却比头期分泌的胃液低。

(3) 肠期：当食物离开胃进入小肠后，还有继续刺激胃液分泌的作用。肠期胃液分泌的量不大，大约占进食后胃液分泌总量的 1/10，胃蛋白酶原的含量也较少。

(二) 胃的运动

食物在胃内的机械消化是通过胃的运动实现的。胃底和胃体的前部运动较弱，其主要功能是贮存食物；胃体的远端和胃窦则有较明显的运动，其主要功能是磨碎食物、使食物与胃液充分混合形成食糜，以及逐步地将食糜排至十二指肠。

1. 胃运动的主要形式

(1) 容受性舒张：当咀嚼和吞咽时，食物对咽、食管等处感受器的刺激可引起胃底和胃体肌肉的舒张，胃容积增大，称为容受性舒张 (receptive relaxation)。胃腔容量可由空腹时的约 0.5L 增加到进食后的 1.5L，而胃内压变化不至过大。

(2) 蠕动：胃蠕动开始出现于食物入胃后 5 分钟左右。蠕动起始于胃的中部，约每分钟 3 次。蠕动向幽门方向传播，每个波约需 1 分钟到达幽门。蠕动波初起时较小，向幽门传播过程中波幅和速度逐渐增加。当接近幽门时明显增强，可将一部分食糜(约 1～2ml) 排入十二指肠。如果收缩波超越胃内容物到达胃窦终末，由于胃窦终末部的有力收缩，可将一部分食糜反向回推，食糜的这种往返有利于进一步被磨碎。可见，胃的蠕动可搅拌、研磨食物，促进胃液与食物的混合而利于化学性消化，同时可将食糜以一定速度排入十二指肠。

(3) 紧张性收缩：胃壁平滑肌经常处于一定程度的收缩，称为紧张性收缩 (tonic contraction)。紧张性收缩对于维持胃空虚时的形态和正常位置具有重要意义。胃充盈时，紧张性收缩使胃内压升高，一方面促使胃液渗入食物，有利于化学性消化；另一方面可促进胃的排空。值得一提的是，紧张性收缩也是所有消化管共有的运动形式，是消化管其他运动形式发挥作用的基础。

胃窦切除患者由于胃对食物的容纳、研磨作用消失，食物排空过多过快，加重小肠的负担，可在进食后出现饱胀、恶心、心悸、出汗、面色苍白等症状。

2. 胃的排空 胃内食糜由胃排入十二指肠的过程称为胃排空 (gastric emptying)。一般在食物入胃后 5 分钟即有部分食糜被排入十二指肠。胃排空的动力是胃的蠕动。当食糜十二指肠后，盐酸和脂肪等可刺激小肠黏膜释放多种激素，抑制胃的运动并使幽门括约肌关紧。随着盐酸在肠内被中和、消化产物被吸收，胃运动重又增强。因此，胃排空是间断进行的，可较好地适应十二指肠内消化和吸收的速度。

食糜的理化性状和化学组成不同，胃排空的速度也不同。一般来说，流质比固体食物排空快，细碎食物比大块食物排空快。在三种主要营养物质中，糖类排空最快，蛋白质次之，脂肪类排空最慢。混合食物完全排空通常需 4～6 小时。

3. 呕吐　呕吐是将胃及肠内容物从口腔强力驱出的动作。机械的和化学的刺激作用于舌根、咽部、胃、大小肠、总胆管、泌尿生殖器官等处的感受器都可引起呕吐，视觉和内耳前庭的位置感觉的改变、颅内压增高（脑水肿、脑瘤等情况）等也可引起呕吐。

呕吐是一种具有保护意义的防御性反射，它可把胃内有害的物质排出；但长期剧烈的呕吐会影响进食和正常的消化活动，使大量的消化液丢失，造成体内水、电解质和酸碱平衡的紊乱。

三、小肠内消化

小肠内消化是整个消化过程中最重要的阶段。食糜在小肠内停留的时间随食物的性状差异而有不同，一般为3～8小时。在小肠处，食糜将受到多种消化液（胰液、胆汁和小肠液）的化学性消化以及小肠运动的机械性消化。食物通过小肠后，消化、吸收过程基本完成，未被吸收的食物残渣则被推送到大肠。

视频：小肠内的化学消化

（一）胰液

胰液是由胰腺腺泡和小导管上皮细胞分泌，经胰腺导管排入十二指肠。

1. 胰液的性质和成分　胰液是无色碱性液体，pH为7.8～8.4，人每日分泌量为1～2L。胰液中除含有大量水分外，还含有无机物和有机物。无机物主要是碳酸氢盐，由胰腺小导管上皮细胞分泌。有机物主要是腺泡细胞分泌的各种消化酶，如胰淀粉酶、胰脂肪酶、胰蛋白酶和糜蛋白酶、羧基肽酶、核糖核酸酶和脱氧核糖核酸酶等。

2. 胰液的作用

（1）HCO_3^-：主要作用是中和进入十二指肠的胃酸，保护肠黏膜免受强酸的侵蚀。同时，HCO_3^- 造成的弱碱性环境也为小肠内多种消化酶的活动提供了适宜的pH环境。

（2）胰淀粉酶：是一种α淀粉酶，对生、熟淀粉的水解效率都很高。淀粉经消化后的产物为糊精、麦芽糖及麦芽寡糖。胰淀粉酶发挥作用的最适pH为6.7～7.0。

（3）胰脂肪酶：是消化脂肪的主要消化酶。可分解甘油三酯为脂肪酸、甘油一酯和甘油。它的最适pH为7.5～8.5。但是，胰脂肪酶只有在胰腺分泌的辅脂酶存在的条件下才能发挥作用。

（4）胰蛋白酶和糜蛋白酶：分泌前均以无活性的酶原形式存在于胰液中。肠液中的肠激酶可以激活胰蛋白酶原，使之变为具有活性的胰蛋白酶。此外，胃酸、胰蛋白酶本身也能使胰蛋白酶原激活。糜蛋白酶原在胰蛋白酶作用下被激活。胰蛋白酶和糜蛋白酶的作用相似，都能分解蛋白质为际和胨。当两者共同作用于蛋白质时，则可将蛋白质消化为小分子的多肽和氨基酸。

如上所述，胰液中含有消化三种主要营养物质的酶，是消化力最全面、最强的一种消化液。当胰腺分泌发生障碍时，会明显影响蛋白质和脂肪的消化和吸收，但对糖的消化和吸收影响不大。

（二）胆汁

1. 胆汁的性质和成分 成年人每日分泌胆汁为800～1000ml。肝胆汁呈金黄色或桔棕色，pH约7.4；胆囊胆汁因被浓缩而颜色变深，并因碳酸氢盐被胆囊吸收而呈弱酸性（pH约6.8）。

胆汁的成分很复杂，除水分和钠、钾、钙、碳酸氢盐等无机成分外，其有机成分有胆汁酸、胆色素、脂肪酸、胆固醇、卵磷脂和黏蛋白等。胆汁酸与甘氨酸或牛磺酸结合形成的钠盐或钾盐称为胆盐，是胆汁中参与消化吸收的主要成分。

2. 胆汁的作用 胆汁中无消化酶，但是对于脂肪的消化和吸收具有重要意义。

（1）乳化脂肪：胆汁中的胆盐、胆固醇和卵磷脂等都可作为乳化剂，降低脂肪的表面张力，使脂肪乳化成为脂肪微滴，增加了胰脂肪酶的作用面积，使其分解脂肪的作用加速。

（2）促进脂肪吸收：胆盐可与脂肪的分解产物，如脂肪酸、甘油一酯、胆固醇等，形成水溶性复合物（混合微胶粒），将这些脂溶性物质运送至肠黏膜表面，从而促进脂肪消化产物的吸收。

（3）促进脂溶性维生素（维生素A、D、E、K）的吸收。

（4）在小肠内被吸收的胆盐可直接刺激肝细胞分泌胆汁，称为胆盐的利胆作用。胆盐或胆汁酸进入十二指肠后，绝大部分经回肠黏膜吸收入血，通过门静脉回到肝脏后，再参与胆汁的合成，并排入小肠，称为胆盐的肠－肝循环。

胆汁中胆盐、胆固醇和卵磷脂的适当比例是维持胆固醇成溶解状态的必要条件。胆固醇分泌过多，或胆盐、卵磷脂合成减少时，胆固醇就容易沉积下来，这是形成胆石的主要原因之一。胆石阻塞或肿瘤压迫胆管，一方面可引起胆汁排放困难，从而脂肪消化吸收及脂溶性维生素吸收障碍；同时，由于胆道压力升高，可导致部分胆汁入血而发生黄疸。

（三）小肠液

小肠内有两种腺体，十二指肠腺和小肠腺。十二指肠腺主要分泌黏稠的碱性液体。小肠腺分布于全部小肠的黏膜层内，其分泌液中主要是水和无机盐，还有肠激酶和黏蛋白等，是小肠液的主要部分。

小肠液是一种弱碱性液体，pH约为7.6，小肠液的分泌量变动范围很大，成年人每日分泌量为1～3L。由小肠腺分泌入肠腔内的消化酶可能只有肠激酶一种。此外，小肠液中还常混有脱落的肠上皮细胞、白细胞以及肠上皮细胞分泌的免疫球蛋白。

小肠液的主要作用有：保护十二指肠黏膜免受胃酸的侵蚀；稀释消化产物，使其渗透压下降，有利于吸收的进行；小肠液中的肠激酶可激活胰蛋白酶原。

在小肠上皮细胞的刷状缘上存在多种寡糖酶和肽酶，对一些进入上皮细胞的营养物质继续起消化作用，从而防止没有完全分解的消化产物被吸收入血。这些酶可随脱落的肠上皮细胞进入肠腔内，但对肠腔内消化并不起作用。

(四) 小肠的运动

小肠在消化期的主要运动形式如下。

1. 紧张性收缩　是小肠其他运动形式有效进行的基础。小肠紧张性收缩加强时，食糜在肠腔内的混合运转加快，而当小肠紧张性降低时，肠腔易于扩张，肠内容物的混合和转运减慢。

2. 分节运动　是小肠独有的运动形式。在食糜所在的一段肠管上，环行肌以一定间隔在许多点同时收缩，把食糜分割成许多节段；随后，原来收缩处舒张，原舒张处收缩，使原来的节段分为两半，而相邻的两半合拢形成一个新的节段。如此反复进行，食糜不断地分开，又不断地混合（图 7-28）。分节运动的作用在于：①使食糜与消化液充分混合，便于进行化学性消化；②使食糜与肠壁紧密接触，为吸收创造了良好的条件；③挤压肠壁，有助于血液和淋巴的回流，利于吸收。

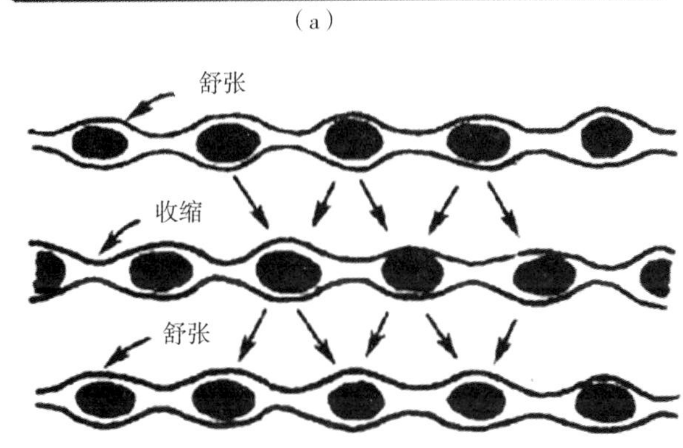

图 7-28　小肠分节运动模式图

(a) 未运动肠管表面图　(b) 肠管分节运动切面观

分节运动在空腹时几乎不出现，进食后才逐渐变强。小肠各段分节运动的频率不同，上部频率较高，下部较低。人十二指肠分节运动的频率约为 11 次/分钟，回肠末端为 8 次/分钟。这种活动梯度也有助于食糜由小肠上段向下推进。

3. 蠕动　小肠的蠕动可发生在小肠的任何部位，其速度为 0.5～2.0cm/s，近端小肠的蠕动速度大于远端。小肠蠕动波通常只进行一段短距离（约数厘米）后即消失。蠕动的意义在于使经过分节运动的食糜向前推进一步，到达一个新的肠段，再开始分节运动。通常，食糜从幽门部到回盲瓣历时 3～5 小时，食糜在小肠内实际推进的速度约 lcm/min。

在小肠还常可见到一种行进速度很快（2～25cm/s）、传播较远的蠕动，称为蠕动冲，它可将食糜从小肠的始端一直推送到末端，有时还可推送入大肠。蠕动冲可能是由于进食时吞咽动作或食糜刺激十二指肠引起的。

四、大肠的功能

人类的大肠内没有重要的消化活动。大肠的主要生理功能为：暂时储存食物残渣并吸收其中的水和电解质、吸收由结肠内微生物产生的B族维生素和维生素K、形成并排出粪便。

(一) 大肠液

大肠液是由大肠黏膜表面的柱状上皮细胞及杯状细胞分泌的，pH为8.3～8.4。大肠的分泌物富含黏液和碳酸氢盐，还有少量二肽酶和淀粉酶，但对物质的分解作用不大。大肠液的主要作用在于其中的黏液蛋白能保护肠黏膜和润滑粪便。

(二) 大肠内细菌的活动

大肠内的酸碱度和温度对一般细菌的繁殖极为适宜，所以来自食物和空气的细菌得以在此大量繁殖。据估计，粪便中细菌占固体重量的20%～30%。

细菌中含有能分解食物残渣的酶。细菌对糖及脂肪的分解称为发酵，能产生乳酸、醋酸、CO_2、沼气等。细菌对蛋白质的分解称为腐败，其结果产生氨、硫化氢、组胺、吲哚等，其中有的成分由肠壁吸收后到肝中进行解毒。

大肠内的细菌还能利用肠内较为简单的物质合成B族维生素和维生素K，并被大肠吸收，补充人体这些维生素的来源。若长期使用肠道抗菌药物，肠内细菌被抑制，可导致B族维生素和维生素K缺乏。

(三) 大肠的运动

大肠的运动少而慢，对刺激的反应也较迟缓，有利于大肠的暂时储存功能和充分吸收水、盐。进食后，大肠可出现一种行进很快、传播很远的蠕动，称集团蠕动。集团蠕动始于横结肠，可将粪便迅速推至降结肠或乙状结肠。引起集团蠕动的原因可能是食物刺激十二指肠引发的局部反射，这个反射称十二指肠－结肠发射。

(四) 排便反射

食物残渣在大肠内停留一般在十余小时以上，在这一过程中，大部分水分、无机盐和维生素被大肠黏膜吸收。未消化的食物残渣经过细菌的发酵和腐败作用形成的产物，加上脱落的肠上皮细胞、大量细菌、肝排出的胆色素衍生物，以及由肠壁排出的某些重金属，如钙、镁、汞等盐类共同构成粪便。

正常人的直肠内通常是没有粪便的。当大肠蠕动将粪便推入直肠时，刺激了直肠壁内的感受器，冲动沿盆神经和腹下神经传至脊髓腰骶段的初级排便中枢，同时上传到大脑皮层，引起便意。如果条件允许，大脑皮层对脊髓排便中枢的抑制作用将解除。这时，初级排便中枢的传出冲动通过盆神经使降结肠、乙状结肠和直肠收缩，肛门内括约肌舒张。同时，阴部神经的冲动减少，肛门外括约肌舒张，使粪便排出体外。此外，腹肌和膈肌收缩，使腹内压增加，也有助于促进粪便的排出。

正常人直肠壁内的感受器对粪便的刺激具有一定的阈值，达到此阈值时可引起排便反射。排便反射受意识支配，如果经常抑制便意，会使直肠对粪便压力刺激变得不敏感，加之粪便在大肠内停留过久、水分吸收过多而变得干硬，会引起排便困难。这是便秘产生的常见原因之一。

五、营养成分的吸收

视频：营养物质的吸收

消化管不同部位的吸收能力和吸收速度是不同的，这主要取决于各部分消化管的组织结构，以及食物在各部位被消化的程度和停留的时间。

口腔黏膜一定的吸收能力，如硝酸甘油等药物可在口腔被吸收，但营养物质在口腔和食道内几乎不被吸收。胃也只吸收酒精和少量水分。小肠是营养物质吸收的主要部位。一般认为，糖类、蛋白质和脂肪的消化产物大部分在十二指肠和空肠吸收。回肠有其独特的功能，即主动吸收胆盐和维生素 B_{12}。大肠主要吸收水分、盐类以及肠道菌产生的一些维生素。

小肠在营养物质的吸收上有很多优势：①吸收面积巨大。小肠长 4～6m，黏膜的环形皱襞、绒毛以及上皮细胞微绒毛使小肠的吸收面积增加约 600 倍，达到 200m^2 左右（图 7-29）；②食物在小肠内已被消化为适于吸收的小分子物质；③食物在小肠内停留的时间较长（3～8 小时），吸收时间充分；④小肠黏膜绒毛内有丰富的毛细血管和毛细淋巴管。

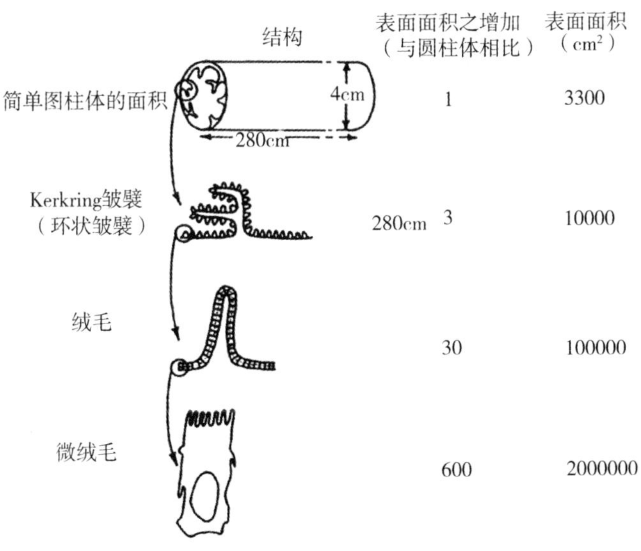

图 7-29　小肠吸收面积的放大

（一）糖的吸收

一般说来，糖类以单糖形式被小肠上皮细胞所吸收，吸收途径是血液。肠腔中的单糖主要是葡萄糖，约占单糖总量的80%。各种单糖的吸收速率有很大差别，以半乳糖和葡萄糖的吸收为最快，果糖次之，甘露糖最慢。

单糖的吸收是逆浓度差进行的继发性主动过程。转运过程如下：在肠黏膜上皮细胞膜上的钠泵作用下，形成了细胞膜外（即肠腔中）Na^+的高势能。而在肠黏膜上皮细胞腔面膜上有可与Na^+和葡萄糖结合的转运体，当Na^+与转运体结合顺浓度差进入细胞时，可将葡萄糖分子逆浓度差转运进入细胞。之后，葡萄糖再以易化扩散的方式扩散到黏膜下、进入血液（图7-30）。用抑制钠泵的哇巴因或用能与Na^+竞争转运体的K^+均能抑制糖的吸收。

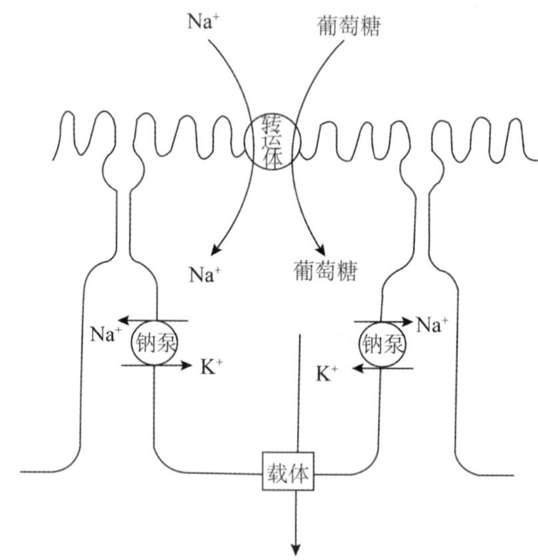

图7-30　葡萄糖吸收过程示意图

（二）蛋白质的吸收

蛋白质消化产物一般以氨基酸形式，主要在小肠上段被主动吸收，吸收途径是血液。氨基酸吸收过程与葡萄糖相似。同时，小肠刷状缘上存在二肽和三肽转运系统，这类转运系统也是继发性主动转运。进入细胞内的二肽和三肽可被胞内的二肽酶和三肽酶进一步分解为氨基酸，再进入血液循环。

在某些情况下，少量的完整蛋白也可以通过小肠上皮细胞进入血液，但没有营养学意义。相反，可作为抗原引起过敏反应，对人体不利。

（三）脂肪和胆固醇的吸收

脂肪的消化产物脂肪酸、甘油一酯、胆固醇等可与胆汁中胆盐形成混合微胶粒。

具有亲水性的胆盐能携带这些消化产物通过小肠黏膜上皮细胞表面的静水层。其中的甘油一酯、脂肪酸和胆固醇等从混合微胶粒中释出，并透过细胞膜而进入黏膜上皮细胞，而胆盐则被遗留于肠腔内。长链脂肪酸及甘油一酯被吸收后，大部分在上皮细胞内被重新合成为三酰甘油。再在细胞中形成乳糜微粒，以出胞方式进入黏膜下，进入淋巴管道（图 7-31）。甘油和中、短链脂肪酸可直接吸收入血。由于膳食中的动、植物油中含有 15 个以上碳原子的长链脂肪酸较多，所以脂肪的吸收仍以淋巴途径为主。

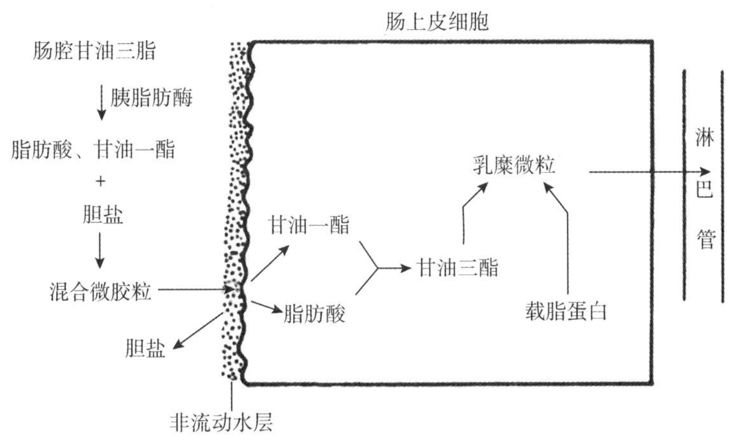

图 7-31 脂肪吸收示意图

(四) 无机盐的吸收

1. 钠和负离子的吸收 钠的吸收是主动的，通过上皮细胞膜上钠泵的活动，降低了膜内钠浓度，使肠腔内的钠可顺浓度梯度扩散进入细胞。钠的主动吸收形成的电位差可促进 Cl^-、HCO_3^- 等的吸收。

2. 铁的吸收 人每日吸收铁约 1mg，铁吸收的部位主要是十二指肠和空肠上段。铁的吸收是主动过程。小肠对铁的吸收能力与机体对铁的需要有关，如急性失血患者、孕妇、儿童等吸收铁的能力增强。食物中的铁绝大部分为三价铁，不易被吸收，需还原为亚铁才能被吸收，维生素 C 能还原高价铁而促进铁的吸收。铁在酸性环境中易溶解，故胃液中的盐酸有促进铁的吸收。

3. 钙的吸收 小肠各部都有吸收钙的能力，但主要在小肠上段，特别是十二指肠吸收能力最强。钙的吸收也是主动过程。通常食物中的钙只有小部分可被吸收。机体吸收钙的多少受多种因素的影响：①钙呈离子状态最易吸收，酸性环境有利于钙的吸收；食物中的草酸、鞣酸等、磷酸等可使钙沉淀而阻止钙的吸收；②维生素 D 能促进钙进入肠黏膜细胞，并协助钙从细胞进入血液；③脂肪酸与钙结合成钙皂，然后与胆盐结合成水溶性复合物而被吸收；④儿童、孕妇和哺乳妇女由于对钙的需求增加，其钙吸收量也增加。

（五）水的吸收

人体每日由胃肠吸收的水约 8L，其中饮用和食物中的水约为 1～2L，由消化腺分泌的液体可达 6～8L，随粪便排出的水仅为 0.1～0.2L。水的吸收都是被动的，各种溶质，尤其是氯化钠吸收后所产生的渗透压梯度是水被动吸收的动力。在十二指肠和空肠上部，水的吸收量很大，但消化液的分泌量也很大。结肠吸收水的能力很强。严重呕吐、腹泻可使人体丢失大量的水分和电解质，从而导致脱水和电解质紊乱。

（六）维生素的吸收

维生素分为脂溶性维生素和水溶性维生素两类。多数水溶性维生素主要以扩散的方式在小肠上段被吸收。维生素 B_{12} 必须与内因子结合形成水溶性复合物主要在回肠被吸收。脂溶性维生素 A、D、E、K 可随脂肪一起被吸收。

第五节　消化活动的调节

一、消化器官的神经支配及其作用

PPT：消化活动的调节

消化管的神经支配包括内在神经系统和外来神经系统两大部分。两者相互协调，共同调节胃肠功能（图 7-32）。

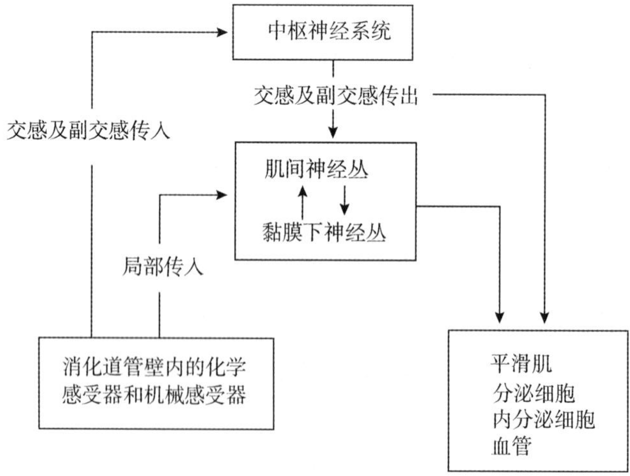

图 7-32　消化系统的局部和中枢性反射通路

（一）内在神经系统

胃肠内在神经系统又称肠神经系统。从食管中段至肛门的绝大部分消化管壁内，存在由无数神经元和神经纤维组成的复杂神经网络。其中有感觉神经元，感受胃肠道内化学、机械和温度等刺激；有运动神经元，支配胃肠道平滑肌、腺体和血管。内在神经包括黏膜下神经丛和肌间神经丛，肌间神经丛的运动神经元主要支配平滑肌细胞。内在神经构成了一个相对独立的，可完成局部反射活动的整合系统。但在整体内，肠神经系统的功能活动受外来神经的调节。

（二）外来神经系统

支配消化管的外来神经包括交感神经和副交感神经，其中副交感神经对消化功能的影响更大。

交感神经兴奋主要引起胃肠道运动减弱，腺体分泌减少和胃肠括约肌则收缩，整体上抑制消化活动。交感神经对某些唾液腺（如颌下腺）也有到刺激分泌的作用。

副交感神经来自迷走神经和盆神经，节后纤维末梢主要释放乙酰胆碱，引起胃肠道运动增强，腺体分泌增加和胃肠括约肌舒张，从而促进消化活动。

二、胃肠激素

由胃肠道黏膜的内分泌细胞合成并分泌的激素，统称为胃肠激素（gastrointestinal hormone）。从胃到大肠的黏膜内，约有 40 多种内分泌细胞，它们分散地分布在胃肠黏膜细胞之间，可分泌多种胃肠激素（表 7-1）。

一些最初在胃肠道发现的激素或肽类，也存在于中枢神经系统中；而原来认为只存在于中枢神经系统的肽类，也在消化道中被发现。这些双重分布的肽类被统称为脑—肠肽（brain-gut peptide）。

表 7-1　主要胃肠激素分泌细胞的名称及分布部位

胃肠激素	细胞名称	分布部位
胰高血糖素	A 细胞	胰岛
胰岛素	B 细胞	胰岛
生长抑素	D 细胞	胰岛、胃、小肠、结肠
促胃液素	G 细胞	胃窦、十二指肠
缩胆囊素	I 细胞	小肠上部
抑胃肽	K 细胞	小肠上部
胃动素	Mo 细胞	小肠
神经降压素	N 细胞	回肠
胰多肽	PP 细胞	胰岛、胰腺外分泌部分、胃、小肠、大肠
促胰液素	S 细胞	小肠上部

胃肠激素的主要作用是调节消化腺的分泌和消化道的运动。三种主要胃肠激素的

作用见表 7-2。

表 7-2 三种胃肠激素对消化腺分泌和消化管运动的作用

	胃酸	胰 HCO_3^-	胰酶	肝胆汁	小肠液	食管—胃括约肌	胃平滑肌	小肠平滑肌	胆囊平滑肌
促胃液素	++	+	++	+	+	+	+	+	+
促胰液素	−	++	+	+	+	−	−	−	+
缩胆囊素	+	+	++	+	+	−	±	+	++

注：+：兴奋；++：强兴奋；−：抑制；±：依部位不同既有兴奋又有抑制

（章　皓、陶冬英）

思考练习

参考答案

第八章 泌尿系统

学习目标

泌尿系统（urinary system）由肾、输尿管、膀胱和尿道4部分组成（图8-1）。肾生成的尿液，由输尿管输送到膀胱暂时贮存，经尿道排出体外。泌尿系统通过生成和排出尿液，排出机体内新陈代谢产生的废物（如尿素、尿酸、肌酐）和多余的无机盐、水等，在维持人体水、电解质平衡以及酸碱平衡中起着十分重要的作用。此外，肾还有内分泌功能，能产生肾素、促红细胞生成素等。

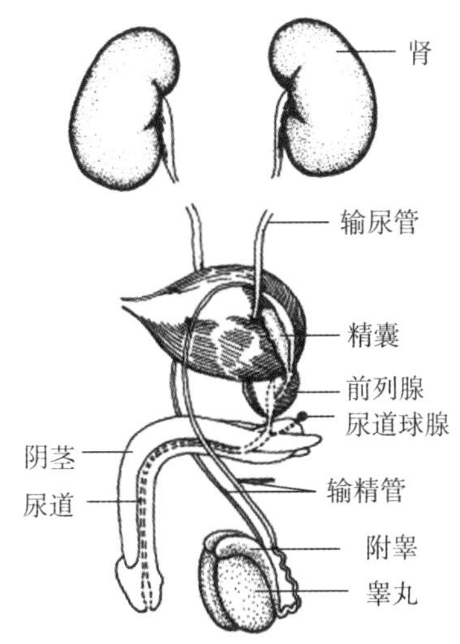

图8-1　男性泌尿生殖系统全貌

第一节　肾

一、肾的形态

PPT：肾

肾（kidney）是成对的实质性器官，左、右各一，外形如蚕豆（图8-2）。新鲜肾呈红褐色，质地柔软，表面光滑。肾可分为上、下两端，前、后两面，内、外侧缘。肾的前面朝向前外侧、略凸，后面较扁平、紧贴腹后壁；外侧缘凸隆，内侧缘中部凹陷，是肾血管、淋巴管、神经和肾盂出入的部位，称肾门（renal hilum）。出入肾门的结构被结缔组织所包裹称肾蒂（renal pedicle）。因下腔静脉靠近右肾，故右肾蒂较左肾蒂短。由肾门向内延续于一个较大的腔隙称肾窦（renal sinus），其内含有肾小盏、肾大盏、肾盂、肾血管、淋巴管、神经及脂肪组织等（图 8-4）。

二、肾的位置与毗邻

肾位于腹腔后壁上部，脊柱两旁（图 8-2）。两肾的长轴略呈“八”字形排列。左肾上端平第 11 胸椎体下缘，下端平第 2 腰椎体下缘。右肾由于受肝的影响，比左肾略低。成人肾门约平第 1 腰椎体平面，肾门的体表投影点在竖脊肌外侧缘与第 12 肋所形成的夹角处，称肾区（renal region）。某些肾病患者，触压或叩击该区可引起疼痛。

右肾前面外侧与肝右叶和结肠右曲相邻，内侧缘紧靠十二指肠降部。左肾由上而下分别与胃、胰和空肠相邻，外侧缘靠近脾和结肠左曲。两肾上端均有肾上腺。

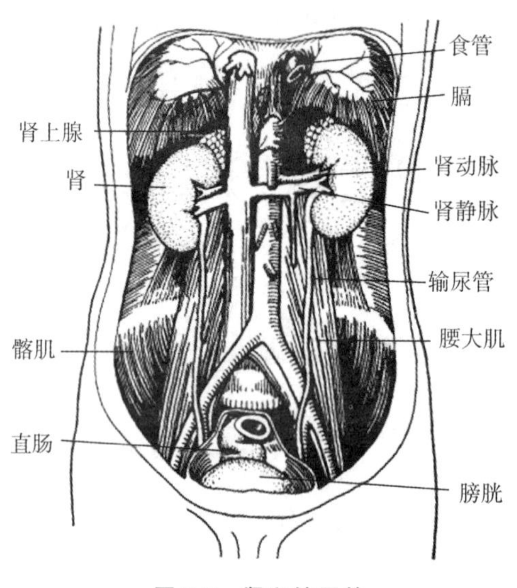

图 8-2 肾和输尿管

三、肾的被膜与固定

肾的表面由内向外包被有纤维囊、脂肪囊和肾筋膜三层被膜（图 8-3）。纤维囊贴于肾实质表面，薄而坚韧，与肾实质结合较疏松，易于剥离。但在病理情况下，纤维囊与肾实质可发生黏连，不易剥离。脂肪囊为纤维囊外面的一层较厚的脂肪层，同时包被肾上腺。此层经肾门而伸入肾窦内，对肾起弹性垫样的保护作用。肾筋膜是被膜的最外层，较致密，又分为前、后两层，包绕肾和肾上腺及其周围的脂肪囊。自肾筋膜发出结缔组织小束，穿过脂肪囊与纤维囊相连。肾筋膜对肾起固定作用。

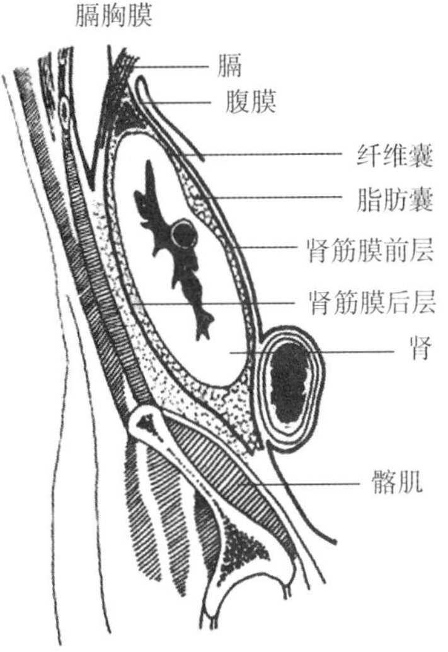

图 8-3　肾的被膜（矢状面）

肾的正常位置由多种因素来维持，如肾筋膜、脂肪囊、肾血管、腹膜、肾的邻近器官的承托以及腹内压等。当肾的固定因素不健全时，可造成肾下垂或游走肾。

四、肾的结构

（一）肾的剖面结构

在肾的冠状切面上，肾实质可分为浅部的皮质（renal cortex）和深部的髓质（renal medulla）两部分（图 8-4）。

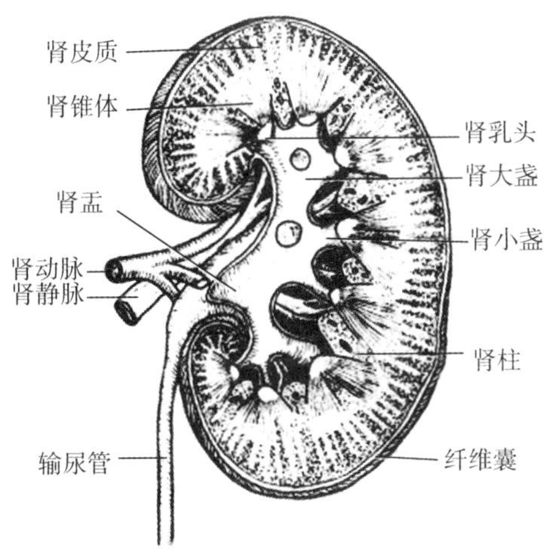

图 8-4　右肾的剖面结构（冠状面）

肾皮质位于外周部，富含血管，新鲜标本呈红褐色。肉眼观察可见密布的细小颗粒。肾皮质伸入肾锥体之间的部分称肾柱（renal column）。

肾髓质位于肾皮质的深部，色较淡，由15～20个肾锥体（renal pyramid）构成。肾锥体呈圆锥形，其底朝肾皮质，尖端钝圆，呈乳头状，朝向肾窦，称肾乳头（renal papillae）。肾乳头尖端有许多乳头管的开口，称乳头孔（papillary foramina），肾形成的尿液由此处流入肾小盏（minor renal calices）。肾小盏是包绕肾乳头的膜性小管，呈漏斗状，每个肾有7～8个肾小盏。肾小盏接受乳头管排出的尿液。每2～3个肾小盏合成一个肾大盏（major renal calices），2～3个肾大盏再集合成一个肾盂（renal pelvis），肾盂出肾门后，逐渐变细，移行为输尿管。

（二）肾的微细结构

肾实质主要由大量泌尿小管构成，泌尿小管（uriniferous tubule）包括肾单位和集合小管。肾间质由血管、神经和少量结缔组织等构成（图8-5）。

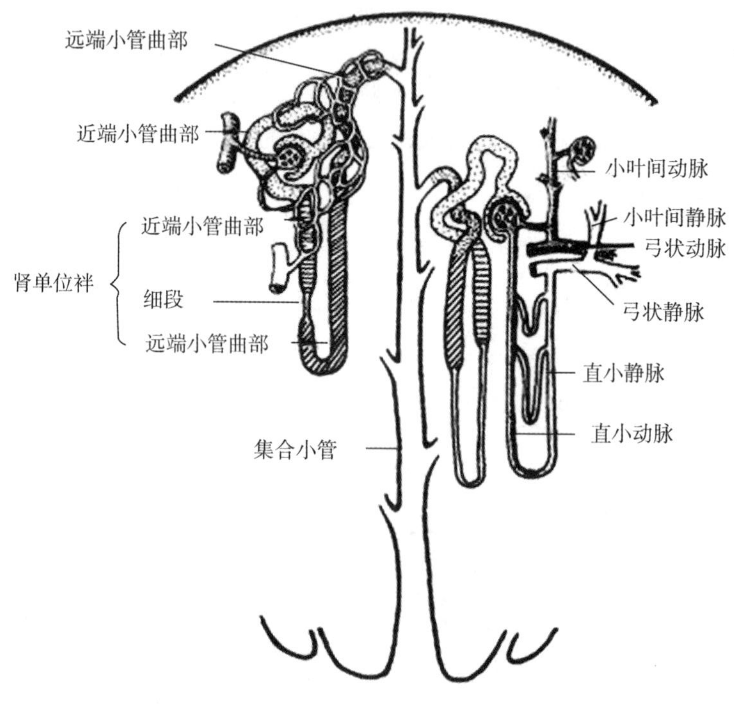

图8-5　泌尿小管组成模式图

1. 肾单位（nephron）　肾单位是肾生成尿的结构和功能单位，由肾小体和肾小管两部分组成，每个肾约有100多万个肾单位。

（1）肾小体（renal corpuscle）：肾小体呈球形，位于肾皮质内，由肾小球（血管球）和肾小囊组成（图8-6）。每个肾小体有两个极，血管出入端为血管极，另一极与近端小管曲部相连接，称尿极。

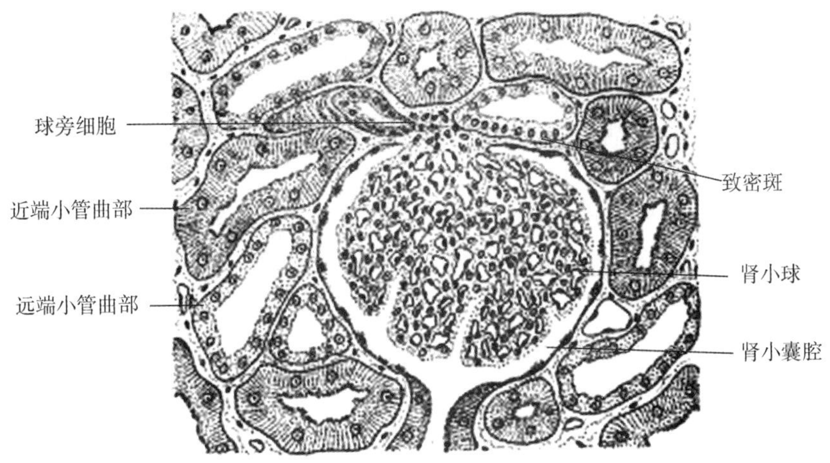

图 8-6 肾皮质的微细结构（高倍）

1）肾小球（glomerulus）：肾小球是一团蟠曲成球状的毛细血管，由入球小动脉分支而成，汇成出球小动脉。在大多数肾单位，入球小动脉管径较粗，出球小动脉管径较细，可提高血管球的毛细血管压，有利于滤过作用。血管球的毛细血管由一层有孔内皮细胞及其基膜构成。

2）肾小囊（renal capsule）：肾小囊是肾小管起始部膨大凹陷而成的杯状双层囊，囊内有肾小球。肾小囊外层由单层扁平上皮细胞构成，内层由肾小球毛细血管外面的足细胞构成（图 8-7），两层之间的腔隙称肾小囊腔。足细胞面积较大，从细胞体伸出几个较大的初级突起，每个初级突起又伸出许多指状的次级突起称伪足。伪足紧贴于毛细血管壁，相邻伪足间的窄隙称裂孔，裂孔上盖有一层极薄的裂孔膜。

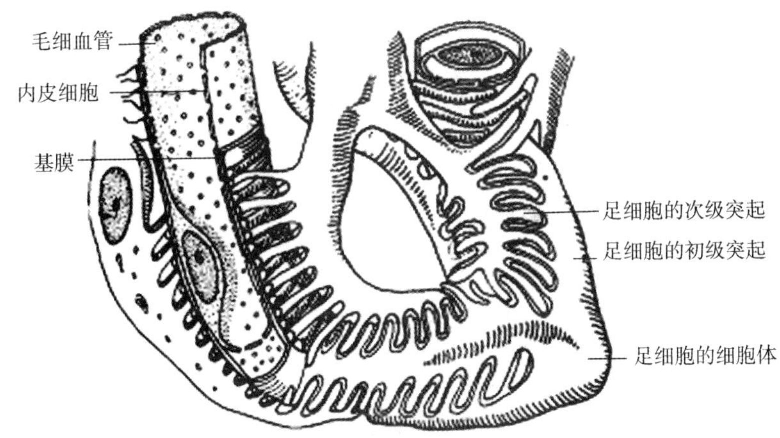

图 8-7 足细胞与毛细血管超微结构模式图

3）滤过膜（filtration membrane）：血液流经肾小球时，血浆中的一些成分跨过毛细血管有孔内皮细胞、基膜和裂孔膜进入肾小囊腔，这三层结构就合称肾小球滤过屏障（filtration barrier）或肾小球滤过膜（filtration membrane）。

（2）肾小管（renal tubule）：肾小管是一条细长而弯曲的管道，与肾小囊相延续，行经肾皮质、髓质再返回皮质，终于集合小管。按其位置、形态、结构和功能，依次分为近端小管、细段、远端小管三部分。近端小管和远端小管都分为曲部和直部。近端小管曲部是近端小管的起始段，盘曲在肾小体的附近。远端小管曲部也盘曲在肾小体的附近，末端连接集合小管。近端小管直部、细段和远端小管直部三者构成的“U”形结构称髓袢，又称肾单位袢（图 8-5）。

肾小管壁由单层上皮细胞构成。近端小管壁的上皮细胞呈锥体形或立方体形，细胞分界不清。细胞的游离面有刷状缘，为许多密集排列的微绒毛，由细胞膜向管腔凸起形成。刷状缘扩大了细胞的表面积，有利于小管液的重吸收。细段管壁薄，由单层扁平上皮构成。远端小管管腔较大，管壁上皮为单层立方上皮细胞，细胞界限清楚，其游离面无刷状缘。

2. 集合小管（collecting tubule） 集合小管续于远端小管曲部末端，管径由细逐渐变粗，最后汇集成乳头管。管壁上皮由单层立方上皮细胞逐渐移行为单层柱状上皮细胞。集合小管有重吸收和分泌等功能。

3. 球旁复合体（juxtaglomerular complex） 球旁复合体包括球旁细胞（近球细胞）、致密斑和球外系膜细胞（图 8-8）。球旁细胞能分泌肾素，致密斑是钠离子感受器，并能影响球旁细胞分泌肾素。

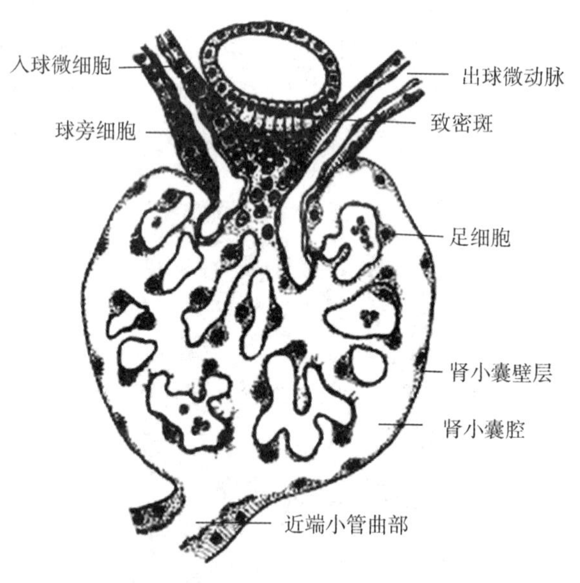

图 8-8 球旁复合体模式图

五、肾的血液循环

为肾供应和回收血液的分别是肾动脉和肾静脉。肾动脉起自腹主动脉，肾静脉汇入下腔静脉，肾的血液循环有以下一些特点。

1. 血流量大　肾动脉粗而短，直接发自腹主动脉，血压高。正常成人两肾重约300g，仅占体重的0.5%，安静时肾血流量约占心输出量的20%～25%。

2. 两套压力不同的毛细血管　入球小动脉分支形成肾小球毛细血管，出球小动脉在小管周围再次分支形成毛细血管网。入球小动脉粗短，出球小动脉细长，因而肾小球毛细血管内血压高，有利于其滤过作用；肾小管周围毛细血管内的压力较低，有利于小管内物质的重吸收。

3. 肾血流比较稳定　肾动脉压力与腹主动脉相近，肾脏的灌注压就近似于动脉血压。当动脉血压在一定范围（80～180mmHg）变化时，肾血流量却基本不受影响。一般认为其原因是肾小动脉的管径会随血压变化而发生适应性变化，这是一个自身调节。

肾的血流接受神经、体液调节。人紧张、剧烈运动或失血等时，交感神经兴奋或肾上腺髓质激素分泌增加，可使肾的小动脉收缩、阻力增加、血流减少。

第二节　输尿管、膀胱和尿道

一、输尿管

PPT：输尿管、膀胱和尿

输尿管（ureter）是一对细长的肌性管道，全长20～30cm，起自肾盂，行经腹腔与盆腔，终于膀胱（图8-2）。输尿管管壁有较厚的平滑肌，可作节律性蠕动，使尿液不间断地流入膀胱。根据走行，输尿管可分为腹段、盆段和壁内段。输尿管在膀胱底穿行于膀胱壁内，形成壁内段，长度约1.5cm。当膀胱充盈、压力增加时，壁内段受到挤压而关闭，可有防止尿液逆流的作用。

输尿管全长有三处狭窄，分别在输尿管起始处、跨过髂总动脉分叉处（左）和髂外动脉起始处（右）、斜穿膀胱壁处。这些狭窄部位是结石易滞留的部位。

二、膀胱

膀胱（urinary bladder）是暂时贮存尿的肌性囊状器官，伸缩性较大，其形状、大小和位置均随尿液的充盈程度、年龄和性别而异。一般正常成年人，膀胱平均容量为300～500ml，最大容量可达800ml，新生儿膀胱的容量约为成人的1/10。

（一）膀胱的形态和位置

当膀胱空虚时呈三棱锥体形（图8-9），顶端细小，朝向前上方，称膀胱尖；膀胱的后面较膨大，朝向后下方，称膀胱底；尖和底之间的部分称膀胱体；膀胱的最下部称膀胱颈，与男性的前列腺底或与女性的尿生殖膈相毗邻。颈的下端有一开口称尿道内口，通尿道。

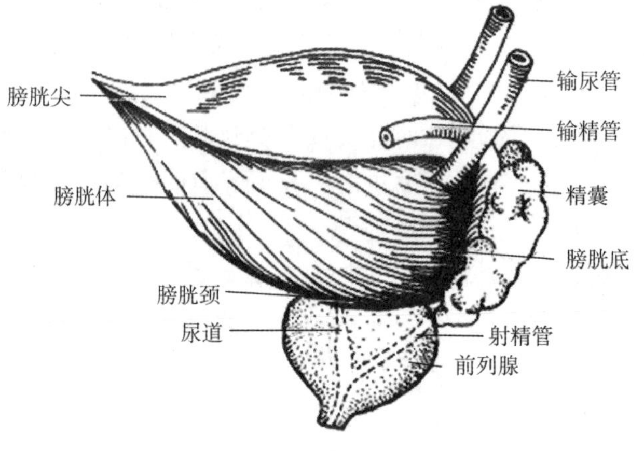

图 8-9　膀胱

膀胱位于小骨盆的前部，耻骨联合的后方。男性膀胱后方与直肠、前列腺、输精管壶腹和精囊腺相毗邻（图 8-10），女性膀胱则与子宫、阴道相毗邻（图 8-11）。膀胱空虚时，膀胱尖不超过耻骨联合上缘；膀胱高度充盈时，膀胱尖高出耻骨联合以上，膀胱上部也膨入腹腔，膀胱与腹前壁之间的腹膜返折线也随之上移。因此，可沿耻骨联合上缘作膀胱穿刺术，而不致损伤腹膜。

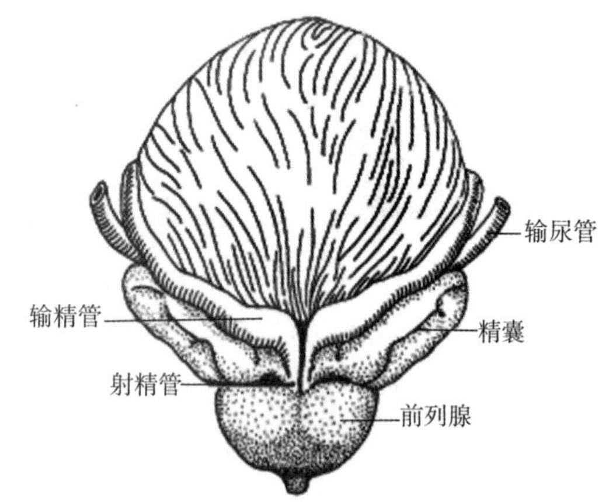

图 8-10　男性膀胱后面的毗邻

图 8-11　女性膀胱后面的毗邻

（二）膀胱的结构

膀胱壁由黏膜、肌层和外膜构成（图 8-12），富有伸缩性。其黏膜较厚，黏膜上皮为变移上皮（移行上皮）。当膀胱空虚时，黏膜形成许多皱襞，当膀胱充盈时皱襞消失。在膀胱底部内面，两侧输尿管口与尿道内口间连成的三角形区域，称膀胱三角（trigone of bladder），无论在膀胱空虚或充盈时，此区域黏膜都保持平滑而无皱襞。膀胱三角是肿瘤和结核的好发部位。两输尿管口之间的横行皱襞，称输尿管间襞，是临床寻找输尿管口的标志。膀胱肌层为平滑肌，分内纵、中环、外纵三层，收缩时可增加膀胱内压力，称为膀胱逼尿肌。在尿道内口处，中层环行肌增厚形成尿道内括约肌。外膜大多为纤维膜，仅上部为浆膜。

三、尿道

尿道（urethra）是膀胱与体外相通的一段管道。男女性尿道的形态、结构和功能差异很大。男性尿道除排尿外，兼有排精功能，将在生殖系统中叙述。

女性尿道（female urethra）（图 8-12）全长 3～5cm，仅具有排尿功能。起自膀胱的尿道内口，经阴道前方向前下，以尿道外口开口于阴道前庭。尿道穿过尿生殖膈，由尿道阴道括约肌控制排尿。由于女尿道短、宽、直，且开口于阴道前庭，距阴道口和肛门较近，故易引起逆行性泌尿系统感染。

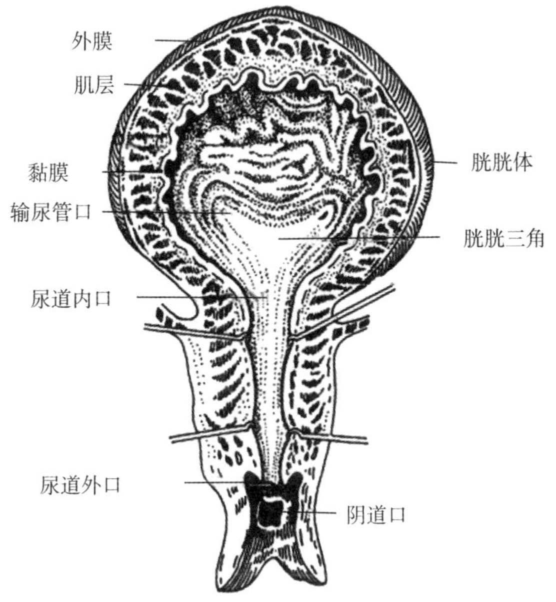

图 8-12　女性膀胱和尿道

第三节　尿的生成过程

PPT：尿的生成过程

肾通过生成尿实现排泄功能。尿的生成包括三个基本过程：肾小球的滤过、肾小管和集合管的重吸收、肾小管和集合管的分泌和排泄。

一、肾小球的滤过作用

视频：尿的生成过程

血液流经肾小球毛细血管时，血浆中的水、无机盐和小分子溶质通过滤过膜进入肾小囊腔的过程，称为肾小球的滤过（glomerular filtration）。滤过液又称原尿，该过程又称原尿的生成。原尿中除蛋白质含量极微外，其余成分以及渗透压、酸碱度与血浆基本相同。

（一）滤过膜及其通透性

视频：滤过膜及其通透性

肾小球的滤过膜（滤过屏障）是滤过作用的结构基础，由三层结构组成（图 8-13），即毛细血管内皮细胞及基膜、裂孔膜。滤过膜的每层结构均有不同直径的微孔，其中基膜的孔径最小。此外，滤过膜的各层结构上还覆盖一层带负电荷的物质（主要是糖蛋白）。

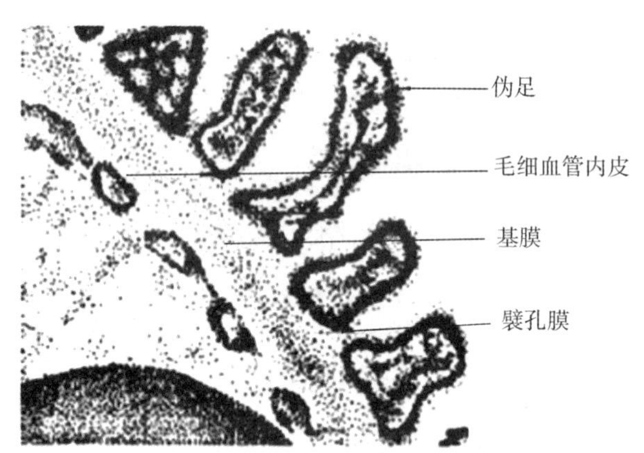

图 8-13　肾小球滤过膜示意图

肾小球滤过膜既是机械屏障，也是电学屏障，机械屏障作用更加主要。血浆中的物质能否通过滤过膜，取决于分子大小及所带电荷。一般来说，离子或很小的分子可自由通过滤过膜，与携带何种电荷关系不大，如水、Na^+、Cl^-、HCO_3^-、尿素、葡萄糖等。如果分子量大于 70000 则不能通过滤过膜，如血浆球蛋白和纤维蛋白原等。分子量在 6000～70000 之间分子的通过能力，一方面随分子量增加而下降，另一方面与携带的电荷有关。带正电荷的通过能力增加，带负电荷的通过能力减弱。正常血浆中，白蛋白的分子量最小，约 69000，但由于携带负电荷，不能通过滤过膜。

(二) 有效滤过压及肾小球滤过率

视频：有效滤过压

肾小球滤过的动力是有效滤过压，其构成因素与组织液生成的有效滤过压相似。但原尿中的蛋白质浓度极低，其胶体渗透压可忽略不计。因此，有效滤过压＝肾小球毛细血管压－（血浆胶体渗透压＋肾小囊内压）。

用微穿刺法测得，肾小球毛细血管的入球端与出球端血压几乎相等，约为45mmHg，肾小囊内压约为10mmHg。血液在流经肾小球时，由于血管内的水分和晶体物质不断被滤过，导致血浆蛋白质浓度不断增加、血浆胶体渗透压随之升高。入球动脉端的血浆胶体渗透压约为25mmHg，出球端约为35mmHg（图8-14）。可算出，入球端有效滤过压为10mmHg，出球端有效滤过压为0。肾小球的滤过作用从毛细血管的入球动脉端开始，然后逐渐减弱，至出球端滤过停止。

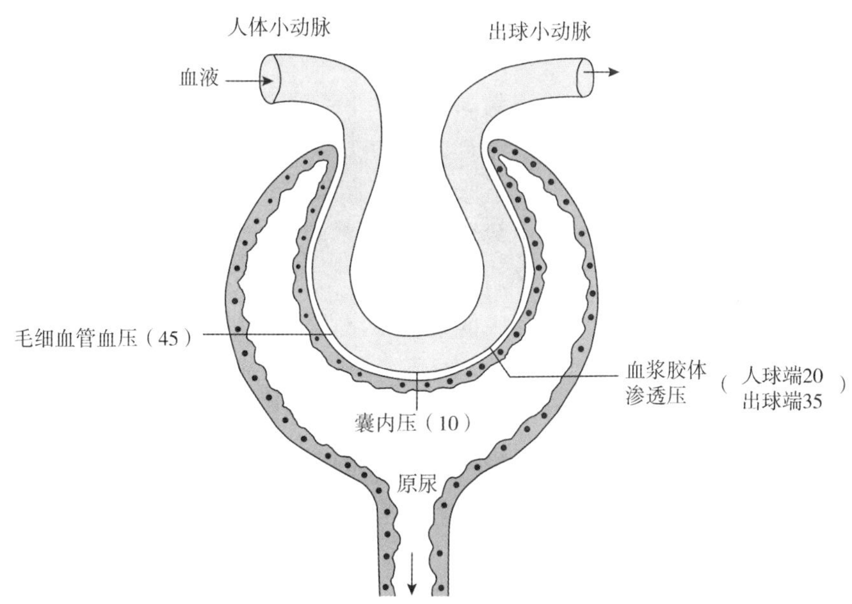

图8-14　肾小球有效滤过压示意图

单位时间（min）内两肾生成的原尿量（即所有肾小球的滤过总量），称为肾小球滤过率（glomerular filtration rate，GFR）。正常成人安静时约为125ml/min。肾小球滤过率与每分钟的肾血浆流量的比值，称为滤过分数。正常人安静时肾血浆流量为660ml/min，滤过分数＝（125/660）×100％＝19％，即流经肾的血浆约有1/5滤出到肾小囊内形成原尿。肾小球滤过率和滤过分数是衡量肾小球滤过能力的重要指标。

（三）影响肾小球滤过的因素

1. 影响有效滤过压的因素

（1）肾小球毛细血管血压：由于肾血流量的自身调节作用，人体动脉血压在80～180mmHg范围内变动时，肾小球毛细血管血压可维持相对稳定，使肾小球滤过率基本不变。而当血压低于80mmHg时，肾小球毛细血管血压随之降低，肾小球滤过率减小，尿量将减少。

视频：影响肾小球滤过的因素

（2）血浆胶体渗透压：正常人血浆蛋白浓度较为恒定，血浆胶体渗透压基本稳定。但因某些疾病使血浆蛋白浓度明显降低，或由静脉输入大量生理盐水使血浆稀释，可导致血浆胶体渗透压降低，从而使有效滤过压升高，肾小球滤过率增加，尿量将增多。

（3）肾小囊内压：正常情况下囊内压比较稳定，但当结石、肿瘤压迫等使尿路阻塞时，可导致肾小囊内压逆行性升高，有效滤过压降低，肾小球滤过率将减小，引起尿量减少。原尿中一些药物（如磺胺）浓度过高时，在酸性环境下可形成结晶阻塞小管，也可致囊内压升高。

2. 滤过膜的面积和通透性 正常情况下，肾小球滤过膜的面积和通透性可保持稳定，成人两肾的有效滤过面积约1.5m^2。但在病理情况下，如急性肾小球肾炎时，由于肾小球毛细血管的管腔变窄甚至阻塞，导致有效滤过面积减小，使肾小球滤过率下降，出现少尿甚至无尿。某些肾脏疾病如肾小球肾炎、肾病综合征等，可使滤过膜上带负电荷的糖蛋白减少或基膜破坏，滤过膜的通透性增大，出现蛋白尿和血尿。

知识拓展：肾小球肾炎

3. 肾血浆流量 若其它条件不变，肾血浆流量与肾小球滤过率呈正变关系。当肾血浆流量增加时，肾小球毛细血管内血浆胶体渗透压上升的速度减慢，有效滤过压下降的速度也减慢，具有滤过效应的毛细血管长度增加，肾小球滤过率将增加。

知识拓展：肾病综合征

二、肾小管和集合管的重吸收作用

原尿进入小管后称小管液。在肾小管和集合管内，小管液中水和溶质被管壁吸收回血液的过程，称为肾小管和集合管的重吸收。肾小管和集合管对不同物质的重吸收具有选择性，即保留对机体有用的物质，而对机体有害的和过剩的物质则进行清除，实现人体血液的净化。各段肾小管和集合管均具有重吸收的功能，其中近端小管是重吸收的主要部位。

（一）几种物质的重吸收

1. Na^+、Cl^-和水的重吸收 原尿中99%的Na^+、Cl^-和水被重吸收，其中近端小管的重吸收量约占65%～70%。

在近端小管，由于Na^+不断被基底外侧膜上的钠泵泵出，小管上皮细胞内Na^+浓度降低，小管液中的Na^+顺浓度差进入细胞内（图8-15）。伴随着Na^+的重吸收，Cl^-顺电位差和浓度差被重吸收。NaCl进入管周组织液，使其渗透压升高，促使小管液中的水不断进入肾小管上皮细胞及管周组织液，实现水的重吸收。从整个跨小管壁的过程看，Na^+的主动重吸收促进了Cl^-和水的被动重吸收。

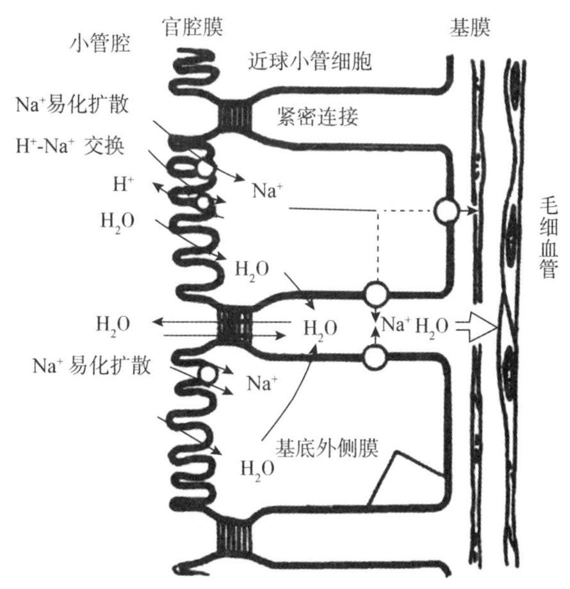

图8-15 近端小管对Na^+的重吸收示意图

髓袢各段对NaCl和水的重吸收各不相同。降支细段对NaCl的通透性极低，但对水的通透性高，使小管液中NaCl浓度升高。而升支细段对水几乎不通透，但对NaCl的通透性高，小管液中NaCl浓度又明显降低。升支粗段对水几乎不通透，重吸收NaCl则通过Na^+-$2Cl^-$-K^+同向转运体进行。髓袢的这种水盐重吸收的分离现象，是尿液浓缩和稀释的重要基础。呋塞米和利尿酸能抑制髓袢升支粗段的Na^+-$2Cl^-$-K^+同向转运体，从而导致利尿。

在远曲小管和集合管，NaCl和水的重吸收可根据人体的水盐平衡情况进行调节。Na^+的重吸收主要受醛固酮调节，水的重吸收主要受抗利尿激素调节。

2. K^+的重吸收 K^+的重吸收量约占滤过量的90%，主要在近端小管主动重吸收。终尿中的K^+大部分由远曲小管和集合管分泌，其分泌量与体内血K^+浓度等因素有关，并受醛固酮的调节。

视频：HCO_3^-的重吸收

3. HCO_3^-的重吸收 HCO_3^-的重吸收量约占滤过总量的99%，其中80%～90%在近端小管被重吸收。小管液中的HCO_3^-是以CO_2的形式被重吸收的（图8-16）。HCO_3^-在肾小管内与H^+生成H_2CO_3，

分解成 CO_2 和水。CO_2 扩散入上皮细胞，在碳酸酐酶的催化下又和水结合生成 H_2CO_3，并离解成 H^+ 和 HCO_3^-，HCO_3^- 与 Na^+ 形成 $NaHCO_3$ 转运入血。通过细胞膜上的反向共同转运体进行 H^+-Na^+ 交换，H^+ 被分泌到小管液中，而小管中 Na^+ 被重吸收。肾小管对 HCO_3^- 的重吸收具有排酸保碱的作用，对于维持人体内的酸碱平衡具有重要意义。

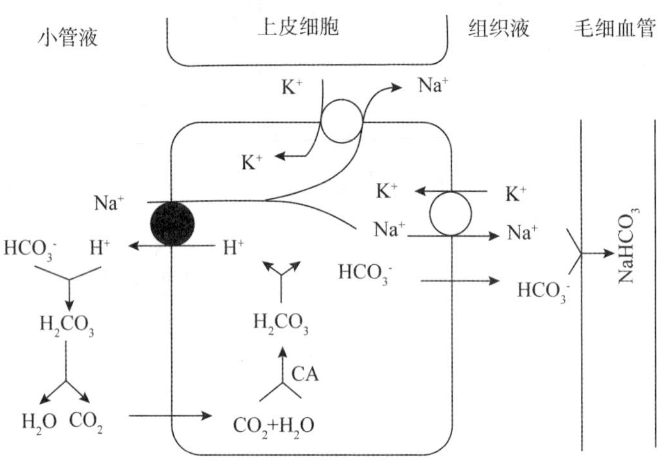

图 8-16 HCO_3^- 的重吸收示意图

4. 葡萄糖的重吸收 原尿中葡萄糖浓度和血糖浓度相等。正常情况下终尿中不含葡萄糖，说明葡萄糖在小管内被全部重吸收。葡萄糖的重吸收部位仅限于近端小管，重吸收的方式为继发性主动转运（图8-17）。近端小管对葡萄糖的重吸收速度有限，当血液中葡萄糖浓度高于某一限度时，原尿中的葡萄糖就不能被全部重吸收。小管的其他部分不能重吸收葡萄糖。未被近端小管重吸收的葡萄糖将随尿排出，而出现糖尿。通常将尿中不出现葡萄糖的最高血糖浓度，称为肾糖阈（renal glucose threshold），8.96～10.08mmol/L。

视频：葡萄糖的重吸收

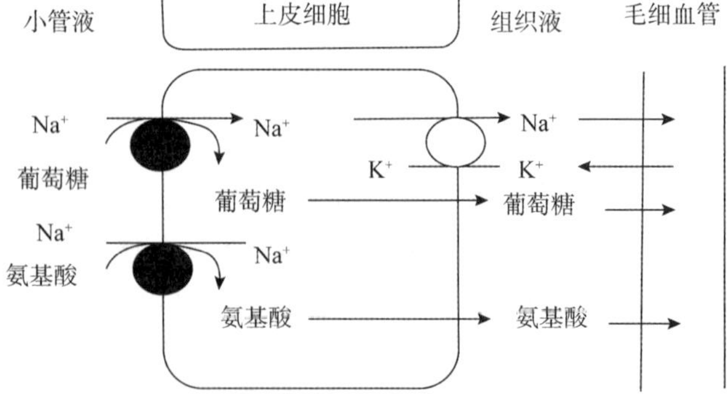

图 8-17 近端小管对葡萄糖、氨基酸的重吸收示意图

（二）影响小管重吸收作用的因素

1. 小管液中溶质的浓度　由于小管液的溶质浓度升高，引起小管液的渗透压升高，使水的重吸收减少而尿量增多的现象，称为渗透性利尿（osmotic diuresis）。糖尿病患者血糖浓度高，如果高过肾糖阈，葡萄糖在近端小管就不能被完全重吸收，剩余的葡萄糖增加了小管液溶质浓度，可导致渗透性利尿。甘露醇可被肾小球滤过，但不被小管重吸收，也可导致渗透性利尿。

2. 球—管平衡　近端小管对水和 NaCl 的重吸收量始终占肾小球滤过量的 65%～70%，这种现象称为球—管平衡。其生理意义在于使尿量不致因肾小球滤过率的增减而发生大幅度的变化。

三、肾小管和集合管的分泌作用

肾小管和集合管上皮细胞将血液中和自身代谢产生的某些物质排入小管液的过程，称为肾小管和集合管的分泌作用。

（一）H^+的分泌

近端小管、远曲小管和集合管上皮细胞均可分泌 H^+，但以近端小管为主。在上文重吸收作用部分已述，小管 H^+ 的分泌和 HCO_3^- 的重吸收有关。肾小管上皮细胞分泌 H^+ 可促进 HCO_3^- 重吸收入血，有排酸保碱的作用。小管每分泌一个 H^+ 同时重吸收一个 Na^+，称为 H^+-Na^+ 交换。

视频：H^+、NH_3 和 K^+ 分泌

（二）NH_3 的分泌

NH_3 主要由远曲小管和集合管分泌。NH_3 是脂溶性物质，可通过细胞膜扩散入小管液中，与小管中 H^+ 结合成 NH_4^+，减少了小管液中 H^+ 的浓度，从而有利于 H^+ 的分泌。NH_4^+ 不能自由通过细胞膜，可与 Cl^- 结合生成铵盐（NH_4Cl）随尿排出（图 8-18）。因此，NH_3 的分泌可促进 H^+ 的分泌，有利于肾脏的排酸保碱作用。

（三）K^+的分泌

尿液中的 K^+ 主要来自远曲小管和集合管的分泌。K^+ 的分泌与 Na^+ 的主动重吸收密切相关。远曲小管和集合管对 Na^+ 的主动重吸收，使管腔内形成负电位，促使 K^+ 分泌入小管液中。这种 K^+ 的分泌与 Na^+ 的重吸收相互联系的现象称为 Na^+-K^+ 交换（图 8-18）。

Na^+-K^+ 交换和 Na^+-H^+ 交换现象，导致肾脏排出 H^+ 和排出 K^+ 呈竞争性关系。当酸中毒时，Na^+-H^+ 交换增强，而 Na^+-K^+ 交换减弱，可出现高钾血症；碱中毒时，Na^+-H^+ 交换减弱，K^+ 分泌增多，可出现低钾血症。反之亦然，高钾或低钾血症也可引起酸中毒或碱中毒。

肾脏是人体排出 K^+ 的最主要器官。K^+ 在体内没有多余储存，血钾的稳定依赖 K^+ 摄入和排出的平衡。正常情况下，K^+ 代谢的特点是多进则多排，少进则少排。但若无 K^+ 摄入，机体也将排出一部分 K^+。因此，不能进食的患者易引起低钾血症。

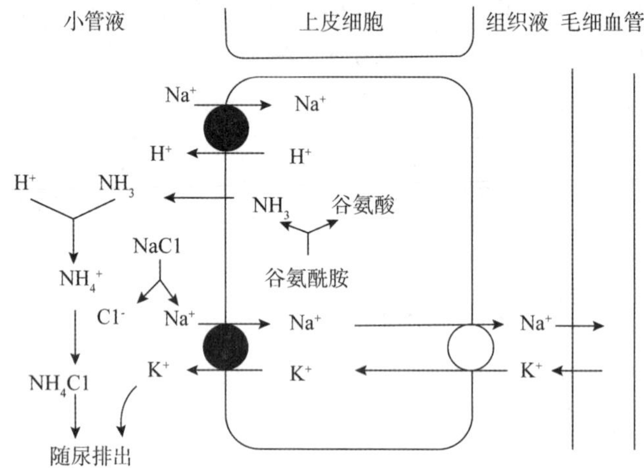

图 8-18 H^+、NH_3 和 K^+ 分泌关系示意图

第四节 尿生成的调节

一、神经调节

肾主要受交感神经支配。交感神经兴奋可通过下列作用影响尿生成：①引起入球小动脉和出球小动脉收缩，降低肾小球毛细血管压及减少血流量，使肾小球滤过率降低；②刺激球旁细胞释放肾素，导致血液中的血管紧张素Ⅱ和醛固酮含量增加，从而增加肾小管和集合管对 NaCl 和水的重吸收；③直接促进近端小管和髓袢对 NaCl 和水的重吸收。

PPT：尿生成的调节

二、体液调节

（一）抗利尿激素

视频：抗利尿激素

抗利尿激素（antidiuretic hormone，ADH）是 9 个氨基酸残基组成的小分子肽，由下丘脑视上核和室旁核的神经元合成分泌，经下丘脑-垂体束运输至神经垂体贮存，并由此释放入血。

1. 抗利尿激素的作用　抗利尿激素的主要作用是提高远曲小管和集合管上皮细胞对水的通透性，从而增加水的重吸收，使尿量减少（抗利尿）、尿液浓缩。目前认为，抗利尿激素可与远曲小管和集合管上皮细胞管周膜上的 V_2 受体结合，使含有水通道的小泡镶嵌在管腔膜上，从而提高管腔膜对水的通透性（图 8-19）。

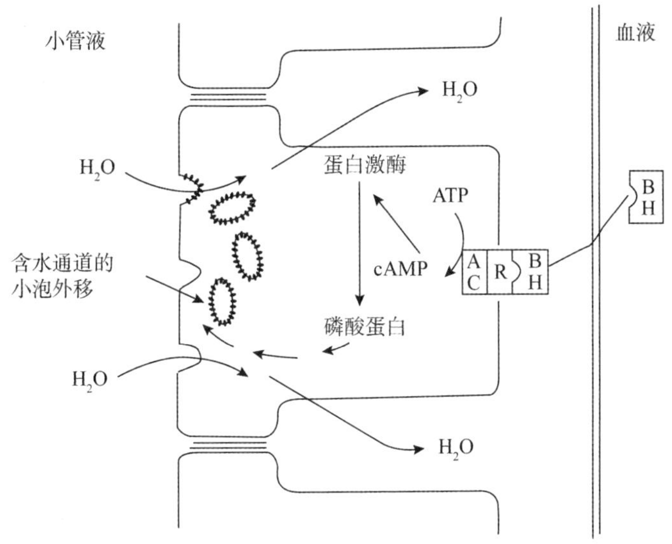

图 8-19　抗利尿激素的作用机制示意图

2. 抗利尿激素分泌的调节　调节抗利尿激素分泌的主要因素有血浆晶体渗透压和循环血量。

（1）血浆晶体渗透压：血浆晶体渗透压是调节抗利尿激素分泌的最主要因素。当血浆晶体渗透压升高时，可刺激下丘脑的渗透压感受器，引起抗利尿激素的释放增加。大量出汗或严重呕吐、腹泻等时，体内水分丧失、血浆晶体渗透压升高，可促使抗利尿激素分泌，引起尿量减少。相反，短时间内大量饮清水，血浆晶体渗透压降低，抗利尿激素释放减少，尿量则增多。这种大量饮清水，反射性地使抗利尿激素分泌减少而引起尿量明显增多的现象，称为水利尿。水利尿试验可用来检测肾的稀释能力。

（2）循环血量：当循环血量减少时，左心房和胸腔大静脉的容量感受器受到的刺激减弱，反射性地使抗利尿激素分泌增多，引起尿量减少，有利于血容量的恢复。反之，当循环血量增多时，抗利尿激素分泌减少，使尿量增多，以排出体内过剩的水分。

动脉血压升高，刺激颈动脉窦压力感受器，也可反射性地抑制抗利尿激素的释放。

（二）醛固酮

醛固酮（aldosterone）由肾上腺皮质球状带细胞分泌。

视频：醛固酮

1. 醛固酮的作用 醛固酮的主要作用是促进远曲小管和集合管上皮细胞对 Na^+ 和水的重吸收，同时促进 K^+ 的分泌。因此，醛固酮具有保 Na^+、排 K^+ 和增加细胞外液容量的作用。醛固酮属类固醇激素，可直接进入远曲小管和集合管的上皮细胞，与胞质内受体结合形成激素-受体复合物，后者进入细胞核，通过基因调节合成多种醛固酮诱导蛋白，使管腔膜对 Na^+ 的通透性增大（图 8-20）。

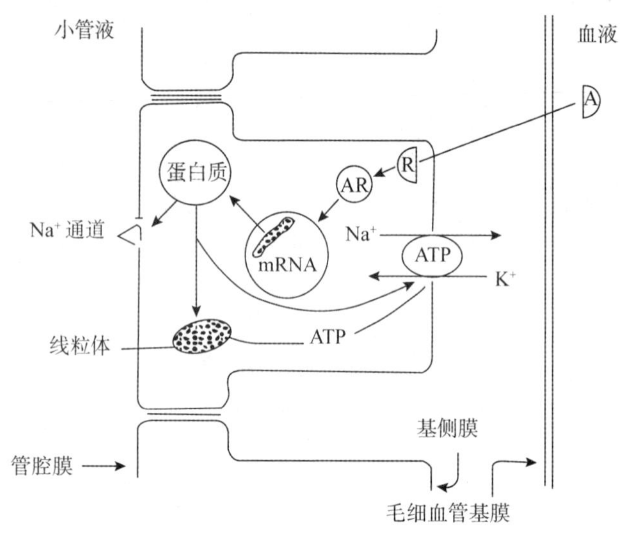

图 8-20 醛固酮的作用机制示意图

图片：RAAS

2. 醛固酮分泌的调节 醛固酮的分泌主要受肾素-血管紧张素-醛固酮系统（RAAS）的调节，也受血 K^+、血 Na^+ 浓度的影响。

（1）肾素-血管紧张素-醛固酮系统：RAAS 在脉管系统已做介绍。当机体失血等时，RAAS 一方面调节心血管系统的活动，同时促进醛固酮分泌，增加体液容量。两方面共同作用，以维持动脉血压，保障重要器官血流供应。

（2）血 Na^+ 和血 K^+ 浓度：当血 Na^+ 浓度降低或血 K^+ 浓度升高时，可直接刺激醛固酮的合成和分泌，发挥保钠排钾作用，以保持血中 Na^+ 和 K^+ 浓度的平衡；反之，当血 Na^+ 浓度升高或血 K^+ 浓度降低时，则醛固酮分泌减少。

（三）心房钠尿肽

心房钠尿肽（atrial natriuretic peptide，ANP）是由心房肌细胞合成和释放的一种多肽激素。心房钠尿肽通过抑制集合管对 NaCl 的重吸收、促进入球小动脉和出球小动脉舒张（以前者为主）以及抑制肾素、醛固酮和抗利尿激素的分泌，使水的重吸收减少，具有明显的促进 NaCl 和水排出的作用。循环血量增多使心房扩张和摄入钠过多时，可刺激心房钠尿肽的释放。

第五节　尿液及其排放

一、尿液

PPT：尿液及其排放

正常成人的尿液呈淡黄色，比重1.015～1.025，pH为5.0～7.0，其酸碱度受食物性质的影响。每昼夜尿量为1000～2000ml，平均1500ml。尿量的多少取决于机体水代谢的情况，包括摄入的水量和由其它途径排出的水量。每昼夜的尿量如长期保持在2500ml以上，称为多尿；每昼夜尿量在100～400ml范围，称为少尿；如每昼夜尿量少于100ml则称为无尿。少尿、无尿将导致代谢产物在体内的蓄积，甚至引起尿毒症；而多尿则可能引起机体缺水，导致水、电解质和酸碱平衡的紊乱。

二、排尿反射

视频：排尿反射

尿的生成是个连续不断的过程，肾脏生成的尿液经过输尿管流入膀胱暂时储存，膀胱内尿液达到一定的量时再排出。

（一）排尿反射过程

当膀胱内的尿液达到一定量（通常为300～500ml）时，膀胱壁的牵张感受器受到刺激而兴奋，冲动沿盆神经传入脊髓骶段的初级排尿反射中枢，再上传至大脑皮层，产生尿意。当条件允许时，大脑皮层的指令加强脊髓初级中枢的兴奋，引起逼尿肌收缩、尿道内括约肌松驰，尿液进入后尿道。尿道壁感受器受到尿液刺激而兴奋，冲动沿阴部神经传入脊髓初级排尿中枢，使其活动增强，结果引起逼尿肌收缩越来越强、尿道外括约肌松驰，尿液即被强大的膀胱内压驱出（图8-21）。

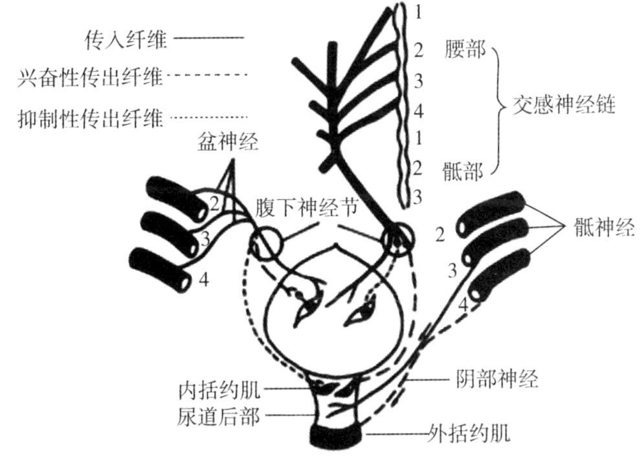

图8-21　膀胱和尿道的神经支配

（二）排尿异常

排尿是一个反射过程，并且受高级中枢的控制。若排尿反射弧的某个部位受损，或脊髓初级排尿中枢与大脑皮层失去联系，可出现排尿异常，常见的有尿频、尿潴留和尿失禁。

尿频是指排尿次数过多，但尿量不增，常由于膀胱或尿道的炎症、结石等刺激引起。尿潴留是指膀胱内尿液充盈过多而不能排出，大多是由于脊髓腰骶部损伤引起初级排尿中枢的障碍所致。此外尿流受阻、精神因素也可造成尿潴留。发生脊髓高位横断伤等时，初级排尿中枢与大脑皮层失去联系，排尿反射不受意识控制，出现尿失禁。小儿因大脑皮层尚未发育完善，对初级排尿中枢的控制能力较弱，故排尿次数多，且易发生夜间遗尿现象。

（刘玉新、陈慧玲）

思考练习

参考答案

第九章 生殖系统

学习目标

生殖系统（reproductive system）的功能是繁殖后代和形成并保持第二性征。男性生殖系统和女性生殖系统都包括内生殖器和外生殖器两部分（表 9-1）。内生殖器多位于盆腔内，包括生殖腺、输送管道和附属腺；外生殖器显露于体表，主要为两性的交接器官。

表 9-1 生殖系统的组成

		男性生殖系统	女性生殖系统
内生殖器	生殖腺	睾丸	卵巢
	输送管道	附睾、输精管、射精管、男性尿道	输卵管、子宫、阴道
	附属腺	精囊、前列腺、尿道球腺	前庭大腺
外生殖器		阴囊、阴茎	女阴

第一节 男性生殖系统

PPT：男性生殖系统

男性生殖系统（male genital system）的内生殖器由生殖腺（睾丸）、输精管道（附睾、输精管、射精管和尿道）和附属腺（精囊、前列腺、尿道球腺）组成。睾丸产生精子和分泌雄激素，精子先储存于附睾内，当射精时经输精管、射精管和尿道排出体外。精囊、前列腺及尿道球腺分泌的液体参与精液的组成，并供给精子营养及有利于精子的活动。外生殖器包括阴囊和阴茎（图 9-1）。

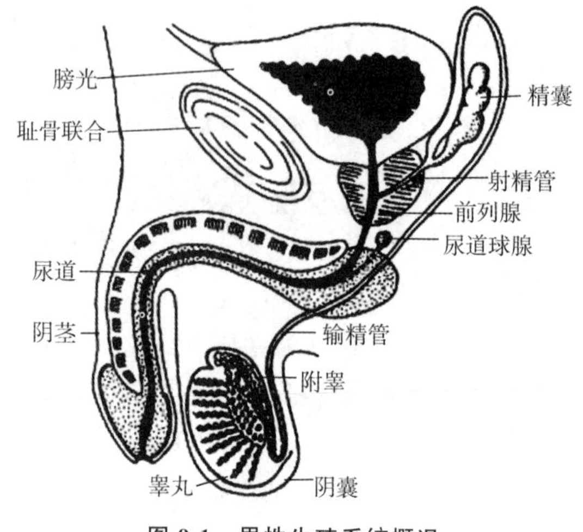

图 9-1　男性生殖系统概况

一、睾丸

睾丸（testis）是男性生殖腺，具有产生精子和分泌雄激素的功能。

视频：睾丸

（一）睾丸的形态和位置

睾丸（图 9-2）呈扁椭圆形，位于阴囊内，左右各一。分上、下两端，内、外两面，前、后两缘。后缘有血管、神经和淋巴管出入，并与附睾、输精管起始部相接触。上端被附睾头遮盖。睾丸除后缘外都被覆有鞘膜，由浆膜构成，分脏、壁两层。脏层紧贴睾丸表面，壁层贴附于阴囊内面。脏、壁两层在睾丸后缘相互移行，围成密闭的腔隙，称鞘膜腔。鞘膜腔内含少量浆液，起润滑作用。若睾丸在出生后仍未降至阴囊，而停滞于腹腔或腹股沟管内，称隐睾症。

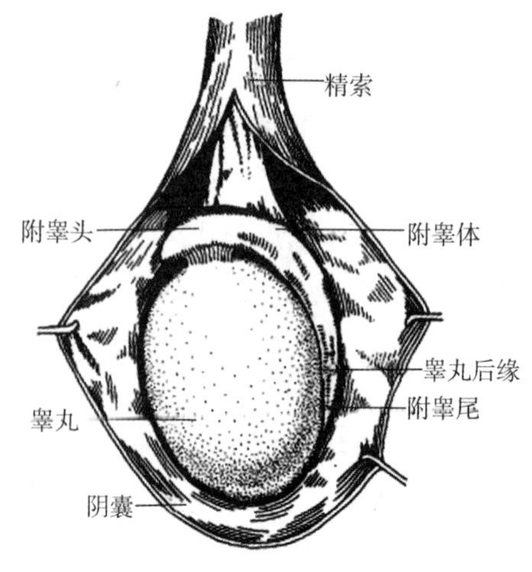

图 9-2　睾丸和附睾（左侧）

(二) 睾丸的微细结构

睾丸表面包被有一层致密结缔组织构成的白膜，白膜在睾丸后缘增厚形成睾丸纵隔。纵隔的结缔组织呈放射状伸入睾丸实质，将其分隔成许多锥体形的睾丸小叶，每个小叶内含1～4条生精小管。生精小管在近睾丸纵隔处变为短而直的直精小管，直精小管进入睾丸纵隔相互吻合形成睾丸网，最后在睾丸后缘发出十多条睾丸输出小管进入附睾（图9-3）。生精小管之间的结缔组织称睾丸间质，为疏松结缔组织，除富含丰富的血管、淋巴管和一般的结缔组织细胞外，还有一种间质细胞可分泌雄激素。

微视频：睾丸的微细结构

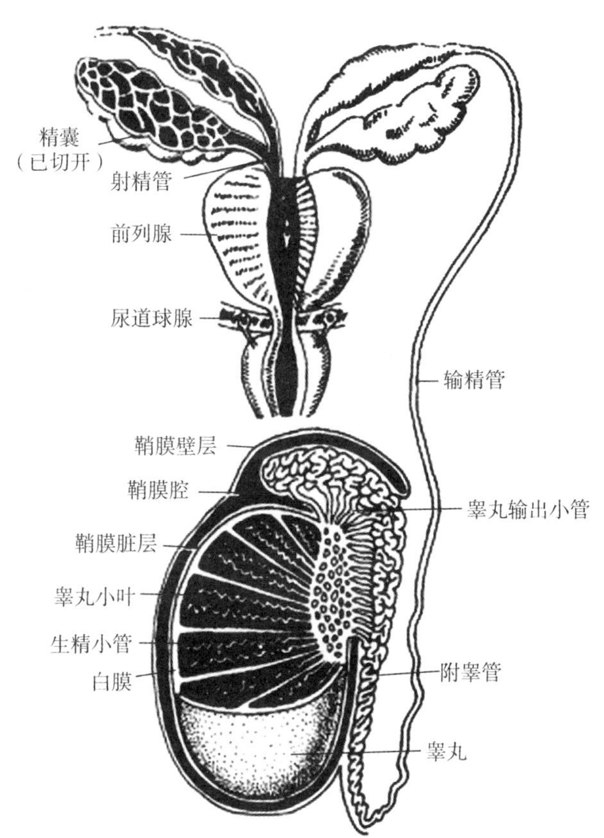

图9-3 睾丸的结构和排精途经模式图

(三) 睾丸的内分泌功能

睾丸间质细胞能分泌雄激素，其主要成分为睾酮（testosterone，T）。正常男子的睾丸每日分泌睾酮4～9mg。绝大部分睾酮在血液中与蛋白质结合，只有约2%处于游离状态。睾酮主要在肝中被灭活，形成17－酮类固醇，主要由尿排出。

1. 睾酮的生理作用

（1）促进男性附性器官的生长发育：睾酮能刺激前列腺、阴茎、阴囊、尿道球腺等附性器官的生长发育。

（2）促进副性征的出现：青春期开始，男性外表出现一系列区别于女性的特征，称为男性副性征或第二性征。主要表现有：胡须长出、喉结突出、嗓音低沉、毛发呈男性型分布、骨骼粗壮、肌肉发达等，睾酮能刺激并维持这些特征，还能产生并维持性欲。

（3）维持生精作用：睾酮自间质细胞分泌后，可透过基膜进入生精小管，经支持细胞与生精细胞的相应受体结合，促进精子生成。

（4）影响代谢：睾酮对代谢的影响，总的趋势是促进合成代谢。如促进蛋白质的合成，特别是肌肉、骨骼内的蛋白质；影响水、盐代谢，有利于水、钠在体内的保留；使骨中钙、磷沉积增加；刺激红细胞的生成，使体内红细胞增多。男性在青春期，由于睾酮及其与垂体分泌的生长激素的协同作用，可使身体出现一次显著的生长过程。

2. 睾丸功能的调节 睾丸的生精与内分泌功能均受下丘脑-腺垂体-睾丸轴的调节。

下丘脑分泌的促性腺激素释放激素（GnRH）经垂体门脉系统到达腺垂体，促进腺垂体合成和分泌促性腺激素，包括促卵泡激素（FSH）和黄体生成素（LH）。FSH 主要作用于曲细精管的各级生精细胞和支持细胞，LH 主要作用于间质细胞。

腺垂体分泌的 LH 经血液运输到达睾丸后，可促进间质细胞分泌睾酮。血液中的睾酮反过来对下丘脑和腺垂体产生负反馈作用，分别抑制 GnRH 和 LH 的分泌，从而使血液中睾酮的浓度保持在一个相对稳定的水平（图 9-4）。

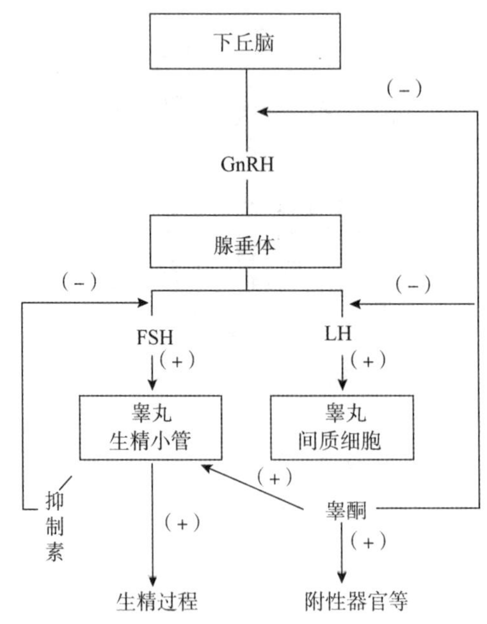

图 9-4　下丘脑—腺垂体—睾丸轴的调节作用示意图

二、附睾、输精管、射精管

（一）附睾

微视频：附睾、输精管、射精管

附睾（epididymis）紧贴睾丸的上端和后缘，可分为头、体、尾三部（图 9-2）。头部由睾丸输出小管组成，输出小管的末端连接一条附睾管。附睾管长约 4～5cm，构成体部和尾部。附睾管的末端续连输精管（图 9-3）。附睾的功能除暂时贮存精子外，其分泌的液体还供精子营养，并促进精子继续发育成熟。

（二）输精管

输精管（ductus deferens）是附睾管的延续，长约 50cm，管壁较厚，活体触摸时呈细的圆索状（图 9-3）。输精管行程较长，可分为四部：①睾丸部：为输精管的起始部，自附睾尾沿睾丸后缘上行至睾丸上端；②精索部：介于睾丸上端与腹股沟管皮下环之间，此段位置表浅，容易触及，是临床上施行输精管结扎术的常用部位；③腹股沟管部：输精管位于腹股沟管内，在施行疝修补术时，注意勿伤及输精管；④盆部：由腹股沟管腹环至输精管末端，此段最长。输精管盆部经腹环入盆腔，沿骨盆外侧壁向后下，经输尿管末端的前上方到膀胱底的后面，位居精囊的内侧，在此膨大形成输精管壶腹。壶腹下端变细，并与精囊的排泄管合成射精管。

精索（spermatic cord）为一对柔软的圆索状结构，从腹股沟管腹环穿经腹股沟管，出皮下环后延至睾丸上端。它由输精管、睾丸动脉、输精管动脉、蔓状静脉丛、神经、淋巴管等结构外包三层被膜构成。

（三）射精管

射精管（ejaculatory duct）由输精管末端和精囊的排泄管汇合而成，长约 2cm，穿过前列腺实质，开口于尿道前列腺部（图 9-1，图 9-3，图 9-5）。

三、精囊、前列腺、尿道球腺和精液

（一）精囊

精囊（seminal vesicle）又名精囊腺（图 9-5），为扁椭圆形囊状器官，位于膀胱底之后，输精管壶腹的外侧，左右各一，其排泄管与输精管末端合成射精管。

（二）前列腺

前列腺（prostate gland）（图 9-5）为一实质性器官，位于膀胱颈和尿生殖膈之间，包绕尿道的起始部。呈栗子形，上端宽大称底，下端尖细称尖，两者之间称为体。前列腺由腺组织、平滑肌和结缔组织构成。老年期腺组织退化萎缩，腺内结缔组织增生，则形成前列腺肥大（中叶和侧叶多见），可压迫尿道，引起排尿困难。

（三）尿道球腺

尿道球腺（bulbourethral gland）是一对豌豆大的球形腺体，埋藏在尿生殖膈内（图 9-3，图 9-5），以细长的排泄管开口于尿道球部。

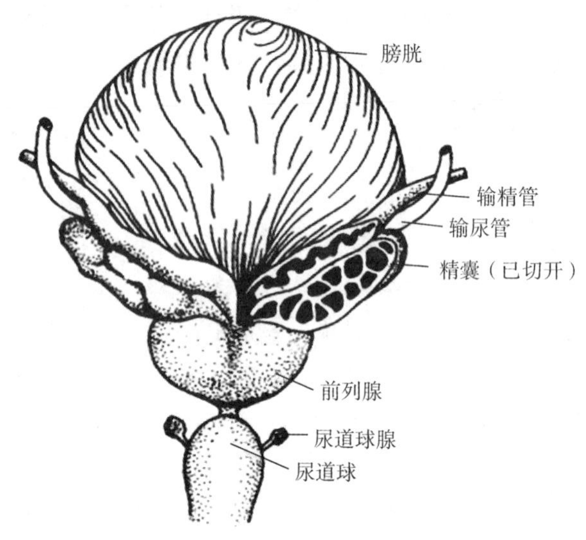

图 9-5　精囊、前列腺和尿道球腺

（四）精液

精液由输精管各部及附属腺，特别是前列腺和精囊的分泌物组成，内含精子。精液呈乳白色，弱碱性，适于精子的生存和活动。正常成年男性一次射精约 2～5ml，含精子 3～5 亿个。输精管结扎后，阻断了精子的排出路径，但附属腺体的分泌液排出和雄激素的释放不受影响，射精时仍可有不含精子的精液排出。

微视频：精子的产生与排出

四、阴囊、阴茎和男性尿道

（一）阴囊

阴囊（scrotum）是由皮肤构成的囊。皮肤薄而柔软，皮下组织内含有大量平滑肌纤维，叫肉膜，肉膜在正中线上形成阴囊中隔将两侧睾丸和附睾隔开。肉膜遇冷收缩，遇热舒张，借以调节阴囊内的温度，利于精子的产生和生存。

微视频：阴囊、阴茎

（二）阴茎

阴茎（penis）可分为头、体、根三部分。前端膨大为阴茎头，尖端有矢状位的尿道外口。中部为阴茎体，呈圆柱形，悬于耻骨联合前下方。后端为阴茎根，固定于耻骨下支和坐骨支。

阴茎由两个阴茎海绵体和一个尿道海绵体组成，外包筋膜和皮肤。阴茎海绵体位于阴茎的背侧，左右各一。前端左右两侧紧密结合，变细嵌入阴茎头后面的凹陷内；后端两侧分开，分别附着于两侧的耻骨下支和坐骨支。尿道海绵体位于阴茎海绵体的腹侧，有尿道贯穿其全长，前端膨大即阴茎头，后端膨大形成尿道球。海绵体为勃起组织，由许多小梁和腔隙组成，这些腔隙直接沟通血管，当腔隙充血时，阴茎则变硬勃起。

（三）男性尿道

微视频：
男性尿道

男性尿道（male urethra）兼有排尿和排精功能（图 9-6）。起于膀胱的尿道内口，止于阴茎头的尿道外口，成人长约 16～22cm，管径平均为 5～7mm。全程可分为三部：前列腺部、膜部和海绵体部。临床上将尿道的前列腺部和膜部称为后尿道，海绵体部称为前尿道。

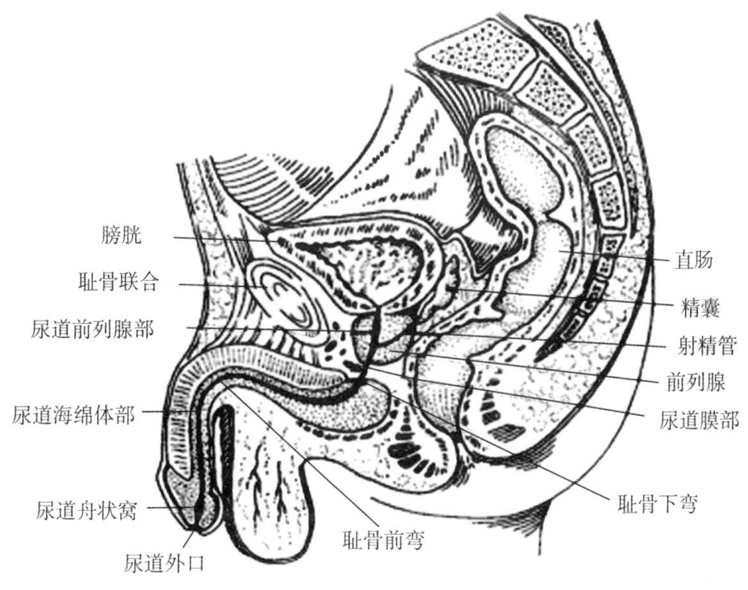

图 9-6 男性盆腔正中矢状切面

1. 前列腺部（prostatic part） 为尿道穿过前列腺的部分，长约 3cm，是尿道中最宽和最易扩张的部分。其后壁上有射精管和前列腺排泄管的开口。

2. 膜部（membranous part） 为尿道穿过尿生殖膈的部分，短而窄，长约 1.5cm，其周围有尿道膜部括约肌环绕，可控制排尿。

3. 海绵体部（cavernous part） 为尿道穿过尿道海绵体的部分，长12～17cm。尿道球内的尿道最宽，称尿道球部，尿道球腺开口于此。

男性尿道在行程中粗细不一，它有三处狭窄和两个弯曲。三处狭窄是尿道内口、尿道膜部和尿道外口。其中，尿道外口最为狭窄。尿道结石易滞留于狭窄处。自然悬垂时，尿道有两个弯曲。一个弯曲位于耻骨联合下方，凹向上，称耻骨下弯，在耻骨联合下方2cm处，包括前列腺部、膜部和海绵体部的起始段。此弯曲恒定，不可改变。另一个弯曲在耻骨联合前下方，凹向下，在阴茎根与阴茎体之间，称耻骨前弯，当将阴茎提向腹前壁时，此弯曲可变直。临床上向尿道插入导尿管时，即采取此位置，以免损坏尿道。

第二节 女性生殖系统

女性生殖系统（female genital system）包括内生殖器和外生殖器。内生殖器位于盆腔内，由生殖腺（卵巢）、输送管道（输卵管、子宫、阴道）和附属腺（前庭大腺）组成（图9-7，图9-8）。外生殖器即女阴。

PPT：女性生殖系统

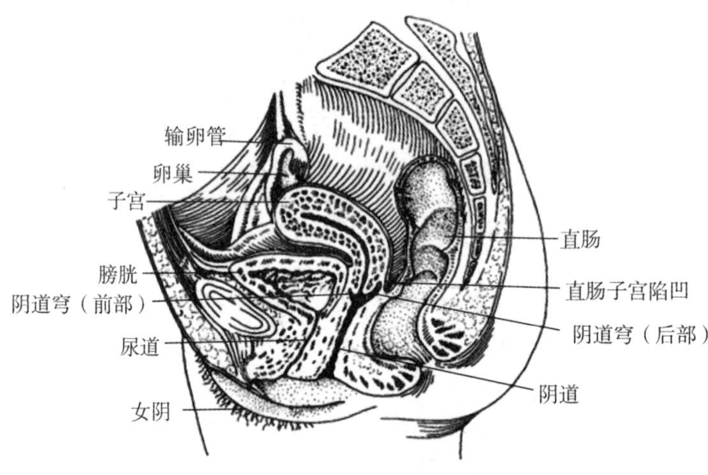

图9-7 女性骨盆腔正中矢状切面

一、卵巢

卵巢（ovary）为女性生殖腺，是产生卵细胞和分泌雌、孕激素的器官。

视频：卵巢

（一）卵巢的位置和形态

卵巢左、右各一，位于子宫两侧、骨盆侧壁的卵巢窝内。卵巢呈扁椭圆形，分上、下两端，前、后两缘和内、外侧面。前缘有血管神经出入称卵巢门。上端借卵巢悬韧带连于骨盆，下端借卵巢固有韧带连于子宫两侧（图 9-8）。

微视频：卵子的产生与排出

卵巢的大小和形态随年龄不同而有变化。幼女的卵巢较小，性成熟期卵巢最大，并由于多次排卵表面形成瘢痕，50 岁以后卵巢开始萎缩。从女性青春期开始，在腺垂体激素的作用下，通常每月有一个原始卵泡开始发育。除妊娠外，卵泡的生长发育、排卵与黄体形成呈现周期性变化，每月一轮，周而复始，称为卵巢周期。卵泡开始生长发育后雌激素的分泌逐渐增加。排卵后残余的卵泡壁形成月经黄体，可分泌孕激素。如果排出的卵没有受精，月经黄体为 12～16 天内萎缩；如果受精，黄体在 hCG（人绒毛膜促性腺激素）作用下转变为妊娠黄体，继续分泌孕激素、维持妊娠。

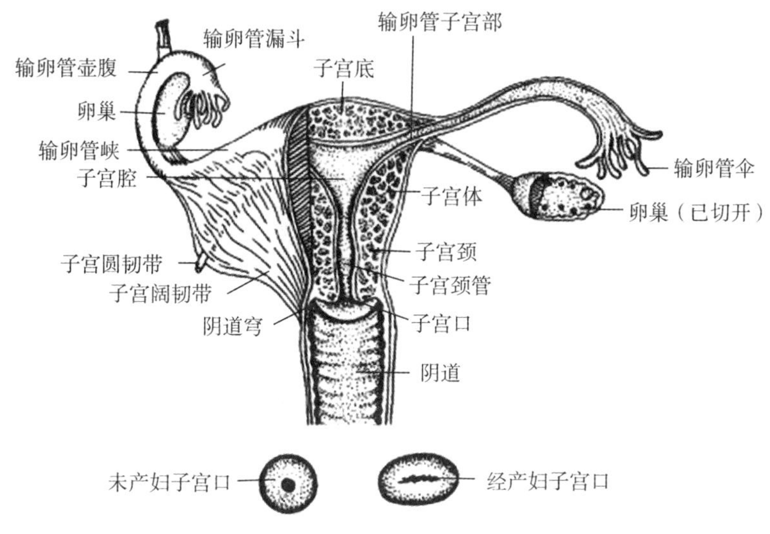

图 9-8　女性内生殖器

（二）卵巢的内分泌

卵巢是一个重要的内分泌腺，它可以分泌多种激素，其中主要有雌激素（estrogen，E）、孕激素（progestogen，P）和少量雄激素，这些激素均属于类固醇激素。

1. 雌激素及生理作用　雌激素有三种：雌二醇（estradiol，E2）、雌三醇和雌酮，其中雌二醇的分泌量最大，活性也最强，雌三醇和雌酮的活性较弱。

（1）促进女性附性器官的生长发育：雌激素对女性生殖器官的作用是多方面的，其中对子宫的作用较明显，可促进子宫肌的增生，提高子宫肌对催产素的敏感性；促使子宫内膜发生增殖期的变化，即内膜逐渐增厚，血管和腺体增生，但不分泌；可使子宫颈分泌稀薄的黏液，有利于精子的通过。此外，雌激素还具有促进输卵管的运动，刺激阴道上皮细胞分化，增强阴道抵抗细菌的能力等作用。

（2）促进副性征的出现：雌激素可促进乳房发育，刺激乳腺导管系统增生，产生乳晕；使脂肪和毛发分布具有女性特征，音调变高，骨盆宽大，臀部肥厚等，表现出第二性征并维持。

（3）影响代谢：雌激素对人体新陈代谢有多方面的影响，如影响钙和磷的代谢，刺激成骨细胞的活动，加速骨骼生长，促进骨骺与骨干的融合；促进肾小管对水和钠的重吸收，增加细胞外液的量，有利于水和钠在体内保留；促进肌肉蛋白质的合成等。可见雌激素对青春期的生长和发育起着重要作用。

2. 孕激素及生理作用 孕激素主要是孕酮（progesterone，P）。在卵巢内主要由黄体产生，也称黄体酮。肾上腺皮质和胎盘也可产生孕酮。

孕激素的主要作用是为胚泡着床做准备和维持妊娠，但通常要在雌激素作用的基础上才能发挥作用。

（1）对子宫的作用：孕激素使子宫内膜在增殖期的基础上出现分泌期的改变，即进一步增生变厚，且有腺体分泌，为胚泡的着床提供良好的条件。与此同时，它还能使子宫平滑肌的兴奋性降低，减少子宫颈黏液的分泌，使黏液变稠，不利于精子通过。如孕激素缺乏，有导致早期流产的危险。

（2）对乳腺的作用：促进乳腺腺泡和导管的发育，为分娩后泌乳创造条件。

（3）产热作用：孕激素可促进机体产热，使基础体温升高。在月经周期中，排卵后体温升高便是孕激素作用的结果。可将这一基础体温的改变作为判断排卵日期的标志。

二、输卵管

输卵管（uterine tube）是一对输送卵细胞的肌性管道（图 9-8）。

视频：
输卵管

（一）输卵管的位置、分部和形态

输卵管连于子宫底的两侧，包裹在子宫阔韧带上缘内，长 10～14cm。输卵管内侧端以输卵管子宫口与子宫腔相通，外侧端以输卵管腹腔口开口于腹膜腔。输卵管由内侧向外侧分为四部分。

1. 输卵管子宫部 是输卵管贯穿子宫壁的一段，以输卵管子宫口开口于子宫腔。

2. 输卵管峡 输卵管峡紧接子宫部的外侧，短而狭窄，壁较厚，输卵管结扎常在此处进行。

3. 输卵管壶腹 输卵管壶腹约占输卵管全长的 2/3，粗而弯曲，血管丰富，卵通常在此受精。临床上通过输卵管粘堵或结扎而达到节育或绝育的目的。

4. 输卵管漏斗 是输卵管外侧端的膨大部，其末端的中央有输卵管腹腔口开口于腹膜腔，卵巢排出的卵由此进入输卵管。漏斗末端的边缘形成许多细长的指状突起，称输卵管伞，是手术时识别输卵管的标志。

临床上将卵巢和输卵管合称为子宫附件。

三、子宫

子宫（uterus）是孕育胎儿和形成月经的器官。

（一）子宫的形态和分部

视频：子宫

子宫为中空的肌性器官，富于伸展性。成人未产妇的子宫呈倒置的梨形，长 7～8cm，最宽径 4cm，厚 2～3cm。子宫形态可分为底、体、颈三部（图 9-8）。子宫上端在输卵管子宫口以上的圆凸部分为子宫底；下端变细部分为子宫颈；底与颈之间的部分为子宫体。子宫颈下端伸入阴道内的部分，称子宫颈阴道部，是子宫颈癌的好发部位；在阴道以上的部分为子宫颈阴道上部。子宫颈阴道上部与子宫体相接处较狭细，称子宫峡。非妊娠期，子宫峡不明显，长仅 1cm；在妊娠期，子宫峡逐渐伸展变长，可达 7～11cm，形成子宫下段，产科常在此进行剖腹取胎术。

子宫的内腔较狭窄，分上、下两部。上部在子宫体内，称子宫腔，为倒置的三角形，其两侧通输卵管子宫口；尖向下，通子宫颈管。下部位于子宫颈内，呈梭形称子宫颈管，其上口通子宫腔；下口通阴道称子宫口。未产妇的子宫口为圆形，经产妇的子宫口呈横裂状（图 9-8）。

（二）子宫的位置和固定装置

视频：子宫的固定装置

子宫位于小骨盆腔的中央，在膀胱和直肠之间，下端接阴道，两侧有输卵管和卵巢。成年女性子宫的正常位置呈轻度的前倾前屈位（图 9-7）。前倾是指子宫长轴向前倾斜，与阴道间形成凹向前的弯曲。前屈是指子宫颈与子宫体构成开口向前的角度。

子宫的正常位置依赖盆底肌的承托和韧带的牵拉固定。子宫的韧带有 4 种。

1. 子宫阔韧带（broad ligament of uterus）　是由子宫两侧缘延至骨盆侧壁的双层腹膜皱襞，其上缘游离，内包输卵管。前层覆盖子宫圆韧带，后层包被卵巢，两层内含血管、神经、淋巴管和结缔组织等。子宫阔韧带可限制子宫向两侧移位。

2. 子宫圆韧带（round ligament of uterus）　由平滑肌和结缔组织构成的圆索状结构，起自子宫前面的两侧，输卵管子宫口的下方，向前下方穿腹股沟管，止于大阴唇皮下，是维持子宫前倾的重要结构。

3. 子宫主韧带（cardinal ligament of uterus）　为子宫颈两侧连于骨盆侧壁的结缔组织和平滑肌纤维，有固定子宫颈、阻止子宫下垂的作用。

4. 子宫骶韧带（uterosacral ligament）　由结缔组织和平滑肌构成，起自子宫颈后面，向后绕过直肠两侧，固定于骶骨前面，有维持子宫前屈的作用。

（三）子宫壁的微细结构

子宫壁很厚，从内向外可分为三层，即内膜、肌层和外膜（图 9-9）。

视频：子宫壁的微细结构

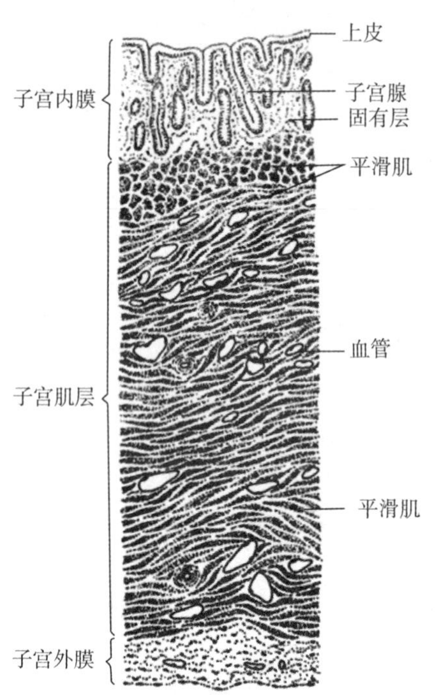

图 9-9　子宫壁的微细结构

1. 内膜（endometrium）　内膜即子宫黏膜，由单层柱状上皮和固有层组成，其中子宫颈阴道部为复层扁平上皮。上皮向固有层内凹陷形成许多单管腺，称子宫腺。固有层由结缔组织构成，其中的星形细胞称基质细胞。内膜固有层内血管丰富，子宫动脉分支进入子宫内膜后，先向子宫腔面垂直穿行，至功能层弯曲成螺旋形，称螺旋动脉。

子宫内膜可分为浅表的功能层和深部的基底层，功能层较厚，基底层较薄而致密。在月经周期中，功能层可剥脱，而基底层不剥脱。

2. 肌层（myomertrium）　很厚，由许多平滑肌束和结缔组织构成。肌束之间有较大的血管穿行。

3. 外膜（perimetrium）　大部分为浆膜。

（四）子宫内膜的周期性变化

视频：子宫内膜的周期性变化

自青春期开始，子宫内膜在卵巢分泌的雌激素和孕激素的作用下，出现周期性的变化，每隔 28 天发生一次子宫内膜的剥脱与出血、增生及修复，称月经周期（menstrual cycle）。月经周期的时间界定为本次月经的第一天开始至下次月经的前一天结束。

子宫内膜的周期性变化可分为三期：月经期、增生期和分泌期（图 9-10）。

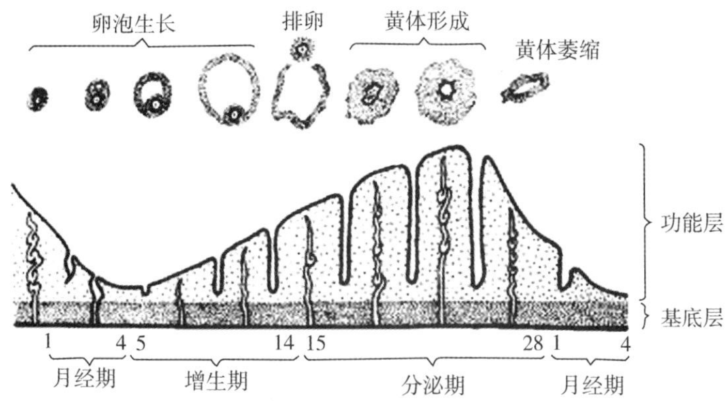

图 9-10　子宫膜周期性变化与卵巢周期性变化的关系示意图

1. 月经期（menstrual phase）　为月经周期的第 1～4 天。由于排出的卵未受精，月经黄体退化，孕激素和雌激素的分泌量急剧减少，子宫内膜中的螺旋动脉收缩，导致内膜功能层缺血、缺氧，组织变性坏死。坏死的内膜脱落，与血液一起经阴道排出体外，形成月经。月经期时子宫腔间接与外界相通，应注意局部的卫生，防止盆腔炎的发生。

2. 增生期（proliferation phase）　为月经周期的第 5～14 天。此期内，卵巢内的卵泡正处于生长发育阶段，雌激素的分泌量逐渐增多。在雌激素的作用下，脱落的子宫内膜由基底层增生修补。子宫腺和螺旋动脉均增长而弯曲，基质细胞增多，子宫内膜从 1mm 增至 3～4mm。到此期末，卵泡发育已趋于成熟和排卵。

3. 分泌期（secretory phase）　为月经周期的第 15～28 天。此期卵巢已排卵，黄体形成。在雌激素和孕激素的共同作用下，子宫腺腔增大，腺细胞分泌功能逐渐旺盛。螺旋动脉更增长弯曲达内膜浅层。基质细胞肥大，胞质内充满糖原和脂滴，妊娠时转化为蜕膜细胞。子宫内膜增厚达 5～7mm，组织液大量增加，内膜水肿。若卵已受精，内膜继续增厚。若卵未受精，黄体退化，孕激素和雌激素水平下降，内膜转入月经期。月经周期的形成主要是下丘脑－腺垂体－卵巢轴活动的结果（图 9-11）。

子宫内膜的周期性变化受到卵巢周期性活动的严密控制，而卵巢的周期性变化，又受到下丘脑－腺垂体内分泌活动的调控，而且大脑皮层也参与调节。因此，强烈的精神刺激、急剧的环境变化、生殖器官疾病以及体内其他系统的严重疾病，均可引起月经失调。月经周期的正常与否可作为判断女性生殖功能与内分泌功能的指标。

视频：
月经周期

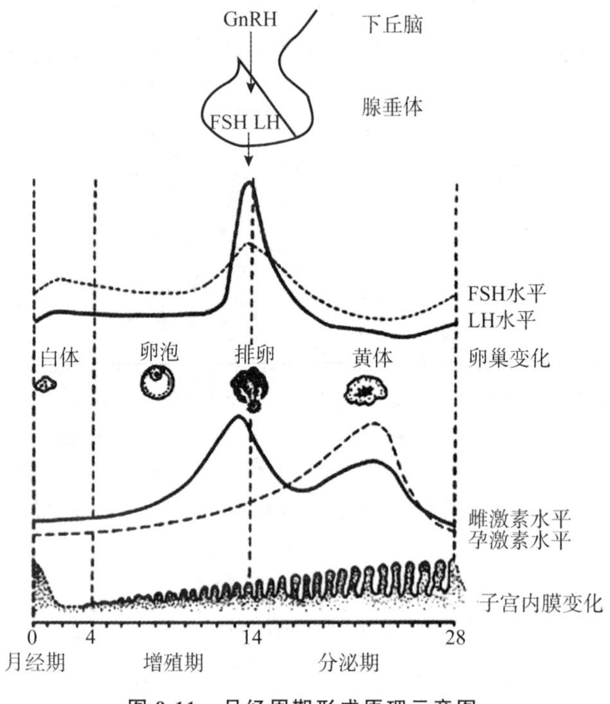

图 9-11 月经周期形成原理示意图

四、阴道

阴道（vagina）是连接子宫和外生殖器的肌性器官，是性交接的器官，也是排出月经血和娩出胎儿的通道。

（一）阴道的位置和形态

阴道位于盆腔的中央，前方与膀胱底和尿道相邻，后方贴近直肠（图 9-7）。阴道上端较宽阔，连接子宫颈阴道部，二者间形成环状间隙，称阴道穹。阴道穹后部较深，与直肠子宫陷凹紧邻，两者之间仅隔以阴道后壁及腹膜。阴道下端较狭窄，以阴道口开口于阴道前庭。处女的阴道口周围有处女膜附着，破裂后，阴道口周围留有处女膜痕。个别女子处女膜厚而无孔，称处女膜闭锁或无孔处女膜，需进行手术治疗。

（二）阴道黏膜的结构特点

阴道黏膜形成许多横行皱襞。上皮为复层扁平上皮，在雌激素的影响下增生变厚，增加对病原体侵入的抵抗力。同时上皮内含糖原，受乳酸杆菌作用后分解为乳酸，保持阴道内的酸性环境，对阴道起自净作用。

五、前庭大腺

前庭大腺（greater vestibular gland）为女性的附属腺体。左、右各一，位于阴道口的两侧，形如豌豆。能分泌黏液滑润阴道口，导管开口于阴道前庭的小阴唇与处女膜之间的沟内，相当于小阴唇中1/3与后1/3交界处。

微视频：女性外生殖器官

六、女性外生殖器

女性外生殖器（图9-12）又称女阴（female pudendum），包括：阴阜、大阴唇、小阴唇和阴蒂等结构。两侧小阴唇之间的裂隙称阴道前庭，其前部有较小的尿道外口，后部有较大的阴道口，阴道口两侧有前庭大腺的开口。

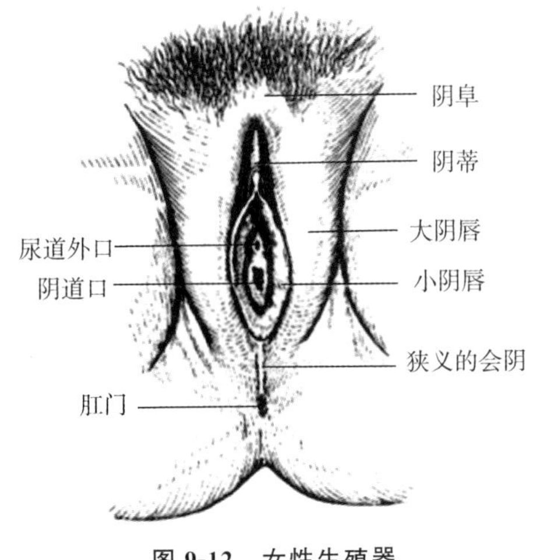

图9-12　女性生殖器

第三节　乳房

乳房（mamma，breast）是哺乳动物特有的结构（图9-13，14）。男性乳房不发达，女性乳房于青春期后开始发育生长，妊娠和哺乳期有分泌活动。

PPT：乳房与会阴

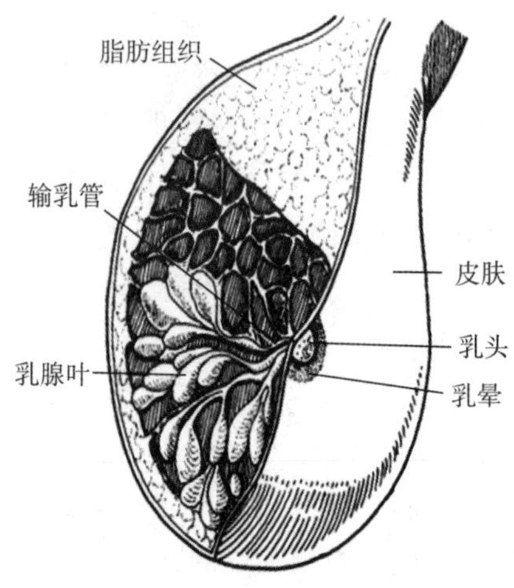

图 9-13　成年女性乳房的构造模式

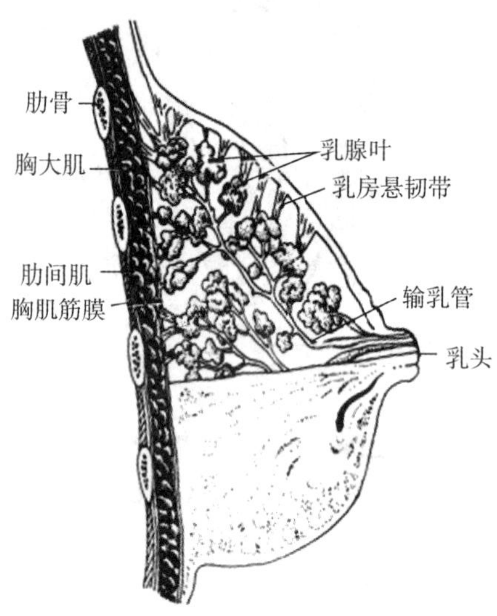

图 9-14　女性乳房的结构（矢状切面）

一、乳房的位置和形态

乳房位于胸前部，胸大肌和胸筋膜的表面。成年未产妇女的乳房呈半球形，乳房中央为乳头，其位置通常在第 4 肋间隙或第 5 肋与锁骨中线相交处。其顶端有输乳管开口。乳头周围的环形色素沉着区，称乳晕。

视频：乳房

二、乳房的内部结构

乳房内部主要由乳腺、致密结缔组织和脂肪组织构成。乳腺位于皮肤和胸肌筋膜之间，被致密结缔组织和脂肪组织分隔成 15～20 个乳腺叶。每个乳腺叶都有一条输乳管，乳腺叶和输乳管围绕乳头呈放射状排列。因此在乳房手术时，应尽量采用放射状切口，以减少对乳腺叶和输乳管的损伤。乳房表面的皮肤、胸肌筋膜和乳腺之间，连有许多纤维结缔组织小束，称乳房悬韧带，对乳房起支持作用。当癌组织浸润时，乳房悬韧带缩短，牵拉皮肤，使皮肤形成许多小凹，临床上称“橘皮”样变，是乳腺癌的一种特殊体征。

三、乳房的生理功能

女性乳房受多种性激素直接或间接的刺激以及神经的支配，生理功能主要有以下几方面：

1. 哺乳　哺乳是乳房最基本的生理功能。乳腺的发育、成熟，均是为哺乳活动作准备。妊娠期，乳腺内的小叶、导管和腺泡都会大量生长，5～8 周时乳房会明显增大，出现表面静脉扩张及乳头和乳晕色素沉着。此后在孕激素的作用下小叶的形成明显加速。在妊娠的后半段时间，腺泡扩张越来越明显，其内充满初乳。分娩后，胎盘来源的雌激素、孕激素骤减，催乳素在体内占据主导地位，乳腺腺泡上皮分泌活跃，腺泡腔高度扩张，充满乳汁。在催乳素和婴儿吸吮乳头的刺激下，乳汁可以保持较高水平的分泌量以满足婴儿需求。一旦停止哺乳，数日内就可以停止泌乳。

2. 第二性征　乳房是女性最早出现的第二性征。一般情况下，乳房在月经初潮前 2～3 年即已开始发育，是女性第二性征的重要标志。

3. 参与性活动　在性活动中，乳房是除生殖器以外最敏感的器官。在触摸、爱抚、亲吻等性刺激时，乳房的反应可表现为：乳头勃起、乳房表面静脉充血、乳房胀大等，至性高潮来临时，这些变化达到顶点，消退期则逐渐恢复正常。因此，可以说乳房在整个性活动中占有重要地位。

第四节　会　阴

视频：会阴

会阴（perineum）有广义和狭义之分。广义的会阴是指封闭小骨盆下口的所有软组织。其境界呈菱形，前界为耻骨联合下缘，后界为尾骨尖，两侧为耻骨下支、坐骨支、坐骨结节和骶结节韧带。以两侧坐骨结节的连线为界，可将会阴分为前、后两个三角形的区域，前方为尿生殖三角，男性有尿道通过，女性有尿道和阴道通过；后方为肛三角，有肛管通过（图 9-15）。

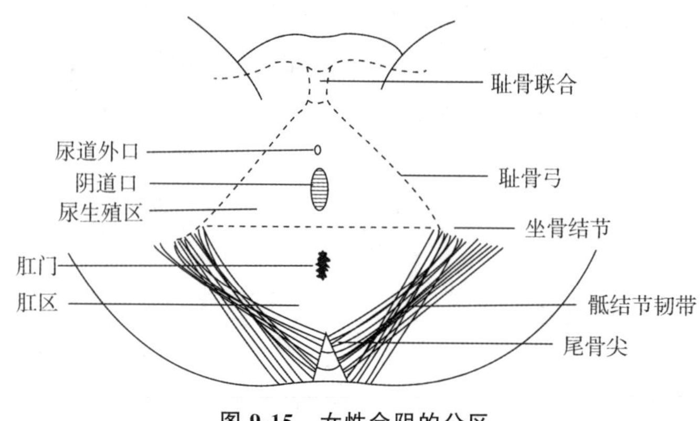

图 9-15　女性会阴的分区

狭义的会阴在男性是指阴茎根后端与肛门之间的狭小区域。在女性即产科会阴，是指阴道后端与肛门之间狭小区域的软组织。

会阴的结构，除消化、泌尿和生殖器官的末端外，主要为肌和筋膜。由盆膈上、下筋膜与肛提肌共同构成盆膈，作为盆腔的底，中央有直肠通过。由尿生殖膈上、下筋膜与会阴深横肌、尿道膜部括约肌共同构成尿生殖膈，中央有尿道通过，在女性还有阴道通过。

（张玉琳　张　玲）

思考练习

参考答案

第十章　能量代谢与体温

第一节　能量代谢

学习目标

机体物质代谢过程中所伴随的能量释放、转移、贮存和利用的过程称为能量代谢。体温的维持、肌肉的收缩、神经的传导、细胞膜的转运、物质的合成等很多生理活动都需要消耗能量，这些能量来源于人体内各种化学变化过程。

一、机体能量的来源和去路

（一）机体能量的来源

PPT：能量代谢

人体所需的能量最终都来源于食物中的三大营养物质，即糖、脂肪和蛋白质。这些分子结构中的碳氢键蕴藏着化学能，在氧化过程中碳氢键断裂并释放能量。

1. 糖　糖是人体最重要的能源物质。一般情况下，机体所需能量的70%左右由糖提供。糖的分解供能分有氧氧化和无氧酵解两种途径。在机体氧气供应充足时，葡萄糖经有氧氧化彻底分解为 CO_2 和 H_2O，同时释放较多能量。在机体供氧不足时，葡萄糖经无氧酵解分解生成乳酸，并释放少量能量。葡萄糖经有氧氧化产生的能量远大于经无氧酵解产生的能量。无氧酵解是机体在特殊条件下供能的重要途径。

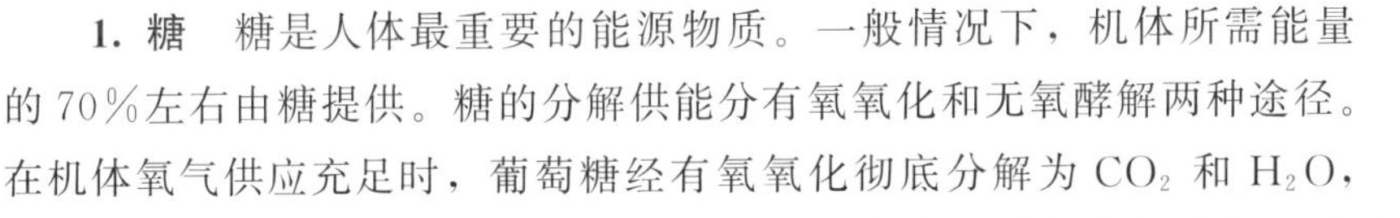

知识拓展：食物的热价

2. 脂肪　脂肪是机体重要的供能物质，同时也是体内贮存能源的主要物质。空腹时人体所需的能量50%以上来自脂肪，如禁食1～3天，人体85%的能量来自脂肪。

3. 蛋白质　蛋白质是生命的物质基础，参与构成人体组织细胞的各种结构，同时还具有催化、运输、免疫、代谢调节等重要作用。蛋白质在氧化分解代谢中也可产能，供机体利用。成人每日大约有18%的能量来自蛋白质的分解。在长期不能进食或极度消耗的情况下，蛋白质的分解将增加。但供能是蛋白质的次要功能，可由糖和脂肪代替。

（二）机体能量的去路

能源物质氧化所释放的能量，50％以上直接转化为热能，用于维持体温。其余能量贮存于 ATP 等高能化合物中。ATP 水解时可释放能量，供肌肉收缩、细胞膜主动转运等各种生命活动使用。如果没有做外功或转移到其他分子中，这些能量最终也转化为热能。因此，能量代谢的总体水平可以用机体的产热来反映。

二、影响能量代谢的因素

人体的能量代谢受多方面因素的影响，主要有以下几个方面。

（一）骨骼肌活动

骨骼肌活动是影响能量代谢最为显著的因素。机体任何轻微的肌肉活动都会使能量代谢率提高。重体力劳动或剧烈运动时，人的能量代谢率比安静时要高出 10～20 倍（表 10-1）。能量代谢率与运动或劳动强度成正相关，因此可以用单位时间的产热量来反映运动强度或劳动强度。

表 10-1　机体不同运动状态时的能量代谢率

肌肉活动方式	平均产热量［KJ/（m^2·min）］
静卧休息	2.72
出席会议	3.40
擦窗	8.30
洗衣物	9.98
扫地	11.36
打排球	17.05
踢足球	24.98

（二）食物的特殊动力效应

人在进食后 1 小时左右，机体产热开始增加，2～3 小时增至最大，以后逐渐降低，延续到 7～8 小时后完全消失。这种由食物引起人体额外产热的作用称为食物的特殊动力效应。各种营养物质的特殊动力效应不同。蛋白质类食物的特殊动力效应最大，额外产热量可达食物本身热量的 30％；糖和脂肪的食物特殊动力效应较小，约 4％～6％；混合性食物约为 10％左右。食物特殊动力效应的机制还不甚清楚。

（三）精神活动

当人体处于紧张状态，如激动、发怒、恐惧和焦虑时，产热量可显著增加。这与精神紧张引起的肌紧张增强有关。也与儿茶酚胺类激素、甲状腺激素等的释放增加，从而刺激代谢活动等原因有关。

（四）环境温度

环境温度的明显变化对机体代谢有较大影响。一般在20～30℃的环境中，人体能量代谢水平比较稳定。环境温度超过30℃时，体内酶活性增强，生化反应加快，发汗及循环、呼吸等机能增强，能量代谢率增加。寒冷情况下，肌肉紧张性增加，甚至引起寒战，使能量代谢率增加。

三、基础代谢

（一）基础代谢

基础状态指清晨、清醒静卧、无肌肉活动、空腹12小时以上、无精神紧张、室温20～25℃的状态。人体处于基础状态下的能量代谢称为基础代谢（basal metabolism）。此时人体能量消耗仅用于维持基本生命活动，能量的代谢水平比较低。人在睡眠的某些阶段能量代谢可能更低，但基础状态减少了各种因素的影响，能量代谢水平比较稳定。

知识拓展：能量代谢的测定

（二）基础代谢率

基础代谢率（basal metabolism rate，BMR）是指单位时间内的基础代谢。不同身高体重个体对代谢的需求不同。考虑到体型大差异，基础代谢率又表述为单位时间、单位体表面积上的基础代谢。临床上BMR常用的单位为KJ/（m^2·h）。只要在基础状态下测出受试者一段时间的产热量，除以时间和体表面积，即可计算出基础代谢率。生理学中，计算体表面积常用Stevenson算式。

$$体表面积（m^2）=0.0061\times 身高（cm）+0.0128\times 体重（kg）-0.1529$$

人的体表面积还可使用更为简便的图表测算。在图10-1中，身高与体重的连线与中间的体表面积列线的交点数值就是体表面积。

基础代谢率与年龄、性别、生长、妊娠、哺乳、疾病等均有关系。一般男性高于女性，儿童高于成人，老年人较低。基础代谢率是否正常，应该与同性别、同年龄组的平均值进行比较。基础代谢率的正常变动范围在±10%～15%，如果相差超过±20%，表明代谢水平异常。甲状腺功能改变对基础代谢率的影响最为显著，如甲状腺功能减退时，基础代谢率将比正常值低20%～40%；甲状腺功能亢进时，基础代谢率可比正常高25%～80%。人体发热时，基础代谢率将升高，一般说来，体温每升高1℃，基础代谢率可升高13%。

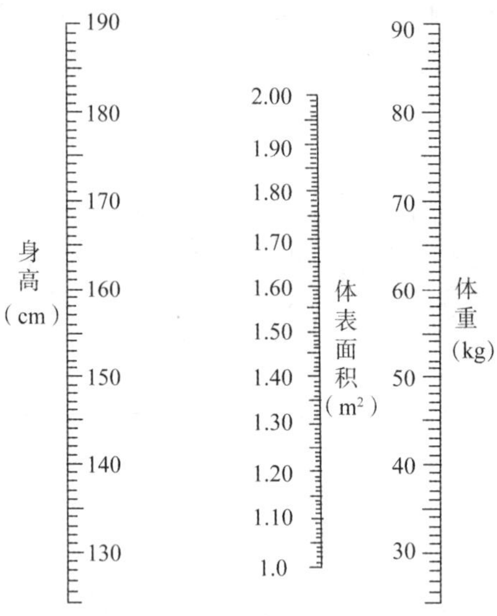

图 10-1 人体表面积测算用图

第二节 体温及其生理变动

人属于恒温动物，体温不会随外环境温度的变化而变化。新陈代谢和生命活动都是以体内复杂的生物化学反应为基础的。酶促反应在稳定、适宜的温度条件下才能正常进行。体温的相对恒定，对于保持正常代谢以及脑、心脏等内脏器官、肌肉的正常生理功能都有着重要意义。体温过高或过低，都会影响机体代谢和功能，甚至危及生命。

PPT：体温

一、体温

（一）体温

人体可分为核心（体核）与外壳（体壳）两个部分。核心指机体深部，主要是脑及胸腹腔器官等。生理学所说的体温（body temperature）是指机体深部的平均温度，即体核温度（core temperature）。体核温度相对稳定，体表温度受环境温度影响较大（图 10-2）。由于代谢水平不同，各内脏器官的温度也略有差异。肝脏代谢旺盛，温度为 38℃左右，在全身内脏器官中最高。脑产热也较多，温度也接近 38℃。肾、胰腺及十二指肠等温度略低，直肠温度则更低些。血液流动是体内传递热量的重要途径。由于血液不断循环，机体深部各个器官的温度趋于接近。因此，机体深部的血液温度可以代表内脏器官温度的平均值。

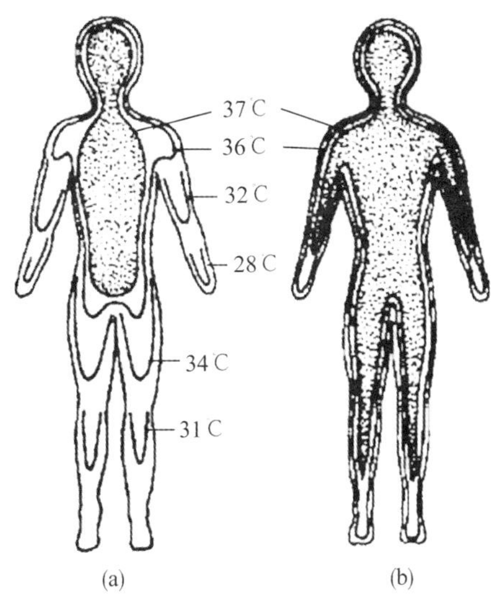

图 10-2　不同环境温度下人体温度分布图

(a) 环境温度 20℃　(b) 环境温度 35℃

(二) 体温的正常值

由于体核温度特别是血液温度不易测量，所以临床上通常用直肠、口腔和腋窝等处的温度来代表体温，其中直肠温度最接近深部温度。测直肠时，如果将温度计插入直肠 6cm 以上，所测得的温度值就接近体核温度。口腔（舌下部）是广泛采用的测温部位。其优点是所测温度值比较准确，测量也比较方便。腋窝皮肤表面温度较低，测定腋窝温度时，时间至少需 10 分钟左右。腋窝处测温时还需注意保持干燥以及腋窝闭合。直肠温度（rectal temperature）的正常值为 36.9～37.9℃，口腔温度（oral temperature）的正常值为 36.7～37.7℃，腋窝温（axillary temperature）度的正常值为 36.0～37.4℃。

二、体温的生理变动及影响因素

(一) 体温的昼夜周期性变化

体温在一昼夜之间作周期性波动，清晨 2～6 时体温最低，午后 1～6 时最高。但波动幅度一般不超过 1℃。体温的昼夜节律与肌肉活动状态及耗氧量等没有因果关系，而是由内在的生物节律所决定的。

(二) 性别的影响

成年女子的体温平均比男子的约高 0.3℃。生育期女性的基础体温随月经周期而发生周期性变化。月经期至排卵期这段时间体温较低，排卵日最低。排卵后体温回升至月经前水平（图 10-3）。因此，测定成年女性的基础体温有助于了解有无排卵和排卵日期。一般认为排卵后的体温升高，可能是孕激素作用的结果。

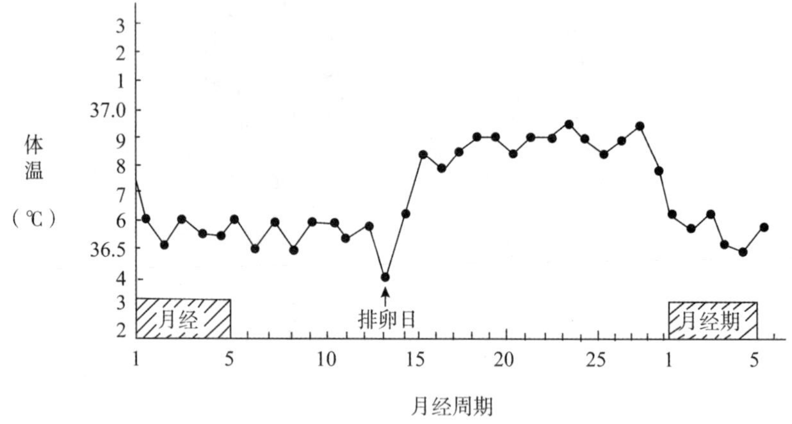

图 10-3　成年女性的基础体温曲线

（三）年龄的影响

新生儿特别是早产儿，其体温调节机构发育还不完善，体温调节的能力差、受环境因素的影响较大。有观察表明，如果不注意保温，洗澡时婴儿的体温可变化 2～4℃之多。因此，对新生儿应加强保温护理。老年人因代谢水平降低，体温也偏低，因而也需注意保温。

（四）其他的影响因素

运动或劳动时，肌肉活动增强，产热量因而增加，可导致体温升高。情绪激动、精神紧张、进食等对体温也会有影响。在测定体温时应考虑到这些因素的影响。所以，被测试者应该安静一段时间以后再测体温，测定小儿体温时应防止哭闹。

麻醉药通常可抑制体温调节中枢，扩张皮肤血管，从而增加了机体散热，也就降低了机体在寒冷环境下保持体温稳定的能力。全身麻醉手术的患者，在术中和术后都应注意保温。

第三节　人体的产热与散热

人体在代谢过程中，不断地产热，同时又不断地将热量向外界散发。人体之所以能维持体温的相对恒定，主要依靠神经、体液的调节，使机体的产热和散热两个生理过程取得动态平衡（图 10-4）。

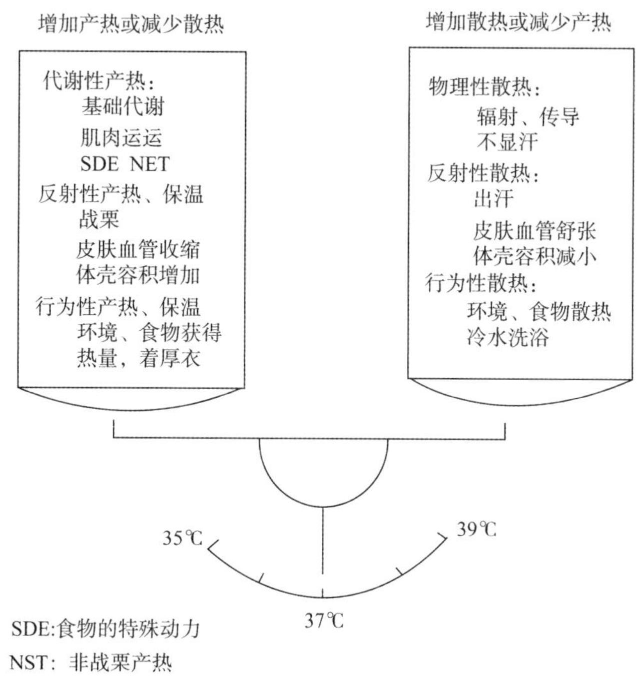

图 10-4　人体热平衡示意图

一、产热

机体所有组织器官均在不断进行合成和分解代谢，因而都产生热量。但各组织器官的产热量随机体状态而变化。安静时人体内脏器官产生热量相对较多，其中以肝脏代谢最为旺盛，产热量最多。劳动或运动时，产热的主要器官是骨骼肌。骨骼肌的产热潜力最大，剧烈运动情况下，其产热可占全身总产热的90%以上（表10-2）。当机体处于寒冷环境中时，机体通过战栗产热和非战栗产热两种形式来增加产热量，以维持体温。

（一）战栗产热

战栗是骨骼肌的不随意节律性收缩，节律为9～11次/分。其特点是屈肌和伸肌同时收缩，所以基本不做外功，但产热量很高，可使代谢率提高4～5倍，以维持机体在寒冷环境中的体热平衡。

（二）非战栗产热

非战栗产热又称代谢产热。是指机体受到冷刺激时，最初只骨骼肌紧张性增加，不发生肌肉寒颤也使产热增加的现象。其中以褐色脂肪组织的产热量最大，占非战栗产热量70%。由于新生儿不发生战栗，所以非战栗产热对新生儿来说尤为重要。

表 10-2 几种组织、器官的产热百分比

器官、组织	占体重百分比（%）	产热量（%）	
		安静状态	劳动或运动
脑	2.5	16	1
内脏	34.0	56	8
骨骼肌	56.0	18	90
其他	7.5	10	1

体液因素和神经因素均参与人体产热活动的调节。寒冷时，交感神经系统兴奋，引起肾上腺髓质活动增强，肾上腺素和去甲肾上腺素释放增多，增强机体代谢使产热增加。甲状腺激素是调节产热活动的最显著的体液因素。机体在寒冷环境中度过几周后，甲状腺激素分泌可增加 2 倍左右，使代谢率增加 20～30%。

二、散热

人体散热主要是通过皮肤实现的。呼吸道黏膜的蒸发有一定的散热意义，呼吸气体、尿液和粪便也可以带走少部分热量。

（一）散热方式

人体的散热方式主要有以下几种：

视频：散热的方式

1. 辐射散热 机体以热辐射（红外线）的形式将体热传给外界的方式称为辐射散热。皮肤与环境温度相差越大、有效散热面积越大，辐射散热就越多。在温和气候条件下及安静时，辐射散热是人体散热的主要方式，可占总散热量的 60%。

2. 传导和对流散热 传导散热是指人体的热量直接传给与其接触的较冷物体的方式。皮肤与物体的接触面积越大、温差越大、物体的导热性能越好，传导散热的效率就越高。当机体接触比皮肤温度低的良导热体如金属和水时，由于热传导迅速，体热散发快。衣物等是热的不良导体，所以穿着厚的棉衣可以减少传导散热。机体深部的热量可以通过血流传给皮肤，当皮肤血流量减少时，机体深部的热量主要通过传导的方式到达皮肤。皮下脂肪导热效能较低，具有一定的保温功能。临床上根据传导散热的原理，常用冰袋、冰帽等给高热病人降温。

对流散热是指皮肤将热量传给与皮肤接触的流体，比如空气和水。当空气温度低于体表温度时，体热将与皮肤接触的较冷空气加温。由于空气流动，加温后的空气不断流走，新的较冷空气又可接触皮肤，带走热量。对流是传导散热的一种特殊方式。对流散热量的多少，受风速以及温差影响。风速越大，散热量也越多。衣服覆盖在皮肤表层，不易实现对流，因而可以减少散热。

以上几种散热方式有一个共同特征：只有环境温度低于体表温度时才能发挥作用。当外界温度等于或高于体表温度时，机体散热的唯一有效方式是蒸发。

3. 蒸发散热　蒸发是利用液体（水、酒精）在体表汽化时吸收体热的一种散热方式。体表每蒸发 1g 水，可带走 2.43kJ 的热量。人体通常的蒸发散热形式分为不感蒸发和发汗两种。

细胞间液的水分直接透出到皮肤和黏膜表面，在未聚成明显水滴之前便被蒸发掉的形式，称为不感蒸发，又称不显汗。即使在低温环境中，皮肤和呼吸道黏膜也不断有水分渗出而被蒸发。体表温度升高、空气干燥、空气流动加快时，不感蒸发的量也增加。这种水分蒸发不为人们所觉察，与汗腺的活动无关。人体 24 小时的不感蒸发量约为 1000ml 左右，其中通过皮肤蒸发的为 600～800ml。人发热时，不感蒸发可以增加。

汗腺分泌汗液的过程称为发汗。汗液在皮肤表面被蒸发，称为可感蒸发。汗液分泌量差异很大。在冬天或低温环境中，汗腺无分泌或分泌量少不形成汗滴，一般计入不感蒸发。在高温环境或剧烈运动及劳动时，汗液分泌量可达每小时 1.5L 或更多，机体通过汗液蒸发散发大量体热，以保持产热和散热的平衡、维持正常体温。

汗液中水分占 99%以上，固体成分不到 1%。固体成份中，大部分为 NaCl，也有少量的 KCl、尿素、乳酸、丙酮酸、葡萄糖等，但 NaCl 浓度远低于血浆。汗液是低渗液，如果大量发汗，可造成机体高渗性脱水。大量发汗时，以补水为主，也需注意适当补盐。

（二）散热过程的调节

1. 汗腺活动及其调节　由温热刺激引起的发汗称为温热性发汗，主要参与体温调节。温热性发汗的分泌量与体热发散的需要相适应。劳动强度、环境温度、湿度、风速等因素都会影响发汗。劳动强度越大，环境温度越高，发汗量越多；环境湿度大，汗液蒸发困难，体热不易发散，导致发汗增多；风速大时，汗液易于蒸发，体热易于发散，发汗量则少。人在高温、高湿、小风速（或无风）环境中，不但辐射、传导、对流散热停止，蒸发散热也很困难，造成体热淤积，容易发生中暑。

情绪激动和精神紧张也可引起发汗，称为精神性发汗。精神性发汗的汗腺主要分布于手掌、足跖、腋窝等处，其活动对体温调节的意义不大。

发汗是一种反射性活动，在下丘脑有发汗中枢。人体多数汗腺受交感胆碱能纤维的支配，乙酰胆碱有促进汗腺分泌的作用。手掌、足跖、腋窝及前额等处的部分汗腺，受交感肾上腺素能纤维支配。

2. 皮肤血流量的调节　皮肤温度主要受皮肤血流量影响。血液可将机体深部器官代谢产生的热量传给皮肤。人体皮肤血管受交感神经控制。在炎热环境下，支配皮肤血管的交感神经兴奋性降低，皮肤小动脉舒张，动一静脉吻合支开放，皮肤血流量增加，使皮肤温度增高，增加辐射、传导及对流等方式的散热。在寒冷环境中，交感神经活动增强，皮肤血管收缩，血流量减少，皮肤表层温度降低，散热量下降。

第四节　体温调节

机体主要通过神经和内分泌系统调节产热和散热过程，使两者在外界环境和机体代谢水平经常变化的情况下保持相对平衡，实现体温的相对稳定，这种调节称为自主体温调节。人体还可以通过衣物、电扇、空调、暖气、运动等改变产热和散热，称为行为调节。以下介绍自主体温调节。

一、温度感受器

1. 外周温度感受器　存在于皮肤、黏膜和内脏中，感受局部温度变化。外周温度感受器又有热感受器和冷感受器两类。局部温度升高时，热感受器兴奋。反之，冷感受器兴奋。它们的传入冲动频率在一定范围内能反映温度的变化，对机体外周部位的温度起监测作用。其传入冲动到达中枢后，除产生温度感觉外，也能引起温度调节反应。

2. 中枢温度感受器　是存在于中枢神经系统内的对温度变化敏感的神经元。脊髓、脑干网状结构以及下丘脑等处都有这样的温度敏感神经元。其中有些神经元在局部组织温度升高时冲动的发放频率增加，称为热敏神经元，有些神经元则在温度降低时冲动的发放频率增加，称为冷敏神经元。在脑干网状结构和下丘脑的弓状核中以冷敏神经元居多，而在视前区－下丘脑前部（preopticanterior hypothalamus area，PO/AH），热敏神经元较多。

PO/AH 中的某些温度敏感神经元除能感受局部脑温的变化外，还能对中脑、延髓、脊髓，以及皮肤、内脏等处的温度传入信息发生反应。这表明来自中枢和外周的温度信息可会聚于这类神经元。此外，致热源或 5－HT、去甲肾上腺素以及多种肽类物质可直接影响这类神经元，并导致体温的改变。

二、体温调节中枢

中枢神经系统各级部位广泛地存在着具有体温调节作用的中枢结构，自主体温调节的基本中枢在下丘脑。下丘脑的 PO/AH 温度敏感神经元，既能感受局部温度变化的刺激，又能对由其它途径传入的温度信息作整合处理。因此，PO/AH 被认为是体温调节中枢整合机构的中心部位。

下丘脑体温调节中枢的传出指令，控制着产热装置（如肝、骨骼肌）和散热装置（如皮肤血管、汗腺）的活动，可改变机体的产热和散热。外周或中枢温度变动时，外周温度感受器和中枢温度敏感神经元将体温变化的信息传至 PO/AH 区整合处理。再通过广泛的传出途径，包括自主神经系统（支配汗腺、皮肤血管）、躯体神经（支配骨骼肌等）、内分泌腺（分泌肾上腺素等），调节人体的产热过程和散热过程，使体温再

恢复到原来的水平。

三、体温调节的调定点学说

知识拓展：
发热与过热

下丘脑的 PO/AH 温度敏感神经元起着调定点（set point，SP）的作用。随温度升高，热敏神经元的冲动增加而冷敏神经元的冲动减少。一般认为，两种神经元活动平衡时的温度值即为调定点。当中枢温度升高并超出调定点时，热敏感神经元发放的冲动频率超过冷敏神经元，通过神经体液调节使散热过程兴奋而产热过程受到抑制，体温可降回正常。反之，当中枢温度降低时并低于调定点时，热敏感神经元的活动弱于冷敏神经元，引起产热增加，散热过程则受到抑制，使体温回升。机体的产热和散热过程参考调定点的活动，使体温保持稳定。

（龙香娥　孟香红）

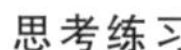
思考练习

参考答案

第十一章　感觉器官

感受器是专门感受体内、外各种变化的特殊结构，将在神经系统的感觉功能部分进一步介绍。一些高度分化的感受器，与其附属结构一起组成的、专门感受某种刺激的特殊器官，称为感觉器官。本章主要介绍眼、耳、皮肤等感觉器官。

学习目标

第一节　眼

据估计，人脑从外界获得的所有信息中，绝大多数来自于视觉系统。视觉系统由眼、视神经和视觉中枢三部分共同形成。视觉产生的外周器官是眼。

一、眼的结构

眼由眼球和眼副器构成。

（一）眼球

眼球（图 11-1）是眼的主要部分，位于眶内，略呈球形，其后部借视神经与脑相连。眼球的功能是将外界物体的光刺激转变成神经冲动，并向中枢传递。眼球由眼球壁和眼球内容物构成。

1. 眼球壁　眼球壁由外向内共 3 层：依次为纤维膜、血管膜和视网膜。

（1）纤维膜：为眼球壁的外层，厚而坚韧，具有维持眼球形态和保护眼球内容物的作用。眼球壁前 1/6 称角膜，无色透明，无血管，但有丰富的感觉神经末梢，具有折光作用；后 5/6 称巩膜，呈乳白色。巩膜与角膜交界处的深部有一环行小管，称巩膜静脉窦，是房水流出的通道。

（2）血管膜：为眼球壁的中层，含有丰富的血管和色素细胞，由前向后分为虹膜、睫状体和脉络膜 3 部分。虹膜位于角膜的后方，呈圆盘状，中央的圆孔称瞳孔。虹膜内含有两种排列方向不同的平滑肌：环状排列的称瞳孔括约肌，收缩时，可使瞳孔缩小；放射状排列的称瞳孔开大肌，收缩时，可使瞳孔扩大。睫状体是位于虹膜后方的增厚部分，内含有的平滑肌，称睫状肌，可调节晶状体的曲度。脉络膜占血管膜的后 2/3，薄而柔软，具有营养眼球壁和吸收眼内散射光线的作用。

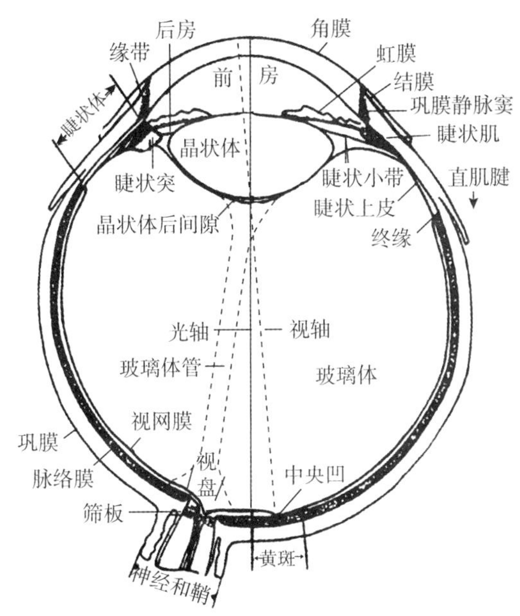

图 11-1　右侧眼球水平切面

(3) 视网膜：位于眼球最内面，有感光和辨色功能。视网膜后部中央稍偏鼻侧有一白色圆盘状隆起称视神经盘，无感光作用，称生理性盲点。在视神经盘的颞侧稍下方约 3.5mm 处有一淡黄色小区，称黄斑，其中央的凹陷处称中央凹，是感光和辨色最敏锐的部位。

2. 眼球内容物　眼球内容物包括房水、晶状体和玻璃体（图 11-2）。这些结构都具有折光作用。

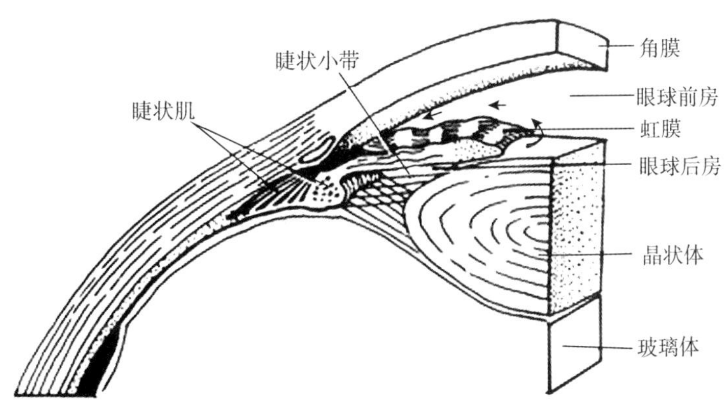

图 11-2　晶状体与睫状体

(1) 房水：为无色透明的液体，充满于眼球的前房和后房。前房是角膜与虹膜之间的间隙，后房是虹膜与晶状体之间的间隙，两者经瞳孔相通。前房的边缘部，虹膜与角膜所构成的夹角，称虹膜角膜角。房水有折光、营养角膜和晶状体以及维持眼内压的功能。

房水由睫状体产生，从眼球后房经瞳孔流入眼球前房，再经虹膜角膜角渗入巩膜静脉窦，最后汇入眼静脉。若房水循环阻塞，眼压增高，易发生青光眼。

（2）晶状体（lens）：位于虹膜与玻璃体之间，呈双凸透镜状，无色透明，具有弹性。晶状体的周缘借睫状小带（悬韧带）与睫状体相连（图 11-2）。晶状体的曲度可随睫状肌的收缩和舒张而改变。睫状肌收缩时，睫状小带放松，晶状体变凸；睫状肌舒张，睫状小带收紧，晶状体变扁平。若晶状体混浊，影响视力，甚至失明，称白内障。

（3）玻璃体：是一种无色透明的胶状物质，位于晶状体与视网膜之间。玻璃体具有折光和支持视网膜的作用。

（二）眼副器

眼副器包括眼睑、结膜、泪器和眼球外肌等结构。

1. 眼睑 分上睑和下睑。上、下睑之间的裂隙称为睑裂。睑裂的内、外侧角分别称内眦和外眦。眼睑的游离缘称睑缘，长有睫毛。睑缘内侧上下各有一小孔称泪点，是泪小管的入口。

2. 结膜 结膜是一层很薄的透明黏膜，衬贴在眼睑内面的部分称睑结膜，覆盖于巩膜前部表面的称球结膜。上、下睑结膜与球结膜互相移行，其反折处分别形成结膜上穹和结膜下穹。闭眼时全部结膜共同围成一个囊状腔隙，称结膜囊。

3. 泪器 泪器包括泪腺和泪道。泪腺位于眼眶外上方的泪腺窝内，可分泌泪液，其排泄管开口于结膜上穹的外上部。泪道包括泪点、泪小管、泪囊和鼻泪管。鼻泪管的下端开口于下鼻道。

4. 眼球外肌 眼球外肌共有 7 块，分布于眼球的周围。其中 1 块是提上睑的上睑提肌，其他 6 块是运动眼球的肌，分别称上直肌、下直肌、内直肌、外直肌、上斜肌和下斜肌（图 11-3）。

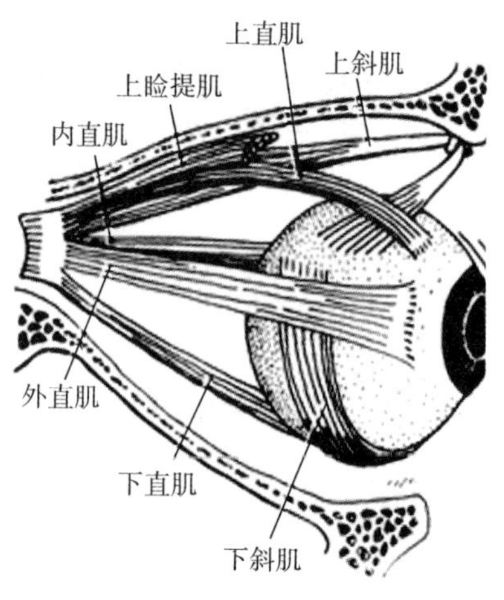

图 11-3 眼球外肌（右眼）

内直肌和外直肌分别使眼球转向内侧和外侧；上直肌使眼球转向上内；下直肌使眼球转向下内；上斜肌使眼球转向下外；下斜肌使眼球转向上外。两眼球的正常转动，是两侧眼肌共同协同运动的结果（图 11-4）。

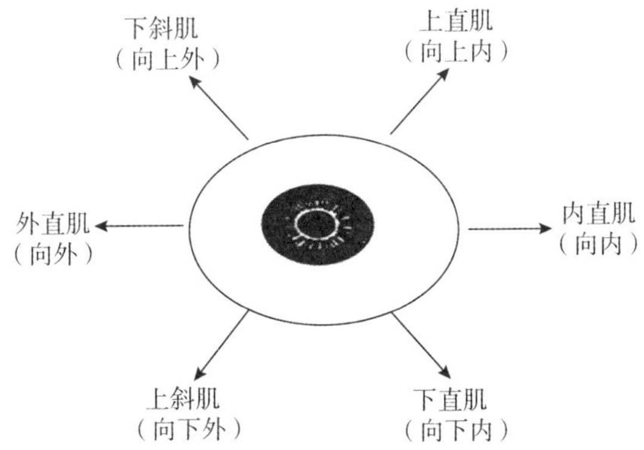

图 11-4　眼球外肌的作用（右眼）

二、眼的视觉功能

视觉形成的过程大致为：外界物体发出的光经眼球内一些结构折光后，在视网膜上形成一个清晰、倒立的实像；实像（光）刺激视网膜上的感光细胞，使其产生电位变化，经双极细胞传递，可在神经节细胞上形成动作电位；动作电位沿视神经向中枢传递，经过一些神经元的接替，最终传至大脑皮层的视觉中枢；大脑皮层对传入的信息进行分析综合后形成视觉。

由此可见，作为视觉的外周器官，眼球在视觉形成中的主要作用是折光成像和感光换能。另外，亮度、色彩等信息的初步分析编码也在眼球完成，而距离感等空间视觉信息的分析编码则可能比较复杂。

（一）眼的折光成像功能

1. 眼的折光系统　由角膜、房水、晶状体和玻璃体构成。其主要作用是对入射光线进行折射，使物体在视网膜上形成清晰的物象。

眼的折光系统是一个复杂的光学系统。每个折光结构的折光率和曲率半径都不相同，光线要经过这些折光结构的多次折射才能到达视网膜。这个复杂的折光系统在光学效果上近似于一个凸透镜。人们根据眼的光学特性设计了一个模型，其各种光学参数以及折光成像效果与人眼相近，这个模型称为简约眼（reduced eye）（图 11-5）。

简约眼设定眼球的前后径为 20mm，节点（n）距前表面 5mm，后主焦点在节点后方 15mm 处，正好处在视网膜的位置。

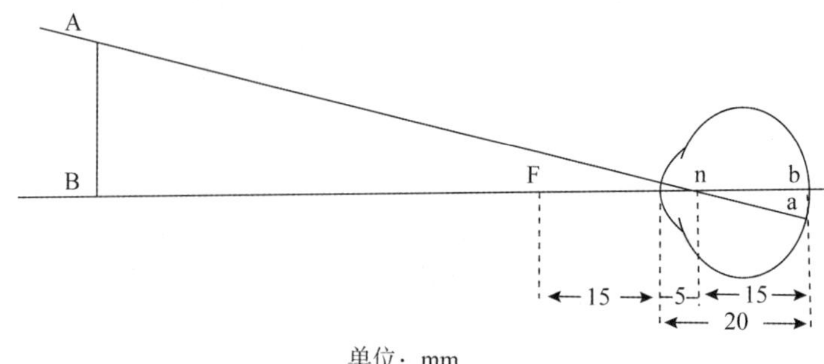

单位：mm

图 11-5 简约眼成像示意图

2. 眼的调节 上述简约眼的参数与正常眼在安静时相近。远处（6m 以外）物体的光近似平行，根据光学成像的原理，此时眼不需作任何调节，物体的光就正好能够成像于视网膜。当眼视近物（6m 以内）时，物距变小，如果眼的折光能力不变，物体的像将成于视网膜之后。此时，要在视网膜上形成清晰的物像，眼就要作必需的调节。视近物时，眼的调节包括晶状体调节、瞳孔调节和眼球会聚。其中晶状体调节最为重要。

（1）晶状体的调节：晶状体呈双凸透镜形，透明而富有弹性。视远物时，睫状肌松弛，晶状体受悬韧带的牵拉处于扁平状态，远物的平行光线正好成像在视网膜上。视近物时，模糊的视像信息到达大脑皮层后，反射性地引起动眼神经中副交感神经纤维的兴奋，使睫状肌收缩，睫状体前移，悬韧带松弛，晶状体由于自身的弹性而凸起，眼的总折光能力增大，从而可使原本成于视网膜后的像前移到视网膜上（图 11-6）。

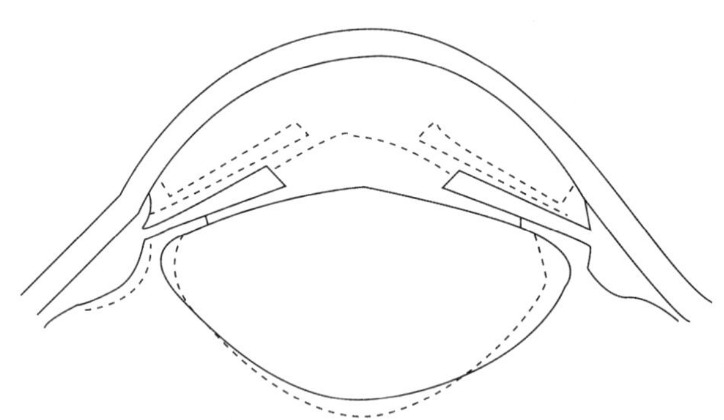

图 11-6 眼调节前后晶状体和睫状体位置的改变

注：虚线示视近调节后

视物越近，晶状体凸起越多，但晶状体的调节能力有一定的限度。当悬韧带完全松弛，晶状体由于本身弹性的凸起达到最大，其折光能力也就不能进一步增加，更近的物体则不能看清。晶状体的最大调节能力可用近点来表示。近点指眼做最大能力调节时，能看清物体的最近距离。近点越近，表明晶状体的弹性越好，调节能力越强。随年龄增长，晶状体的弹性逐渐变差，因此近点也越来越远。如 8 岁左右的儿童近点平均为 8.6cm，20 岁左右时平均为 10.4cm。一般人在 40 岁以后晶状体调节能力显著减退，近点明显变远，60 岁时近点可至 83cm。由于年龄的增长，近点远移而难以看清近处物体，称为老视（即老花眼），看近物时可戴适宜的凸透镜（老花镜）增加折光能力来矫正。

（2）瞳孔的调节：看近物时，双侧瞳孔反射性缩小，称为瞳孔近反射（near reflex）或瞳孔调节反射。其意义在于视近物时，减少由折光结构造成的球面像差和色像差，使成像清晰。

在光照增强时，瞳孔也可反射性缩小，称为瞳孔对光反射（light reflex）。瞳孔对光反射与瞳孔近反射是不同的反射，其意义在于调节进光量，以保护视网膜。瞳孔对光反射的效应具有双侧性，光照单侧眼时会引起双眼瞳孔同时缩小。瞳孔对光反射的中枢在中脑，临床上常用作判断中枢神经系统病变部位、全身麻醉的深度和病情危重程度的重要指标。

（3）眼球会聚：视近物时，两眼球内直肌同时内收，视轴向鼻侧聚拢，称为眼球会聚反射或辐辏。其意义在于使物像对称成于两侧视网膜感光最敏锐的部位，从而产生清晰的视觉，避免复视。

3. 眼的折光异常　由于眼球的形态异常或折光能力异常，致使平行光线不能在视网膜上聚集成像，称为眼的折光异常或称屈光不正，包括近视、远视和散光。

（1）近视：近视（myopia）是由于眼球的前后径过长（轴性近视），或者折光力过强（屈光性近视），致使平行光线聚焦在视网膜之前，故视远物模糊不清。视近物时，由于近物发出的光线呈辐射状，成像位置比较后移，可以落在视网膜上，所以能看清近处物体。近视眼的形成，部分是由于先天遗传引起的，部分是由于后天用眼不当造成的，如阅读姿势不正、照明不足、阅读距离过近或持续时间过长、字迹过小、字迹不清等。因此，纠正不良的阅读习惯，注意用眼卫生，是预防近视眼的有效方法。佩戴合适的凹透镜可以矫正近视（图 11-7）。

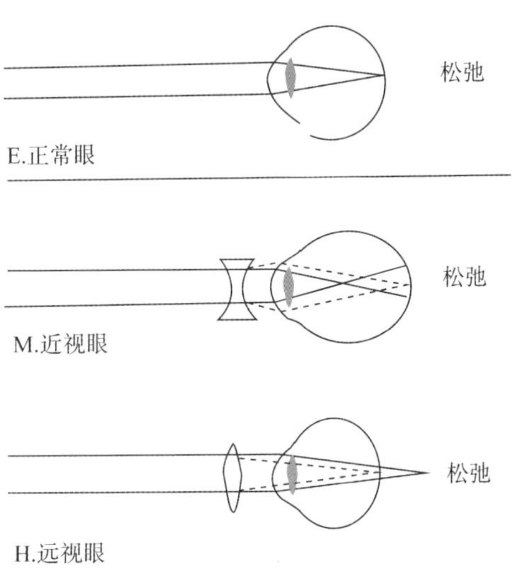

图 11-7　眼的折光异常及其矫正

（2）远视：远视（hyperopia）由于眼球前后径过短（轴性远视），或折光能力过弱引起。远视眼在未做调节时看远物，所形成的物像落在视网膜之后，若要看清物体，也需调节晶状体。由于近点远移，远视眼看近物时，即使晶状体尽力调节，也难以看清。远视眼无论看近物还是看远物，都需要调节，因此容易产生疲劳。矫正的办法是配戴合适的凸透镜（图 11-7）。

远视眼与老花眼虽然均用凸透镜矫正，但两者的形成机制不同。老花眼是由于晶状体的弹性减退引起的，而远视眼的晶状体弹性是正常的，因此，老花眼只是在视近物时用凸透镜矫正，而远视眼无论视近物还是远物，均需用凸透镜矫正。

（3）散光：散光（astigmatism）是由于眼的折光结构在不同方位的曲率半径不相等、折光能力不一致，经折射后的光线不能在视网膜聚集成单一的焦点，导致视像模糊、歪斜。矫正的办法可配戴合适的柱面镜。

（二）眼的感光换能功能

眼球中感受光刺激的细胞是视网膜上的感光细胞，其功能是感光换能。外界物体的光线，通过折光系统在视网膜上形成物像（本质是光），被感光细胞感受后才能转变成生物电信号传入中枢，再经视觉中枢分析处理形成主观视觉。

视网膜结构复杂，细胞种类繁多，但具有感光换能作用并产生相应视觉的是视杆细胞（rods）和视锥细胞（cones）（图 11-8）。

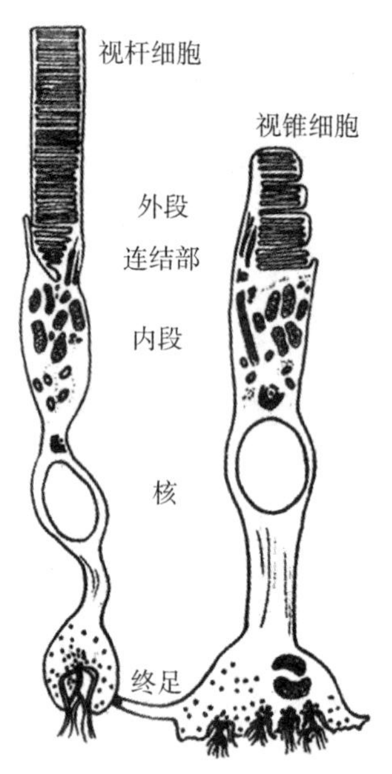

图 11-8 视锥细胞和视杆细胞模式图

视杆细胞（图 11-9）主要分布在视网膜的周边部位。视杆系统又称为暗视觉系统，对光的敏感度较高，可在弱光刺激时引起视觉，但无色觉，只能区别明暗，视物精确性差。暗视觉状态下，人眼只能看到物体的粗大轮廓，而看不清其微细结构和色彩。一些只在夜间活动的动物如地松鼠和猫头鹰等，其视网膜中只含视杆细胞。

视锥细胞主要分布在视网膜的中心部位，在中央凹的感光细胞几乎全部为视锥细胞。视锥系统又称明视觉系统，对光的敏感度较低，只在强光时起作用；能分辨颜色，并能辨别物体的微细结构，其主要功能是维持昼光下的视觉。某些动物如爬虫类、鸡和麻雀等，其视网膜中只有视锥细胞。

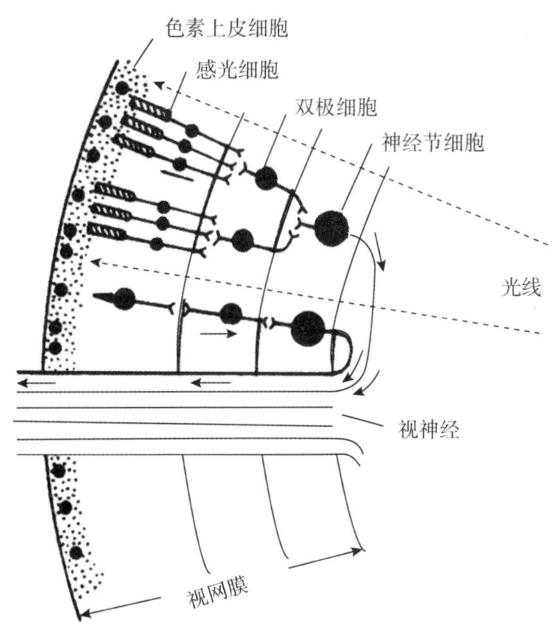

图 11-9　视网膜结构模式图

1. 视杆细胞的感光和换能　视杆细胞内的感光色素是一种结合蛋白质，称视紫红质（rhodopsin）。光照时，视紫红质可迅速分解为视蛋白和视黄醛。在暗处，视蛋白和视黄醛又重新合成为视紫红质。视紫红质的合成和分解不断同时进行，在一定光照条件下维持动态平衡。光线越暗，视紫红质的合成越大于分解，在视杆细胞中的浓度越高，视网膜对弱光的敏感度越高。反之，在光照变强时视紫红质的分解大于合成，就会引起视网膜对弱光的敏感度大幅度降低。视紫红质在光照下发生光化学反应，通过复杂的信号传递系统影响到视杆细胞膜对 Na^{+} 的通透性，从而引起视杆细胞产生超极化的感受器电位。感受器电位以电紧张的形式扩布，将信息传递给双极细胞和水平细胞，最后诱发神经节细胞产生动作电位，并沿视神经纤维传向视觉中枢。

在视紫红质分解和合成的过程中，一部分视黄醛会被消耗。视黄醛可由维生素 A 转变而成，如果长期维生素 A 摄入不足，视黄醛得不到补充，会影响人在暗光时的视力，引起夜盲症。

2. 视锥细胞的感光换能与色觉　视锥细胞的功能特点之一是具有分辨颜色的能力。正常人的视网膜可分辨波长在 380～760nm 的 150 余种颜色，但主要是光谱上的红、橙、黄、绿、青、蓝、紫 7 种颜色。色觉的形成机制以三原色学说最受认可。三原色学说认为，视网膜上存在含不同感光色素的三种视锥细胞，分别对蓝光、绿光和红光敏感。不同颜色的光刺激视网膜时，三种视锥细胞以一定的比例兴奋，这样的信息传入中枢就形成了不同颜色感觉。如红、绿、蓝三种视锥细胞兴奋程度的比例为 4∶1∶0

时，产生红色的感觉；比例为2∶8∶1时产生绿色的感觉；而三种视锥细胞兴奋程度相同时则产生白色视觉。

色觉障碍有色盲和色弱两种情况，色盲又分全色盲和部分色盲。全色盲较少见，一般都为部分色盲，即不能分辨某些颜色。常见的有红绿色盲，即不能分辨红色和绿色。色盲患者绝大多数与遗传有关，可能是由于某种色蛋白的合成障碍，因而缺乏某种视锥细胞的缘故，多见于男性。色弱是指辨别某种颜色的能力较差，多由健康和营养等后天因素引起。

（三）与视觉有关的几种生理现象

1. 视力 视力也称视敏度（visual acuity），是指眼分辨两点间最小距离的能力。通常以视角（visual angle）的大小作为衡量标准。所谓视角，是指物体上两点发出的光线射入眼球后，在节点交叉时所形成的夹角（图11-10）。眼能辨别的视角越小，表示视力越好。国际标准视力表的1.0相当于视角为1分角时的分辨力。

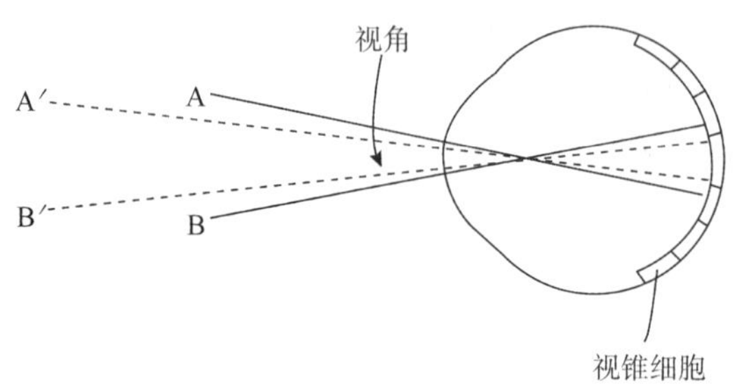

图11-10 视力与视角示意图

2. 视野 单眼固定注视前方一点时，所能看到的最大空间范围，称为视野（visual field）。不同颜色的视野不同，其中白色视野最大，其次为黄色、蓝色，再次为红色，绿色视野最小（图11-11）。另外，由于面部结构的影响，颞侧与下方视野大，鼻侧与上方视野小。临床上检查视野，有助于诊断视神经、视觉传导路和视网膜的病变。

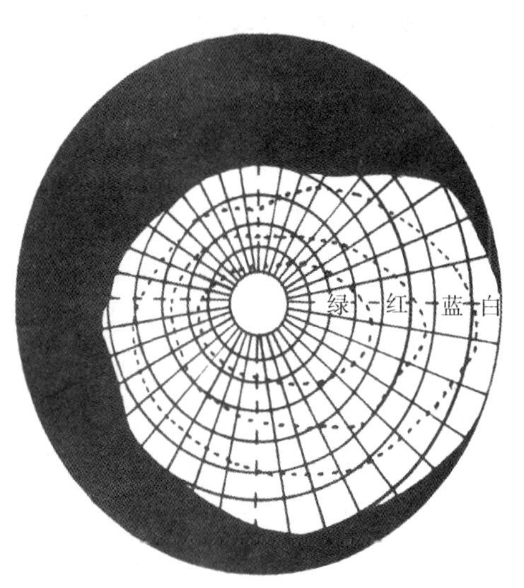

图11-11 人右眼视野图

3. 暗适应和明适应 人从亮处进入暗室时，最初看不清楚任何物体，经过一定时间，视觉敏感度才逐渐增加，恢复了在暗处的视力，这个现象称为暗适应（dark adaptation）。相反，人从暗处突然来到明亮处，最初感到一片耀眼的光亮，不能看清

物体，稍待片刻后恢复视觉，这称为明适应（light adaptation）。

暗适应产生的机制是：人原先处于亮处，视杆细胞中的视紫红质大量分解，储存量极少，突然到暗处后视杆细胞感光能力不足，而视锥细胞又不感受弱光，所以开始阶段什么也看不清。在暗处过一段时间后，随视紫红质合成增多，视杆细胞感光能力逐步恢复，视觉也就逐步恢复。

明适应过程产生的机制是：人原先在暗处，视杆细胞内蓄积了大量视紫红质，到亮处时遇强光迅速分解，强大的传入信息掩盖了视锥细胞的作用，因而产生耀眼的光感而不能视物。视紫红质很快大量分解，储存量变少后，视锥细胞发挥作用，维持明视觉。

4. 双眼视觉和立体视觉　两眼同时观看同一物体时所产生的视觉称为双眼视觉（binocular vision）。双眼视觉可扩大视野、弥补生理盲点的缺陷、形成对物体距离的判断。同时还能感知物体的深度（厚度），产生立体视觉。这是因为用两眼注视同一物体时，在两眼视网膜上所形成的物像并不完全相同，左眼看到物体的左侧面较多，右眼看到物体的右侧面较多。这些信息经过高级中枢处理后，形成立体感觉。单眼视觉有时因物体阴影、光线反射、生活经验等原因，也可产生立体感，但不够精确。

第二节　前庭蜗器

前庭蜗器又称耳，包括感受声波刺激的听器和感受头部位置变化和运动的位觉器。二者在功能上截然不同，但在结构上紧密相联。

PPT：
前庭蜗器

一、耳的结构

耳分为外耳、中耳和内耳（图 11-12）。

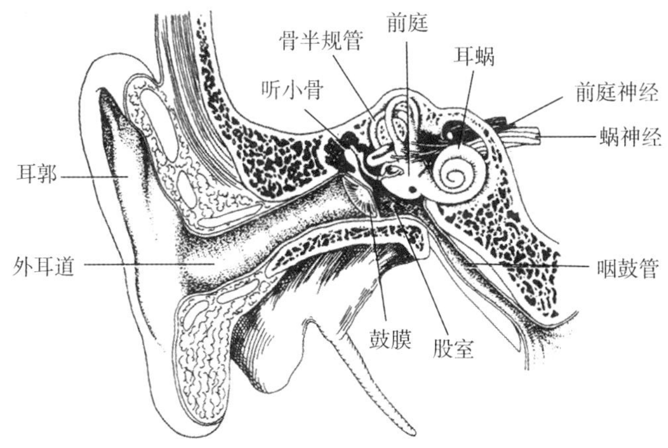

图 11-12　前庭蜗器（耳）

（一）外耳

外耳包括耳郭、外耳道和鼓膜。

1. 耳郭 耳郭主要由皮肤和弹性软骨构成，血管神经丰富。耳郭下方小部无软骨的部分称耳垂，耳郭外侧面有外耳门。外耳门前方的突起，称耳屏。耳郭有利于收集声波，并有助于确定声源的方向。

2. 外耳道 外耳道为外耳门至鼓膜间的弯曲管道，其一端开口于耳郭，另一端终止于鼓膜，长 2～2.5cm，其外侧 1/3 为软骨部，内侧 2/3 为骨性部，位于颞骨内。外耳道略呈“S”形，检查鼓膜时，将耳郭拉向后上方，使外耳道变直，方能观察到鼓膜。儿童的外耳道较短且平直，观察鼓膜时，须将耳郭拉向后下方。

3. 鼓膜 鼓膜位于外耳道与中耳鼓室之间，为浅漏斗状半透明薄膜，鼓膜的中心凹陷称鼓膜脐。鼓膜的前上方 1/4 部薄而松弛，称松驰部；后下方 3/4 部较坚实紧张，称紧张部。观察活体鼓膜时，可见紧张部的前下方有一个三角形的反光区，称光锥。鼓膜具有优良的频率响应，可与声波同步振动，有利于把声波振动如实地传给听骨链。

（二）中耳

包括鼓室、咽鼓管、乳突窦和乳突小房。

1. 鼓室 位于鼓膜与内耳之间，是颞骨岩部内的不规则小腔，室腔内面衬有黏膜。鼓室的黏膜与乳突窦、乳突小房及咽鼓管的黏膜相延续。鼓室内有听小骨、肌、血管和神经等。鼓室上壁与颅中窝相邻；下壁与颈内静脉相邻；前壁有咽鼓管开口，与鼻咽相通；后壁有乳突窦的开口，通乳突小房；外侧壁为鼓膜；内侧壁为内耳前庭部的外侧壁。鼓室内侧壁后上部有一卵圆形小孔称前庭窗（卵圆窗），被镫骨底封闭；后下部有一圆形小孔称蜗窗（圆窗），被膜封闭。前庭窗与耳蜗前庭阶相通，蜗窗与鼓阶相通。

每侧鼓室内有 3 块听小骨，即锤骨、砧骨和镫骨（图 11-13）。三骨依次借关节与韧带相连，构成一条听骨链。锤骨柄附着于鼓膜，镫骨底与中耳内侧壁的前庭窗（卵圆窗）膜相连。听小骨链构成一个省力杠杆系统，在将鼓膜的振动传向卵圆窗的过程中可起到“增压减幅”的作用。杠杆的长臂与短臂之比约为 1.3∶1，而鼓膜振动面积与卵圆窗膜的面积之比 18.6∶1，因此，整个中耳传递过程中的增压效应为 18.6×1.3≈24.2 倍，大大提高了声波传递的效率。同时振幅减小有利于保护内耳。

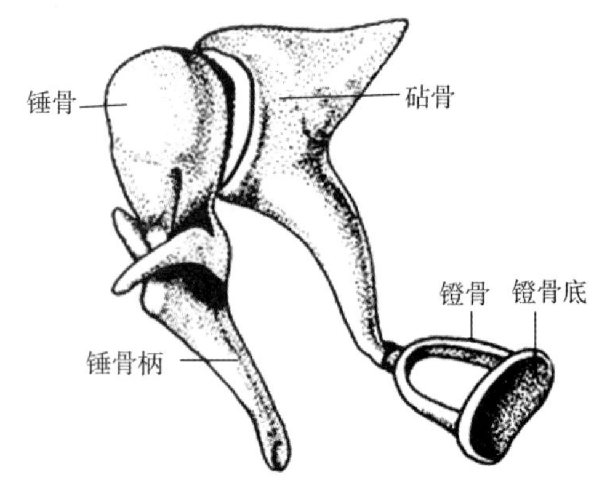

图 11-13 听小骨

2. 咽鼓管 咽鼓管是连通鼓室和鼻咽的肌性管道，鼓室借此与大气相通。咽鼓管的主要功能为调节鼓室内与外界气压平衡，以保持鼓膜正常的位置、形状和振动性能。咽鼓管因炎症等阻塞时，鼓室内空气被组织吸收后压力下降，可造成鼓膜内陷，产生耳鸣，影响听力。咽鼓管的鼻咽端开口平时呈闭合状态，吞咽、张口或呵欠等时开放。飞机起降、潜水或爆震等外界气压剧烈变动时，张口或吞咽动作使咽鼓管口开放，可减少中耳气压伤的发生。

婴幼儿的咽鼓管较软且短，管腔较宽，位置较为水平，鼻咽部开口与鼓室开口几乎在同一水平面，如果躺着喂奶，乳汁就很容易通过咽鼓管流到中耳，造成感染，引起中耳炎。

3. 乳突窦和乳突小房　乳突窦是鼓室后壁与乳突小房的通道。乳突小房为颞骨乳突内的许多含气小腔，它们互相连通。乳突小房的壁衬有黏膜，与乳突窦及鼓室的黏膜相延续。

（三）内耳

内耳由颞骨岩部内的骨性隧道及其内的膜性小管和小囊构成（图 11-14、图 11-15）。内耳因管道弯曲盘旋，结构复杂，又称迷路。迷路分骨迷路和膜迷路：骨性隧道称骨迷路，骨迷路内的膜性小管和小囊称膜迷路。骨迷路与膜迷路之间的腔隙内充满外淋巴，膜迷路内为内淋巴，内、外淋巴互不相通。

由后向前，骨迷路可分为骨半规管、前庭和耳蜗；膜迷路可分为膜半规管、椭圆囊与球囊和蜗管。

1. 骨半规管和膜半规管　骨半规管是 3 个互相垂直的半环形骨性小管，分别称前骨半规管、后骨半规管和外骨半规管。膜半规管是骨半规管内的膜性小管，与骨半规管的形态相似，每个膜半规管有膨大的膜壶腹。每个膜壶腹的壁上有隆起的壶腹嵴，壶腹嵴是位觉感受器。

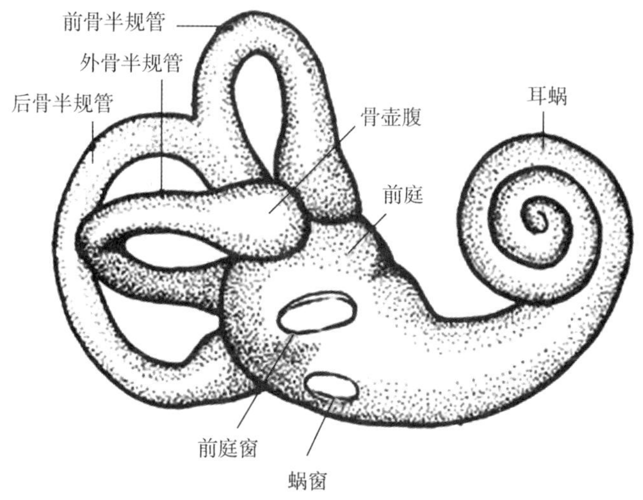

图 11-14　骨迷路（右侧）

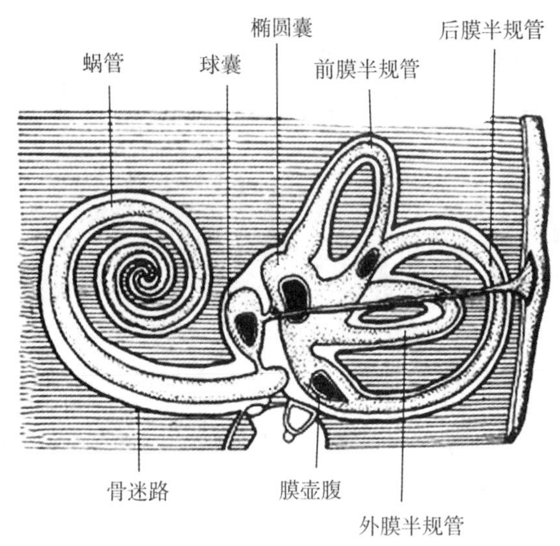

图 11-15 膜迷路与骨迷路

2. 前庭和椭圆囊、球囊 前庭是骨迷路中部略膨大的骨性小腔。椭圆囊和球囊是两个相连通的膜性小囊。两囊壁内面上分别有椭圆囊斑和球囊斑，均为位觉感受器。

3. 耳蜗和蜗管 耳蜗外形似蜗牛壳，由骨性的蜗螺旋管绕蜗轴旋转约两周半构成。蜗螺旋管腔内套有膜性的蜗管。蜗管将蜗螺旋管腔分隔为靠近顶部的前庭阶和靠近底部的鼓阶（图 11-16），前庭阶和鼓阶在耳蜗顶部相通。蜗管上壁称前庭膜，下壁为基底膜。基底膜上有螺旋器，又称 Corti 器，是听觉感受器。螺旋器由内、外毛细胞及支持细胞等组成。每一个毛细胞的顶部表面都有上百条整齐排列的纤毛，称听毛。外毛细胞中较长的一些听毛埋植于盖膜的胶冻状物质中。毛细胞的底部有丰富的听神经末梢（图 11-17）。

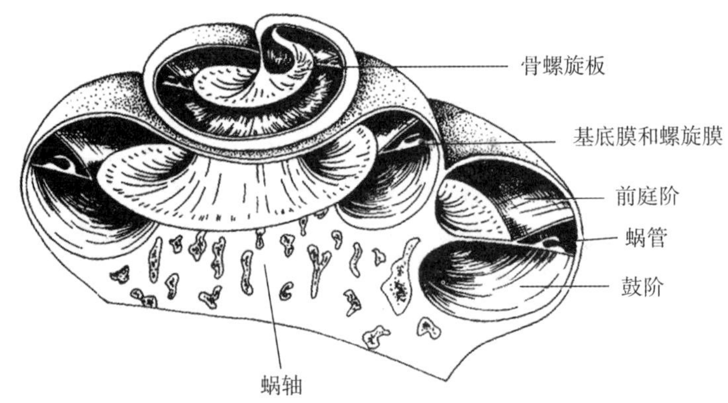

图 11-16 耳蜗及螺旋器

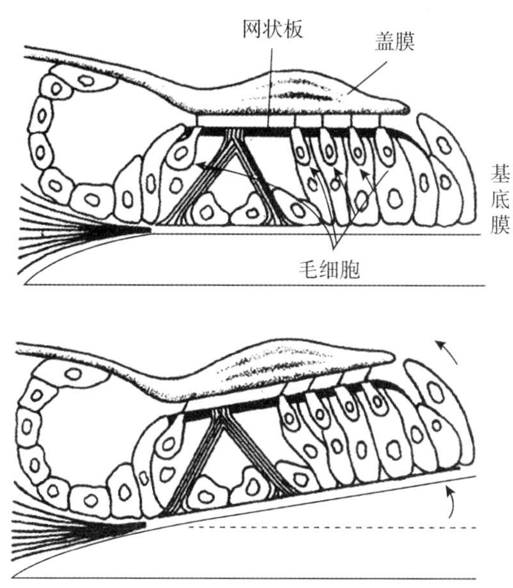

图 11-17　基底膜和盖膜振动时毛细胞顶部听毛受力情况

二、听觉生理

人耳的适宜刺激是频率范围为 16～20000Hz 的声波，正常人在声音频率为 1000～3000Hz 时听觉最敏感。听觉是人类语言上互通信息、交流思想的重要工具，对于人类认识自然具有重要意义。

(一) 声波传入内耳的途径

1. 气传导　声波经外耳道振动鼓膜，再经过听骨链的传递和放大，传递至卵圆窗膜，从而引起前庭阶外淋巴振动，进而振动前庭膜和蜗管内淋巴，最后振动基底膜。这个途径称为气传导（air conduction），是声波传入内耳振动基底膜的的主要途径。

当鼓膜大穿孔或听骨链严重损坏时，声波也可通过外耳道和鼓室内的空气传至圆窗（蜗窗），经圆窗传至鼓阶外淋巴，进而振动基底膜和蜗管内淋巴，使听觉功能得到部分代偿。但这个声波传导途径效率较低，导致听力大为减弱。

2. 骨传导　外界声波还可通过头颅骨直接振动基底膜和蜗管内淋巴，这种传导途径称为骨传导（bone conduction)。骨传导的效率比气传导低得多，平时接触到的一般声音不足以引起颅骨的振动。只有较强的声波，或者是自己的说话声，才能引起颅骨较明显的振动。

在临床工作中，常用音叉检查患者气传导和骨传导的情况，帮助诊断听觉障碍的病变部位和性质。例如，外耳道或中耳发生病变时，气传导受损，引起的听力障碍称为传音性耳聋。此时患侧气传导明显受损而骨传导则可以加强。耳蜗损伤引起的听力障碍称为感音性耳聋，听觉传导路或听觉中枢病变时所引起的听力障碍称为中枢性耳聋，此时患侧气传导和骨传导作用都减弱。

（二）耳蜗的换能作用

声波传入内耳振动基底膜和蜗管内淋巴，由于基底膜螺旋器上的毛细胞与盖膜的振动不一致，毛细胞顶端的听毛位移、变形（图 11-17），导致毛细胞产生微音器电位，最终引起耳蜗听神经纤维产生动作电位。听觉冲动到达大脑皮质颞叶听觉中枢产生听觉。

（三）基底膜振动的行波理论

传入内耳的振动最先传给靠近卵圆窗处的基底膜，随后以行波的方式沿基底膜向耳蜗顶部传播。声波频率不同，行波传播距离和最大振幅出现的部位也不同。高频声波只能推动耳蜗底部小范围内的基底膜振动。声音频率越低，行波传播距离越远，最大振幅出现在越近蜗顶的部位（图 11-18）。

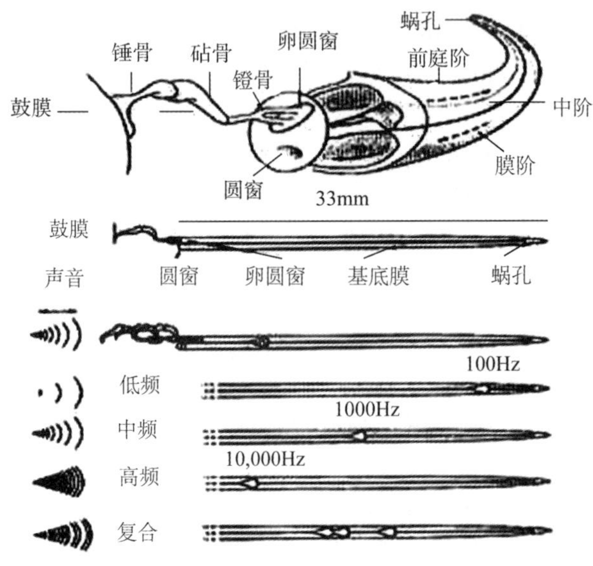

图 11-18 不同音频在基底膜上产生最大振幅的部位

不同频率的声音引起基底膜振动的差别，被认为是耳蜗对不同声音频率进行初步分析的基础。动物实验和临床研究也证实，如耳蜗底部受损时主要影响高频听力，而耳蜗顶部受损时主要影响低频听力。由于每一种振动频率在基底膜上都有一个特定的行波传播范围和最大振幅区，这些区域的毛细胞就会受到最大刺激。这样，不同来源和组合的听神经纤维的冲动传到听觉中枢的不同部位，就可引起不同音调的感觉。

三、前庭器官功能

前庭器官包括前庭和半规管，是人体平衡系统的主要感受器官。前庭器官能感受人体自身的运动状态和空间位置，在调节姿势和维持身体平衡中起重要作用。

（一）前庭的功能

前庭内的椭圆囊和球囊是头部空间位置和直线变速运动的感受器。椭圆囊和球囊内部充满内淋巴，囊内分别有椭圆囊斑和球囊斑，囊斑中均有毛细胞。毛细胞顶部的纤毛插入耳石膜的胶质中（图 11-19）。耳石膜内含有许多微细的耳石，主要成分为碳酸钙，其比重大于内淋巴。毛细胞的基底部有前庭神经的末梢分布。人体直立时，椭圆囊斑呈水平位，毛细胞呈垂直位，耳石膜在纤毛的上方；而球囊斑则处于垂直位，毛细胞呈水平位，耳石膜悬在纤毛的外侧。当头部方位变化或身体作变速运动时，毛细胞与耳石的相对位置将改变，引起纤毛的弯曲。纤毛弯曲触发毛细胞产生感受器电位，最终在前庭神经形成动作电位传向中枢，引起相应的感觉，并引发相应反射调整骨骼肌运动以维持身体平衡。

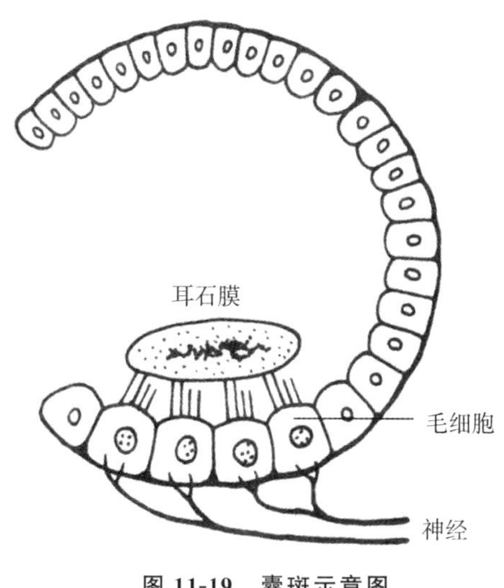

图 11-19　囊斑示意图

（二）半规管的功能

膜壶腹的壶腹嵴是头部旋转变速运动的感受器。壶腹嵴内有毛细胞，毛细胞顶部的纤毛埋在胶状物的终帽内（图 11-20）。当身体绕不同方位的轴做旋转变速运动时，均有相应的半规管壶腹嵴毛细胞上的纤毛因内淋巴的惯性运动而弯曲。纤毛的弯曲可使毛细胞产生电位变化，最终引发动作电位沿前庭神经传入中枢。人脑可根据来自两侧半规管传入信息的不同，来判定旋转开始和旋转方向，引起骨骼肌紧张的改变，以调整姿势，保持平衡；同时冲动上传到大脑皮层，引起旋转的感觉。

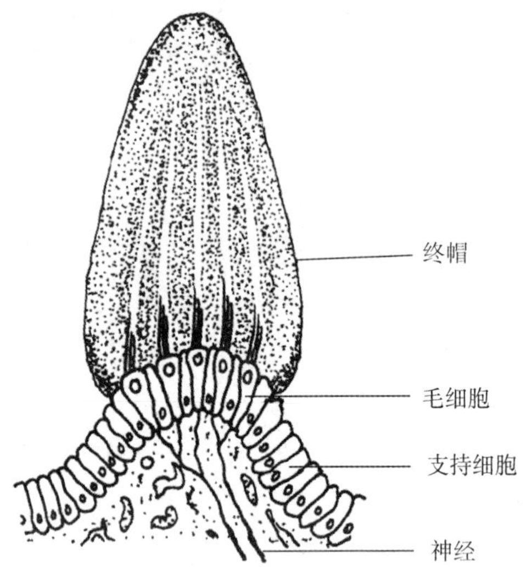

图 11-20　壶腹嵴示意图

（三）前庭反应

前庭器官的传入冲动，除引起运动和位置觉外，还能引起各种骨骼肌反射和自主神经功能的改变，这些现象称前庭反应。

1. 前庭器官的姿势反射　当进行直线变速运动或旋转变速运动时，可刺激椭圆囊和球囊或半规管，反射性地改变颈部和四肢肌紧张的强度，以保持姿势和平衡。人在乘车突然加速、减速时，或者被动旋转时，骨骼肌的一些维持姿势的反射主要就是由前庭器官传入信息引起的。

2. 前庭活动的内脏反应　人类前庭器官受到过强或过久的刺激，常可引起自主神经系统活动的改变，从而表现出一系列相应的内脏反应，如恶心、呕吐、眩晕、皮肤苍白、心率加快和血压下降等。有些人容易晕船、晕车或有航空病，可能是因为其前庭器官过于敏感的缘故。

第三节　皮肤

皮肤在覆盖身体表面，由表皮和真皮组成，借皮下组织与深部组织相连，平均面积约 1.7m^2。皮肤内有多种感受器，可以看成一个巨大的感觉器官。同时，皮肤具有保护深部组织、调节体温、排泄和吸收等作用。

PPT：皮肤

一、皮肤的结构

皮肤分为浅层的表皮和深层的真皮（图 11-20）。

（一）表皮

表皮为角化的复层扁平上皮（又称复层鳞状上皮），表皮厚薄不等，根据细胞的形态特点和位置，一般可分 5 层，由深至浅依次为基底层、棘层、颗粒层、透明层和角质层。

1. 基底层　附着于基膜上，是一层低柱状细胞，较幼稚，具有较强的分裂增殖能力，新生的细胞逐渐向表层推移，分化为其余各层细胞。

2. 棘层　由数层多边形细胞组成，细胞较大，表面伸出许多短小的棘状突起。

3. 颗粒层　由 3～5 层梭形细胞组成，细胞已开始向角质细胞转化。

4. 透明层　由数层扁平的细胞组成，细胞核和细胞器退化消失，细胞质呈均质透明状。

5. 角质层　由多层扁平的角质细胞构成，细胞已完全角化，具有抗摩擦、阻挡有害物质侵入及防止体内物质丢失等作用。

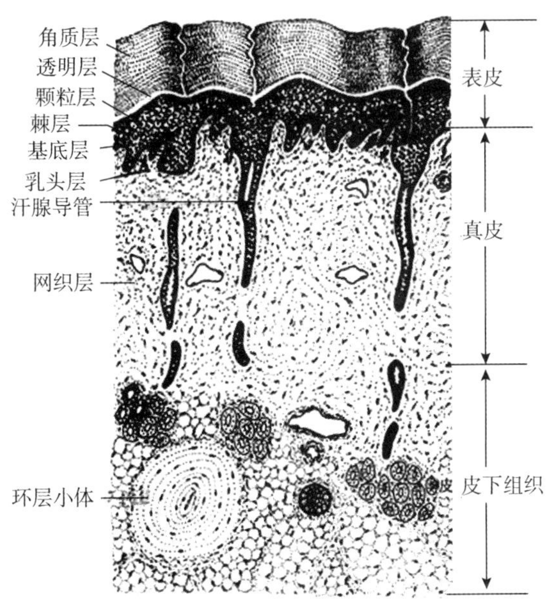

图 11-22　手指皮肤的微细结构

（二）真皮

真皮由致密结缔组织构成，富有韧性和弹性。真皮内含有许多小血管、淋巴管和多种感受器以及皮脂腺、外泌汗腺等。

皮下组织即浅筋膜，不属于皮肤的结构，但其结缔组织纤维与真皮相连结。皮下组织由疏松结缔组织构成，内含脂肪组织、较大的血管、淋巴管和神经。脂肪组织的含量随年龄、性别和部位而异。

二、皮肤的附属器

皮肤的附属器包括体毛、皮脂腺、汗腺和指（趾）甲。

（一）体毛

人体皮肤除手掌和足底等处外，都有体毛分布。体毛露在皮肤外面的部分称毛干，埋入皮肤内的部分称毛根，毛根周围包有毛囊。毛囊和毛根下端形成膨大的毛球，是毛和毛囊的生长点。毛球基部有一深凹，结缔组织伸入其内形成毛乳头。毛乳头对体毛的生长有重要作用。毛囊的一侧附有斜行的平滑肌束，称立毛肌，收缩时，可使体毛竖立。

（二）皮脂腺

皮脂腺位于体毛与立毛肌之间，其导管开口于毛囊。皮脂腺的分泌物称皮脂，有润滑皮肤和保护体毛的作用。

（三）汗腺

全身的皮肤，除乳头和阴茎头等处外，都分布有汗腺。汗腺由分泌部和导管两部分组成。汗腺的分泌物称汗液。汗液经导管排到皮肤表面，对调节体温、湿润皮肤和调节水盐平衡等均具有重要的作用。

（四）指（趾）甲

指甲的前部露出于体表称甲体，甲体下面的皮肤为甲床，甲体后部埋入皮内称甲根，甲体两侧和甲根浅面的皮肤皱襞称甲襞，甲襞与甲体之间的沟称甲沟。

三、皮肤的感觉功能

感觉功能是皮肤的重要功能之一。在皮肤中呈点状分布着多种感受器，如感受触觉的触觉小体、感受痛觉的游离神经末梢、感受压觉的环层小体等。皮肤感觉主要有触压觉、冷觉、热觉和痛觉四种。

轻微的机械刺激作用于皮肤浅层的触觉感受器可产生触觉，触觉的感受器是位于真皮乳头层的触觉小体。若用较强的机械刺激导致皮肤深部组织变形则产生压觉，压觉的感受器主要是位于真皮深层的环层小体。两者性质上相似。故统称为触、压觉。人体不同部位皮肤的触压觉敏感程度差别很大，尤其以口唇部、手指尖最为敏感。

冷觉和热觉都属于温度觉，其感受器是位于真皮和表皮层的游离神经末梢，因感受温度范围不同而分为两种温度感受器。冷感受器最为敏感的温度在10～20℃，温度感受器最为敏感的温度在25℃，温度达到45℃以上时有痛觉纤维参与兴奋。

痛觉的感受器是位于皮肤中的游离神经末梢。痛觉不单是由一种刺激所引起，任何理化刺激作用于机体造成伤害都产生痛觉，很难适应。痛觉刺激常常反射性地引起自主神经系统的一系列反应。

（任典寰 李伟东）

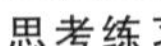
思考练习

参考答案

第十二章　神经系统

第一节　概　述

神经系统（nervous system）在人体功能调节中起主导作用。人体是一个复杂的有机体，不同组织、器官、系统有不同分工，在以神经系统为主的调节下，它们的活动得以相互协调和配合；人体生活在经常变化的环境中，神经系统通过感受环境变化，进行相应调节，使机体能够适应内、外环境的变化。同时由于神经系统，特别是脑的高度进化，人类还能主动改造环境。

学习目标

一、神经系统的组成

神经系统由脑（brain）、脊髓（spinal）、脑神经（cranial nerves）和脊神经（spinal nerves）及其遍布全身的分支组成。神经系统一般分为中枢神经系统（central nervous system）和周围神经系统（peripheral nervous system）两部分。中枢神经系统包括颅腔内的脑和椎管内的脊髓；周围神经系统包括与脑相连的脑神经和与脊髓相连的脊神经以及他们的分支。脑神经和脊神经中主要是大量的神经纤维，根据其末梢的分布，分为躯体神经纤维和内脏神经纤维；根据其传导兴奋的方向，分为感觉（传入）神经纤维和运动（传出）神经纤维。

PPT：神经系统概述

二、神经系统的常用术语

（一）灰质、白质和网状结构

中枢神经系统中神经元胞体和树突的聚集部位，富有血管，在新鲜标本中色泽灰暗，故称灰质（gray mater）。在大脑和小脑，集中于表层的灰质称为皮质（cortex）。白质（white mater）由神经纤维在中枢神经系统内聚集而成，因神经纤维外面包有髓鞘，色泽亮白故称白质。大脑和小脑的白质位于皮质的深部而称为髓质（medulla）。而灰、白质混杂交织的区域，称为网状结构（reticular formation）。

（二）神经核、纤维束、神经节和神经

在中枢神经系统，形态和功能相似的神经元胞体聚集成的团块状结构，称神经核（nucleus）。起止、功能和行程相同的神经纤维聚集成束，称纤维束（fasciculus）。

在周围神经系统，形态和功能相似的神经元胞体聚集成的团块，称神经节（ganglion），有感觉神经节和内脏运动神经节。感觉神经节是感觉神经元（假单极神经元）胞体聚集的结构。与脑神经相连的感觉神经节称为脑神经节，与脊神经相连的称为脊神经节。内脏运动神经节又称植物神经节，分交感神经节和副交感神经节。周围神经系统的神经纤维聚集形成粗细不等的神经（nerve）。

（三）神经中枢

在中枢神经系统内，与调节某一特定生理功能相关的神经元群称为神经中枢（nerve center），如下丘脑体温调节中枢、延髓呼吸中枢、大脑皮层视觉中枢等。参与某一反射活动的神经中枢则称为该反射的反射中枢（reflex center），如脊髓的排尿、排便反射中枢等。

第二节　中枢神经系统

一、脊髓

（一）脊髓的位置和外形

PPT：脊髓

脊髓位于椎管内，上端在枕骨大孔处与延髓相连；下端在成人约平对第1腰椎体下缘，在新生儿平对第3腰椎。脊髓呈前后略扁圆柱状，并可见两处膨大，为颈膨大和腰骶膨大（图12-1）。从两膨大处发出的神经分别支配上肢和下肢。在腰骶膨大以下脊髓变细呈圆锥状称脊髓圆锥。脊髓圆锥向下延伸为无神经组织的结缔组织状细丝称终丝。终丝附着于尾骨背面，有固定脊髓的作用。脊髓与附着的各对脊神经前、后根丝相对应的范围为1个节段（图12-2）。脊髓有31个节段，即8个颈节、12个胸节、5个腰节、5个骶节和1个尾节。

脊髓表面有6条纵沟，前面正中纵行的深沟称为前正中裂，后面正中纵行的浅沟称后正中沟。前正中裂两侧有2条纵行浅沟称前外侧沟，附有脊神经前根。后正中沟的两侧也有2条纵行浅沟称后外侧沟，附有脊神经的后根。前、后根在椎间孔处合成脊神经（图12-2）。

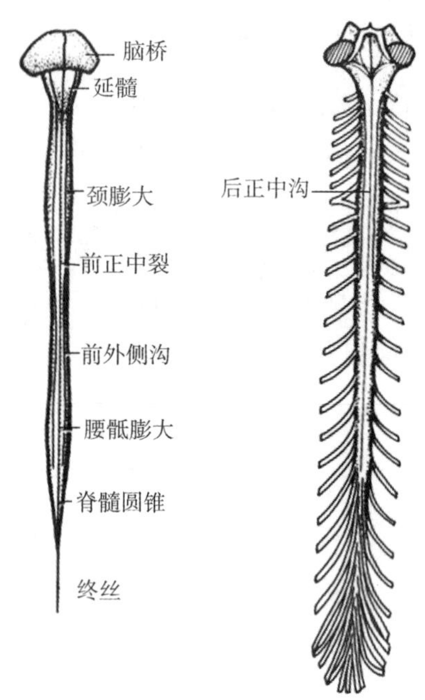

图 12-1　脊髓的外形

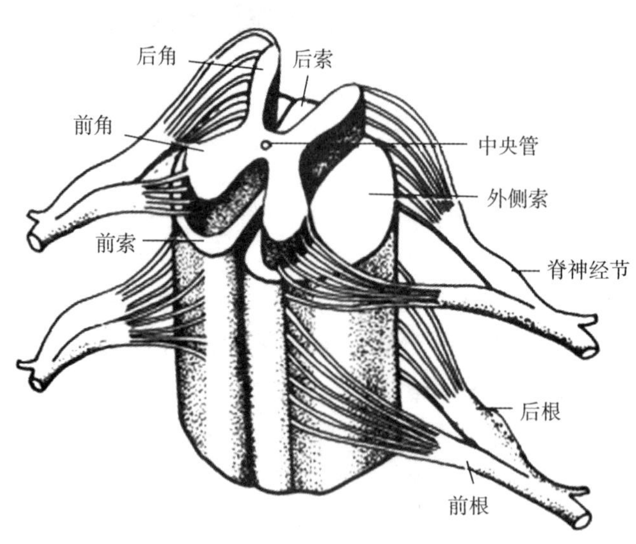

图 12-2　脊髓与脊神经

（二）脊髓的内部结构

脊髓由灰质、白质和中央管构成（图 12-3）。在脊髓横切面上，灰质位于中央，呈“H”形；白质位于灰质的周围。中央管位于灰质的中央，纵贯脊髓的全长，向上连通第四脑室。

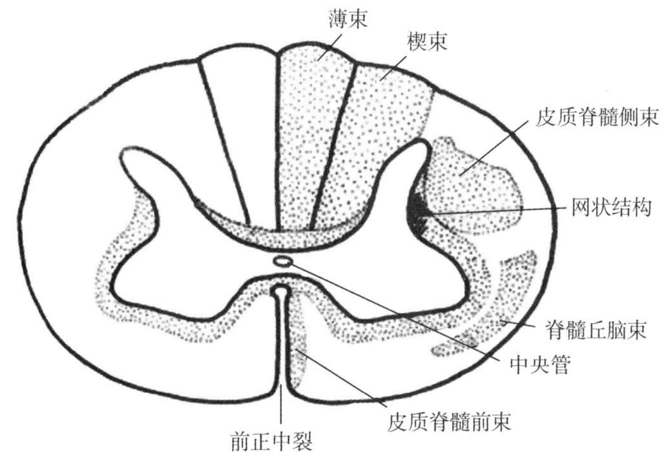

图 12-3　脊髓的灰质和白质

1. 灰质　脊髓每一侧灰质向前伸出前角（前柱）和向后伸出后角（后柱），在脊髓T1～L3 节段的前角和后角之间还有向外侧突出的侧角（侧柱）。

（1）前角：是运动神经元胞体所在部位。前角神经元的轴突参与组成脊神经的前根，支配骨骼肌的运动。

（2）后角：主要有中间（联络）神经元胞体，接受后根的传入纤维。

（3）侧角：仅见于脊髓 T1～L3 节段，是交感神经的低级中枢，内有交感节前神经元的胞体。而在脊髓 S2～S4 节段，相当于侧角位置的部位，称骶副交感核，是副交感神经在脊髓的低级中枢。脊髓灰质 T1～L3 段侧角及骶副交感核内神经元发出的纤维在相应脊神经的前根走行。

2. 白质　位于灰质周围，主要由上行（感觉）纤维束和下行（运动）纤维束组成。以前外侧沟和后外侧沟为界，每侧白质分为 3 个索。前正中裂和前外侧沟之间的白质称前索；后正中沟和后外侧沟之间的白质称后索；前外侧沟和后外侧沟之间的白质称外侧索。脊髓白质中的神经纤维束可分上行和下行两类。

（1）上行（感觉）纤维束：①薄束和楔束：位于后索。薄束位于内侧，由来自 T5 以下的脊神经节细胞的中枢突组成；楔束位于外侧，由来自 T4 以上的脊神经节细胞的中枢突组成。这些脊神经节细胞的周围突分布于躯干、四肢的肌、肌腱、关节和皮肤的感受器中；中枢突则经脊神经后根进入脊髓后索上行至延髓内的薄束核和楔束核，传导意识性本体感觉（深感觉）和精细触觉；②脊髓丘脑束：位于外侧索和前索。在外侧索上行的称脊髓丘脑侧束，在前索上行的称脊髓丘脑前束。脊髓丘脑侧束传导痛觉和温度觉的冲动；脊髓丘脑前束传导粗触觉和压觉的冲动（图 12-3）。

（2）下行（运动）纤维束：皮质脊髓束是脊髓中最大的下行纤维束。大脑皮质运动区发出的下行纤维，大部分在延髓的锥体交叉处交叉到对侧，在脊髓外侧索中下行，称皮质脊髓侧束；小部分不交叉的纤维于同侧脊髓前索中下行，称皮质脊髓前束（图

12-3）。皮质脊髓束的纤维支配脊髓灰质前角运动神经元的活动。

（三）脊髓的功能

1. 反射功能 脊髓是调节躯体运动的初级中枢，可完成骨骼肌牵张反射、屈肌反射、对侧伸肌反射等。同时脊髓中也可以完成一些的内脏反射，如排尿反射、排便反射、血管运动反射和发汗反射等。正常情况下，脊髓的这些反射功能受到高位中枢的调节。

2. 传导功能 脊髓内的纤维束是联络脑与身体各部（主要躯干、四肢及部分内脏）的传导通路。如果脊髓损伤，脊髓内的传导纤维束被破坏，外周的感觉信息就不能传至高位中枢，高位中枢的指令信息也无法传至外周器官。

由于在人体功能调节中，神经系统的各部分功能并非相互独立，脊髓的功能将在后文中进一步展开。

二、脑

脑位于颅腔内，可分端脑、间脑、脑干和小脑 4 部分（图 12-4）。

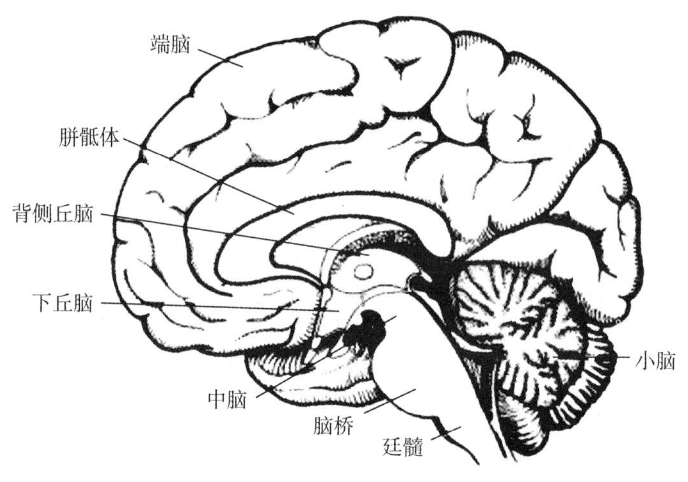

图 12-4 脑的正中矢状切面

（一）脑干

脑干（brain stem）自下而上由延髓、脑桥和中脑 3 部分组成。延髓在枕骨大孔处下接脊髓，中脑上连间脑，延髓和脑桥的背面与小脑相连。

PPT：脑

1. 脑干的外形

（1）腹侧面：延髓在腹侧面上有与脊髓相续的沟和裂。位于前正中裂两侧的纵行隆起，称为锥体，其内有皮质脊髓束通过；该纤维束的大部分纤维在延髓腹侧的下部交叉到对侧，形成锥体交叉（图 12-5）。

脑桥位于脑干中部，其腹侧面宽阔膨大，称脑桥基底部。基底部正中的纵行浅沟，称基底沟，容纳基底动脉。基底部向后外逐渐变窄，移行为小脑中脚。

中脑（midbrain）腹侧面一对粗大的柱状隆起，称大脑脚，主要由大量来自大脑皮质发出的下行纤维束构成，两脚之间的凹陷为脚间窝。大脑脚的内侧有动眼神经根出脑。

（2）背侧面：延髓背侧面下份有后正中沟，其两侧各有 2 个较小的隆起，内侧的称薄束结节，内有薄束核；外侧的称楔束结节，内含楔束核（图 12-5）。

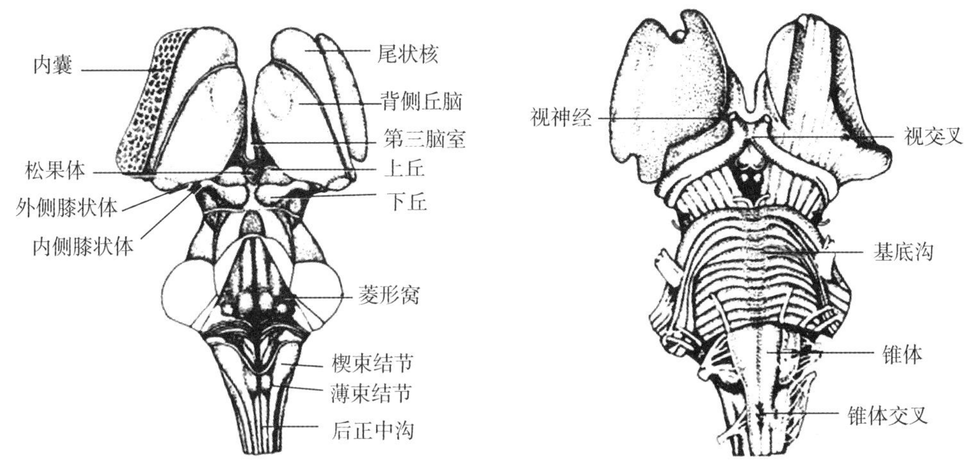

图 12-5　脑干的外形

脑桥背侧面形成菱形窝的上半部，其两侧是小脑上脚和小脑中脚。

中脑背侧面上、下各有 2 个圆形隆起，分别称为上丘和下丘。前者与视觉反射有关；后者与听觉反射有关。在下丘的下部有滑车神经根出脑。

（3）菱形窝：又称第四脑室底，呈菱形，由脑桥和延髓上半部的背侧面构成。

（4）第四脑室：位于延髓、脑桥和小脑之间的腔室。第四脑室向上经中脑水管与第三脑室相通，向下通延髓中央管，并借第四脑室正中孔和左、右外侧孔与蛛网膜下隙相通（图 12-6）。

2. 脑干内部结构　主要包括 3 部分：灰质内的脑神经核和非脑神经核，白质内的纤维束，灰、白质交织而成的网状结构。

（1）脑神经核：脑神经核指脑干内直接与脑神经（第 3～12 对）相连的神经核。脑神经核可分为躯体运动核、躯体感觉核、内脏运动核和内脏感觉核 4 种，并与脑神经的纤维成分相对应。

（2）非脑神经核：为脑干的低级中枢或上、下行传导通路的中继核。如薄束核和楔束核、红核和黑质等。①薄束核和楔束核：是躯干和四肢意识性本体感觉传导通路中的中继核，位于薄束结节和楔束结节的深面。两核分别接受薄束和楔束的纤维，中

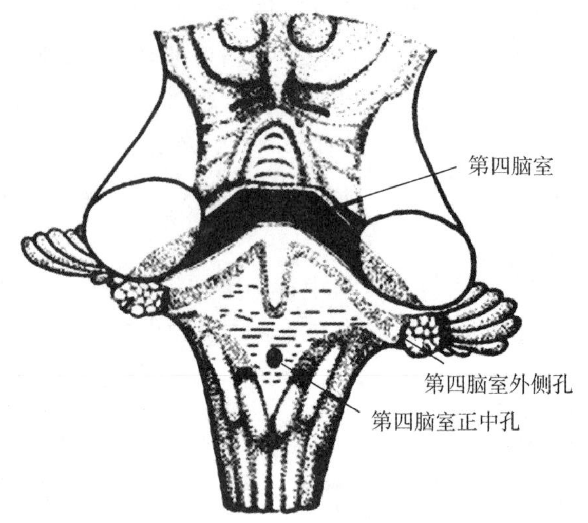

图 12-6 第四脑室

继后发出的纤维在中央管腹侧的中线左右交叉，称内侧丘系交叉。交叉后的纤维在中线两侧转折上行，称内侧丘系；②红核：是小脑和大脑至脊髓的下行的中继核，主要位于中脑上丘平面；③黑质：是大脑至间脑以及脑干网状结构的下行中继核，又是多巴胺的来源，位于红核的腹外侧。

(3) 纤维束：上行纤维束主要有内侧丘系、脊髓丘系等，下行纤维束主要有锥体系等。

1) 上行纤维束：①内侧丘系：由对侧薄束核和楔束核发出，上行至间脑和背侧丘脑。传导来自对侧躯干和四肢的意识性本体觉和精细触觉冲动；②脊髓丘系：来自脊髓丘脑束，上行至背侧丘脑。传导对侧躯干、四肢的温、痛、触压觉冲动；③三叉丘系：由三叉神经脊束核和脑桥核发出，上行至背侧丘脑。传导对侧头面部温、痛、触、压等感觉冲动。

2) 下行纤维束：主要是锥体系（pyramidal tract），由大脑皮质中央前回和中央旁小叶前部发出。下行止于脊髓前角的称皮质脊髓束，止于脑干躯体运动神经核的称皮质核束。

(4) 脑干的网状结构：在脑干中央部的腹侧内，神经纤维纵横交织成网，网中散在有大小不等的神经细胞群，称为网状结构。脑干网状结构与端脑、间脑、小脑和脊髓都有联系，具有调节躯体运动（如延髓的抑制区和易化区）、内脏活动（如呼吸中枢和心血管中枢）、影响大脑皮质（如上行网状激动系统）等作用。

3. 脑干的主要功能 脑干中有很多与基本生命活动密切相关的中枢，脑干的传导纤维束传导上、下行信息，脑干网状结构等在维持大脑皮质兴奋和调节骨骼肌紧张等方面有重要作用。

（二）小脑

小脑（cerebellum）位于颅后窝，延髓和脑桥的后方，通过小脑上脚、中脚和下脚与脑干相连。

1. 小脑的外形　小脑中间比较狭窄的部位，称小脑蚓，两侧膨大部分，称小脑半球。小脑半球上面前 1/3 和后 2/3 交界处的深沟，称原裂。在小脑蚓下部两旁，部分靠近延髓背面的小脑半球向下膨隆，称小脑扁桃体。当颅内高压时，小脑扁桃体向下嵌入枕骨大孔，形成小脑扁桃体疝，从而压迫延髓，危及生命（图 12-7，8）。

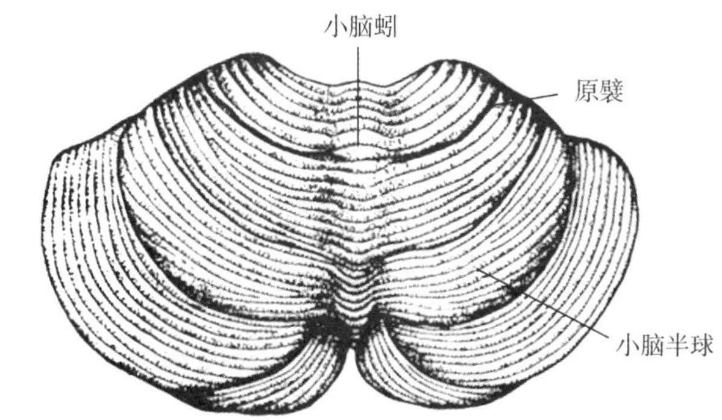

图 12-7　小脑的外形（上面）

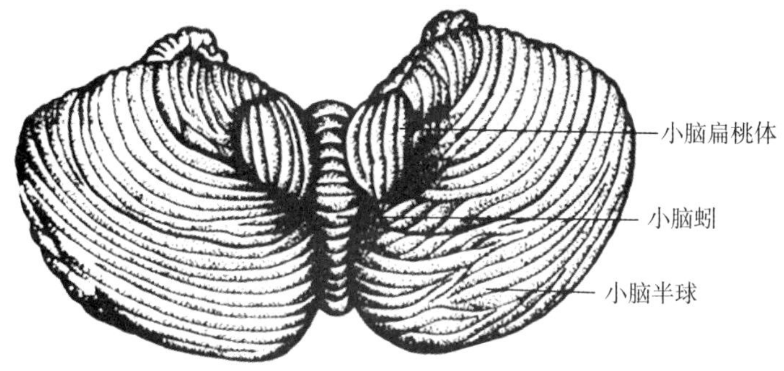

图 12-8　小脑的外形（下面）

2. 小脑的分叶

（1）绒球小结叶：位于小脑下面的最前部。因其种系发生上最古老，称原小脑。

（2）前叶：位于小脑上部原裂以前的部分，因其在种系发生上较晚，称旧小脑。

（3）后叶：为原裂以后的部分，因其在进化过程中是新发生的结构，称新小脑。

3. 小脑的功能　主要与躯体运动调节有关，参与维持身体平衡、调节肌紧张、协调随意运动等。

（三）间脑

间脑（diencephalon）位于中脑与端脑之间，大部分被大脑半球掩盖，仅有部分露于脑底。间脑中间的窄腔为第三脑室。间脑由背侧丘脑、后丘脑、下丘脑、上丘脑和底丘脑 5 部分组成。

1. 背侧丘脑 背侧丘脑简称丘脑，由 1 对卵圆形灰质团块组成（图 12-5）。

2. 后丘脑 后丘脑位于脑的后下方，包括内侧膝状体和外侧膝状体（图 12-5）。前者接受听觉传入纤维，后者接受视束的传入纤维。

3. 下丘脑 下丘脑位于背侧丘脑的下方，下丘脑的下面，是间脑唯一露于脑底的部分，由前向后依次为：视交叉、灰结节、乳头体。灰结节向下延续为漏斗，漏斗下端连接垂体。下丘脑内有许多神经核，其中视上核和室旁核可分泌抗利尿激素和催产素（图 12-9）。

下丘脑是调节内脏活动的较高级中枢，与摄食、饮水、情绪反应、体温调节以及内分泌活动调节等关系密切。

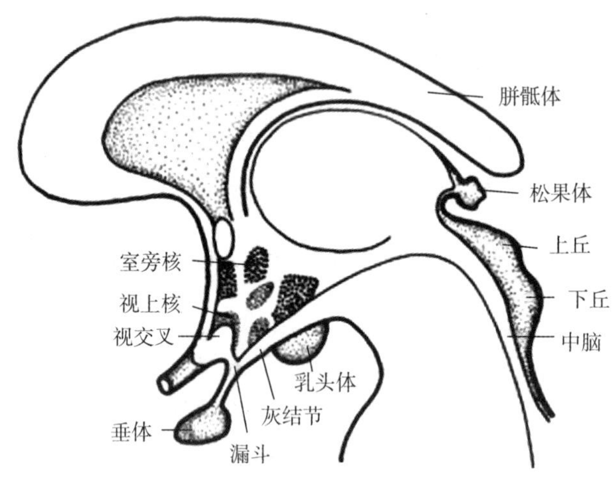

图 12-9 下丘脑的主要核团

4. 第三脑室 第三脑室是位于左、右背侧丘脑和下丘脑之间的矢状间隙，其前方借左、右室间孔与左、右侧脑室相通，后方借中脑水管与第四脑室相通（图 12-10）。

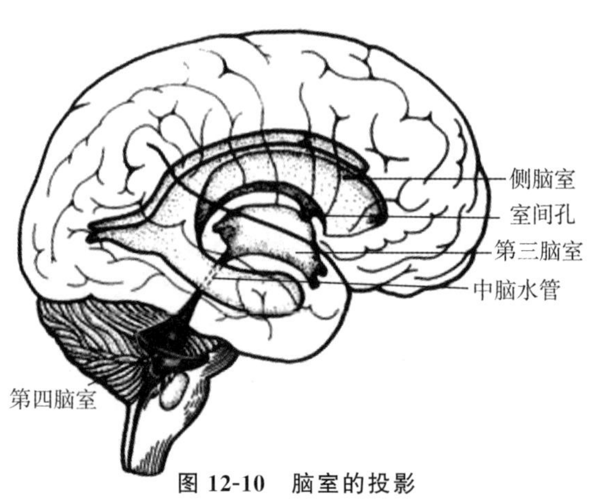

图 12-10 脑室的投影

(四) 端脑

端脑（telencephalon）由两侧大脑半球借胼胝体连接而成。左右两大脑半球由大脑纵裂将其分开。大脑纵裂底部有连接两半球的横行纤维，称胼胝体。大脑半球表面的一层灰质，称大脑皮质。皮质深面是髓质（白质）。深埋在髓质内的一些灰质核团，称基底核。大脑半球内部的腔隙，称侧脑室。

1. 大脑半球的外形　大脑半球表面凹凸不平，凹处称脑沟，凸处称脑回。大脑半球借中央沟、外侧沟和顶枕沟分为 5 叶：额叶、顶叶、颞叶、枕叶和岛叶。中央沟前方的部分是额叶；中央沟后方、外侧沟上方的部分是顶叶；外侧沟下方的部分是颞叶；顶枕沟后方较小的部分是枕叶；岛叶则藏于外侧沟的深部。每侧大脑半球有 3 个面：上外侧面、内侧面和底面。各面重要的沟、回如下。

（1）大脑半球上外侧面：①额叶：在中央沟前方有与之平行的中央前沟，两沟间的部分称中央前回；②顶叶：在中央沟后方有与之平行的中央后沟，两沟间的部分称中央后回；③颞叶：紧靠外侧沟的是颞上回，颞上回后部有几条短的颞横回；④枕叶：在外侧面上有些恒定的沟和回；⑤岛叶：藏于外侧沟的深部，周围有环状的沟围绕，其表面有长短不等的脑回（图 12-11）。

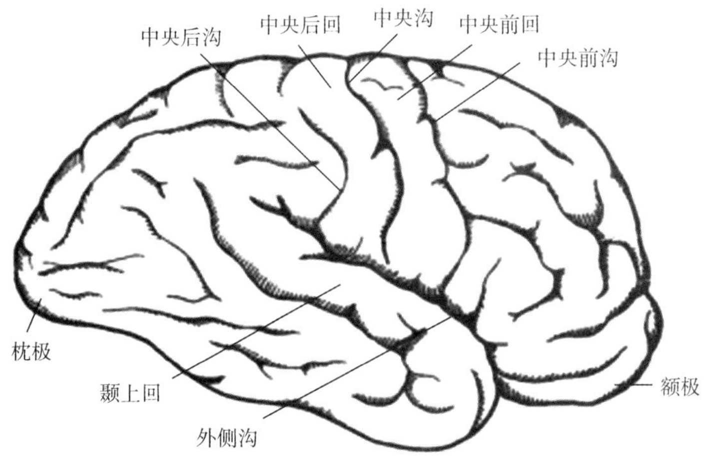

图 12-11　大脑右半球上外侧面

（2）大脑半球内侧面：额、顶、枕、颞 4 叶都有部分扩展到大脑半球内侧面。中央前、后回延伸至大脑半球内侧面的部分称中央旁小叶。距状沟位于枕叶，从后端的下方起，呈弓形向后至枕叶后端。间脑上方有联络两侧大脑半球的胼胝体。在胼胝体上方的沟称为胼胝体沟。扣带沟位于胼胝体沟的上方，与之平行，两者间的脑回是扣带回（图 12-12）。

（3）大脑半球底面：由额、枕、颞叶组成。颞叶下方有海马旁回，其前端弯成钩形的部分，称钩。

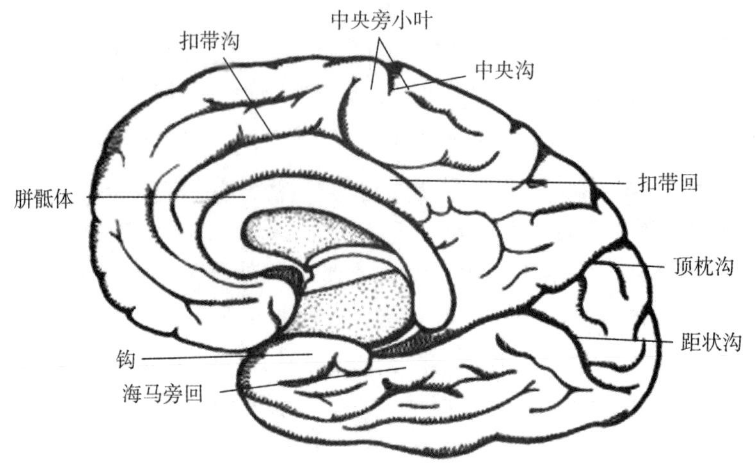

图 12-12 大脑右半球内侧面

2. 大脑半球的内部结构

(1) 大脑皮质：大脑皮质是高级神经活动的物质基础，含有约 140 亿个神经元。机体各种功能的最高级中枢在大脑皮质上都有特定的功能区。

(2) 基底核 (basal nuclei)：又称基底神经节，是位于大脑半球白质内的灰质团块，位置在背侧丘脑的外上方，靠近脑底，包括尾状核、豆状核、杏仁体等结构（图 12-13）。

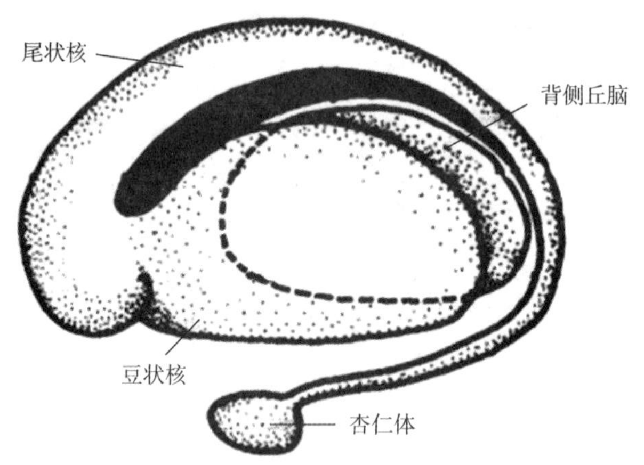

图 12-13 基底核（左侧）与背侧丘脑的位置关系

豆状核和尾状核内部有白灰相间条纹，故称为纹状体。其中豆状核的壳和尾状核称为新纹状体；豆状核内部的苍白球称旧纹状体。纹状体主要参与随意运动的协调和肌紧张的调节。杏仁体功能与内分泌、情绪、学习等有关，常与边缘叶、下丘脑等一起讨论。

(3) 大脑髓质：由大量的神经纤维组成，可分为三类。①连合纤维：是连接左右

大脑半球皮质的纤维，如胼胝体等；②联络纤维：是联系同侧大脑半球各部之间的纤维；③投射纤维：由联系大脑皮质与皮质下中枢之间的上、下行纤维组成，这些纤维大部分经过内囊。

内囊（internal capsule）位于背侧丘脑、尾状核和豆状核之间（图 12-14）。在内囊水平面上，左右略呈“＞＜”。内囊分 3 部：内囊前肢位于尾状核与豆状核之间；内囊后肢位于背侧丘脑与豆状核之间；内囊膝为前肢和后肢的相交处。内囊是上、下行纤维束聚集的区域，因此当营养内囊的小动脉破裂（脑出血）或栓塞时，可导致内囊膝和后肢的受损，引起对侧偏身感觉丧失，对侧偏瘫和双眼对侧半视野偏盲，即“三偏”症状。

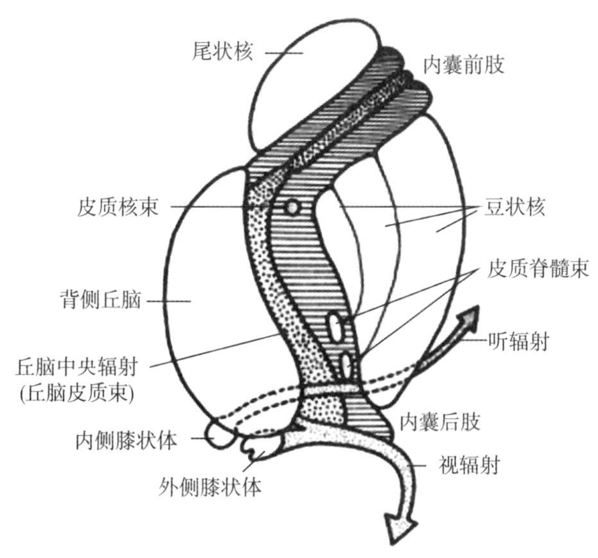

图 12-14　右侧内囊的水平切面

第三节　周围神经系统

一、脊神经

脊神经（spinal nerve）共有 31 对，从上到下分为颈神经 8 对、胸神经 12 对、腰神经 5 对、骶神经 5 对和尾神经 1 对。每对脊神经通过前根和后根与相应的脊髓节段相连（图 12-15）。

PPT：脊神经

前根内含有运动纤维（躯体运动和内脏运动）；后根内含有感觉纤维（躯体感觉和内脏感觉）。前根和后根在椎间孔处合成一条粗短的脊神经，脊神经为混合性神经。

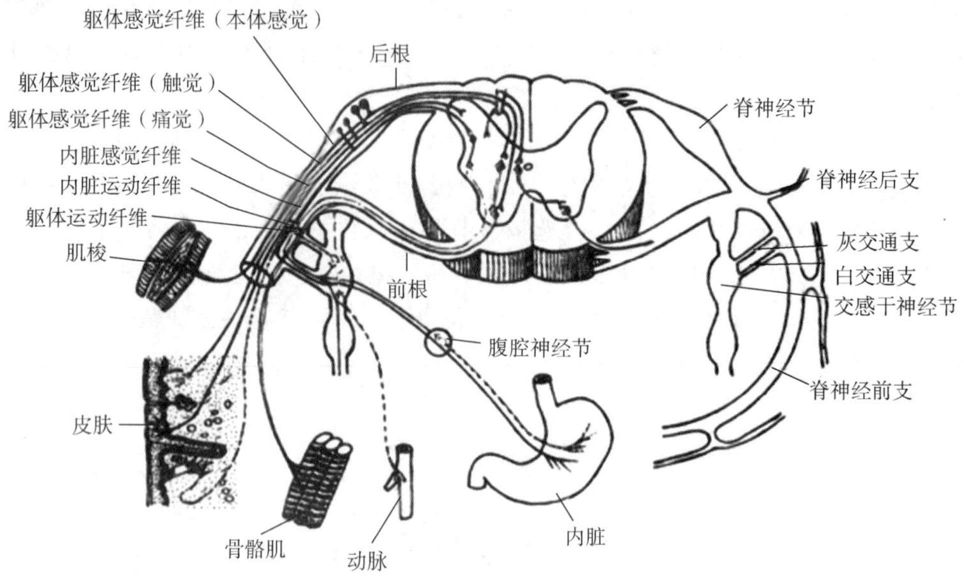

图 12-15　脊神经的组成及分布模式图

脊神经出椎间孔后立即分为脊神经前支和脊神经后支等 4 支。脊神经前支粗而长，为混合性神经，分布于躯干前外侧、四肢的肌、关节、骨和皮肤。胸神经前支保持节段性走行和分布，其余脊神经前支则交织形成神经丛，即颈丛、臂丛、腰丛和骶丛，再由各神经丛发出分支分布。脊神经后支细而短，为混合性神经，节段性的分布于项、背、腰、骶部的深层肌和皮肤。

（一）颈丛

1. 颈丛的组成和位置　颈丛（cervical plexus）由第 1～4 颈神经前支交织而成（图 12-16），位于胸锁乳突肌中上部的深面。

图 12-16　颈丛的皮支

2. 颈丛的分支　颈丛的分支包括皮支和肌支。皮支分布于枕部、耳郭、颈部及肩部。肌支分布于颈深部的肌群、舌骨下肌群及膈肌。

膈神经（图 12-17）为混合性神经，是颈丛中最重要的分支，其运动纤维支配膈肌；感觉纤维分布于心包、胸膜及膈下部分腹膜。膈神经损伤的主要表现为同侧膈肌瘫痪、呼吸困难。膈神经受刺激时可产生呃逆。

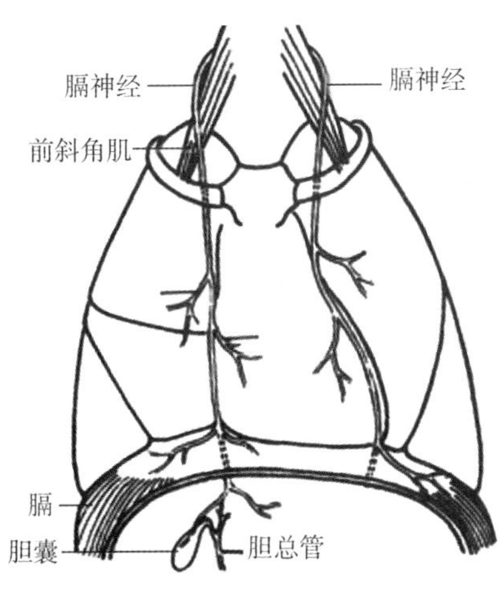

图 12-17　膈神经

（二）臂丛

1. 臂丛的组成和位置　臂丛由第 5～8 颈神经前支和第 1 胸神经前支大部纤维组成（图 12-18）。位于锁骨下动脉的后上方，再经锁骨后方进入腋窝。

2. 臂丛的主要分支（图 12-18，图 12-19，图 12-20，图 12-21）

（1）腋神经：支配三角肌、肩部、臂部上 1/3 外侧的皮肤。肱骨外科颈骨折、肩关节脱位或被腋杖压迫，可引起腋神经损伤而致三角肌瘫痪，臂不能外展，肩部感觉障碍，形成“方形肩”。

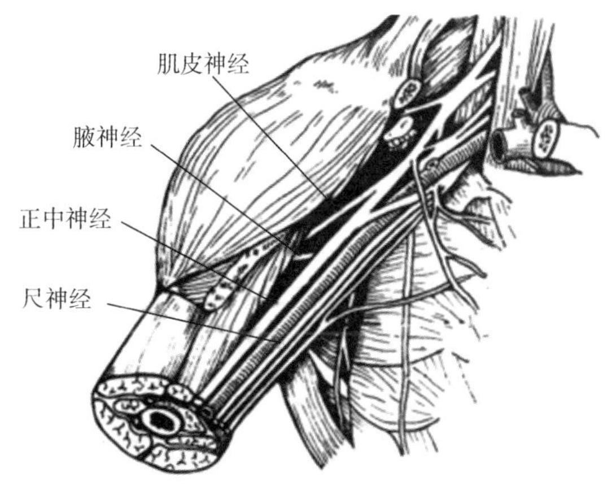

图 12-18　臂丛及其分支

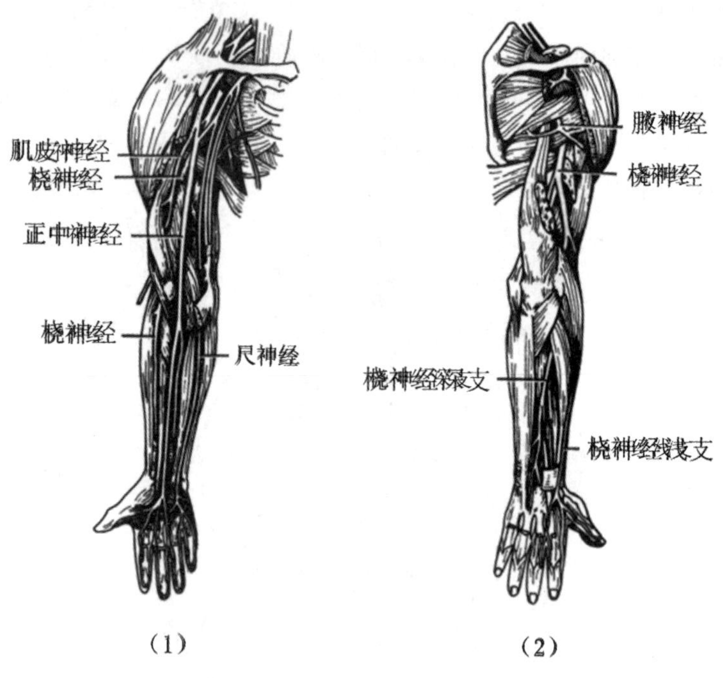

图 12-19　上肢的神经（右侧）

（2）肌皮神经：支配上臂前群肌及前臂外侧皮肤。

（3）正中神经：主要支配前臂屈肌、大鱼际肌。皮支分布手掌桡侧 2/3 的皮肤、桡侧 3 个半手指掌面以及其背面中节和远节的皮肤。正中神经损伤表现为屈指、屈腕、屈肘能力减弱，以桡侧明显；拇指不能对掌；感觉丧失以大鱼际明显。大鱼际肌萎缩，手掌平坦，也称“猿掌”（图 12-19，图 12-20，图 12-21）。

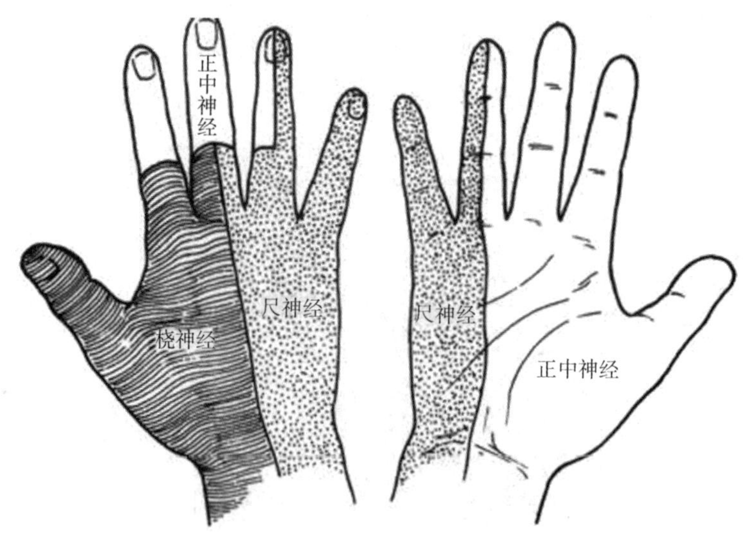

图 12-20　手皮肤的神经分布

(4) 尺神经：支配尺侧腕屈肌、拇收肌、小鱼际肌等。尺神经损伤表现为屈腕力减弱，拇指不能内收，小鱼际萎缩，出现“爪形手”。皮支支配小鱼际的皮肤、尺侧一个半指皮肤和手背尺侧半的皮肤，损伤时该区感觉丧失（图 12-19，图 12-20，图 12-21）。

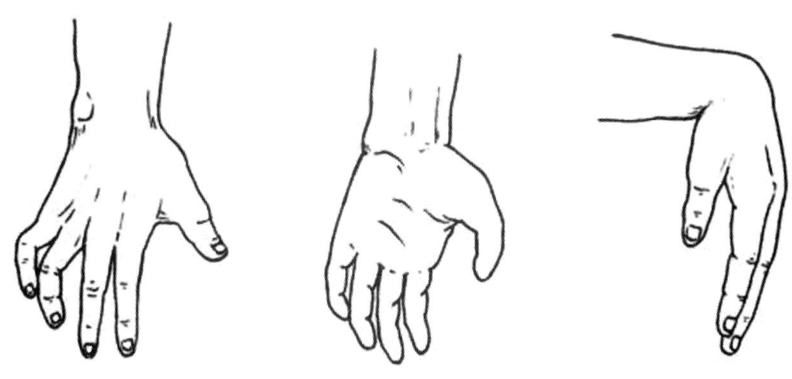

图 12-21　上肢神经损伤的手形

(5) 桡神经：支配肱三头肌、肱桡肌及前臂后群所有伸肌。桡神经损伤表现为前臂伸肌瘫痪，抬前臂时出现“垂腕”状，感觉丧失以前臂背侧明显。皮支支配手背桡侧半皮肤及桡侧两个半手指近节背面皮肤（图 12-19，图 12-20，图 12-21）。

（三）胸神经前支

胸神经前支共 12 对，大部分呈节段性分布。第 1～11 对位于相应的肋间隙内称肋间神经，第 12 对胸神经前支位于第 12 肋的下方，称肋下神经（图 12-22）。胸神经前支在胸、腹壁皮肤的节段性分布最为明显，临床据此来检查感觉障碍的节段。

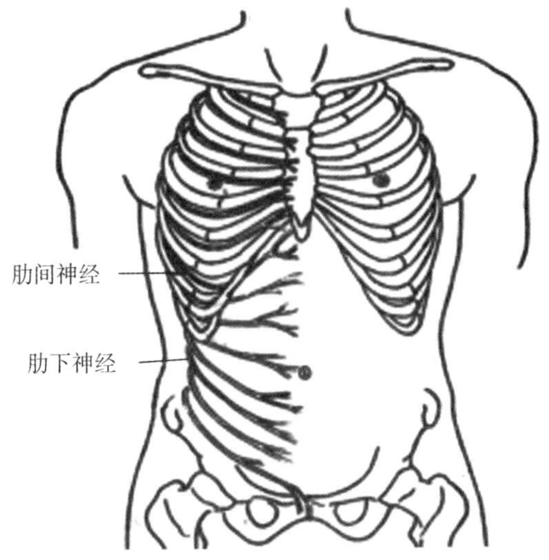

图 12-22　肋间神经在胸腹壁的分布

（四）腰丛

1. 腰丛的组成和位置 由第 12 胸神经前支一部分及第 1～3 腰神经前支和第 4 腰神经前支一部分组成（图 12-23）。腰丛位于腰大肌的深面。

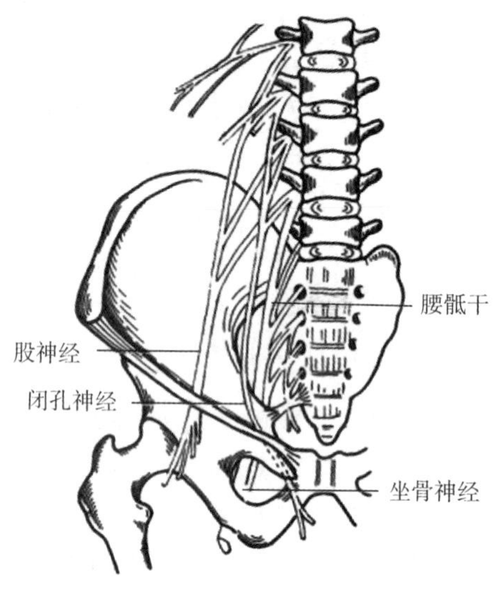

图 12-23 腰、骶丛组成模式图

2. 腰丛的主要分支

（1）股神经：腰丛中最大的分支，经腹股沟韧带中点进入大腿前方，肌支分布于大腿前部肌群；皮支分布于大腿前皮肤、小腿及足内侧皮肤。股神经损伤表现为：屈髋无力，坐位时不能伸膝，行走困难，膝跳反射消失，大腿前面及小腿内侧面皮肤感觉障碍。

（2）闭孔神经：位于大腿内侧，支配大腿内侧肌群和皮肤。

（五）骶丛

1. 骶丛的组成和位置 骶丛由第 4 腰神经前支一部分和第 5 腰神经前支合成的腰骶干及全部骶神经和尾神经前支组成。骶丛位于骶骨及梨状肌的前方。

2. 骶丛的主要分支 坐骨神经是全身最粗大的神经，经梨状肌下孔出盆腔后，经坐骨结节与大转子之间下行达股后区，下降至腘窝上方分为胫神经和腓总神经（图 12-24）。①胫神经：在腘窝下行至小腿后部，经内踝后方至足底。分布于膝关节，小腿后群肌和皮肤、足底肌和皮肤。胫神经损伤的主要表现为足背屈伴外翻（钩形足），足底感觉丧失；②腓总神经：在腘窝处绕至小腿前方，分为腓浅神经和腓深神经。腓总神经分布于小腿前群肌、足背肌及相应部位的皮肤。腓深神经损伤的典型表现为足跖屈伴内翻（马蹄内翻足），同时伴有小腿前、外侧面及足背的感觉丧失。

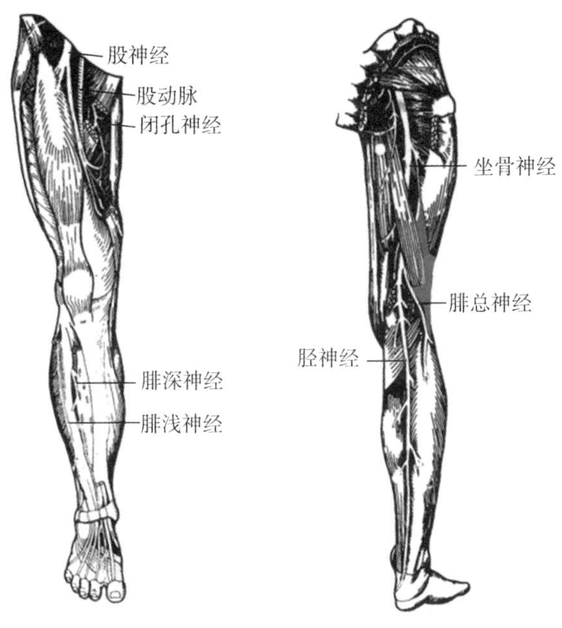

图 12-24 右侧下肢的神经

二、脑神经

PPT：脑神经

脑神经（cranial nerves）是与脑相连的周围神经，共 12 对（图 12-25），其排列顺序一般用罗马数字表示：Ⅰ嗅神经、Ⅱ视神经、Ⅲ动眼神经、Ⅳ滑车神经、Ⅴ三叉神经、Ⅵ展神经、Ⅶ面神经、Ⅷ前庭蜗神经、Ⅸ舌咽神经、Ⅹ迷走神经、Ⅺ副神经、Ⅻ舌下神经。脑神经中的神经纤维有躯体感觉纤维、内脏感觉纤维、躯体运动纤维和内脏运动纤维。

每对脑神经内所含神经纤维的种类不同。根据脑神经所含纤维成分不同，将脑神经分为感觉性神经（Ⅰ、Ⅱ、Ⅷ对脑神经）、运动性神经（Ⅲ、Ⅳ、Ⅵ、Ⅺ、Ⅻ对脑神经）和混合性神经（Ⅴ、Ⅶ、Ⅸ、Ⅹ对脑神经）（表 12-1，表 12-2）。

表 12-1 脑神经的性质及连接部位

顺序及名称		性质	连接部位
Ⅰ	嗅神经	感觉性	端脑
Ⅱ	视神经	感觉性	间脑
Ⅲ	动眼神经	运动性	中脑
Ⅳ	滑车神经	运动性	中脑
Ⅴ	三叉神经	混合性	脑桥

（续表）

顺序及名称		性质	连接部位
Ⅵ	展神经	运动性	脑桥
Ⅶ	面神经	混合性	脑桥
Ⅷ	前庭蜗神经	感觉性	脑桥
Ⅸ	舌咽神经	混合性	延髓
Ⅹ	迷走神经	混合性	延髓
Ⅺ	副神经	运动性	延髓
Ⅻ	舌下神经	运动性	延髓

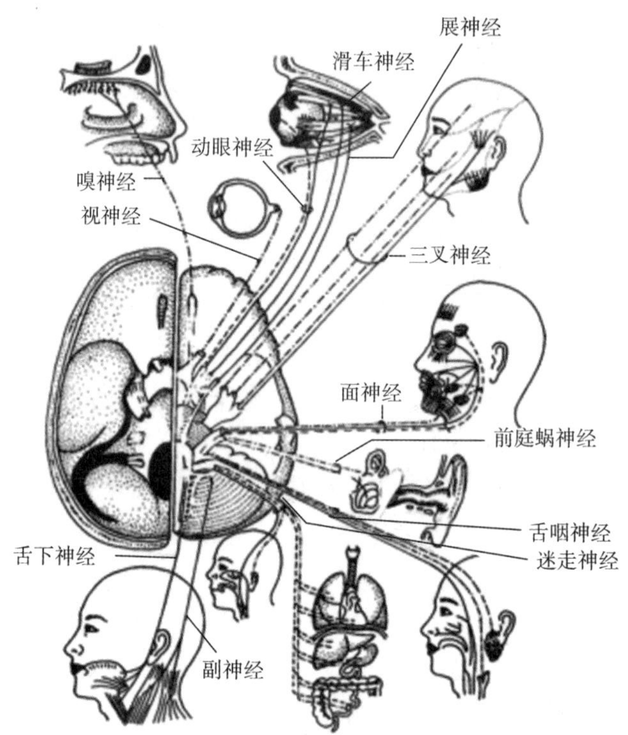

图 12-25　脑神经概况

（一）三叉神经

三叉神经（图 12-26）含躯体运动和躯体感觉 2 种纤维。发出 3 条分支神经，即眼神经、上颌神经和下颌神经。

1. 眼神经　为感觉支，分布于眼眶内的结构和眼裂以上的皮肤。

2. 上颌神经　为感觉支，分布于鼻腔、腭、上颌牙，睑裂与口裂之间的皮肤。

3. 下颌神经　含躯体感觉和躯体运动两种纤维。支配咀嚼肌，分布于下颌牙、舌

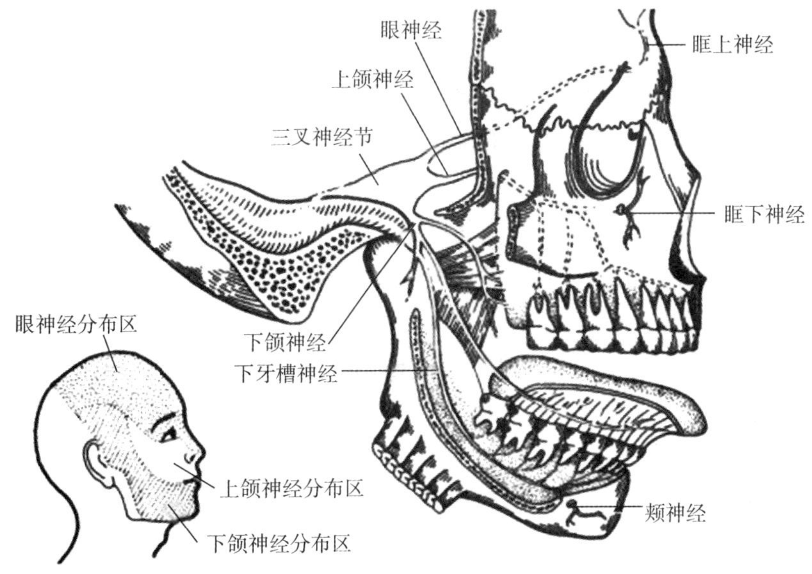

图 12-26　三叉神经

前 2/3 及口腔底黏膜、耳颞区及口裂以下的皮肤等。

三叉神经在头、面部皮肤的分布范围，以睑裂和口裂为界。眼神经分布于睑裂以上，额部的皮肤；上颌神经分布于睑裂与口裂之间的皮肤；下颌神经分布于口裂以下的皮肤。

(二) 面神经

面神经（图 12-27）含有内脏运动、内脏感觉和躯体运动 3 种纤维。

内脏运动纤维分布于下颌下腺和舌下腺，支配其分泌活动；内脏感觉纤维分布于舌前 2/3 的味蕾，司味觉；躯体运动纤维支配面部表情肌及颈阔肌。

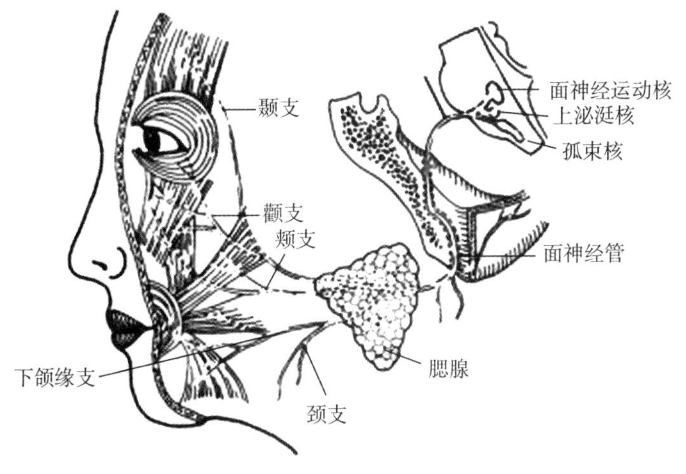

图 12-27　面神经

（三）迷走神经

迷走神经（图 12-28，29）在脑神经中行程最长，分布最广。迷走神经含有躯体运动、躯体感觉、内脏运动和内脏感觉 4 种纤维，其中内脏运动纤维是迷走神经的主要纤维成分。

迷走神经在颈部、胸部和腹部的主要分支有：

1. 喉上神经 分布于声门裂以上的喉黏膜；支配环甲肌。

2. 喉返神经 为混合性神经。其感觉支分布于声门裂以下的喉黏膜；肌支支配除环甲肌以外的喉肌。喉返神经在入喉前与甲状腺下动脉及分支交叉，甲状腺手术时易损伤。喉返神经单侧损害可致声音嘶哑或发音困难，双侧损害则引起呼吸困难，甚至窒息。

3. 胃前支和肝支 胃前支分布于胃和幽门部前壁、十二指肠上部和胰头；肝支分布于肝、胆囊及胆道。

4. 胃后支和腹腔支 胃后支分布于胃和幽门部后壁；腹腔支分布于肝胆、脾、胰、肾、肾上腺以及结肠左曲之前的消化管。

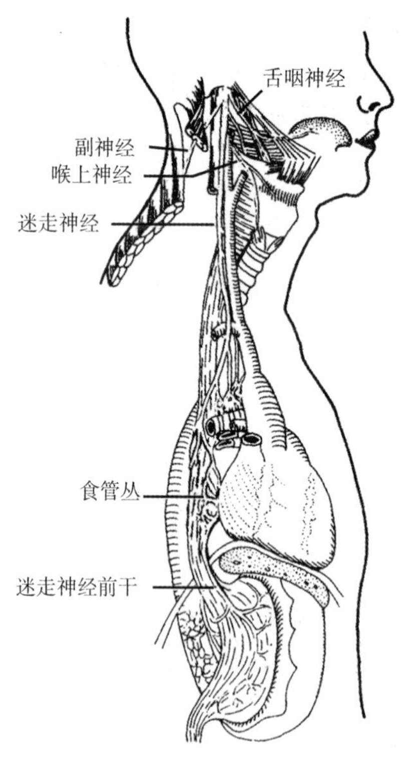

图 12-28 舌咽神经、迷走神经及副神经

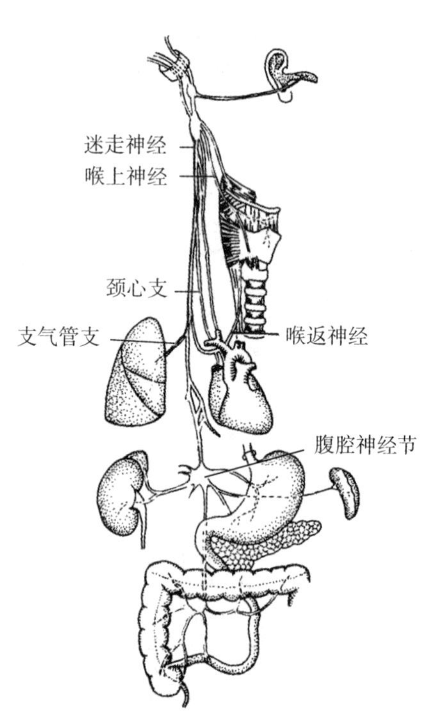

图 12-29 迷走神经分布示意图

表 12-2　脑神经分布、纤维成分及损伤症状

顺序及名称	分　布	纤维成分	损伤后的主要症状
Ⅰ嗅神经	鼻腔黏膜嗅区	内脏感觉	嗅觉障碍
Ⅱ视神经	眼球视网膜	躯体感觉	视觉障碍
Ⅲ动眼神经	上、下、内直肌、下斜肌、上睑提肌 瞳孔括约肌、睫状肌	躯体运动 内脏运动	眼外斜视、上睑下垂 瞳孔散大、对光反射消失
Ⅳ滑车神经	上斜肌	躯体运动	瞳孔不能斜向外下
Ⅴ三叉神经	头面部皮肤、口鼻黏膜、 舌前 2/3 的黏膜 咀嚼肌	躯体感觉 躯体运动	面部皮肤、黏膜感觉消失 咀嚼肌瘫痪
Ⅵ展神经	外直肌	躯体运动	眼内斜视
Ⅶ面神经	表情肌、颈阔肌 下颌下腺、舌下腺、泪腺 舌前 2/3 的味蕾	躯体运动 内脏运动 内脏感觉	患侧额纹消失、鼻唇沟变浅 口角歪向健侧 唾液减少 味觉障碍
Ⅷ前庭蜗神经	壶腹嵴、球囊斑、 螺旋器	躯体感觉	眩晕 听力障碍
Ⅸ舌咽神经	腮腺 舌后 1/3 的黏膜和味蕾 鼓室、咽等黏膜 咽肌	内脏运动 内脏感觉 躯体运动	黏膜感觉及味觉障碍 咽反射消失
Ⅹ迷走神经	胸、腹腔脏器的平滑肌、心肌、 腺体、胸腹腔脏器的黏膜 咽喉肌 耳廓、外耳道的皮肤	内脏感觉 内脏运动 躯体运动 躯体感觉	吞咽及发声困难
Ⅺ副神经	胸锁乳突肌、斜方肌、咽喉肌	躯体运动	颜面不能转向对侧、耸肩无力
Ⅻ舌下神经	舌内肌、舌外肌	躯体运动	舌尖偏向患侧

第四节　脑和脊髓的被膜、血管及脑脊液

一、脑和脊髓的被膜

脑和脊髓的被膜，由外向内分为硬膜、蛛网膜和软膜 3 层（图 12-30、31），对脑和脊髓起保护、支持和营养的功能。

（一）硬膜

硬膜是由厚而坚韧的致密结缔组织构成。包裹脊髓的为硬脊膜，包裹脑表面的是硬脑膜。

PPT：脑和脊髓的被膜、血管及脑脊液

1. 硬脊膜 上附着枕骨大孔边缘，与硬脑膜相延续；下端达第2骶椎平面逐渐变细，包裹终丝，其末端附着于尾骨。硬膜外隙（epidural space）是指硬脊膜与椎管内面的骨膜之间的窄隙，其内呈负压，含有脊神经根、疏松结缔组织、脂肪组织、淋巴管和椎内静脉丛等（图12-31）。临床上进行的硬膜外麻醉，就是将药物注入此隙。

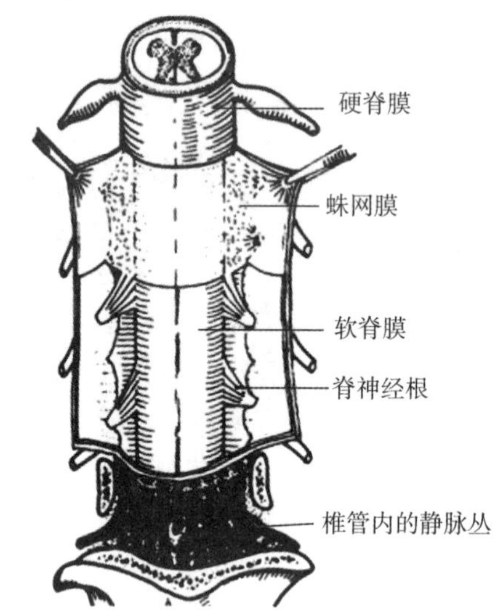

图12-30　脊髓的被膜

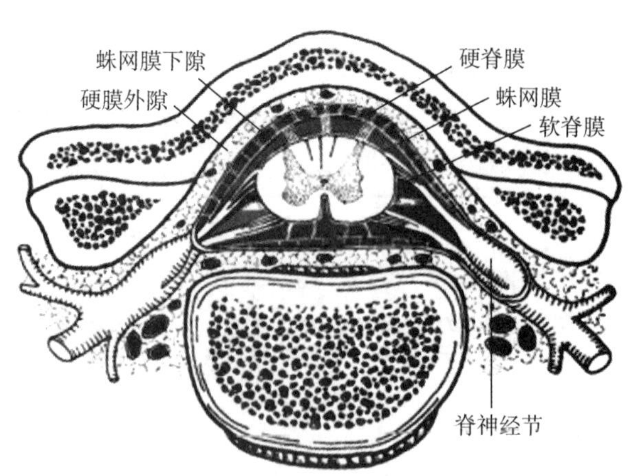

图12-31　脊髓的被膜及其周围的间隙

2. 硬脑膜 为双层膜，由外层的颅内骨膜和内层的硬膜组成。其外层与颅顶骨结

合较颅底疏松，故颅顶骨骨折易形成硬膜外血肿，而颅底骨折则易撕裂硬脑膜和蛛网膜（两者紧密相贴），造成脑脊液外漏。硬脑膜还形成某些特殊的结构：形似镰刀，以矢状位伸入大脑半球之间的称为大脑镰，位于大脑与小脑之间的称为小脑幕。

（二）蛛网膜

蛛网膜为一层无血管、神经的透明结缔组织薄膜，与其外面的硬膜相贴。蛛网膜与软膜之间的窄隙，称蛛网膜下隙，隙内充满脑脊液（图 12-32）。

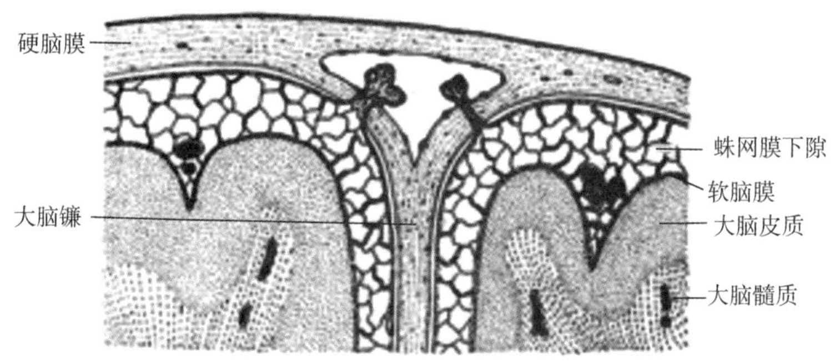

图 12-32　蛛网膜粒及硬脑膜窦

（三）软膜

软膜为一层含有丰富血管的透明结缔组织膜。紧贴脊髓表面的称软脊膜；脑表面的称软脑膜。

二、脑的血管

（一）脑的动脉

脑的动脉主要来源于颈内动脉和椎动脉（图 12-33，图 12-34）。脑的动脉分为皮质支和中央支，皮质支供应大脑、小脑皮质及附近髓质，中央支供应基底核、内囊和间脑等。

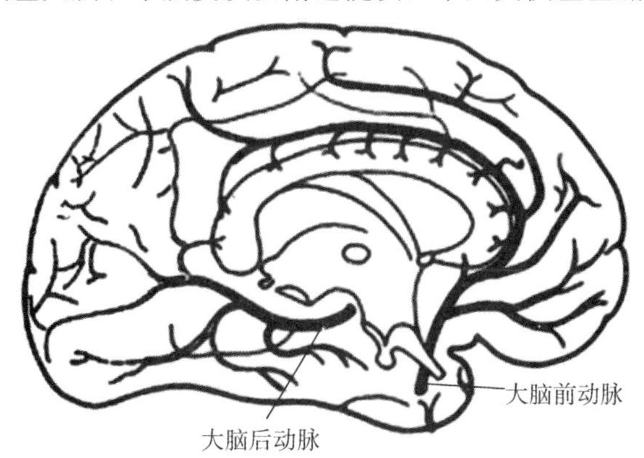

图 12-33　大脑半球内侧面的动脉

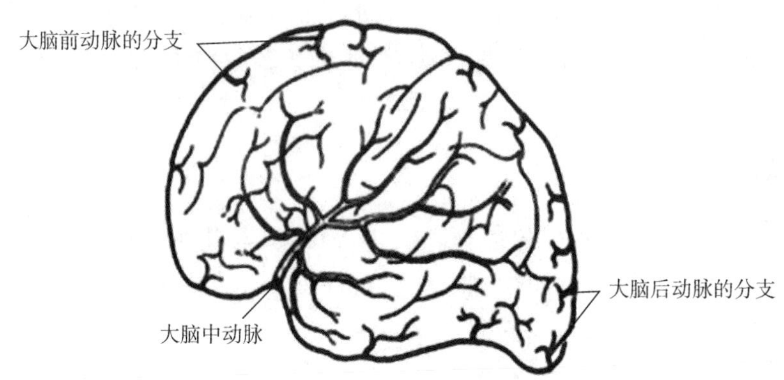

图 12-34　大脑半球上外侧面的动脉

1. 颈内动脉　供应大脑半球的前 2/3 和间脑前部。颈内动脉起自颈总动脉，主要分支为大脑前动脉、大脑中动脉。

（1）大脑前动脉：位于大脑纵裂，沿胼胝体上方向后行。皮质支分布于顶枕沟以前的大脑半球内侧面和背外侧面上缘的部分；中央支供应尾状核、豆状核前部和内囊前肢。

（2）大脑中动脉：沿大脑外侧沟走行。皮质支分布于顶枕沟以前的大脑半球背外侧面大部分；中央支供应纹状体、背侧丘脑、内囊膝和后肢。大脑中动脉还沿途发出一些垂直向上的细小分支，称豆纹动脉（图 12-35），营养尾状核、豆状核和内囊，在高血压动脉硬化时易破裂而导致脑出血，出现“三偏”症状。

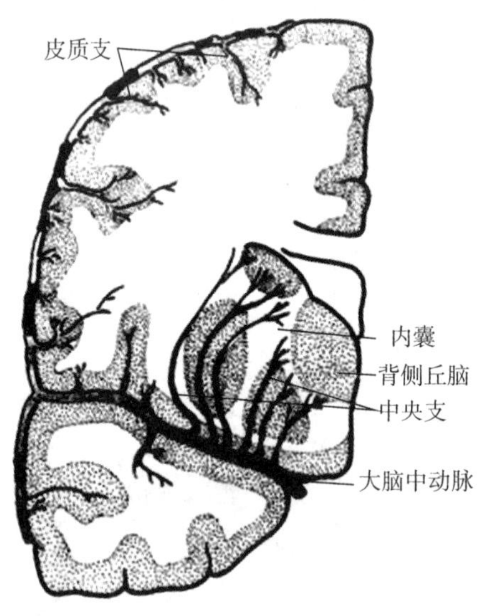

图 12-35　大脑中动脉的皮质支和中央支

2. 椎动脉　供应大脑半球后 1/3、间脑后部、小脑和脑干。起自锁骨下动脉，左、右椎动脉汇合成基底动脉，再沿脑桥基底沟上行至脑桥上缘分出左、右大脑后动脉。基底动脉尚发出分支供应小脑、脑干等。

大脑后动脉行向颞叶下面和枕叶内侧面。皮质支分布于颞叶底面、内侧面及枕叶；中央支供应背侧丘脑、下丘脑和内、外侧膝状体等（图 12-36）。

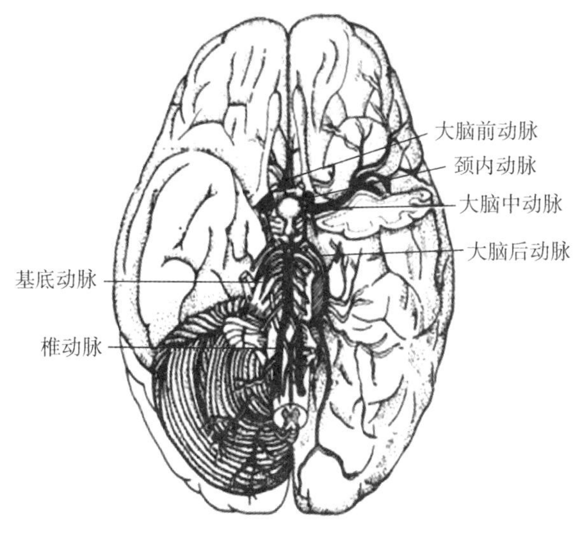

图 12-36　脑底面的动脉

（二）脑的静脉

脑的静脉不与动脉伴行，可分浅、深静脉两组，最后均注入颈内静脉。

1. 浅静脉　主要有大脑上静脉、大脑中静脉和大脑下静脉。

2. 深静脉　收集大脑深部的髓质、基底核、间脑和脉络丛的静脉血，经大脑大静脉再注入硬脑膜窦（直窦）。

三、脑脊液

脑脊液（cerebral spinal fluid）是充满脑室和蛛网膜下隙的无色透明液体。成人总量约 150ml，其对中枢神经系统有运输、缓冲、保护等作用。脑脊液主要由脑室的脉络丛产生。

第五节　神经系统的感觉功能

人体内、外环境的变化可被遍布体内和体表的感受器感受，并将信息通过神经纤维传至中枢进行处理。神经系统的感觉功能就是指感觉信息的产生、传递以及中枢对感觉信息的分析、综合等过程。

PPT：神经系统的感觉功能

根据来源，感觉信息可分躯体感觉信息和内脏感觉信息。躯体感觉信息指来自体表、骨骼肌、肌腱、骨、关节等处的感觉信息，广义上还包括视觉、听觉和前庭感觉信息等。内脏感觉信息主要指内脏、体腔膜等处的传入信息。分布于内脏器官的感觉神经纤维较少，其部分传入信息也可引起主观感觉，如痛觉、模糊的压、胀感觉等。躯体感觉传入研究较多，传导途径也较清楚。本节内容以躯体感觉功能为主。

一、感受器

感受器是专门感受体内、外各种刺激的特殊结构。简单的感受器由感觉神经末梢构成，有些末梢包裹有被膜。人体也存在一些高度分化的感受细胞，如视网膜中的感光细胞、耳蜗螺旋器的毛细胞等，在感觉器官章节介绍。

人体感受器种类多样。根据分布部位，感受器分为内感受器和外感受器。内感受器感受体内环境的变化，如体内温度、压力、渗透压及本体感觉等。外感受器感受体外环境的变化，如体表温度、皮肤痛觉、触觉、视觉、听觉、嗅觉及味觉等。

不同感受器具有一些共同的生理特性，其中最重要的是换能作用。感受器本质上就是一个换能器。各种能量形式的刺激可引起感受器的动作电位，再通过不同途径向中枢传入。

感受器的共同生理特性还有适宜刺激、适应现象等。适宜刺激是指一种感受器通常只对某种特定形式的刺激敏感。如视网膜感光细胞的适宜刺激是可见光（380～760nm 的电磁波）、主动脉弓压力感受器的适宜刺激是机械牵张。适应现象是指感受器接受某种不变强度的刺激，一段时间后会变得不敏感。适应不是疲劳，如果刺激强度发生改变，感受器会再次敏感。不同感受器适应过程的快慢相差很大。触觉感受器和嗅觉感受器等适应较快，称为快适应感受器。肌梭和颈动脉窦压力感受器等适应过程较慢，称为慢适应感受器。

二、脊髓与脑干的感觉传导功能

各种躯体感觉信息基本通过三级神经元的接替到达大脑皮质相应区域（图 12-37）。传导躯干和四肢等处躯体感觉信息的第一级神经元，是位于脊神经节内的假单极神经元。头面部感觉神经元胞体一般存在于一些脑神经节中，如三叉神经节、舌咽神经节等。感觉神经纤维走行于脊神经或脑神经中进入中枢。

第二级神经元位于脊髓后角，或薄束核和楔束核，或脑干感觉核。在脊髓和脑干内，第一级、第二级神经纤维形成薄束、楔束、脊髓丘脑束、内侧丘系、三叉丘系等神经纤维束向上投射（参见脊髓和脑干部分）。以上传导纤维在投射的过程中，均在脊髓或脑干交叉到对侧。这种交叉是大脑皮质对侧性感觉的结构基础。脊髓和脑干是重要的感觉传导通路，如果其中某一传导束被破坏，身体相应部位的感觉会丧失。

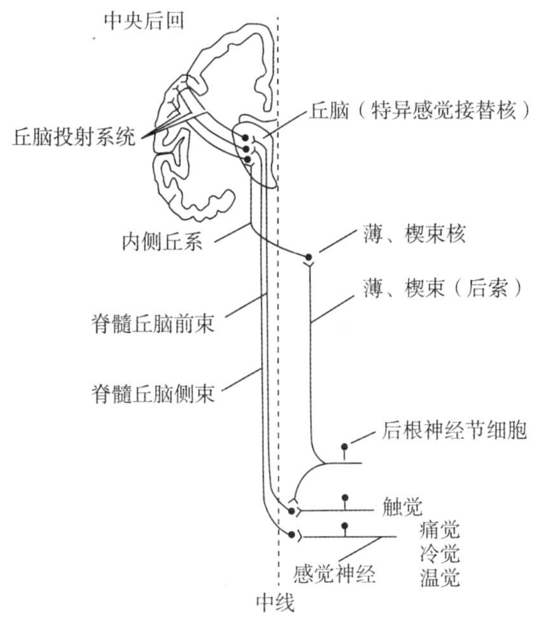

图 12-37　四肢和躯干的体表感觉传导通路

三、丘脑及感觉投射系统

丘脑内有近 40 个神经核。传导各种感觉（嗅觉除外）的神经纤维均在此终止，并由丘脑核团的神经元（第三级）再发出纤维向大脑皮质投射。因此，丘脑被称为感觉投射的中继站、换元站或接替站，同时丘脑也能对感觉传入进行初步的分析与综合。

（一）丘脑的核团

丘脑的细胞核群大致分为三大类（图 12-38）。

1. 感觉接替核　主要包括后腹核（中继躯干、肢体、头面部躯体感觉信息）、内侧膝状体（中继听觉信息）和外侧膝状体（中继视觉信息）。感觉传入纤维在这类核团换元后，进一步投射到大脑皮层的特定感觉区。

2. 联络核　主要包括丘脑前核、外侧腹核、丘脑枕等。这类核团接受丘脑感觉接替核和其他皮层下中枢的纤维，换元后的纤维投射到大脑皮层某些特定区域。在功能上与各种感觉信息在丘脑和大脑皮层水平的联系协调有关，称为联络核。感觉接替核和联络核接受感觉信息及向大脑皮质投射均有特异性，又称特异性核团。

3. 髓板内核群　是靠近中线的内髓板以内的各种结构，主要包括中央中核、束旁核、中央外侧核等。这些核群接受来自脑干网状结构的纤维，经过多次接替换元后，向大脑皮层广泛区域弥散投射，起着维持大脑皮层兴奋状态的重要作用。髓板内核群接受感觉信息没有特异性，又称非特异投射核。

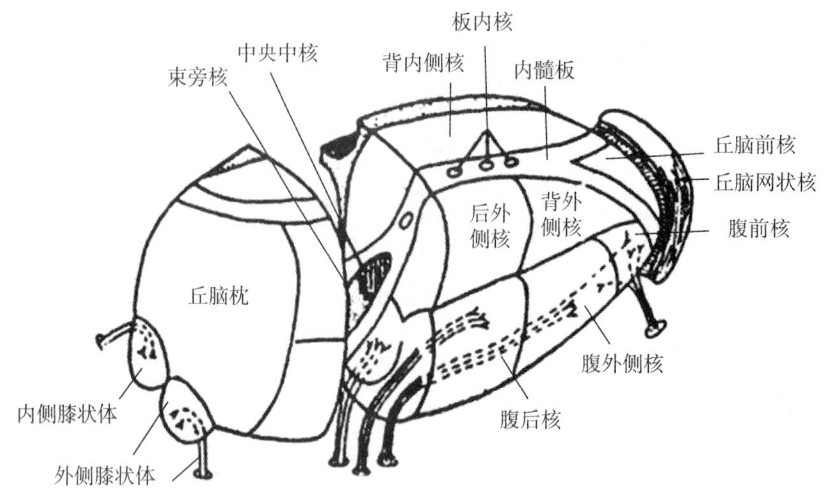

图 12-38 右侧丘脑主要核团示意图

（二）感觉投射系统

根据丘脑各部分接受感觉信息和向大脑皮层投射的特征，感觉投射分为两大系统，即特异投射系统与非特异投射系统（图 12-39）。

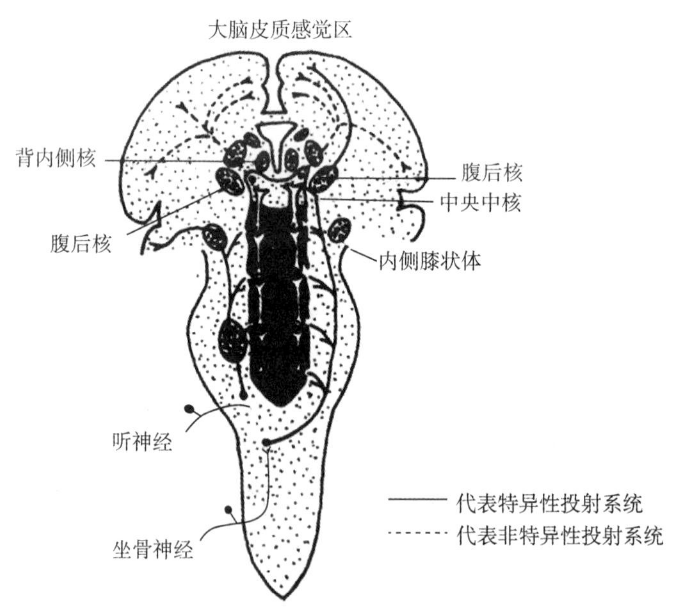

图 12-39 感觉投射系统示意图

1. 特异性感觉投射系统 如上述三级神经元的传递过程，各种不同感觉信息，经丘脑接替核的不同神经元投射到大脑皮质的特定区域。这种投射在感受器和大脑皮质接受投射的区域之间有较好的点对点对应关系，故称为特异性感觉投射系统。特异性感觉投射系统的主要功能是引起特定感觉，并（或）激发大脑皮层发出神经冲动。

2. 非特异性感觉投射系统 传导躯体感觉的第二级纤维经过脑干时，发出侧支与脑干网状结构的神经元发生联系，多次换元后到达丘脑髓板内核群，然后弥散地投射到大脑皮质的广泛区域，称为非特异性感觉投射系统。这一投射途径不具有点对点的投射特征，没有特异性，是不同感觉的共同上传途径。非特异性投射系统的功能是维持和提高大脑皮质的兴奋状态。大脑皮质保持兴奋状态是其各种功能的基础。

脑干网状结构的上行冲动，经丘脑非特异核团中继后，引起大脑皮质广泛区域的兴奋，这一作用称脑干网状结构上行激动作用。相应的传导系统则称脑干网状结构上行激动系统。当该系统功能阻滞时，大脑皮层将受到抑制，这可能是乙醚和巴比妥类麻醉药的作用机制。

知识拓展：锥刺股的感觉投射及生理效应

四、大脑皮层的感觉功能

大脑皮层是感觉分析的最高级中枢。各种感觉冲动投射到大脑皮层，通过分析和综合，产生主观感觉。不同性质、不同部位的感觉信息，投射到大脑皮层的不同部位。

（一）体表感觉代表区

大脑皮层接受并处理体表感觉的主要区域为第一感觉区，位于中央后回及中央旁小叶的后部（图 12-40）。

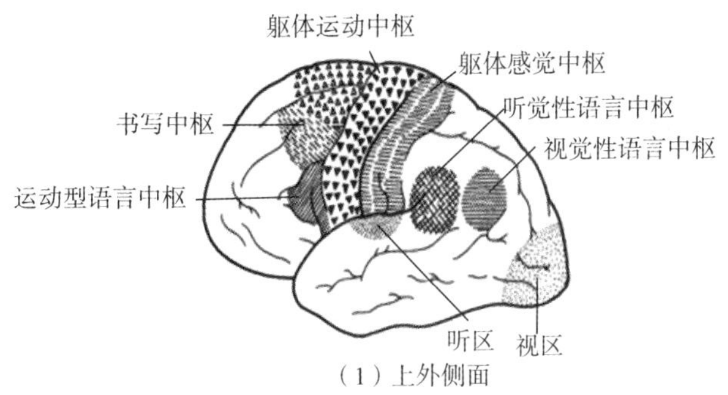

（1）上外侧面

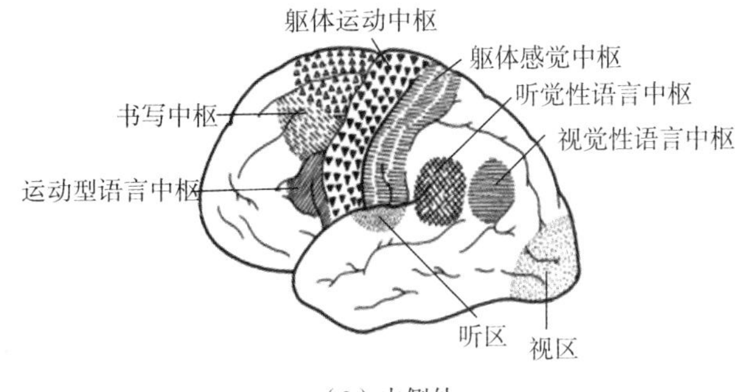

（2）内侧外

图 12-40 人类大脑皮层主要功能分区

第一感觉区接受感觉投射的规律为①左右交叉：一侧躯干和四肢的感觉，投射到对侧皮层感觉区，但头面部的感觉投射是双侧性的。因此，一侧大脑皮层或内囊受损时，出现对侧半偏身感觉障碍；②代表区大小与体表部位的感觉分辨程度有关：分辨精细的部位代表区大；③倒置：身体下部的感觉投射到中央后回的顶部和中央旁小叶的后部，而身体上部的感觉投射到中央后回的中间部位，头面部感觉投射到中央后回的底部。但头面部代表区的内部安排是正立的（图 12-41）。

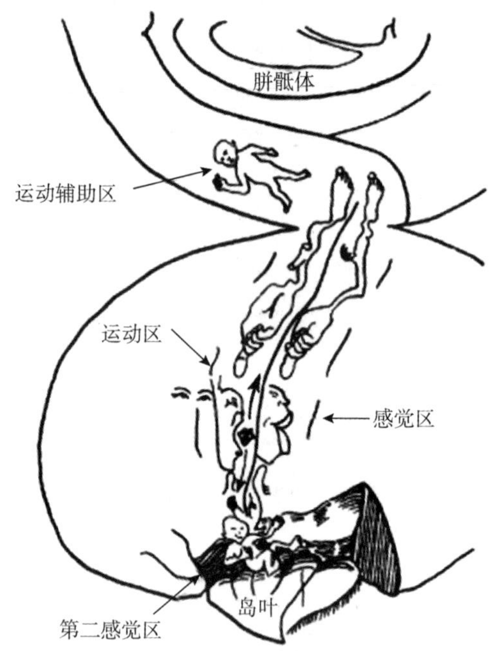

图 12-41　大脑皮层体表感觉与躯体运动功能代表区

（二）本体感觉代表区

本体感觉又称深感觉，指肌肉、肌腱、骨膜和关节等的位置觉、运动觉和振动觉。本体感觉代表区位于中央前回，与躯体运动区基本重合。

（三）内脏感觉代表区

接受内脏感觉的皮层区域混杂在体表感觉区之中。此外，运动辅助区和边缘叶等皮层部位也接受内脏感觉投射。

（四）视觉代表区

视觉代表区位于枕叶距状沟周围的皮层（图 12-40）。大脑左半球视觉代表区接受左眼视网膜颞侧（鼻侧视野）和右眼视网膜鼻侧（颞侧视野）的视觉投射；而右半球视觉代表区接受右眼颞侧视网膜（鼻侧视野）和左眼鼻侧视网膜（颞侧视野）的视觉

投射（图 12-42）。因此，一侧枕叶皮层或内囊受损，将引起双眼对侧半视野视觉障碍（偏盲）。

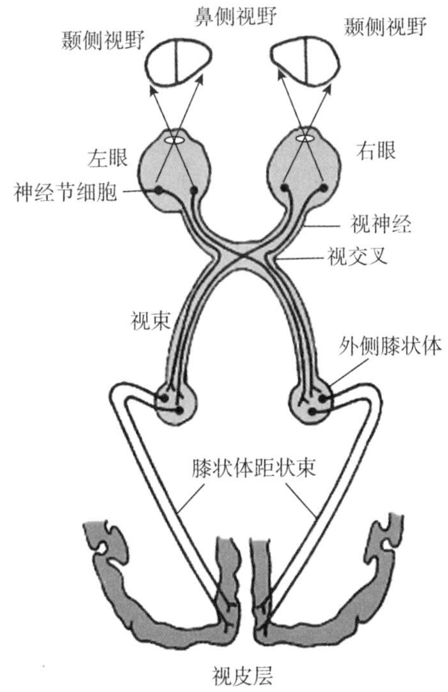

图 12-42 视网膜向大脑皮层投射示意图

（五）听觉代表区

听觉代表区位于颞横回和颞上回，听觉信息的投射是双侧性的。

五、痛觉

痛觉是机体受到伤害性刺激而产生的不愉快感觉，通常伴有防卫反应和情绪变化。痛觉是一种保护性感觉，引起的反射具有防御性作用，可使机体免受进一步伤害。由于疾病与疼痛关系密切，认识痛觉的产生及其规律对于临床及健康服务工作具有重要意义。

（一）痛觉感受器

痛觉感受器是游离的神经末梢，致痛物质为 K^+、H^+、组胺、5-羟色胺和缓激肽等一些化学物质。各种类型的刺激强度达到伤害性程度，可引起组织释放致痛物质，兴奋痛觉感受器。

（二）皮肤痛觉

皮肤受到伤害性刺激时，可先后出现两种不同性质的痛觉，即快痛和慢痛。快痛在刺激即刻产生，尖锐而定位明确。慢痛一般在刺激后 0.5～1.0 秒才产生，是一种定位不明确的“烧灼痛”。撤除刺激后慢痛还可持续几秒钟，常可引起心血管和呼吸等方面的变化及情绪反应。

（三）内脏痛和牵涉痛

1. 内脏痛 与皮肤痛相比，内脏疼痛感觉具有如下特点：①缓慢、持续、定位模糊；②内脏对切割、烧灼等刺激不敏感，而对缺血、缺氧、牵拉、痉挛和炎症等十分敏感；③有些内脏器官病变可引起牵涉痛。

2. 牵涉痛 某些内脏器官疾病，可引起体表特定部位产生痛觉或痛觉过敏，这种现象称为牵涉痛。例如心肌梗死时，心前区、左肩和左上臂尺侧可出现疼痛或痛觉过敏；胆囊病变时，右肩胛会出现疼痛；阑尾炎初期，可感到上腹部或脐区疼痛等（表 12-3）。

案例：牵涉痛

表 12-3 常见内脏疾病的牵涉痛部位和压痛区

患病器官	心	胃、胰	肝、胆囊	肾	阑尾
牵涉痛部位	心前区	左上腹	右上腹	腹股沟区	上腹部
	左臂尺侧	肩胛间	右肩胛		脐区

第六节 神经系统对躯体运动的调节

神经系统通过对骨骼肌的支配调节各种躯体运动。骨骼肌收缩和舒张，引起骨围绕关节运动而产生躯体运动。骨骼肌由骨骼肌纤维（细胞）组成，每一个骨骼肌纤维都至少受到一个躯体运动神经末梢分支的支配。正常情况下，只有支配骨骼肌的运动纤维兴奋，才能引起骨骼肌兴奋和收缩。

PPT：神经系统对躯体运动的调节

一、神经－肌接头

躯体运动神经纤维来自脊髓前角或脑干的一些躯体运动核，其末梢通过神经－肌接头的结构支配骨骼肌纤维。神经－肌接头的结构和功能与前文所述神经突触相似，过去也称为神经－肌突触。

（一）神经－肌接头的结构

运动神经纤维的分支末端形成膨大，称接头小体。接头小体内有大量贮存乙酰胆碱（ACh）的囊泡。接头小体靠近肌纤维处，两细胞的膜特化形成接头结构。神经－

肌接头由接头前膜、接头后膜和接头间隙构成。接头前膜可通过出胞方式释放乙酰胆碱。接头后膜是增厚了的肌膜，又称运动终板。终板上有 N_2 型乙酰胆碱受体。N_2 型乙酰胆碱受体同时也是化学门控通道。接头间隙约 40nm，在靠近终板的凹陷处有胆碱酯酶，可水解乙酰胆碱（图 12-43）。

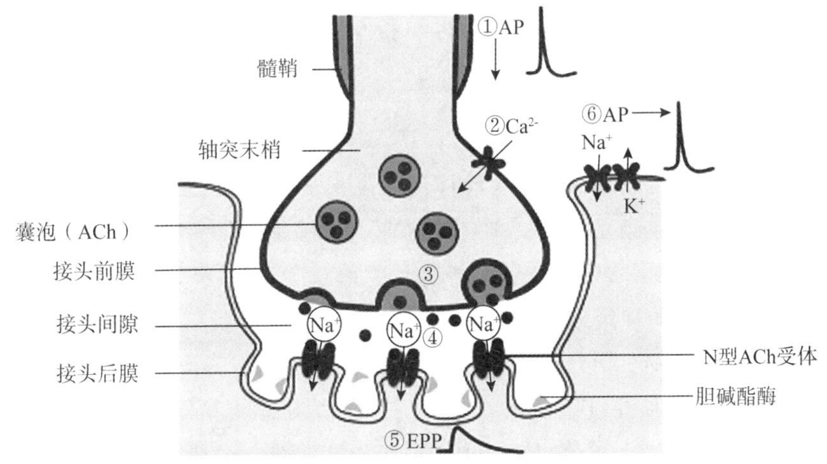

图 12-43　神经—肌接头的结构和化学传递过程示意图

注：①动作电位（AP）到达神经轴突末梢；②细胞外 Ca2＋进入接头小体；③囊泡向接头前膜方向移动；④囊泡与接头前膜融合，释放 Ach；Ach 通过接头间隙与接头后膜上的 Ach 受体通道结合；⑤终板电位（EPP）形成；⑥邻近肌膜产生动作电位。

（二）神经－肌接头处的兴奋传递

当动作电位到达接头前膜，前膜去极化引发电压门控钙通道开放。大量 Ca^{2+} 内流触发囊泡向突触前膜方向移动。一次动作电位引起的 Ca^{2+} 内流，可导致 200～300 个囊泡的乙酰胆碱分子释放到突触间隙。每一个乙酰胆碱囊泡中的乙酰胆碱分子数为 5000～10000 个，这种以囊泡为单位的释放被称为量子式释放。

乙酰胆碱通过突触间隙到达突触后膜（终板膜），与 N_2 型乙酰胆碱受体结合，使离子通道开放，引起以 Na^+ 为主的离子内流，使终板膜去极化。这个去极化的局部电位称为终板电位（endplate potential）。终板膜是特化的细胞膜，膜上缺乏快钠通道，不能产生动作电位。终板电位可以通过局部电流影响周围肌膜，使其去极化而产生动作电位，神经细胞的兴奋就传递到了肌细胞。发挥作用后，乙酰胆碱很快又被胆碱酯酶分解。这样，一次神经冲动仅引起一次肌细胞兴奋，保证了神经支配的准确性。

拓展知识：影响神经一肌接头功能的因素

二、脊髓对躯体运动的调节

脊髓是调节躯体运动的最基本中枢。支配躯干和四肢大多数骨骼肌的运动神经元细胞体位于脊髓灰质前角。同时脊髓内存在一些简单躯体运动反射的低级中枢。

（一）脊髓前角运动神经元和运动单位

脊髓灰质前角的运动神经元主要有α和γ两类。这两类神经元发出躯体运动神经纤维支配骨骼肌。

1. α运动神经元和运动单位 α运动神经元发出的纤维支配梭外肌细胞，引起梭外肌兴奋和收缩。α运动神经元既接受来自外周深、浅感受器的传入信息，又接受来自大脑皮层、脑干等高位中枢的下行信息。各种信息在α运动神经元总和，再由α运动神经元支配梭外肌。α运动神经元被认为是支配躯干和四肢骨骼肌运动的最后公路。

α运动神经元的轴突末端分成许多小支，每一小支支配一个骨骼肌纤维。一个α运动神经元所支配的所有肌纤维组成的功能单位，称为运动单位。运动单位的大小相差很大。一个四肢肌肉的运动单位可有2000条左右肌纤维。运动单位大，有利于肌肉收缩时产生较大的肌张力。而一个眼外肌的运动单位仅有6～12根肌纤维，这有利于神经系统对肌肉活动的精细调节。

2. γ运动神经元 γ运动神经元数目较少，胞体也较小。其发出的神经纤维支配骨骼肌的梭内肌纤维，可调节肌梭的敏感性，间接影响骨骼肌的运动。

（二）骨骼肌牵张反射

神经支配完好的骨骼肌受到外力牵拉时，可反射性地收缩，称为骨骼肌牵张反射。

1. 牵张反射的类型 牵张反射可分为两种类型：肌紧张和腱反射。

（1）肌紧张：当肌肉受到持久缓慢牵拉时，牵张反射表现为受牵拉肌肉张力增加但无明显缩短。肌紧张是维持姿势的最基本反射。例如，在重力作用下支持体重的关节趋向弯曲，关节的伸肌受到持续牵拉而张力增加，可对抗关节的屈曲，维持站立。

（2）腱反射：肌腱受到快速牵拉时，牵张反射表现为受牵拉肌肉迅速明显地缩短。腱反射又称位相性牵张反射。叩击髌韧带（股四头肌肌腱），股四头肌即发生一次收缩，称为膝反射；叩击跟腱，小腿腓肠肌即发生收缩，称为跟腱反射；叩击肱二头肌肌腱或肱三头肌肌腱可分别引起肱二头肌反射或肱三头肌反射。生理情况下牵张反射受高位中枢调节。腱反射的反射弧比较简单，为单突触反射（图12-44）。临床上常测定腱反射来了解神经系统的功能状态。腱反射的减弱或消失，常提示相应的脊神经（反射弧的传入、传出通路）或脊髓中枢损伤；而腱反射亢进，常提示高位中枢病变，如锥体束综合症等。常用腱反射见表12-4。

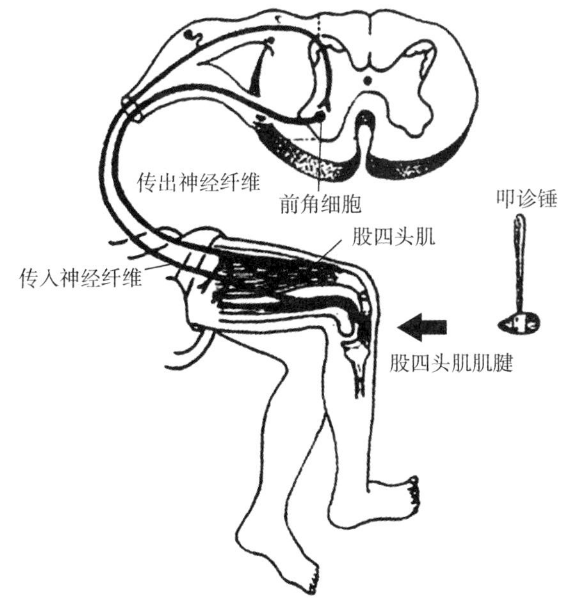

图 12-44　膝反射示意图

表 12-4　常用的腱反射

名称	检查方法	中枢部位	效应
肱二头肌反射	扣击肱二头肌肌腱	颈 5～7	肘部屈曲
膝反射	扣击髌韧带	腰 2～4	小腿伸直
跟腱反射	扣击跟腱	腰 5 至骶 2	踝关节跖屈

2. 牵张反射的反射弧　牵张反射的感受器是肌梭。肌梭呈梭形，长约为几个毫米，位于一般肌纤维之间，有结缔组织的囊包裹。肌梭囊内一般含有 6～12 根肌纤维，称为梭内肌纤维，而囊外的普通肌纤维称为梭外肌纤维。肌梭附着在梭外肌纤维上，与其呈并联关系。梭内肌纤维的中间部为感受装置，上有螺旋状和花杆状的感觉神经末梢分布。收缩部分位于纤维的两端，与感受装置呈串联关系（图 12-45）。

肌肉受到牵拉时，肌梭随之变长，肌梭内的感受装置受到刺激。感受装置产生的神经冲动经传入纤维到达脊髓灰质前角，兴奋 α 运动神经元，引起同一肌肉的梭外肌收缩，完成牵张反射。梭内肌收缩时也对感受器构成刺激，γ 运动神经元可以通过支配梭内肌间接影响肌肉的收缩。

肌肉内的的另外一种感受装置是腱器官，分布于肌腱胶原纤维之间，与梭外肌纤维呈串联关系。当肌肉收缩、肌张力过高时，腱器官的传入冲动可抑制支配该肌的 α 运动神经元。减弱肌肉收缩力，避免肌肉过度收缩而受损。

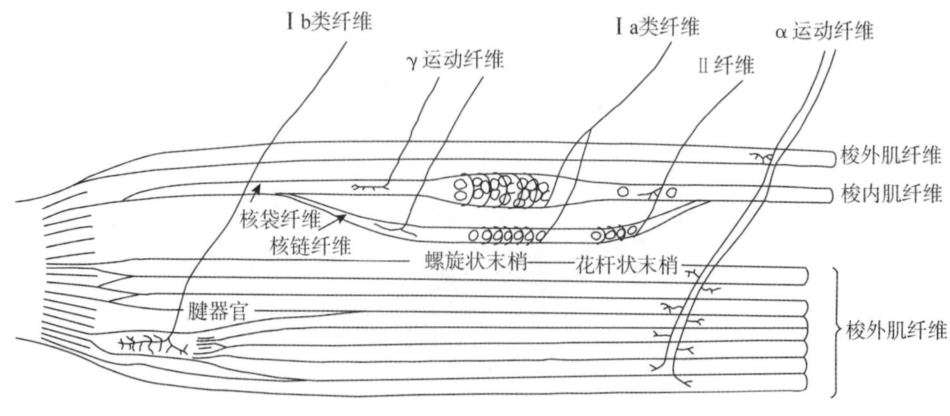

图 12-45　肌梭与腱器官模式图

（三）屈肌反射与对侧伸肌反射

人或动物的皮肤受到伤害性刺激，可反射性引起受刺激侧的肢体屈曲，称为屈肌反射。屈肌反射的强度和范围与刺激强度有关，例如足部的较弱刺激只引起踝关节屈曲，刺激强度加大时，膝关节及髋关节也可发生屈曲。刺激强度进一步增加时，发生同侧屈肌反射的同时可出现对侧肢体的伸直，称对侧伸肌反射。屈肌反射使肢体避开有害刺激，对侧伸肌反射具有支撑躯体、维持姿势的作用，两者都属于保护性反射。

三、脑干网状结构对肌紧张的调节

低位脑干在肌紧张的调节中发挥重要作用。在动物实验中观察到，电刺激脑干网状结构的一些区域可使肌紧张增强，这些区域被称为易化区；而刺激另一些区域则使肌紧张减弱，称为抑制区。通常，易化区的活动较强，抑制区的活动较弱。但二者之间保持一定的平衡，以维持正常的肌紧张。

中脑上、下丘之间离断的动物，会表现出伸肌（抗重力肌）紧张性亢进的现象，如四肢伸直、头尾昂起、脊柱挺硬等，称去大脑僵直（图 12-46）。发生去大脑僵直的主要原因是：由于脑干网状结构抑制区与大脑皮层运动区和尾状核等部位失去联系，抑制区活动减弱，易化区的活动相对变强，导致伸肌（抗重力肌）肌紧张过度。

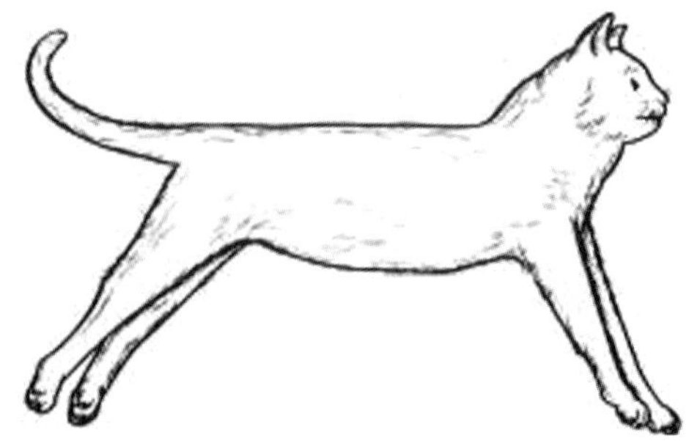

图 12-46　去大脑僵直

人类在某些疾病时，也可出现类似现象。如蝶鞍上囊肿导致皮层与皮层下失去联系时，患者可出现下肢明显的伸肌僵直及上肢的半屈状态，称为去皮层僵直。人类中脑疾患时也可表现出去大脑僵直现象，患者头后仰、上下肢僵硬伸直、臂内旋、手指屈曲（图 12-47）等，是预后不良的信号。

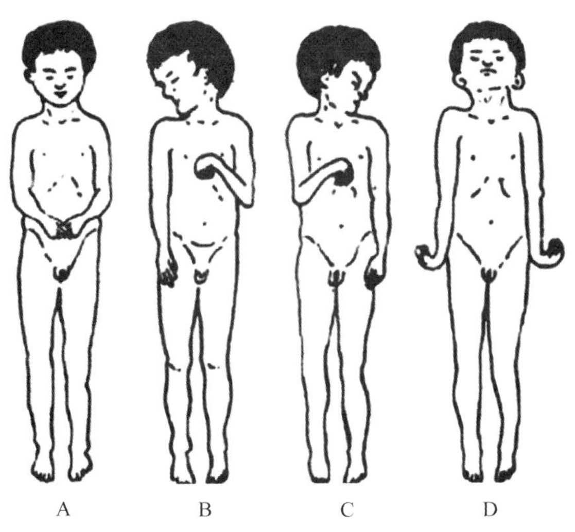

图 12-47　人类去皮层僵直及去大脑僵直

注：A、B、C：去皮层僵直　D：去大脑僵直，上下肢均伸直

A：仰卧、头部姿势正常时上肢半屈　B、C：转动头部时上肢姿势

四、小脑对躯体运动的调节

小脑的功能主要是调节躯体运动，在维持平衡、调节肌紧张、协调随意运动等方面起着重要作用。根据与中枢神经系统其他结构的联系，小脑可分为前庭小脑、脊髓小脑和皮层小脑（图 12-48）三个部分。这种分部与前文所述原小脑、旧小脑、新小脑对应。

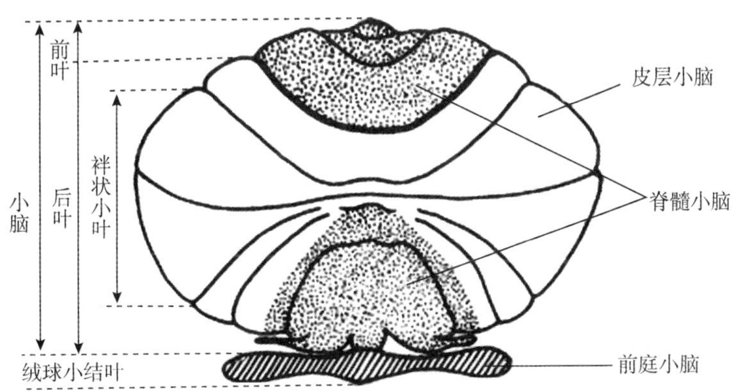

图 12-48　灵长类小脑分部模式图

（一）前庭小脑

前庭小脑指绒球小结叶，主要参与维持身体平衡。第四脑室附近的肿瘤可压迫绒球小结叶，患者出现平衡功能严重失调，站立不稳、容易跌倒，但对随意运动的协调影响不大。

（二）脊髓小脑

脊髓小脑包括小脑前叶和后叶的中间部分，其功能主要是协调随意运动和调节肌紧张。肌肉、肌腱、关节等处的本体觉冲动可经脊髓小脑束传至脊髓小脑。脊髓小脑也接受视觉和听觉传入信息。

小脑后叶中间带接受脑桥纤维的投射，并与大脑皮层运动区之间有环路联系，在执行大脑皮层发动的随意运动方面有重要作用。这部分小脑损伤后，随意动作的力量、方向及限度将发生很大紊乱。患者不能完成精巧动作，在进行随意动作时肌肉抖动而把握不住方向，称为意向性震颤。行走时摇晃呈蹒跚状。不能进行拮抗肌轮替快复动作（例如上臂不断交替进行内旋与外旋）。但患者静止时肌肉无异常运动。上述小脑损伤后的随意动作协调障碍，称为小脑性共济失调。

另外，脊髓小脑还通过影响脑干网状结构易化区和抑制区的活动，调节肌紧张。人类小脑损伤后可表现为肌无力等症状。

（三）皮层小脑

皮层小脑是指小脑半球的外侧部，在随意运动的协调和精巧动作的完成中起重要作用。皮层小脑仅接受大脑皮层的纤维，同时发出纤维向大脑皮层运动区投射。

人在学习精巧运动（如打字、投篮等）的开始阶段，动作往往不协调。在练习过程中，大脑皮层与小脑之间反复联系、校正误差，皮层小脑内逐步形成并储存了一整套指令程序。经过训练后，大脑皮层发动精巧运动时，首先激活小脑中的相关程序，通过小脑的纤维传达大脑皮层运动区，再通过锥体束发动运动。这样，运动可以非常协调、准确和快速。

五、基底神经节对躯体运动的调节

与躯体运动调节有关的基底神经节（基底核）结构主要是尾状核、壳核（新纹状体），以及苍白球（旧纹状体）（参见本章前文基底核结构）。此外，丘脑底核、中脑的黑质和红核在结构和功能上与基底神经节联系密切，故归入一起讨论。基底神经节与随意运动的产生和稳定、肌紧张的调节、本体感受器传入信息的处理以及运动控制程序的编制均有关系。

人类基底神经节损伤后的主要临床表现有两大类，一类如帕金森病，表现为肌紧张过强而随意运动过少；另一类如亨廷顿病和手足徐动症，表现为肌紧张减退，非随意运动过多等。

帕金森病又称震颤麻痹，主要表现为全身肌紧张增高、随意运动减少、动作缓慢、表情呆板，常伴有静止性震颤。帕金森病患者的随意运动在起始和结束时障碍明显，一般发起后影响较小。目前认为帕金森病原因是双侧黑质多巴胺能神经元功能受损，而导致纹状体胆碱能神经元功能亢进。临床上使用多巴胺前体左旋多巴治疗，可明显改善症状。此外，M 受体阻断剂如阿托品、东莨菪碱或苯海索等也用于震颤麻痹的治疗。

知识拓展：
帕金森病

亨廷顿病又称舞蹈病。主要表现为头面部和上肢出现不自主的、无目的的舞蹈样动作，并伴有肌张力降低等。亨廷顿病主要病变部位在双侧新纹状体。

六、大脑皮层对躯体运动的调节

（一）大脑皮层的运动区

大脑皮层是调节躯体运动的最高级中枢，是随意运动的发起地。人类大脑皮层的主要运动区在中央前回和中央旁小叶前部（图 12-40），对躯体运动的支配有以下特征：

知识拓展：
三偏征

1. 交叉支配　一侧大脑皮层运动区支配对侧躯体的骨骼肌运动。但在头面部，除睑裂以下表情肌和舌肌接受对侧支配外，其余均为双侧支配。

2. 倒置分布　运动区对骨骼肌的支配在空间上分工安排明确，总体呈倒置，但头面部代表区内部的安排仍是正立的（图 12-49）。

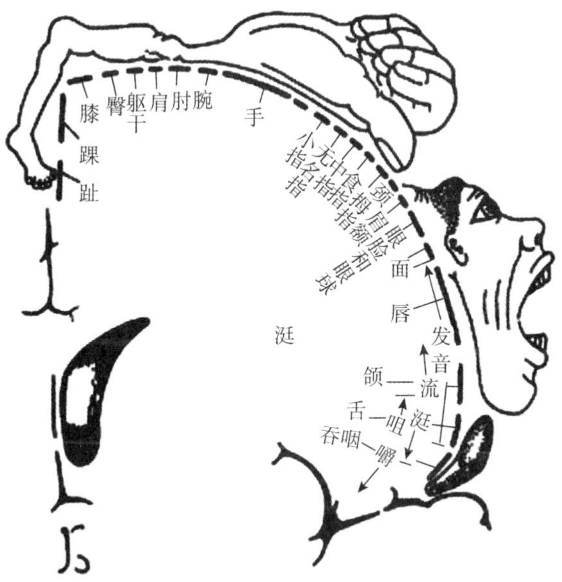

图 12-49　大脑皮层运动区的代表区分布

3. 代表区大小与运动精细程度成正比 手、头面部、舌等运动灵活精巧的部位，在皮层运动区的代表区较大，而躯干等在皮层运动区中的代表区却小得多（图 12-49）。

在大脑半球内侧面还有运动辅助区，刺激该区可引起双侧肢体运动和发声等，额叶和枕叶皮层的某些部位也与躯体运动有关。

（二）运动传导通路

本章脑干的纤维束部分已有介绍。大脑皮层支配骨骼肌运动的皮质脑干束和皮质脊髓束合称锥体系。皮质脊髓束的大部分纤维在延髓锥体处交叉到对侧，在脊髓外侧索下行形成皮质脊髓侧束。还有约 20％的纤维并不交叉，而在同侧脊髓的前索下行，构成皮质脊髓前束。皮质脊髓侧束控制四肢远端的肌肉，与精细、技巧性的运动有关，而皮质脊髓前束则主要控制躯干及四肢近端肌肉，与姿势的维持和粗大运动有关。一般认为锥体系功能为发起随意运动，调节精细动作。

锥体系以外的所有控制脊髓运动神经元的下行通路称为锥体外系。锥体外系包括基底核、丘脑、脑干和小脑等处发出的下行纤维组成的网状脊髓束、顶盖脊髓束、红核脊髓束和前庭脊髓束等。这些皮层下核团又接受来自大脑皮层广泛区域的下行纤维以及锥体系侧支的联系。锥体外系具有调节肌紧张、协调肌群运动的功能。

第七节 神经系统对内脏活动的调节

神经系统通过调节心肌、平滑肌和腺体的活动，实现对内脏运动的支配。内脏运动一般不受意识支配，多数内脏信息传入也不引起主观感觉，故将调节内脏活动的神经系统称为自主神经系统。自主神经包括支配内脏的传入神经和传出神经，但习惯上常单指传出神经（即内脏运动神经，又称植物性神经）。自主神经有交感和副交感 2 种纤维（图 12-50）。

PPT：神经系统对内脏活动的调节

一、自主神经的结构和功能特征

前文已述，交感神经的低级中枢位于脊髓的侧角，副交感神经的低级中枢位于脑干和脊髓骶段的副交感神经核。中枢发出的神经纤维需先在自主神经节（交感神经节和副交感神经节）内更换神经元再由神经节神经元发出纤维到达所支配器官。自主神经节神经元的发出的神经纤维称节后纤维，由中枢发出的神经纤维称节前纤维。直接支配内脏器官的是节后纤维。但肾上腺髓质接受交感神经节前纤维的直接支配（图 12-50）。

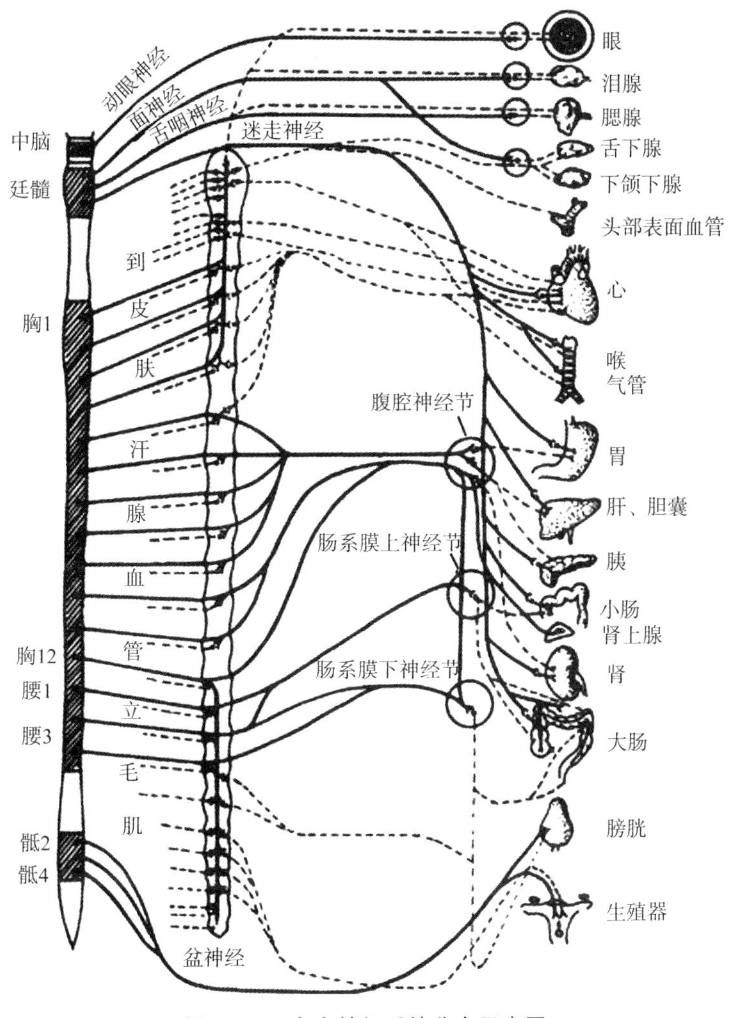

图 12-50　自主神经系统分布示意图

一根交感节前纤维往往和多个节后神经元建立突触联系，而副交感神经则不同。因此，交感神经的节前纤维兴奋引起的反应比较广泛，副交感神经节前纤维引起的反应则比较局限。

人体大多数内脏器官接受交感和副交感神经纤维的双重支配（图 12-50），且二者功能相互拮抗。如，心交感神经兴奋心肌，而心迷走神经抑制心肌。但也有一些器官只接收交感神经的单一支配，如肾上腺髓质、竖毛肌、汗腺和大多数的血管平滑肌等，交感神经纤维比副交感神经纤维分布更广泛。另外，交感神经和副交感神经对唾液腺的作用均可促进唾液分泌，只是前者引起的唾液分泌量少而黏稠，后者引起的唾液分泌量多而稀薄。

自主神经对效应器的支配具有紧张性作用。例如，切断心迷走神经可引起心率增加，说明心迷走神经持续有冲动传出抑制心脏；切断心交感神经则引起心率变慢，说明心交感神经也有紧张性冲动传出。自主神经纤维的紧张性来源于中枢的紧张性活动。

自主神经对效应器的作用与效应器本身的功能状态有关。例如交感神经可抑制无孕子宫的运动，而加强有孕子宫的运动。又如，胃幽门处于收缩状态时，刺激迷走神经可使其舒张；如果原来处于舒张状态，刺激迷走神经则使其收缩。

二、自主神经系统的功能和生理意义

（一）自主神经系统的主要功能

自主神经的主要功能见表 12-5。

表 12-5　自主神经系统的主要功能

	交感神经	副交感神经
循环系统	心率加快、心肌收缩力加强 腹腔内脏、皮肤血管显著收缩、骨骼肌血管收缩（肾上腺素能）或舒张（胆碱能）	心率减慢、心肌收缩力减弱 外生殖器血管等少数血管舒张
呼吸系统	支气管平滑肌舒张	支气管平滑肌收缩，促进呼吸道黏膜腺体分泌
消化系统	促使胃、肠、胆囊平滑肌舒张，括约肌收缩，促使唾液腺分泌黏稠的唾液	促进胃、肠、胆囊平滑肌收缩，促使括约肌舒张，促进稀薄唾液分泌，促使胃液、胰液、胆汁分泌
泌尿生殖系统	促进膀胱逼尿肌舒张，尿道内括约肌收缩，抑制排尿 引起未孕子宫平滑肌舒张，已孕子宫平滑肌收缩	促进膀胱逼尿肌收缩，尿道内括约肌舒张，促进排尿
眼	促进瞳孔开大肌收缩，瞳孔开大	促使瞳孔括约肌收缩，瞳孔缩小，促进泪腺分泌
皮肤	汗腺分泌，竖毛肌收缩	
内分泌腺	促进肾上腺髓质分泌激素	促进胰岛素分泌
新陈代谢	促进肝糖原等分解	促进糖原、脂肪、蛋白质合成

（二）自主神经系统对整体生理功能调节的意义

交感神经系统的活动比较广泛，常以整个系统参与反应。在紧张、恐惧、剧烈运动、窒息、失血或寒冷等情况下，交感神经系统的紧张性增强，同时伴有肾上腺髓质激素的分泌增多。一般认为，交感－肾上腺髓质作为一个系统活动，能调动机体的各种潜能，以适应内外环境的急剧变化，这种反应称为应急反应。

当机体处于安静状态时，副交感神经系统的紧张性相对较高，其意义主要是促进机体休整恢复、促进消化吸收、积蓄能量以及加强排泄和生殖功能等。

（三）自主神经的外周递质和受体

1. 递质　自主神经的外周递质主要有乙酰胆碱和去甲肾上腺素。释放乙酰胆碱作为递质的神经纤维，称为胆碱能纤维。交感神经和副交感神经的节前纤维、副交感神经的节后纤维、支配汗腺的交感神经节后纤维、支配骨骼肌血管的交感舒血管纤维都是胆碱能纤维。另外，躯体运动神经纤维也是胆碱能纤维。释放去甲肾上腺素作为递质的神经纤维，称为肾上腺素能纤维。大部分交感神经节后纤维属于肾上腺素能纤维。

2. 受体

（1）胆碱能受体：以乙酰胆碱为配体的受体称为胆碱能受体，分为两种：毒蕈碱型受体（muscarinic receptor，M受体）和烟碱型受体（nicotinic receptor，N受体）。

1）毒蕈碱型受体（M受体）：分布在副交感节后纤维和胆碱能交感节后纤维所支配的效应器细胞膜上。M受体被激动引起的效应，称为毒蕈碱样作用（M样作用）。M样作用包括心脏活动抑制；支气管平滑肌、胃肠平滑肌、膀胱逼尿肌、瞳孔括约肌收缩；消化腺、汗腺分泌增加和骨骼肌血管舒张等。阿托品能阻断M受体，从而拮抗M样作用。

2）烟碱型受体（N受体）：N受体又分N_1和N_2亚型。N_1受体存在于自主神经节神经元的膜上，N_1受体被激动可引起自主神经节神经元兴奋。N_2受体存在于神经－肌接头的终板膜上，被激动后引起骨骼肌细胞兴奋。这些效应被称为烟碱样作用（N样作用）。N受体的阻断剂为筒箭毒。六烃季胺对N_1受体的阻断作用较强，十烃季胺对N_2受体阻断作用较强。

（2）肾上腺素能受体：能与肾上腺素和去甲肾上腺素特异性结合的受体称为肾上腺素能受体，分为两大类：α受体和β受体。

1）α肾上腺素能受体（α受体）：α受体产生的平滑肌效应主要是兴奋性的，如血管平滑肌收缩、子宫平滑肌收缩、瞳孔开大肌收缩等。也有抑制性的，如小肠平滑肌舒张。酚妥拉明为α受体的阻断剂，可阻断α受体的缩血管效应而降低血压。

2）β肾上腺素能受体（β受体）：可分为β_1和β_2等亚型。β_1受体主要分布于心脏组织，如窦房结、房室传导系统、心肌等处，使心率加快、心肌收缩力加强。β_2受体分布于支气管、胃、肠、子宫及许多血管的平滑肌细胞上，使这些平滑肌舒张。普萘洛尔（心得安）是重要的β受体阻断剂。阿替洛尔对β_1受体的阻断作用较强，丁氧胺对β_2受体的阻断作用较强。

临床上选择受体阻断剂药物时，应根据具体病情。例如，心绞痛患者使用普萘洛尔可以降低心肌的代谢，保护心肌。但普萘洛尔对β受体的阻断作用很广泛，可同时致支气管平滑肌收缩。对伴有呼吸系统疾病的患者，应采用阿替洛尔，以免发生支气管痉挛。

自主神经外周受体功能归纳见表12-6。

表 12-6　胆碱能受体、肾上腺素能受体的作用及阻断剂

受体	主要作用	阻断剂
胆碱受体		
M 受体	心脏活动抑制，支气管平滑肌、胃肠平滑肌、膀胱逼尿肌、瞳孔括约肌收缩，消化腺以及汗腺分泌增加，骨骼肌血管舒张等	阿托品
N 受体		筒箭毒
N_1 受体	自主神经节后神经元兴奋	六烃季胺
N_2 受体	骨骼肌终板膜兴奋	十烃季胺
肾上腺素受体		
α受体	大多数血管平滑肌、子宫平滑肌、瞳孔开大肌收缩，小肠平滑肌舒张	酚妥拉明
β受体		普萘洛尔
$β_1$ 受体	心肌兴奋	阿替洛尔
$β_2$ 受体	支气管、胃、肠、子宫及一些血管平滑肌舒张	丁氧胺

三、各级中枢对内脏活动的调节

（一）脊髓

脊髓是调节内脏活动的初级中枢。一方面，交感神经和部分副交感神经的节前神经元胞体（低级中枢）位于脊髓。同时，脊髓也可以完成一些简单的内脏运动反射，如发汗反射、血管张力反射、排尿反射、排便反射及勃起反射等。但正常情况下，这些反射受高位中枢的调节。

人或动物的脊髓与高位中枢离断后，断面以下的脊髓暂时丧失反射活动、处于无反应状态，这种现象称为脊休克。脊休克主要表现为：断面以下脊髓所支配的骨骼肌紧张性减低甚至消失，外周血管扩张、血压下降，发汗反射消失，大、小便潴留等。

案例：脊休克

一段时间后，脊髓的一些反射活动可以逐渐恢复。血压可逐渐上升到一定水平，排便与排尿反射也逐渐恢复。屈肌反射、发汗反射等甚至比正常时加强并扩散。

脊髓完全离断后，脊髓内的上、下行神经纤维束不能重新接通，断面以下所支配的各种感觉和随意运动将永久丧失，排便、排尿反射不再受意识支配。

脊休克的产生与恢复，一方面说明脊髓可以独立完成一些简单的反射，同时也说明正常的脊髓功能受高位中枢调节。

（二）低位脑干

部分副交感神经的低级中枢位于脑干的运动副核。同时，延髓网状结构内存在许多与内脏活动有关的中枢，如心血管活动基本中枢、自主呼吸运动节律基本中枢、吞咽反射中枢和呕吐中枢等。延髓的心血管中枢和呼吸运动节律基本中枢被称为生命中枢，延髓损伤可导致心跳、呼吸停止。脑桥中有呼吸运动调整中枢和角膜反射中枢，中脑有瞳孔对光反射中枢。在临床，吞咽反射、角膜反射和瞳孔对光反射可用于判断脑干状态。

（三）下丘脑

下丘脑是调节内脏活动比较高级的中枢。

1. 调节摄食行为　实验破坏下丘脑外侧区，动物将拒食；而电刺激该区域则引起动物多食，因此认为该区域存在摄食中枢（饥饿中枢）。破坏下丘脑腹内侧核，动物食量增大；而电刺激该区域，动物摄食减少，因此认为该区域存在饱中枢。

2. 调节水平衡　水平衡的调节包括对摄水和排水的调节。动物摄食中枢的后方被破坏后，饮水明显减少，表明该部位存在饮水中枢（渴中枢）。下丘脑前部的渗透压感受器能感受血浆晶体渗透压的变化，影响下丘脑分泌抗利尿激素。抗利尿激素可调节肾脏对水的排出。具体参见泌尿系统章节。

3. 调节体温　下丘脑被认为是体温调节的基本中枢所在，在维持体温的相对稳定中起十分重要的作用。具体参见能量代谢与体温章节。

4. 调节内分泌功能　下丘脑内有内分泌神经元，可分泌多种调节性多肽，调节腺垂体激素的分泌。具体参见内分泌系统章节。

5. 调节情绪生理反应　情绪是人类的一种心理现象，但伴随着情绪活动也会发生一系列生理变化，称为情绪生理反应。在自主神经系统，情绪生理反应常表现为交感系统活动的相对亢进。例如人在发怒时，可以出现心率加快、血压上升、脚掌出汗、汗毛竖立、瞳孔散大、胃肠运动抑制、血糖浓度上升和呼吸强等现象。人类的下丘脑疾病，常伴随异常情绪反应。

6. 调节生物节律　生理活动按一定时间顺序发生周期性的变化，称为生物节律。心动、呼吸等节律的周期小于一天，称为高频节律；体温波动、ACTH 分泌波动等日周期活动，称为中频节律；而月经周期等称为低频节律。生物节律是在长期的进化及适应过程中形成的，其中日节律是最重要的生物节律。日节律的控制中心可能在下丘脑的视交叉上核。外环境的昼夜光照变化可影响视交叉上核的活动，从而使体内日周期节律与昼夜变化同步。月经周期节律的形成也与下丘脑关系密切。具体参见生殖系统章节。

（四）大脑皮层

与内脏活动关系密切的大脑皮层主要在边缘叶。另外，新皮层的一些区域也参与对内脏活动的调节。

第八节 脑的高级功能

学习、记忆、语言、思维和意识的形成等称为脑的高级功能，这些高级功能往往和大脑新皮层有关。

PPT：脑的高级功能

一、条件反射

（一）经典条件反射

条件反射学说由俄国生理学家巴甫洛夫提出。狗进食时唾液分泌增加，这是一个本能的反射。引起反射的刺激是进食，称为非条件刺激。而铃声不会引起狗唾液分泌，称为无关刺激。如果每次喂食前先给予铃声刺激，经过一段时间，只有铃声而并不喂食，狗的唾液分泌也会增加。此时的铃声刺激称为条件刺激（又称信号刺激），由条件刺激引起的反射则称为条件反射。条件反射的形成，是无关刺激和非条件刺激在时间上反复结合的结果，这个过程称为强化。

条件反射与非条件反射有着本质的区别。非条件反射是与生俱来的，而条件反射是通过学习形成的；非条件反射比较稳定，而条件反射可建立、可消退、还可分化和泛化；非条件反射数量虽多却是有限的，条件反射可以不断建立，理论上是无限的。人和动物可依据各种不同的环境变化建立不同条件反射。条件反射是对先天能力的扩增，可以使人类或动物的活动具有更强的预见性和更广泛的适应性。

（二）信号系统

大脑皮质对信号起反应的功能系统则称为信号系统。信号通常分为两类：第一信号指光、声等具体的信号，这些信号本身的某些理化性质可作为刺激，建立条件反射；第二信号指语言、文字等抽象信号。人类和动物都具有第一信号系统，而第二信号系统为人类独有。这是人类大脑皮质功能区别于动物的重要特征。以第二信号建立条件反射，可以进一步提高人类的适应能力。

二、大脑皮层的语言中枢和一侧优势

（一）大脑皮层的语言中枢

语言通常分为听、说、读、写四种技能，大脑皮层分别有不同的代表区与这些技能相关。临床发现，大脑皮层不同区域的损伤，可引起不同的语言功能障碍。中央前回底部前方的 Broca 三角区受损时，患者可看懂文字、听懂别人的谈话，却不会说话，称为运动性失语症。额中回后部接近中央前回手部代表区的部位损伤时，患者可听懂别人说话，看懂文字，也会说话，手的功能正常却不会写字，称为失写症。颞上回后部损伤，患者能讲话、书写、看懂文字，听力正常却听不懂别人说话，称感觉性失语症；角回受损，患者视觉正常，但看不懂文字的含义，称失读症（图 12-51）。完整的语言功能与大脑皮层多个区域的活动有关。

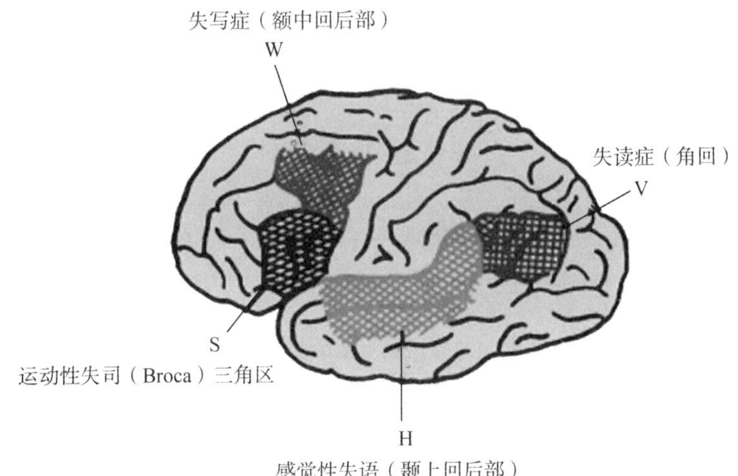

图 12-51　人类大脑皮层语言功能的区

（二）大脑皮层功能的一侧优势

语言有关的中枢主要集中在一侧大脑皮层，这一侧过去称为优势半球。惯用右手者，其优势半球在左侧。大脑左半球相关区域受损时，会出现上述各种语言功能障碍，而右半球的损伤对语言功能影响较小。大脑皮层语言功能一侧优势的形成有遗传因素，但与习惯使用右手关系十分密切。这种一侧优势一般在 10～12 岁时就逐步建立。

大脑皮层语言中枢的一侧优势现象提示，人类两侧大脑半球的功能是不对称的。左侧半球在语言功能上占优势，而右侧半球则在非语言性的认识功能上占优势，如空间辨认、深度知觉和触觉认识、音乐欣赏等。但这种优势也是相对的，左半球也有一定的非语言性认识功能，而右半球也有简单的语词功能。

三、脑电活动与觉醒睡眠

（一）人的脑电活动

将电极置于人头皮的一定部位，用仪器可记录到一些有规律的电变化图形，称为脑电图。电极直接置于大脑皮层表面记录到的图形则称为皮层电图。脑电图和皮层电图均是大脑皮层神经细胞生物电活动的综合体现。

在没有特殊外界刺激的情况下，大脑皮层自发产生的节律性电位变化，称为自发脑电，记录出的脑电图称自发脑电图。外加某种刺激时，在皮层特定区域可记录到刺激引起的脑电变化，称为皮层诱发电位。

根据频率与振幅，人类正常的自发脑电图可分为α、β、θ、δ四种基本波形（图12-52）。

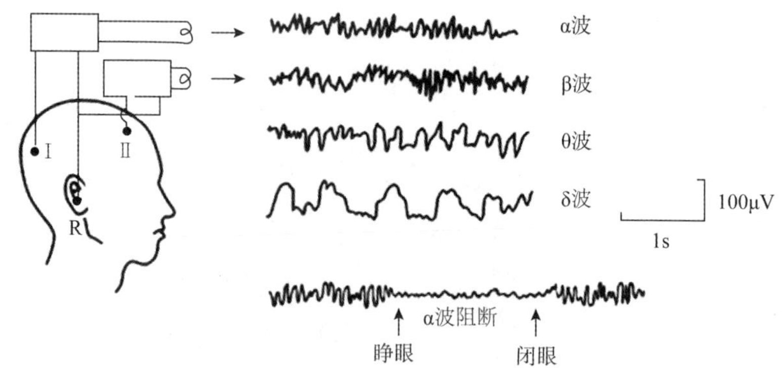

图 12-52 正常人脑电图的几种基本波形

1. α 波 频率为每秒 8～13 次，波幅为 20～100μV。α 波主要在成人安静、清醒且闭眼时出现。睁开眼睛或受到其他刺激时，α 波立即消失而出现 β 波，这一现象称为 α 波阻断。

2. β 波 频率最快，为每秒 14～30 次；波幅最小，为 5～20μV。当受试者睁眼视物或受到其他刺激时，出现 β 波。一般认为 β 波反映大脑皮层处于紧张活动状态。

3. θ 波 频率为每秒 4～7 次，波幅为 100～150μV，一般在成人困倦时出现。

4. δ 波 频率最慢，为每秒 0.5～3 次；波幅最大，为 20～200μV。成人极度疲劳、睡眠和大脑器质性病变等时可记录到此波，在婴儿常可见到此波。

低频率高振幅的脑电波称为同步化脑电波，一般认为表示大脑皮层处于抑制状态；当脑电波转化为低振幅高频率时，称为去同步化，表示大脑皮层兴奋的增强。

（二）觉醒与睡眠

人的觉醒和睡眠两种生理状态交替出现。在觉醒状态下，人能进行学习、工作、劳动和其它活动；而睡眠状态时，人体的精力和体力可以得到恢复。

1. 觉醒状态 觉醒状态可分为脑电觉醒和行为觉醒两种状态。行为觉醒状态时，人或动物表现出觉醒时的各种意识行为。脑电觉醒状态时，人或动物的脑电图呈去同步化快波，但不表现出觉醒行为。

2. 睡眠状态 通过对睡眠过程的观察发现，睡眠可大致分为慢波睡眠和快波睡眠两种不同的时相。

知识拓展：睡眠时相

（1）慢波睡眠：在慢波睡眠时相，脑电图主要为同步化的慢波。其主要生理表现为：嗅、视、听、触等感觉功能暂时减退；骨骼肌反射活动和肌紧张减退；血压下降、心率减慢、呼吸变弱、体温下降、代谢率降低、瞳孔缩小、尿量减少、唾液分泌减少和发汗功能增强等。此时相中生长素分泌明显增多。一般认为慢波睡眠有利于体力的恢复和促进生长。

（2）快波睡眠：在快波睡眠期间，脑电图呈现去同步化的快波。在此时相内，人的感觉功能进一步减退，以至较难唤醒。骨骼肌反射活动和肌紧张进一步减弱，肌肉几乎完全松弛。此外还可有阵发性表现，如眼球快速运动、肢体抽动、血压升高、心率加快、呼吸加深而不规则等。这可能成为某些疾病发作的诱因，如心绞痛、哮喘、脑出血的发作常在快波睡眠时相出现。一般认为，快波睡眠有利于促进精力的恢复，也可能有助于神经元间建立新的突触联系、促进学习记忆活动。

在完整的睡眠过程中，以上两种睡眠时相交替出现。通常，成人睡眠开始于慢波睡眠，持续80～120分钟，转入快波睡眠，20～30分钟后又转入慢波睡眠。如此交替反复4～5次即完成睡眠过程。两种时相的睡眠均可以直接转为觉醒状态。

（万　勇　李伟东）

思考练习

参考答案

第十三章　内分泌系统

第一节　概述

人体内分泌细胞的组织形式多样。以内分泌细胞为主构成的专门器官，称为内分泌腺。内分泌腺有垂体、甲状腺、甲状旁腺、肾上腺等。在一些其他器官中，内分泌细胞相对集中形成细胞团，则称为内分泌组织，如胰岛、睾丸间质细胞、卵泡和黄体等。此外，在胃肠道、前列腺、胎盘、心、肝、肺、肾、脑等器官内还有大量分散的内分泌细胞。全身各部的内分泌腺、内分泌组织和内分泌细胞构成内分泌系统（endocrine system）（图 13-1）。

PPT：概述

学习目标

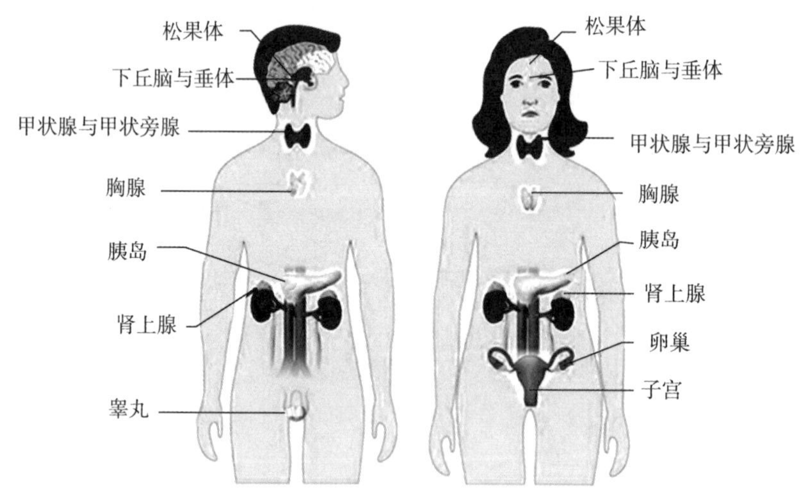

图 13-1　人体内分泌系统概况

由内分泌腺或内分泌细胞所分泌的高效生物活性物质称为激素（hormone）。激素是一些化学分子，是内分泌细胞发挥调节作用的信息载体。激素以体液为媒介，在细胞间递送信息。人体主要激素及来源见（表 13-1）。

表 13-1　人体内主要激素及来源

主要来源		激素名称	英文缩写
下丘脑		促甲状腺激素释放激素	TRH
		促性腺激素释放激素	GnRH
		促肾上腺皮质激素释放激素	CRH
		生长激素释放抑制激素（生长抑素）	GHRIH
		生长激素释放激素	GHRH
		促黑（素细胞）激素释放因子	MRF
		促黑（素细胞）激素释放抑制因子	MIF
		催乳素释放因子	PRF
		催乳素释放抑制因子	PIF
		抗利尿激素（血管加压素）	ADH（AV）
		催产素（缩宫素）	OXT
腺垂体		促肾上腺皮质激素	ACTH
		促甲状腺激素	TSH
		促卵泡激素	FSH
		黄体生成素	LH
		促黑（素细胞）激素	β－MSH
		生长激素	GH
		催乳素	PRL
甲状腺		四碘甲腺原氨酸	T_4
		三碘甲腺原氨酸	T_3
		降钙素	CT
甲状旁腺		甲状旁腺激素	PTH
胰岛		胰岛素	RI
		胰高血糖素	
肾上腺	皮质	糖皮质激素（如皮质醇）	
		盐皮质激素（如醛固酮）	
	髓质	肾上腺素	E
		去甲肾上腺素	NE
睾丸	间质细胞	睾酮	T
	支持细胞	抑制素（卵巢也可产生）	

（续表）

主要来源	激素名称	英文缩写
卵巢及胎盘	雌二醇	E_2
	雌三醇	E_3
	孕酮	P
	人绒毛膜促性腺激素	hCG

一、激素的分类

根据化学属性不同，激素主要有两大类，即含氮类激素和类固醇（甾体类）激素。

（一）含氮类激素

1. 蛋白质激素 如胰岛素、甲状旁腺激素和多数腺垂体激素等。

2. 多肽类激素 如下丘脑分泌的调节性多肽、抗利尿激素、催产素、降钙素和胃肠道激素等。

3. 胺类激素 如去甲肾上腺素、肾上腺素、甲状腺激素等。

大多数含氮类激素在胃肠道易被消化液分解破坏，一般不宜口服，须注射用药。但甲状腺激素不会被消化酶水解，可以口服。

（二）类固醇激素

类固醇激素包括肾上腺皮质激素和性激素，如皮质醇、醛固酮、雌激素、孕激素以及雄激素等。这类激素可以口服。

此外，1,25-$(OH)_2$-D_3 属于固醇类激素，前列腺素、白细胞三稀类则属脂肪酸衍生物。

二、激素作用的一般特性

人体内激素种类很多，其化学结构、生理功能也各不相同，但发挥作用时具有一些共同特性。

（一）相对特异性

激素经血液运送，可分布到人体大部分细胞的外液，但只选择性地作用于一些特定器官、组织和细胞，表现出激素作用的特异性。比如促甲状腺激素只作用于甲状腺滤泡。对某种激素产生效应的器官、组织和细胞，称为该激素的靶器官、靶组织和靶细胞。激素作用的特异性与靶细胞具有相应的受体有关。

（二）高效能生物放大作用

各种激素在血液中的含量均极微，一般在 nmol/L，甚至在 pmol/L 数量级，但微量的激素却具有显著的作用。例如 0.1μg CRH 可引起腺垂体释放 1μg ACTH，再引起肾上腺皮质分泌 40μg 糖皮质激素，最终可产生 6000μg 糖原储备的效应。

（三）不同激素间的相互影响

虽然不同激素各有不同生理作用，但一些激素作用时可相互联系、相互影响。激素之间的互相影响，表现为竞争作用、协同作用、拮抗作用和允许作用。

1. 竞争作用　有些激素具有相似的化学结构，可竞争结合同一受体位点。如孕酮与醛固酮受体的亲和性虽然很小，但孕酮浓度升高时可与醛固酮竞争受体，而减弱醛固酮的生理作用。

2. 协同作用　如胰高血糖素与糖皮质激素等，虽然作用于代谢的不同环节，但都可升高血糖。

3. 拮抗作用　如甲状旁腺激素和降钙素共同参与调节体内钙的代谢，甲状旁腺激素可使血钙升高，降钙素则可降低血钙，在对血钙影响上表现出拮抗作用。

4. 允许作用　有些激素对某一生理反应虽不起直接作用，但它为另一种激素发挥作用提供了条件，称为激素的允许作用。如糖皮质激素本身并没有缩血管作用，但可增强去甲肾上腺素的缩血管作用。

（四）信息传递作用

不论哪种激素，都只是信息的载体。其作用只是将调节信息传递给靶细胞，并不参加靶细胞的代谢过程和生理活动。

第二节　下丘脑与垂体

一、下丘脑的内分泌功能

下丘脑有许多具内分泌功能的神经元。由于下丘脑的这些神经元还接受来自中脑、边缘系统及大脑皮层等处的神经纤维，因此能将神经系统的反射活动与内分泌系统的活动紧密联系起来。

PPT：
下丘脑与垂体

下丘脑视上区的主要内分泌核团是视上核和室旁核，其中的内分泌神经元可合成、分泌抗利尿激素与催产素。下丘脑基底部存在一个“促垂体区”，包括多个神经核团。这些核团的神经元能合成和分泌至少 9 种具有活性的多肽，称为下丘脑调节肽。下丘脑调节肽的名称见表 13-1。

二、垂体和垂体激素

（一）垂体的形态和位置

垂体呈椭圆形，位于颅底的垂体窝内，悬垂于脑的底面，通过漏斗柄与下丘脑相连，重约 0.5g。女性垂体略大于男性，妊娠时可达 1g（图 13-1，图 13-2）。

（二）垂体的分部及垂体激素

从功能上，垂体可分为腺垂体和神经垂体两大部分（图 13-2，图 13-3）。

1. 腺垂体 包括垂体前叶和中间部。腺垂体主要由腺上皮构成，细胞排列成索状或团状，细胞索之间有丰富的窦状毛细血管和结缔组织。腺垂体内的多种内分泌细胞，可分泌 7 种不同的激素：生长激素（growth hormone，GH）、促甲状腺激素（thyroid-stimulating hormone，TSH）、促肾上腺皮质激素（adrenocorticotropic hormone，ACTH）、促卵泡激素（follicle-stimulating hormone，FSH）、黄体生成素（luteinizing hormone，LH）、催乳素（prolactin，PRL）和促黑激素（melanophore stimulating hormone，MSH）（表 13-1）

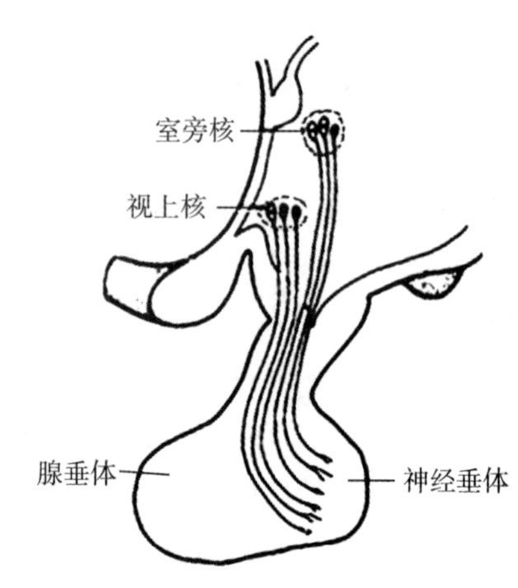

图 13-2 垂体（矢状切面）

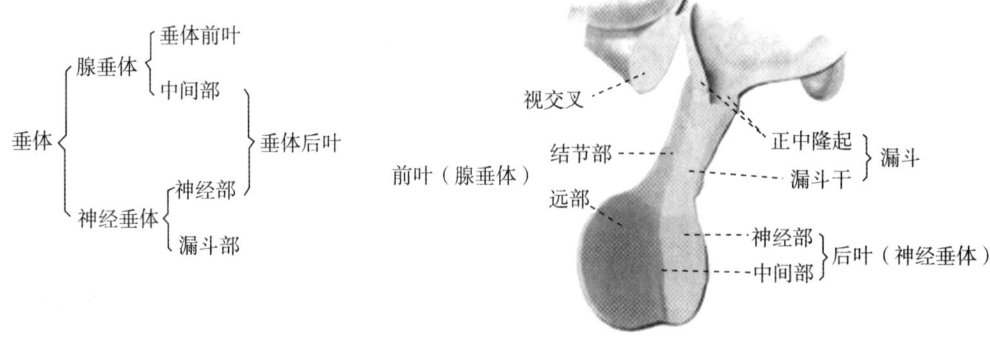

图 13-3 垂体的分部

2. 神经垂体 主要包括神经部和漏斗部。神经垂体（neurohypophysis）由大量无髓神经纤维、神经胶质细胞和丰富的有孔毛细血管构成。无髓纤维是下丘脑视上核和室旁核的神经内分泌细胞的轴突。神经胶质细胞主要起支持和营养作用。神经垂体中不含内分泌细胞，不分泌激素。下丘脑的视上核和室旁核的内分泌神经元可合成抗利尿激素（ADH）和催产素（oxytocin，OXT）。两种激素经神经元轴突运输至神经垂体储存，根据人体需要释放进入毛细血管。

三、下丘脑与垂体的联系

下丘脑不同内分泌神经元与垂体不同部分的联系有 2 种方式，分别称为下丘脑-腺垂体功能系统和下丘脑-神经垂体功能系统。

（一）下丘脑-腺垂体功能系统

下丘脑“促垂体区”神经元分泌的调节肽，经垂体门脉系统运送至腺垂体，对腺垂体内分泌细胞的功能起促进或抑制作用。这种联系称为下丘脑-腺垂体功能系统（图 13-4）。下丘脑-腺垂体功能系统是人体重要的内分泌中枢。

（二）下丘脑-神经垂体功能系统

下丘脑的视上核和室旁核神经元合成 ADH 和 OXT，通过下丘脑-垂体束运至神经垂体储存、释放。

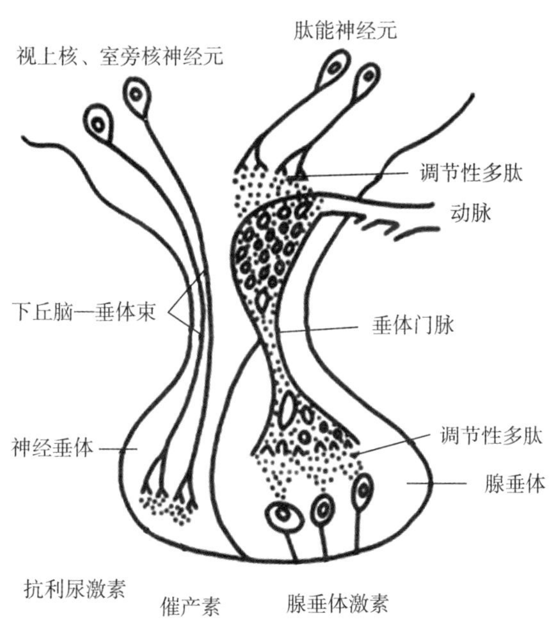

图 13-4　下丘脑与垂体功能联系示意图

四、垂体激素的生理作用

（一）腺垂体激素的生理作用

1.“促激素”及“下丘脑-腺垂体-靶腺功能轴”　腺垂体分泌的促甲状腺激素

(TSH)、促肾上腺皮质激素（ACTH)、促卵泡激素（FSH)、黄体生成素（LH）称为“促激素”。

这些激素有个共同点，他们的“靶”都是内分泌腺或组织。这些激素的生理功能可统一表述为：促进靶腺的生长和分泌。TSH 可促进甲状腺腺泡的生长和甲状腺激素分泌。ACTH 可促进肾上腺皮质束状带的生长和糖皮质激素分泌。FSH 可促进卵泡生长和雌激素分泌；LH 可促进黄体生成并分泌雌激素和孕激素。FSH 和 LH 又合称促性腺激素。

这些“促激素”的分泌又接受下丘脑调节肽的调节。下丘脑、腺垂体和外周靶腺之间的调节关系被称为“下丘脑-腺垂体-靶腺功能轴”（图 13-5)。共有 3 大功能轴：下丘脑-腺垂体-甲状腺轴、下丘脑-腺垂体-肾上腺皮质轴和下丘脑-腺垂体-性腺轴，其生理作用及其调节方式将在本章后文相关部分详细阐述。

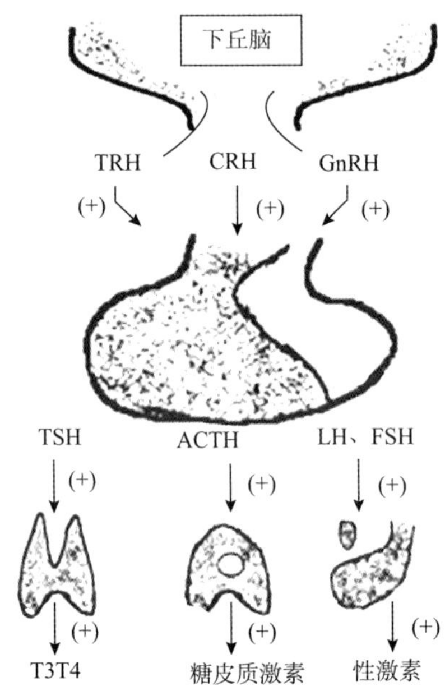

图 13-5　下丘脑与垂体功能联系示意图

2. 生长激素　生长激素（GH）是腺垂体含量最多的激素，人的 GH 是由 191 个氨基酸组成的蛋白质激素。人青春期 GH 分泌最为旺盛，随年龄增加而逐渐减少，同龄女性相比男性多。GH 有显著的种属差异，近年来利用 DNA 重组技术可以大量生产人 GH（hGH)，供临床应用。

（1）GH 的生理作用：

1）促进生长发育：机体生长发育受多种激素的影响，GH 是起关键作用的激素。幼年动物切除垂体后，生长立即停滞，如及时补充 GH，可使其恢复生长发育。人在幼年期若 GH 分泌不足，将出现生长停滞，身材矮小，称侏儒症，其智力正常。若幼年期 GH 分泌过多可引起巨人症。成年人骨骺已闭合，此时 GH 分泌过多只能使软骨成

份较多的手足、肢端、面骨及其软组织生长异常，以致手足粗大、鼻大唇厚、下颌突出，内脏器官也产生肥大等，称为肢端肥大症。

GH 促进生长发育，主要通过刺激肾、心、肺及骨骼肌等器官组织产生胰岛素样生长因子（IGF）间接促进生长。IGF 是一种多肽，因其化学结构与胰岛素相似而得名。它除了可促进硫酸盐进入软骨组织外，还促进氨基酸进入软骨细胞，增强 DNA、RNA 和蛋白质的合成，促进软骨组织增殖与骨化，使长骨加长。

2）对代谢的作用：GH 对代谢过程有广泛影响，主要表现为促进脂肪分解、促进蛋白质的合成和促进血糖水平升高。GH 可加强脂肪动员，使血液中游离脂肪酸增加，促进肝、骨骼肌摄取和氧化脂肪。GH 可促进氨基酸进入细胞内，加速 DNA 和 RNA 的合成，促进蛋白质合成。GH 对糖代谢的影响多继发于其对脂肪的动员，通过抑制骨骼肌与脂肪组织摄取葡萄糖而升血糖；还通过降低外周组织对胰岛素的敏感性，也使血糖水平升高。

（2）GH 的分泌调节：①下丘脑的调节：GH 的分泌受下丘脑调节肽 GHRH 和 GHRIH 的双重调节。前者促进 GH 的分泌，后者则抑制 GH 的分泌。通常情况下，GHRH 占优势；②代谢因素的影响：低血糖、饥饿、运动及应激性刺激等都可引起 GH 分泌。其中，低血糖是最有效的刺激。血中氨基酸与脂肪酸增多，也可引起 GH 分泌增多；③睡眠的影响：夜间 GH 分泌量约占全天分泌量的 70%。进入慢波睡眠后，GH 分泌明显增加，约 60 分种左右达高峰。转入异相睡眠后，GH 分泌减少。

3. 催乳素　催乳素（PRL）也叫泌乳素、生乳素等。人催乳素由 199 个氨基酸残基构成，与生长激素的同源性为 35%。

（1）催乳素的生理作用：①对乳腺与泌乳的作用：PRL 促进乳腺发育，引起并维持泌乳。女性青春期乳腺的发育主要由于雌激素的刺激，糖皮质激素、生长激素、孕激素及甲状腺激素也起一定协同作用。在妊娠期，PRL、雌激素和孕激素使乳腺进一步发育、具备泌乳能力，但不泌乳。分娩后血中雌、孕激素水平明显降低，PRL 才能与乳腺细胞受体结合，发挥始动和维持泌乳作用；②对性腺的作用：PRL 对卵巢黄体功能及性激素合成有一定作用。小剂量 PRL 能促进排卵和黄体生长，并刺激雌激素、孕激素分泌，大剂量则有抑制作用。在男性，PRL 可促进前列腺和精囊腺的生长，促进睾酮合成；③在应激反应中的作用：在应激状态下，血中 PRL 浓度升高，与 ACTH 和 GH 一样，是应激反应中腺垂体分泌的应激激素之一。

（2）PRL 分泌的调节：PRL 的分泌受下丘脑分泌的 PRF 与 PIH 双重控制。PRF 促进 PRL 的分泌，PIH 则抑制 PRL 的分泌。婴儿吸吮乳头的刺激信息传到下丘脑，可使 PRF 释放，腺垂体大量分泌 PRL，引起乳腺分泌。血中 PRL 水平升高可反馈作用于下丘脑，使 PIH 分泌增加，从而使 PRL 分泌减少或停止。

4. 促黑激素

（1）MSH 的生理作用：人体黑素细胞主要分布于皮肤与毛发、眼虹膜和视网膜的色素层、软脑膜。MSH 的主要作用是促进黑素细胞中的酪氨酸酶的合成和激活，从而促进酪氨酸转变为黑色素，使皮肤、虹膜、毛发等的颜色变深。

（2）MSH 分泌的调节：下丘脑 MRF 促进其分泌，MIF 抑制其分泌。

（四）神经垂体激素的生理作用

1. 抗利尿激素 生理作用及分泌调节详见泌尿系统相关部分。

2. 催产素 催产素（OXT）也叫缩宫素（OT）。人体 OT 没有明显的基础分泌，只有在分娩、授乳等状态才通过神经反射引起分泌。

（1）催产素生理作用：催产素具有促进乳汁排出和刺激子宫收缩的作用，以前者为主。①对乳腺的作用：催产素可使乳腺周围肌上皮细胞收缩，使具有泌乳功能的乳腺排乳。此外，还有维持哺乳期乳腺不致萎缩的作用；②对子宫的作用：对非孕子宫作用较弱。对妊娠子宫，尤其是妊娠末期子宫作用较强，使之强烈收缩，发挥催产作用。雌激素增加子宫对催产素的敏感性，而孕激素的作用则相反。

知识拓展：母乳喂养与内分泌

（2）催产素的分泌调节：①吸吮乳头可反射性引起下丘脑－神经垂体系统分泌与释放催产素，导致乳汁排出，称射乳反射。射乳反射可建立条件反射，如婴儿的哭声有时可引起排乳。焦虑、烦恼、恐惧、不安都可抑制排乳；②在临产或分娩时，子宫和阴道受到压迫和牵拉可反射性引起催产素的分泌与释放，使子宫收缩越来越强。催产素在临床上的应用，主要是协助分娩，以及防止或抑制产后出血。

第三节　甲状腺

一、甲状腺的位置和形态

PPT：甲状腺

甲状腺位于颈前部，略呈“H”形（图 13-6，图 13-7）。甲状腺有左、右两个侧叶，连接两侧叶的中间部称甲状腺峡，有的甲状腺峡上缘向上延伸出一个锥状叶。侧叶分别贴于喉下部和气管上部的两侧，甲状腺峡一般位于第 2～4 气管软骨环的前方。颈筋膜包绕甲状腺并将其固定于喉软骨上，因此，甲状腺可随吞咽而上、下移动。

甲状腺的血液供应非常丰富，主要来源于甲状腺上动脉（颈外动脉的分支）和甲状腺下动脉（锁骨下动脉的分支）。甲状腺上、下动脉均有分支，这些分支在甲状腺的上下左右以及周边互相吻合，构成丰富的血管网。因此在甲状腺大部切除后，虽然结扎了两侧的甲状腺上、下动脉，但并不会影响残留甲状腺的血液供应。甲状腺下动脉与喉返神经关系密切，甲状腺手术结扎血管时易损伤喉返神经，导致声音嘶哑或失声。

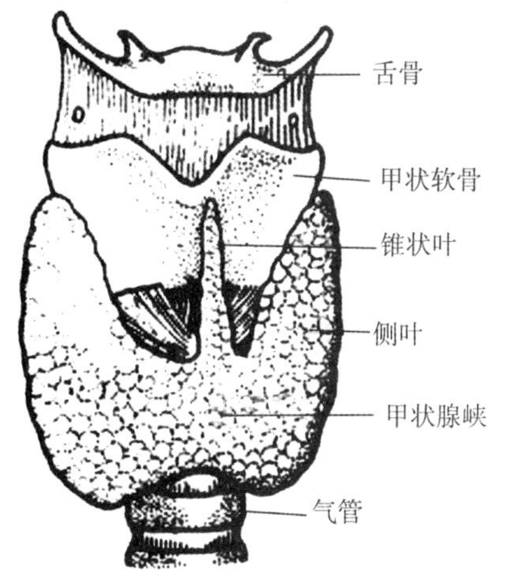

图 13-6 甲状腺（前面）

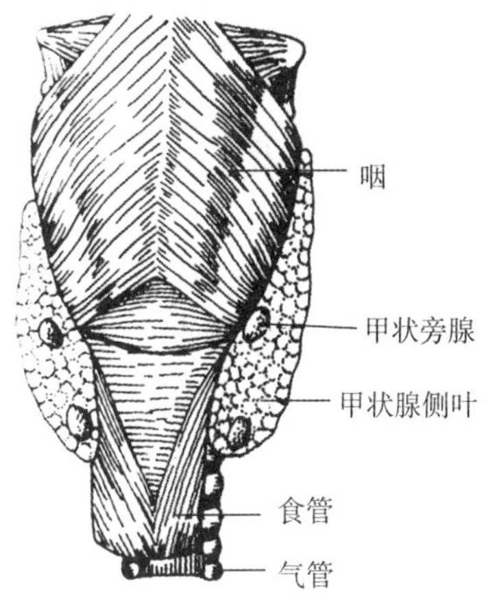

图 13-7 甲状腺（后面）

二、甲状腺的微细结构

甲状腺表面覆有薄层结缔组织被膜，被膜发出小梁伸入实质内，将腺体分成不完全的小叶，每个小叶内含有 20～40 个滤泡。滤泡是由滤泡上皮细胞围成的囊泡状结构。滤泡间有滤泡旁细胞和丰富的毛细血管（图 13-8）。

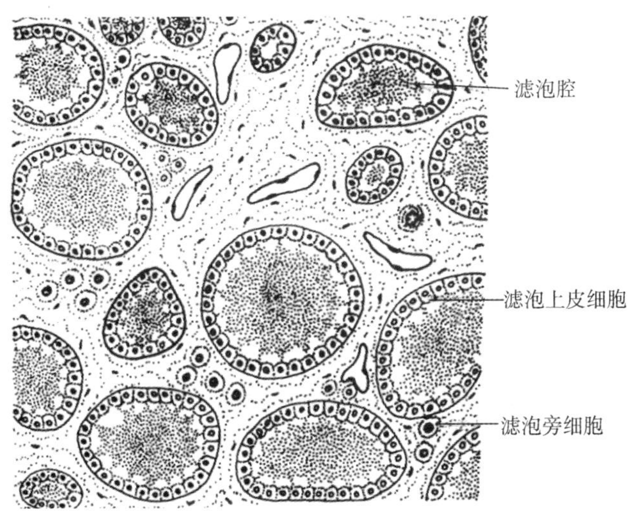

图 13-8 甲状腺的微细结构（高倍）

滤泡上皮细胞通常为单层立方上皮，滤泡上皮细胞分泌甲状腺激素，即四碘甲腺原氨酸（thyroxine，T_4）和三碘甲腺原氨酸（triiodothyronine，T_3）。在腺体或血液中 T_4 含量较 T_3 多，约占总量的 90%，但 T_3 的生物学活性较 T_4 强约 5 倍，是甲状腺激素发挥生理作用的主要形式。

滤泡旁细胞常以单个细胞嵌在滤泡上皮细胞之间，其主要功能是分泌降钙素（calcitonin，CT），所以又称降钙素细胞或甲状腺C细胞。

三、甲状腺激素

甲状腺激素即T_4（四碘甲腺原氨酸）和T_3（三碘甲腺原氨酸）。

（一）甲状腺激素的合成、储存与运输

1. 甲状腺激素的合成 合成甲状腺激素的主要原料是碘和酪氨酸。碘主要来源于食物，人每天从食物中摄取的无机碘为100～200 μg，其中1/3被甲状腺摄取，甲状腺与碘的代谢关系极为密切。甲状腺激素的合成过程包括三个步骤：

（1）甲状腺腺泡聚碘：由小肠吸收的碘，以I^-的形式存在于血液中，浓度很低，而甲状腺内I^-浓度比血液高20～25倍，可见甲状腺对碘的摄取是主动转运过程。甲状腺的聚碘能力是临床上诊断和治疗甲状腺功能亢进的重要依据。

（2）碘的活化：摄入的I^-迅速被腺泡上皮细胞内的过氧化酶作用，氧化成具有活性的碘，这一过程称为碘的活化。

（3）酪氨酸碘化与甲状腺激素的合成：腺泡上皮细胞可生成一种大分子糖蛋白—甲状腺球蛋白（TG）。TG的酪氨酸残基上的氢原子，被碘原子取代的过程称为碘化。酪氨酸碘化形成一碘酪氨酸残基（MIT）或二碘酪氨酸残基（DIT）。MIT和DIT再耦联就形成了T_3或T_4。两个分子的DIT耦联生成T_4，一个分子MIT与一个分子DIT耦联形成T_3。

以上I^-的活化、酪氨酸碘化以及耦联过程，都是在同一过氧化酶系的催化下完成的（图13-9）。抑制这一酶系的药物，如甲巯咪唑、丙基硫氧嘧啶等，有阻断T_4、T_3合成的作用，可用于治疗甲状腺机能亢进。

2. 甲状腺激素的储存 新合成的T_4和T_3以甲状腺球蛋白的形式贮存于腺泡腔的胶质中。其储存量很大，可供人体利用2～3个月。因此，使用抑制T_4、T_3合成的药物治疗甲亢，需较长时间才能起到效果。

3. 甲状腺激素的分泌和运输 在适宜的刺激下，甲状腺上皮细胞以入胞方式摄入腺泡腔中的甲状腺球蛋白，在溶酶体的蛋白水解酶作用下，T_3、T_4从甲状腺球蛋白释放出来，并由腺泡上皮细胞分泌入血液。血液中99%的T_3、T_4以蛋白质结合的形式存在，1%以游离形式存在，且主要为T_3。只有游离型的甲状腺激素才能进入组织，发挥其生理效应。血中游离型和结合型甲状腺激素保持动态平衡。临床上可通过测定血液中T_3、T_4的含量了解甲状腺的功能。

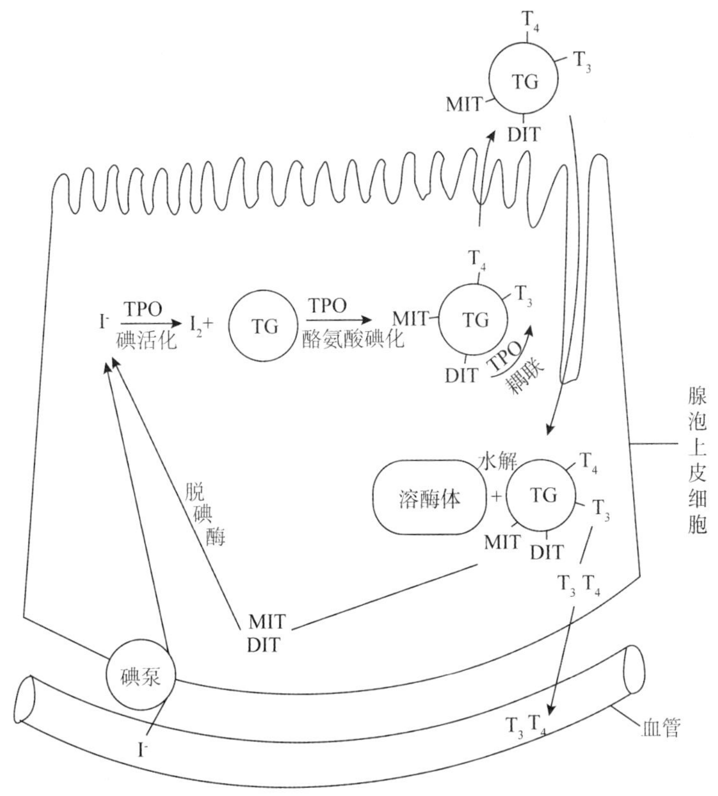

图 13-9 甲状腺激素合成、贮存和分泌示意图

TPO：过氧化酶 TG：甲状腺球蛋白

MIT：单碘酪氨酸残基 DIT：双碘酪氨酸残基

(二) 甲状腺激素的生理作用

知识拓展：
甲亢患者
临床表现

甲状腺激素对人体代谢、生长发育及组织器官功能有广泛的影响。

1. 对代谢的影响

(1) 产热效应：甲状腺激素能增加体内绝大多数组织细胞（除了性腺、淋巴结、肺、皮肤、脾和脑之外）的耗氧量，增加产热，使基础代谢率增高。研究表明，T_4、T_3 和靶细胞的核受体结合可诱导 Na^+-K^+-ATP 酶活性，促进 Na^+、K^+ 主动转运消耗 ATP，增加产热。T_4、T_3 又促进线粒体中生物氧化过程，提高氧化量。据估计，1mgT_4 可使人体产热增加 4184KJ。

甲状腺功能亢进患者产热增多，食欲增加、怕热多汗、消瘦，基础代谢率可较正常人高 60%～80%。而甲状腺功能减退患者产热减少，喜热畏寒，基础代谢率可较正常人低 30%～45%。

(2) 对蛋白质、糖、脂肪代谢的影响：生理浓度的甲状腺激素可以促进蛋白质合成，因此，与人体的生长发育密切相关。但大剂量甲状腺激素则以促使蛋白质分解为主。甲亢患者骨骼肌中的蛋白质大量分解，患者常感疲乏无力。甲减患者皮下组织中黏蛋白增多，引起黏液性水肿。

甲状腺激素促进糖的吸收，增加糖原分解和糖异生作用，但同时又促进糖在外周组织的分解，生理浓度的甲状腺激素对血糖影响不大。大剂量甲状腺激素增加糖原分解和糖异生作用更强，因此甲亢患者的血糖常升高，甚至出现糖尿。

甲状腺激素既促进脂肪和胆固醇的合成，又促进脂肪的动员和分解、促进胆固醇转变为胆汁酸从胆汁排出，总的效果是促进分解作用较强。甲亢患者的血浆胆固醇水平常降低，甲减患者血胆固醇高于正常。

2. 对生长发育的影响 T_3、T_4 是促进机体生长、发育的重要激素，尤其是对婴儿脑和长骨的生长发育影响极大。T_3、T_4 对生长发育的影响，在出生后最初的 4 个月内最为明显。先天性甲状腺功能不足的患者，不仅身材矮小，而且脑不能充分发育，智力低下，称呆小症（克汀病）。故治疗呆小症必须抓住时机，应在出生后 3 个月以内补给甲状腺激素。

甲状腺激素还对垂体生长激素有允许作用，如果缺乏甲状腺激素，生长激素就不能很好发挥作用。

3. 其他作用

（1）对神经系统的作用：T_3、T_4 能提高中枢神经系统的兴奋性。因此，甲亢患者有烦躁不安、多言多动、喜怒无常、失眠多梦等症状；甲状腺功能低下的患者则有言行迟钝、记忆减退、淡漠无情、少动思睡等表现。

（2）对心血管系统的作用：T_3、T_4 可使心跳加快、加强，心排出量增大，外周血管扩张。甲亢患者的血压常表现为收缩压升高，舒张压降低，脉压明显增加。甲亢患者可因心脏作功量增加而引起心肌肥大，最后导致充血性心力衰竭。研究表明，T_3、T_4 增强心脏活动是由于它们直接作用于心肌，促使心肌细胞的肌质网释放 Ca^{2+} 的缘故。

另外，T_3、T_4 能增加食欲，并对男性生殖和女性生殖均有作用，甲状腺激素分泌过高或过低，均能导致生殖功能的紊乱。

（三）甲状腺激素的分泌调节

甲状腺机能活动主要受下丘脑-腺垂体-甲状腺轴的调节。此外，还存在一定程度的自身调节和自主神经调节（图 13-10）。

1. 下丘脑-腺垂体-甲状腺轴的调节 下丘脑分泌的促甲状腺激素释放激素（TRH）经垂体门脉系统运输至腺垂体，促进促甲状腺激素（TSH）的合成和释放，TSH 刺激甲状腺释放甲状腺激素（T_3、T_4）。此外 TSH 还能刺激甲状腺腺泡细胞核酸与蛋白质的合成，使腺细胞增生，腺体增大。因此 TSH 对甲状腺具有全面的促进作用。血液中 T_3、T_4 对下丘脑和腺垂体又有反馈抑制作用。血液中 T_3、T_4 浓度升高时，抑制作用

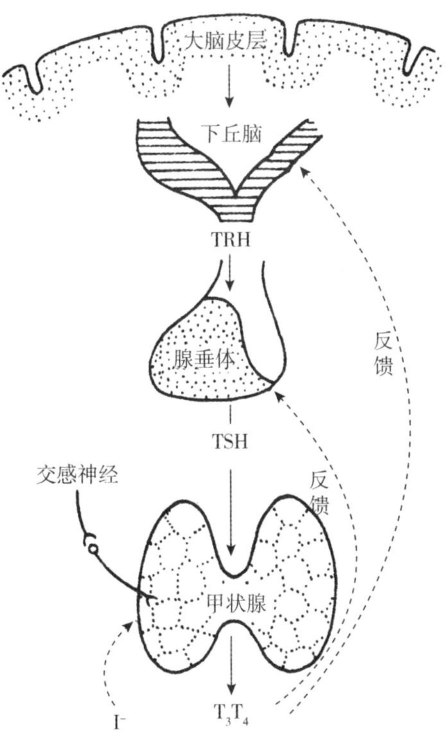

图 13-10 甲状腺激素分泌调节示意图

实线表示促进 虚线表示抑制

增强，下丘脑 TRH 及腺垂体 TSH 分泌减少，又导致甲状腺 T_3、T_4 的分泌也减少；反之，T_3、T_4 浓度降低时，抑制作用减弱。这种负反馈作用是维持体内 T_3、T_4 浓度相对稳定的重要机制。

当饮食中长期严重缺碘时，T_3、T_4 的合成因缺乏原料而减少，对腺垂体的反馈抑制作用减弱，TSH 的分泌量增多。TSH 长期偏高可刺激甲状腺细胞不断增生，导致甲状腺肿大，临床上称为单纯性甲状腺肿。出于相似的机制，长期使用抑制甲状腺激素合成的药物也可引起甲状腺肿大。

2. 自身调节 一方面，甲状腺能根据碘供应的情况，调整自身对碘的摄取，从而保持储存碘的稳定。血液碘浓度低时，甲状腺摄取碘的能力加强。而血液碘浓度升高时，甲状腺摄取碘的能力会减弱。

另一方面，T_3、T_4 的合成也存在适应性调节。血液碘浓度增加时，最初 T_3、T_4 合成增加。但超过一定限度后，T_3、T_4 合成速度不再增加，反而明显下降。这种由过量的碘产生的抗甲状腺效应称 Wolff－Chaikoff 效应。过量碘的抗甲状腺效应，在临床上常用来处理甲状腺危象和作手术前准备。

以上调节不受 TSH 影响，故称自身调节。自身调节作用使甲状腺机能适应食物中碘供应量的变化，从而保持激素合成量的相对稳定。

3. 自主神经调节 甲状腺受自主神经（交感神经、副交感神经）的支配。刺激交感神经可使甲状腺激素合成、分泌增加；刺激支配甲状腺的副交感神经则使甲状腺激素合成、分泌减少。

四、降钙素

降钙素（calcitonin，CT）是主要由甲状腺滤泡旁细胞（C 细胞）（图 13-8）合成和分泌的肽类激素，胸腺也有分泌 CT 的功能。

（一）降钙素的生理作用

1. 对骨的作用 人体内绝大多数的钙和磷，以羟基磷灰石的形式储存骨组织。骨组织的钙、磷与血浆的钙、磷可相互转换。CT 抑制破骨细胞活动，增强成骨细胞活动。由于溶骨过程减弱和成骨过程加速，血钙、血磷更多沉积于骨盐，浓度下降。

2. 对肾的作用 CT 抑制肾小管对钙、磷、钠、氯等的重吸收，增加它们在尿中的排出量，从而使血钙、血磷浓度下降。

此外，还可抑制小肠吸收钙和磷。综上，降钙素的主要生理作用是通过影响骨骼、肾脏、小肠等器官的活动，降低血钙与血磷的浓度。

（二）降钙素的分泌调节

CT 的分泌主要受血钙浓度调节。血钙浓度增加时 CT 分泌增加，反之分泌减少。这是一个负反馈调节。胰高血糖素和某些胃肠激素，如促胃液素、缩胆囊素也可促进 CT 分泌。

第四节 甲状旁腺

一、甲状旁腺的位置和形态

甲状旁腺为卵圆形小体，位于甲状腺两个侧叶的后方。通常有 4 个，约绿豆大小，排列成上、下两对（图 13-7）。

PPT：调节钙磷代谢的激素

二、甲状旁腺激素

甲状旁腺的腺细胞包含主细胞和嗜酸性细胞两种。主细胞数目比较多，可分泌甲状腺旁腺激素（parathyroid hormone，PTH），嗜酸性细胞功能尚不明确。PTH 是由 84 个氨基酸残基组成的多肽。

（一）甲状旁腺激素的生理作用

案例：甲状腺手术与低钙

PTH 的生理作用主要是升高血钙、降低血磷。摘除动物甲状旁腺后，血钙水平逐渐下降，出现低钙抽搐、甚至死亡，而血磷水平则往往逐渐升高。在人类甲状腺手术时，若误将甲状旁腺去除，可造成严重的低血钙。

PTH 是调节人体钙、磷代谢最重要的激素。PTH 与 CT 共同发挥作用，维持血钙、血磷的相对稳定。

1. 对骨的作用　PTH 动员骨钙入血，使血钙浓度升高。其作用分为 2 个时相：

（1）快速效应时相：在 PTH 作用几分钟后即可出现，是通过对骨细胞膜系统的作用实现的。骨细胞膜上的钙泵活动增强，可将骨液中的钙转运至细胞外液中，使血钙升高。

（2）延缓效应时相：在 PTH 作用后 12～14 小时才能表现出来，经数天甚至数周才达高峰。PTH 通过激活破骨细胞的活动而使骨质溶解加速，钙、磷大量入血，使血浆钙升高。若 PTH 持续分泌增加，会使骨密度降低。

PTH 的上述 2 种效应相互配合，既能对血钙的急切需要作出迅速反应，又保证有较长时间的持续效应。

2. 对肾的作用　PTH 促进远曲小管和集合管对钙的重吸收，减少尿钙排出，使血钙升高。同时抑制近端小管和远端小管对磷酸盐的重吸收，增加尿磷排出，而使血磷下降。

3. 对肠道的作用　PTH 能促进肠道吸收钙，原因是 PTH 能增加肾内 b-羟化酶的活性，从而促进 1,25-$(OH)_2$-D_3 的生成。1,25-$(OH)_2$-D_3 使细胞合成一种与钙有高度亲合力的钙结合蛋白，参与钙的转运而促进肠吸收钙。

（二）甲状旁腺激素的分泌调节

血钙浓度是调节 PTH 分泌的最重要因素。血钙浓度降低可直接刺激甲状旁腺分泌 PTH。PTH 作用下，肾脏重吸收钙增多，骨内钙的释放增加，结果使血钙浓度迅速回升。较长时间的低血钙，可刺激甲状旁腺增生。血钙浓度升高时，调节过程正好相反。这也是一个典型的负反馈。

此外，血磷升高也可引起 PTH 的分泌。这是由于血磷升高可使血钙降低，间接地引起了 PTH 释放。降钙素也能促进 PTH 的分泌。

第五节　肾上腺

PPT：肾上腺

一、肾上腺的形态和位置

肾上腺（图 13-11）左、右各一，左侧近似半月形，右侧呈三角形，分别位于左、右肾上端的内上方，与肾共同被包在肾筋膜和脂肪囊内。

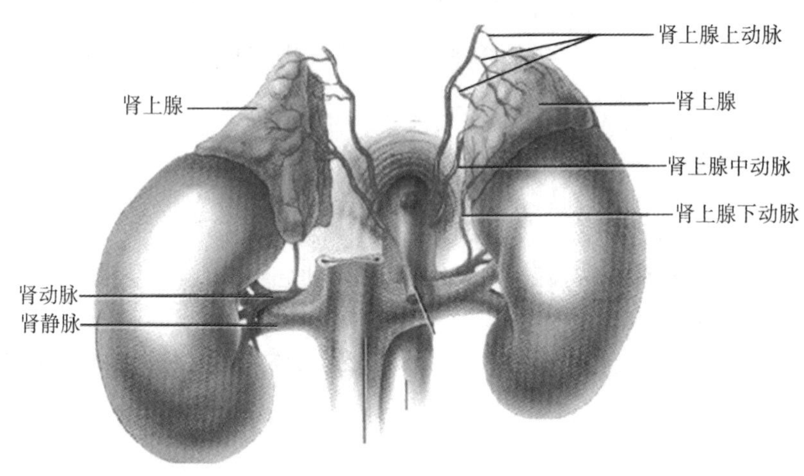

图 13-11　肾上腺

二、肾上腺的微细结构和内分泌

肾上腺实质可分为皮质和髓质（图 13-12）。

（一）肾上腺皮质

肾上腺皮质位于腺实质外周部分，约占肾上腺的 80%～90%。根据细胞排列的形式不同，皮质由外向内分为 3 个部分，依次为球状带、束状带和网状带（图 13-12）。

球状带较薄，位于皮质浅层。细胞较小，呈矮柱状或多边形，排列成球状细胞团，细胞团之间有窦状毛细血管。球状带细胞分泌盐皮质激素，如醛固酮等。

束状带位于球状带深面，最厚，细胞体积较大，呈多边形，常由 1～2 行细胞排列成索。索间有纵行血窦。束状带分泌糖皮质激素，如氢化可的松等。

网状带位于髓质交界处，细胞呈多边形，细胞索相互吻合成网，细胞较小，形状不规则，界限不清。网状带分泌性激素，以雄激素为主，也有少量雌激素。

由于盐皮质激素和性激素分别在泌尿系统和生殖系统部分阐述，本章中主要介绍糖皮质激素。

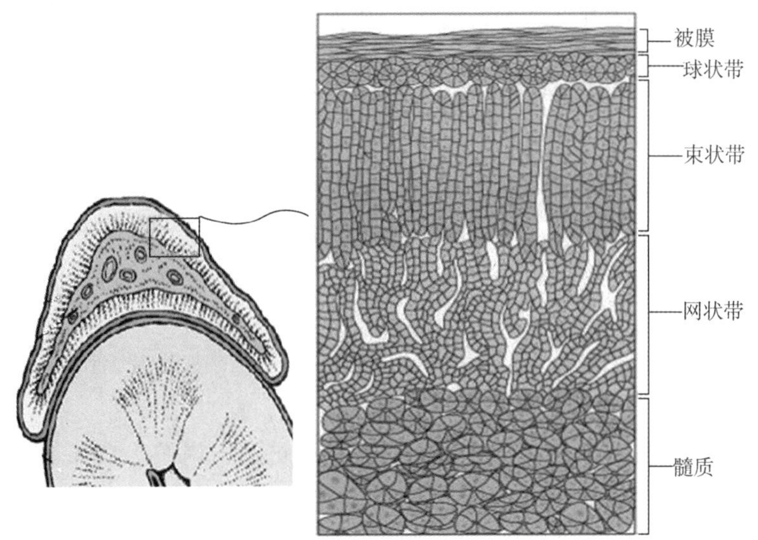

图 13-12　肾上腺剖面及微细结构模式图

（二）肾上腺髓质

肾上腺髓质位于肾上腺的中央，约占肾上腺的10%～20%，主要由髓质细胞构成。髓质细胞内含有细小颗粒，经铬盐处理后，一些颗粒与铬盐呈棕色反应。含有这种颗粒的细胞称为嗜铬细胞，包括肾上腺素细胞和去甲肾上腺素细胞。肾上腺素细胞约占80%，分泌肾上腺素（E）；去甲肾上腺素细胞约占20%，分泌去甲肾上腺素（NE）。

三、糖皮质激素

糖皮质激素的作用广泛而复杂，是维持生命所必需的激素。

（一）糖皮质激素的生理作用

1. 对物质代谢的作用

（1）糖代谢：糖皮质激素是调节机体糖代谢的重要激素之一。糖皮质激素促进糖异生，增加肝糖原储备。又有抗胰岛素作用，降低肌肉与脂肪等组织细胞对胰岛素的反应性，使外周组织对葡萄糖的利用减少。因此，糖皮质激素可显著升高血糖。临床上，肾上腺皮质功能亢进引起的综合征，称为库欣病（Cushing disease）。肾上腺皮质功能减退征，称为艾迪生病（Addison disease）。库欣病患者或大量使用糖皮质激素治疗的患者，可出现血糖浓度升高，甚至出现糖尿。糖皮质激素是维持血糖浓度的重要激素，艾迪生病患者易出现低血糖。

（2）蛋白质代谢：糖皮质激素促进肝外组织，特别是肌肉组织蛋白质分解。库欣病患者或长期大量使用糖皮质激素的患者，出现肌肉消瘦、骨质疏松、皮肤变薄、淋巴组织萎缩等。皮肤变薄可致皮下的血管分布可见而呈现紫纹。大量使用皮质醇还可使伤口不易愈合。

(3) 脂肪代谢：糖皮质激素促进脂肪分解，使血中游离脂肪酸的浓度升高，并用于生糖。身体不同部位的脂肪组织对糖皮质激素的敏感性不同。四肢敏感性较高，脂肪倾向于分解；面部、肩、颈、躯干部位敏感性较低，血中游离脂肪酸浓度升高使这些部位的脂肪组织倾向于合成。因此，库欣病患者体内脂肪出现重新分布。面部和肩颈部脂肪多而呈现“满月脸”“水牛背”。四肢相对消瘦而躯干脂肪较多，形成特征性的“向心性肥胖”体型。

(4) 水盐代谢：糖皮质激素有较弱的保钠、排钾作用，同时促进肾脏对水的排泄。艾迪生病患者的水排出可明显障碍，甚至出现“水中毒”。

2. 参与应激反应 当机体遇到感染、缺氧、饥饿、创伤、疼痛、手术、寒冷及精神紧张等多种伤害性刺激时，可产生一些共同的非特异反应，如 ACTH 和糖皮质激素分泌增加，等，称为应激反应。

在应激反应中，下丘脑-腺垂体-肾上腺皮质系统功能增强，导致血糖升高、血压升高等，提高机体对应激刺激的耐受能力。实验表明，动物切除肾上腺皮质后，给以维持量的皮质醇可以生存，但遇到应激刺激时，动物则容易死亡。由此可见伤害性刺激出现时，糖皮质激素在维持机体生存能力中具有重要作用。

3. 对其他器官组织的作用

(1) 血液系统：糖皮质激素使血液中红细胞和血小板的数量增多。促使附着在小血管壁边缘的粒细胞进入血液循环，使血液中中性粒细胞增多。糖皮质激素能抑制淋巴细胞 DNA 的合成过程，因而使淋巴细胞数量减少。此外，还能增强巨噬细胞系统吞噬和分解嗜酸粒细胞的作用，使血中嗜酸粒细胞的数量减少。

(2) 心血管系统：糖皮质激素对血管没有直接的收缩效应，但能提高血管平滑肌对肾上腺素和去甲肾上腺素的敏感性，这就是允许作用。糖皮质激素通过允许作用收缩血管、升高血压。另外还可降低毛细血管壁的通透性，减少血浆的滤出，有利于维持血容量。

(3) 消化系统：糖皮质激素能增加胃酸分泌和胃蛋白酶的生成，可诱发和加剧溃疡。因此，溃疡患者应用糖皮质激素时应加以注意。

(4) 神经系统：糖皮质激素有提高中枢神经系统兴奋性的作用。小剂量可引起欣快感，大剂量则引起思维不能集中、烦躁不安和失眠等现象。

知识拓展：库欣病和

此外，糖皮质激素有抗维生素 D 的作用，间接抑制骨质的形成，促进肾小球的滤过作用，增加钙的排出，这是长期应用糖皮质激素的患者容易出现骨质疏松的又一原因。

（二）糖皮质激素的分泌调节

糖皮质激素的分泌主要受下丘脑-腺垂体-肾上腺皮质轴调节（图 13-13），维持血中糖皮质激素的相对稳定和在不同状态下的生理需要。

下丘脑促垂体区神经细胞合成与分泌的促肾上腺皮质激素释放激素（CRH），通过垂体门脉系统被运送到腺垂体，促使腺垂体合成、分泌促肾上腺皮质激素（ACTH）。ACTH 可促进肾上腺皮质合成、分泌糖皮质激素，同时也刺激束状带和网状带发育生长。

在下丘脑-腺垂体-肾上腺皮质轴的调节中，存在着负反馈机制。腺垂体 ACTH 在血中浓度达到一定水平时，可抑制下丘脑 CRH 的释放，称为短反馈。血液中糖皮质激素浓度升高，可抑制下丘脑 CRH 和腺垂体 ACTH 的分泌，这种反馈为长反馈（图 13-13）。但在应激状态下，这些反馈作用暂时失效，ACTH 和糖皮质激素的分泌大大增加。

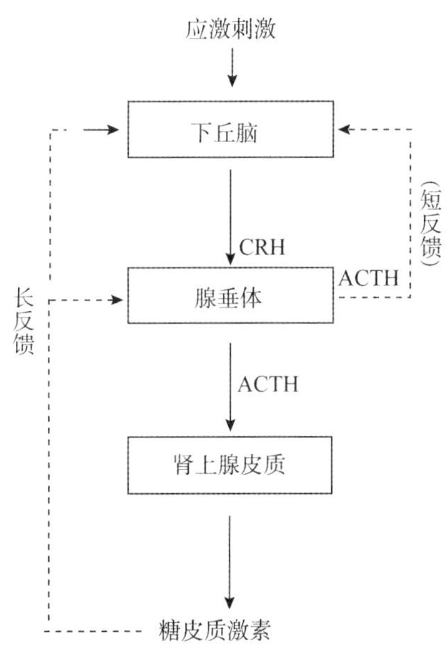

注：实线表示促进；虚线表示抑制

图 13-13 糖皮质激素分泌的调节示意图

在医疗中长期大量使用糖皮质激素时，由于上述负反馈作用，腺垂体 ACTH 的分泌长期减少，因而患者的肾上腺皮质机能减退，甚至束状带萎缩。如果突然停用糖皮质激素，患者可出现肾上腺皮质功能不足的症状，甚至产生严重后果。因此，停药时需逐次减量，经过一段时间达到完全停药。临床上也有糖皮质激素与 ACTH 交替使用的方法，可减轻肾上腺皮质的萎缩。

另外，ACTH 的分泌还受下丘脑“生物钟”的影响，表现出昼夜周期性节律变化，一般早晨 6～8 时达最高峰。

四、肾上腺髓质激素

（一）肾上腺素与去甲肾上腺素的生理作用

肾上腺素与去甲肾上腺素的生理作用广泛而多样，对心肌、多处的平滑肌、细胞代谢甚至骨骼肌和神经系统都有作用。

肾上腺髓质接受交感神经节前纤维的直接支配（参见神经系统的内脏运动功能部分）。交感神经的兴奋引起肾上腺髓质激素分泌增加，这种联系又称为交感－肾上腺髓质系统。当机体内、外环境急剧变化，如运动、大失血、创伤、寒冷、恐惧等时，交感－肾上腺髓质系统活动增强。交感系统和肾上腺髓质激素共同作用：提高神经系统的兴奋性和敏捷性；使心率加快，心收缩力加强，心输出量增加，血压升高；呼吸加强、气道阻力降低，通气量增加；同时促进肝糖原与脂肪分解，使血糖升高，为骨骼肌、心肌等活动提供更多的能源。这些变化，有利于调动机体各种机能，以应付环境急变，使机体能对抗紧急变化而“脱险”。这种反应被称之为应急反应。

需要指出，应急与应激是两个不同但有关联的概念。很多引起应急反应的刺激，同样也引起应激反应。两者相辅相成，使机体的适应能力更加完善。现在临床对应激与应急已不做严格区分。

（二）肾上腺素与去甲肾上腺素的分泌调节

肾上腺髓质受交感神经节前纤维单一支配，其末稍释放乙酰胆碱，通过 N_1 型胆碱能受体引起嗜铬细胞释放肾上腺素和去甲肾上腺素。在应急情况下，可使肾上腺素和去甲肾上腺素分泌量增加到基础分泌量的 1000 倍，较长时间的交感神经兴奋可促进某些儿茶酚胺合成酶的数量增加和活性增强。

第六节　胰　岛

胰岛是存在于胰腺中的内分泌细胞团，分布于胰腺的腺泡组织之间。人胰岛的内分泌细胞主要有 A 细胞、B 细胞和 D 细胞等（图 13-14）。A 细胞占 20%，分泌胰高血糖素；B 细胞占 70%，分泌胰岛素；D 细胞占 10%，分泌生长抑素。

PPT：胰岛

一、胰岛素

胰岛素（insulin，RI）为含 51 个氨基酸残基的蛋白激素，分子量 5800，由含有 21 个氨基酸残基的 A 链和含有 30 个氨基酸残基的 B 链借助两个二硫键联结而成。血液中胰岛素部分以游离形式存在，部分与血浆蛋白结合，只有游离型的有生物活性。胰岛

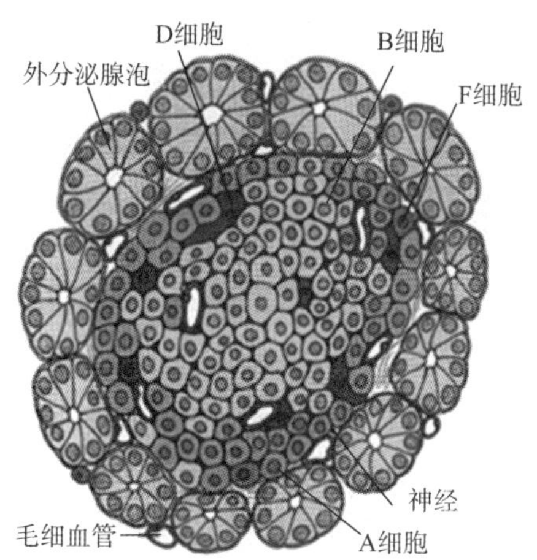

图 13-14　胰腺微细结构示意图

素半衰期为 5～6 分钟，主要在肝脏灭活。

（一）胰岛素的生理作用

胰岛素以促进合成代谢为主，是维持血糖正常水平的主要激素之一。

1. 对糖代谢的影响　胰岛素加速全身组织，特别是肝脏、肌肉和脂肪组织摄取和利用葡萄糖，促进肝糖原和肌糖原的合成，抑制糖异生，从而使血糖降低。胰岛素缺乏时，血糖浓度升高。如超过肾糖阈，尿中将出现葡萄糖，引起糖尿。

2. 对脂肪代谢的影响　胰岛素可促进脂肪的合成与储存，促进葡萄糖进入脂肪细胞合成脂肪酸和三酰甘油。胰岛素还抑制脂肪酶的活性，减少脂肪的分解。胰岛素缺乏时，糖的利用受阻，脂肪分解增强。脂肪酸在肝内氧化生成大量酮体，可引起酮血症和酮症酸中毒。另外，血脂升高也易引起动脉硬化。

知识拓展：糖尿病并发症之酮症酸中毒

3. 对蛋白质代谢的影响　胰岛素促进氨基酸进入细胞内，促进蛋白质合成。胰岛素对机体的生长有调节作用，但需与生长激素共同作用，促生长效果才显著。

（二）胰岛素的分泌调节

1. 血糖的调节　血糖是调节胰岛素分泌的最重要因素。当血糖浓度升高时，胰岛素分泌明显增加，从而促进血糖降低；血糖浓度降低至正常水平时，胰岛素的分泌回到基础水平，从而维持血糖浓度相对稳定。

此外，血中酮体、一些脂肪酸和氨基酸（主要为精氨酸和赖氨酸）浓度升高均可促进胰岛素分泌。

2. 激素的调节　胰高血糖素可直接作用于相邻的 B 细胞，刺激其分泌胰岛素。胰高血糖素也可以通过升高血糖而间接刺激胰岛素分泌。胃肠道激素如促胃液素、促胰液素、缩胆囊素等都有刺激胰岛分泌的作用。生长激素、糖皮质激素、甲状腺激素可通过升高血溏浓度而间接促进胰岛素的分泌，肾上腺素则抑制胰岛素的分泌。

3. 神经调节 胰岛受迷走神经和交感神经双重支配。迷走神经兴奋时，可引起胰岛素的释放，也可刺激胃肠激素的分泌而间接促进胰岛素分泌。而交感神经兴奋时抑制胰岛素的分泌。

二、胰高血糖素

胰高血糖素（glucagon）是由 29 个氨基酸组成的多肽。是动员体内供能物质的重要激素之一。

（一）胰高血糖素的生理作用

与胰岛素的作用相反，胰高血糖素是促进分解代谢、促进能量动员的激素。胰高血糖素最重要的作用是升高血糖，能促进肝糖原分解，促进糖异生，使血糖浓度升高，并能使氨基酸加快进入细胞转化为葡萄糖。胰高血糖素还能促进脂肪分解，使酮体生成增多。

（二）胰高血糖素的分泌调节

血糖浓度是调节胰高血糖素分泌最重要的因素。血糖升高抑制胰高血糖素的分泌，下降则起促进作用。饥饿可促进胰高血糖素的分泌，比正常时高 3 倍。这对于维持血糖水平，保证脑的代谢和能量供应，具有重要作用。氨基酸可促进胰高血糖素的分泌。

胰岛素可直接作用于 A 细胞，抑制胰高血糖素的分泌，也可通过降低血糖间接刺激胰高血糖素的分泌。

交感神经兴奋，通过β受体促进胰高血糖素的分泌，迷走神经则通过 M 受体抑制其的分泌。

血糖浓度相对稳定是机体内环境稳态的内容之一。血糖浓度主要受胰岛素和胰高血糖素调节，而胰岛素和胰高血糖素的分泌又接受血糖的反馈调节，同时两者的分泌又相互影响，形成了人体维持血糖浓度稳定最主要的调节机制。

（张　玲　于纪棉　李伟东）

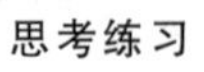

思考练习

参考答案

第十四章 人体胚胎学概论

学习目标

人体胚胎学（human embryology）是研究人体从受精卵发育成新生个体的过程及其机理的科学，内容包括生殖细胞形成、受精、胚胎发育、胚胎与母体的关系、先天性畸形等。

机体出生后，许多器官的结构和功能远未发育完善，尚需历经相当长时期的生长发育方能成熟，然后逐渐老化衰退。这一过程可分为婴儿期、儿童期、少年期、青年期、成年期和老年期。

PPT：人体胚胎学概论

人胚胎在母体子宫中发育经历 38 周（约 266 天），可分为三个时期：①从受精到第 2 周末二胚层胚盘出现为胚前期；②从第 3 周至第 8 周末为胚期，二胚层胚盘增值、置换成三个胚层胚盘，并且由三胚层逐渐分化形成各种器官原基，至此期末，胚（embryo）的各器官、系统与外形发育初具雏形；③从第 9 周至出生为胎期，此期内的胎儿（fetus）逐渐长大，各器官、系统继续发育成形，部分器官出现一定的功能活动。

从胚前期到胚期，受精卵发育为初具人形的胎儿，这是整个胚胎发育的关键时期，称为胚胎早期发生。此外，从第 26 周胎儿至出生后 4 周的新生儿发育阶段被称为围生期（perinatal stage）。此时期的母体与胎儿及新生儿的保健医学称围生医学，是近年兴起的一门应用学科。

第一节 胚胎的早期发生

胚胎的早期发生是指从受精至第 8 周末的发育时期，即胚前期和胚期。此时期的胚胎发育变化甚大，并易受内、外环境因素的影响。内容包括：生殖细胞和受精，卵裂和胚泡形成，植入和胚层形成，胚体形成和胚层分化，胎膜和胎盘。

一、生殖细胞

生殖细胞（germ cell），包括精子和卵子，均为单倍体细胞，即仅有 23 条染色体，其中 1 条是性染色体。

（一）精子的获能

精子虽有运动能力，却无穿过卵子周围放射冠和透明带的能力。这是由于精子头的外表有一层能阻止顶体酶释放的糖蛋白。精子在子宫和输卵管中运行过程中，该糖蛋白被女性生殖管道分泌物中的酶降解，从而获得受精能力，此现象称获能。精子在女性生殖管道内的受精能力一般可维持 1 天。

（二）卵子的成熟

从卵巢排出的卵子处于第二次成熟分裂的中期，并随输卵管伞的运动进入输卵管，在受精时才完成第二次成熟分裂。若未受精，于排卵后 12～24 小时退化。

二、受精

受精（fertilization）是精子穿入卵子形成受精卵的过程，它始于精子细胞膜与卵子细胞膜的接触，终于两者细胞核的融合（图 14-1）。受精一般发生在输卵管壶腹部。正常成人男性每次射出上亿个精子，其中 300～500 个最强壮的精子能抵达输卵管壶腹部，最终只有一个精子能与卵子结合，但其他精子的协同作用也必不可少。应用避孕套、输卵管粘堵或输精管结扎等措施，可以阻止精子与卵子相遇，从而阻止受精。

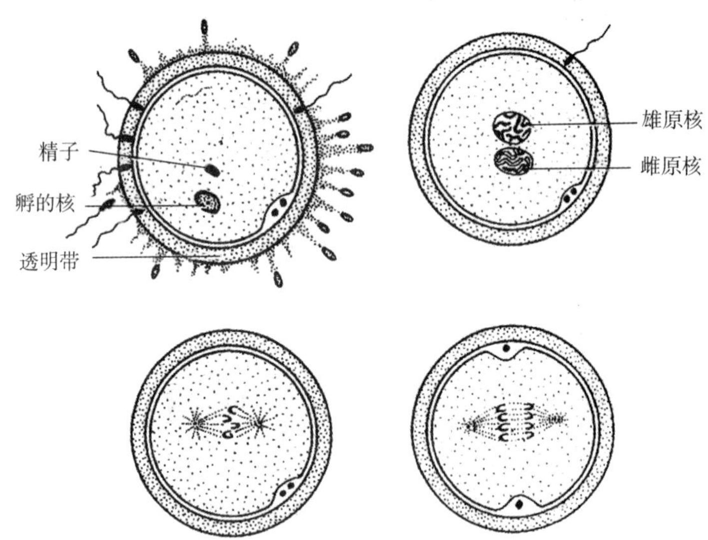

图 14-1　受精

受精的意义在于：①受精使卵子的缓慢代谢转入旺盛，从而启动细胞不断地分裂；②精子与卵子的结合，恢复了二倍体，维持物种的稳定性；③受精决定性别，带有 Y 染色体的精子与卵子结合发育为男性，带有 X 染色体的精子与卵子结合则发育为女性；④受精卵的染色体来自父母双方，加之生殖细胞在成熟分裂时曾发生染色体联合和片断交换，使遗传物质重新组合，使新个体具有与亲代不完全相同的性状。

三、卵裂和胚泡形成

受精卵由输卵管向子宫运行中，不断进行细胞分裂，此过程称卵裂（cleavage）。卵裂产生的细胞称卵裂球（blastomere）。随着卵裂球数目的增加，细胞逐渐变小，到第 3 天时形成 1 个 12～16 个卵裂球组成的实心胚，外观如桑椹，故称桑椹胚（morula）（图 14-2）。

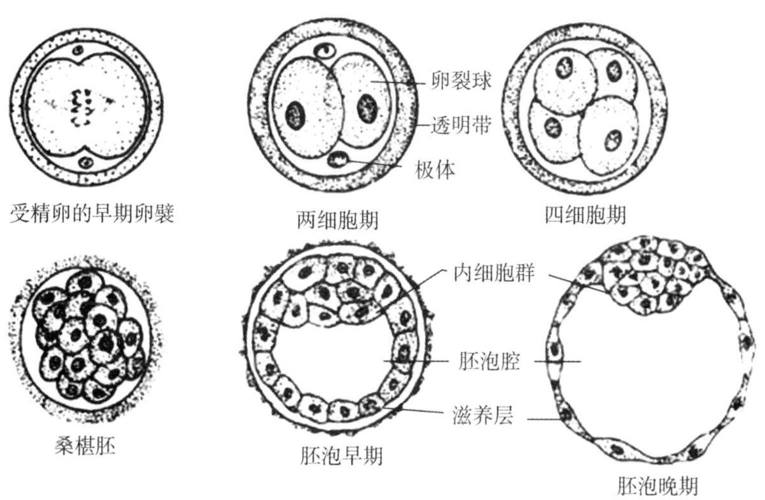

图 14-2 卵裂和胚泡形成示意图

桑椹胚于第 4 天进入子宫腔，其细胞继续分裂。细胞间逐渐出现小的腔隙，最后汇合成一个大腔，桑椹胚转变为中空的胚泡。胚泡（blastocyst）外表为一层扁平细胞，称滋养层，中心的腔称胚泡腔，腔内一侧的一群细胞，称内细胞群（inner cell mass）。胚泡逐渐长大，透明带变薄而消失，胚泡得以与子宫内膜接触，植入开始（图 14-3）。

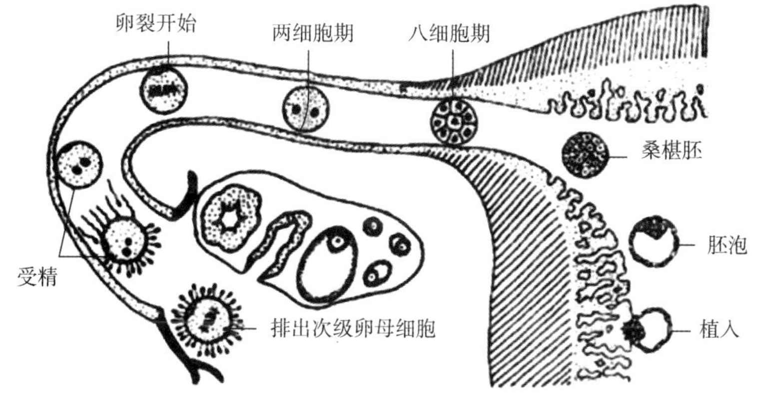

图 4-3 排卵、受卵、卵襞和植入示意图

四、植入和胚层形成

此阶段的主要变化是：胚泡植入子宫内膜，获得进一步发育的适宜环境和充足的营养供应；内细胞群分化为由内、中、外三个胚层构成的胚盘，它是人体各器官和组织的原基；胎膜与胎盘也渐形成和发育。

（一）植入

胚泡逐渐埋入子宫内膜的过程称植入（implantation），又称着床（imbed）。植入约于受精后第5～6天起始，第11～12天完成。

植入时的子宫内膜处于分泌期，植入后血液供应更丰富，腺体分泌更旺盛，基质细胞变得十分肥大，富含糖原和脂滴，内膜进一步增厚。子宫内膜的这些变化称蜕膜反应，此时的子宫内膜称蜕膜，包括基蜕膜、包蜕膜、壁蜕膜。

胚泡的植入部位通常在子宫体和底部，最多见于后壁。若植入位于近子宫颈处，在此形成胎盘，称前置胎盘（placenta previa），自然分娩时胎盘可堵塞产道，导致胎儿娩出困难。若植入在子宫以外部位，称宫外孕（ectopic pregnancy），常发生在输卵管，偶见于子宫阔韧带、肠系膜，甚至卵巢表面等处。宫外孕胚胎多因营养供应不良，早期死亡。少数植入到输卵管的胚胎发育较大后，引起血管破裂和大出血。

（二）二胚层胚盘的形成

在第2周胚泡植入时，内细胞群的细胞也增殖分化，逐渐形成一个圆盘状的胚盘（embryonic disc），此时的胚盘由上、下两个胚层组成，称二胚层胚盘。上胚层邻近胚泡滋养层，下胚层靠近胚泡腔。在上胚层的近滋养层侧出现一个腔，为羊膜腔，腔壁为羊膜。羊膜与上胚层的周缘续连，故上胚层构成羊膜腔的底。下胚层的周缘向下延伸形成另一个囊，即卵黄囊，故下胚层构成卵黄囊的顶。羊膜腔的底（上胚层）和卵黄囊的顶（下胚层）紧相贴连构成的胚盘是人体的原基。此时胚泡腔内出现分布松散的细胞和细胞外基质填充于滋养层和卵黄囊、羊膜囊之间形成胚外中胚层。

（三）三胚层胚盘的形成及三胚层的分化

第3周初（图14-4），上胚层细胞部分增殖较快，在胚盘上胚层尾侧正中线上形成一条增厚区，称原条（图14-5）。原条（primitive streak）的头端略膨大，为原结（primitive node）。原条的出现，胚盘即可区分出头尾端。原条深部的细胞增殖，并在上、下胚层之间向周边扩展迁移。一部分细胞在上下胚层之间形成一个夹层，称胚内中胚层，即中胚层（mesoderm）。它在胚盘边缘与胚外中胚层续连。另一部分细胞进入下胚层，并逐渐置换了下胚层的细胞，形成一层新的细胞，称内胚层（endoderm）。在内胚层和中胚层出现之后，原来上胚层改称为外胚层（ectoderm）。由此可见三胚层均起源于上胚层。

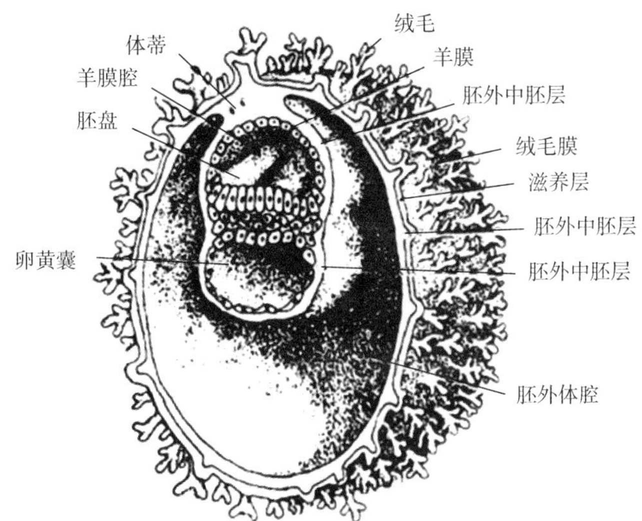

图 14-4　第 3 周初胚的剖面模式图

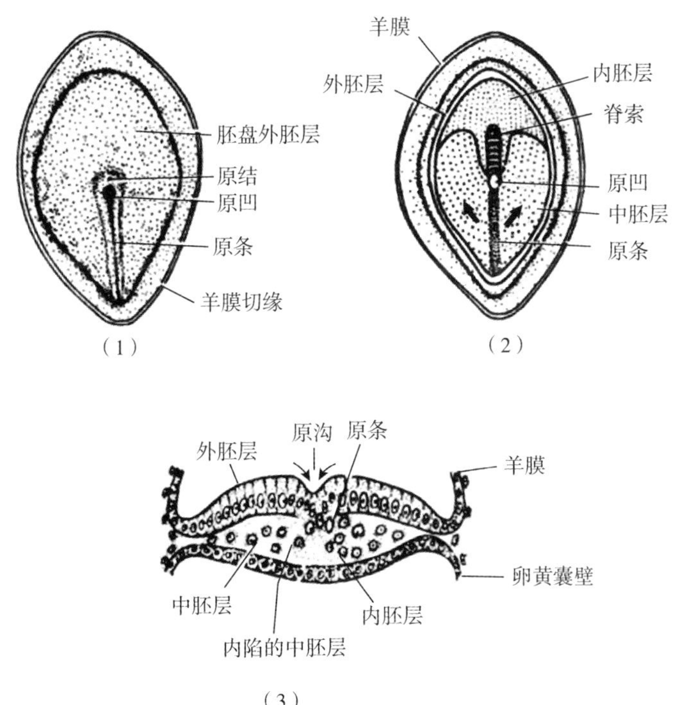

图 14-5　原条、中胚层和脊索的形成

外胚层主要分化形成脑、脊髓等神经组织，以及皮肤、口腔、唾液腺、鼻腔等的上皮；中胚层主要分化为各种结缔组织、肌组织和血管等；内胚层主要分化为咽喉以下的消化管、消化腺、呼吸道、肺、甲状腺、胸腺、膀胱等器官的上皮组织。

第二节　胎膜和胎盘

胎膜和胎盘是对胚胎起保护、营养、呼吸和排泄等作用的附属结构，还有一定的内分泌功能。胎儿娩出后，胎膜、胎盘与子宫蜕膜一并排出，总称衣胞。

一、胎膜

胎膜（fetal membrane）包括绒毛膜、羊膜、卵黄囊、尿囊和脐带。

绒毛膜（chorion）由滋养层和衬于其内面的胚外中胚层组成。胚胎早期，整个绒毛膜表面的绒毛均匀分布，之后由于包蜕膜侧血供匮乏，绒毛逐渐退化消失，形成表面无绒毛的平滑绒毛膜（smooth chorion），基蜕膜侧血供充足，该处绒毛反复分支，生成茂密的丛密绒毛膜（villous chorion），它与基蜕膜一起形成胎盘。

羊膜（amnion）为半透明薄膜，羊膜腔内充满羊水。羊膜和羊水在胚胎发育中起重要的保护作用。

卵黄囊（yolk sac）位于原始消化管腹侧。人类的造血干细胞和原始生殖细胞分别来自卵黄囊的胚外中胚层和内胚层。

尿囊（allantois）随着胚体的形成而开口于原始消化管尾段的腹侧，即与后来的膀胱通连。人胚胎的气体交换和废物排泄由胎盘完成，尿囊仅为遗迹性器官，但尿囊壁的胚外中胚层形成脐血管。

脐带（umbilical cord）是连于胚胎脐部与胎盘间的索状结构。脐带外被羊膜，结缔组织内除有闭锁的卵黄蒂和尿囊外，还有脐动脉和脐静脉。脐动脉有两条，将胚胎血液运送至胎盘绒毛内，在此，绒毛毛细血管内的胚胎血与绒毛间隙内的母血进行物质交换。脐静脉仅有 1 条，将胎盘绒毛汇集的血液送回胚胎。

二、胎盘

胎盘（placenta）是由胎儿的丛密绒毛膜与母体的基蜕膜共同组成的圆盘形结构。胎盘有物质交换和内分泌功能。

（一）母体与胎儿的物质交换

胎儿通过胎盘从母血中获得营养和 O_2，排出代谢产物和 CO_2。为胎盘供应动脉血的是母体的子宫螺旋动脉，静脉血由子宫静脉回收。母体动脉血流经绒毛间隙时，与毛细血管内的胎儿血液进行交换。胎儿的静脉血通过脐动脉送到绒毛毛细血管，交换后转变为动脉血由脐静脉送至胎儿体内。母体和胎儿的血液分别在各自的管道内循环，不直接相通，两者血液交换所通过的结构称为胎盘膜或胎盘屏障。

（二）胎盘的内分泌

思考：不同时期维持妊娠的激素

胎盘是妊娠期间一个重要的内分泌器官。人类胎盘可以产生多种激素。主要有人绒毛膜促性腺激素、雌激素、孕激素和人绒毛膜生长素等。

1. 人绒毛膜促性腺激素（human chorionic gonadotrophin，HCG） 是一种糖蛋白，在受精后第 8～10 天就出现在母体血中，随后其浓度迅速升高，至妊娠第 8 周左右达到顶峰，然后又迅速下降，在妊娠 20 周左右降至较低水平，并一直维持至分娩（图 14-6）。由于 HCG 在妊娠早期即可出现在母血中，并由尿排出，因此，测定血或尿中的 HCG，可作为诊断早期妊娠的指标。HCG 生理作用主要有：

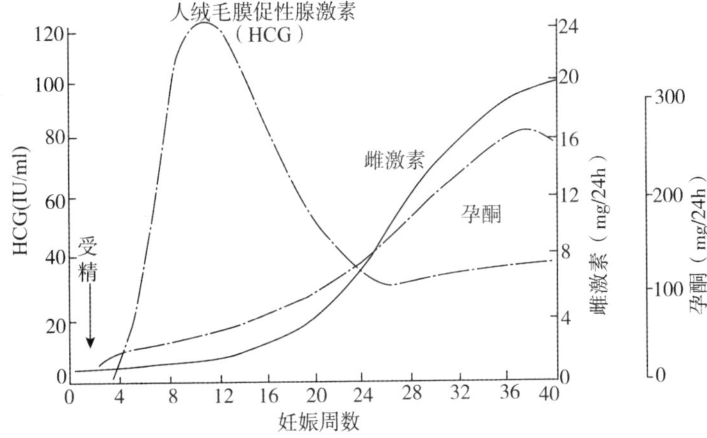

图 14-6　妊娠期人绒毛膜促性腺激素、雌激素和孕酮分泌的变化

（1）在妊娠早期刺激母体的月经黄体转变为妊娠黄体，并使其继续分泌大量雌激素和孕激素，以维持妊娠的顺利进行。

（2）抑制淋巴细胞的活性，防止母体产生对胎儿的排斥反应，具有“安胎”的效应。

2. 雌激素和孕激素 在妊娠第 8 周后，随着 HCG 分泌的减少，妊娠黄体逐渐萎缩，其分泌的雌激素和孕激素也减少。此时胎盘分泌雌激素和孕激素逐渐增加，可接替黄体的功能以维持妊娠，直到分娩（图 14-6）。

在整个妊娠期，孕妇血中雌激素和孕激素都保持在高水平，对下丘脑一腺垂体系统起着负反馈作用。因此，卵巢内没有卵泡发育和排卵，故妊娠期无月经。胎盘分泌的雌激素，主要为雌三醇，其前体主要来自胎儿。如果在妊娠期间胎儿死于子宫内，孕妇的血和尿中雌三醇会突然减少，因此，检验孕妇血或尿中雌三醇的水平，有助于判断是否发生死胎。

3. 人绒毛膜生长素 人绒毛膜生长素（human chorionic somatomammotropin）是

一种多肽。最初的动物实验表明，它具有催乳作用，所以曾被称为人胎盘催乳素。但后来的研究发现，它的化学结构、生理作用、生物活性以及免疫特性均与生长素相似，故在国际会议上被定名为人绒毛膜生长素。它的主要作用是调节母体与胎儿的糖、脂肪及蛋白质代谢，促进胎儿生长。

第三节　双胎、多胎与联体妊娠

双胎又称孪生（twin），可分为单卵双胎和双卵双胎。一次娩出两个以上新生儿称多胎（multiple birth）。多胎的原因可能是单卵性、多卵性和混合性的。三胎以上的多胎很少见。在单卵孪生中，一个胚盘出现两个原条并发育成两个胚胎时，如胚胎分离不完全，两个胚胎发生局部的联接，称联胎（conjoined twins）。根据胎儿联接的部位不同，可分为头联胎、臀联胎和腹联胎等。如联胎一个胎儿大一个胎儿小，小者发育不良，可形成寄生胎，或胎内胎。

第四节　先天畸形与致畸因素

在胚胎发育过程中出现的外形和内部结构的异常，称先天畸形（congenital malformation）。凡是能干扰胚胎正常发育过程、诱发胎儿出现畸形的因素，称致畸因素。近年来，随着工业的发展和环境污染日趋严重，先天性畸形的发生率有逐渐上升的趋势。在人类的各种先天畸形中，发现约25％主要由遗传因素导致，10％由环境因素引起，遗传因素与环境因素相互作用和原因不明者占65％。受致畸因子作用后最易发生畸形的阶段称致畸敏感期。一般受精后两周内正值卵裂或胚泡植入，此时致畸因子可损伤整个胚胎或大部分细胞，造成胚胎死亡流产。孕第3～8周为各器官原基分化时期，最易受致畸因子的干扰而产生器官形态异常，属于致畸高度敏感期。第9周以后，胎儿生长发育快，各器官进行组织分化和功能分化，受致畸影响减少，一般不会出现器官形态畸形。

（伊吉普　张　玲）

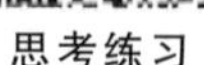
思考练习

参考答案

附录：人体结构与功能实验指导

实验一　上皮组织、结缔组织、肌组织和神经组织的微细结构

一、上皮组织

实验目的

1. 掌握上皮组织的共同特点。
2. 熟悉各种被覆上皮的结构特点，了解其分布上的意义。

实验材料

1. 单层柱状上皮切片。
2. 假复层纤毛柱状上皮切片。
3. 复层扁平上皮切片。

实验内容

1. 单层柱状上皮（小肠切片，HE 染色）

肉眼观察：表面高低不平的一侧是小肠黏膜皱襞，表面为黏膜层，其表面呈紫蓝色的部分为上皮。

低倍观察：小肠腔面高低不平的突起为黏膜皱襞，在皱襞表面有许多突起为小肠绒毛，表面是单层柱状上皮。

高倍观察：上皮细胞呈柱状，排列紧密。细胞核呈椭圆形，靠近细胞基底部。细胞腔面一侧为游离面，与基底膜相连一侧为基底面。

2. 假复层纤毛柱状上皮（气管横切片，HE 染色）

肉眼观察：切片呈环形，靠近管腔面染成紫蓝色的部分是气管的上皮。

低倍观察：气管的上皮是假复层纤毛柱状上皮，上皮细胞排列紧密。选择结构清晰的上皮，移至视野中央，换高倍镜观察。

高倍观察：假复层纤毛柱状上皮中的柱状细胞、梭形细胞和锥体形细胞的界限不清晰，细胞质染成粉红色。由于各类细胞的高低不一，所以细胞核也不在同一平面上。上皮的基膜较厚，染成粉红色。在柱状细胞之间，呈空泡状或染成深蓝色的结构是杯状细胞。

3. 复层扁平上皮（食管横切片，HE 染色）

肉眼观察：切片呈环形，靠近管腔面染成紫蓝色的部分是食管的上皮。

低倍观察：复层扁平上皮细胞的数量多，细胞排列紧密。细胞质染成粉红色，细胞核染成蓝色。上皮的基底面与结缔组织之间，呈凹凸不平的连接。选择上皮比较完整，细胞界限比较清晰的部分，换高倍镜观察。

高倍观察：表层细胞呈扁平形，细胞核为扁圆形；中层细胞呈多边形，细胞核为圆形，细胞界限清晰。基底层细胞呈立方形或矮柱状，细胞核为椭圆形，染色较深。

二、结缔组织

实验目的

1. 了解结缔组织的特点和分类。
2. 掌握疏松结缔组织的基本组成和结构特点。
3. 熟悉各种血细胞的结构特点。

实验材料

1. 疏松结缔组织铺片。
2. 血涂片。

实验内容

1. 示教　血细胞（血涂片，瑞氏染色）。

肉眼观察：标准的血涂片呈一很薄的“血膜”，一端平直（后端），另一端呈圆弧形（前端），故整体呈舌形。由于血涂片封片后易于退色，故一般未加盖玻片。注意仔细观察辨认血涂片的正反面，将有血膜面朝上置于低倍镜下观察。

低倍观察：选择涂片薄和染色浅的部位进行观察。在视野中，染成粉红色无细胞核的细胞是红细胞，有紫蓝色细胞核的是白细胞，注意两者在数量上的差别。

高倍观察：在进一步看清各类血细胞以后，换油镜观察。

油镜观察：先将高倍镜转到一侧。在血液涂片正对载物台圆孔的中央处滴一滴香柏油，再将油镜头轻轻转向血液涂片，使油镜头与油滴接触，然后徐徐转动细调节螺旋，直至看清血液涂片中的细胞。

（1）红细胞：呈圆形，无细胞核，染成淡红色。红细胞的中央部染色较浅，边缘部染色较深。

（2）中性粒细胞：细胞质内含有淡紫红色颗粒，颗粒细小，分布均匀。细胞核染成紫蓝色，分成2～5叶，核叶之间有细丝相连。

（3）嗜酸性粒细胞：细胞质内含有橘红色颗粒，颗粒粗大，分布均匀。细胞核染成紫蓝色，多分成两叶。

（4）嗜碱性粒细胞：细胞质内含有紫蓝色颗粒，颗粒大小不一，分布不均。细胞核呈s形或不规则形，染色浅淡。嗜碱性粒细胞数量很少，一般不易找到，可看示教片。

（5）淋巴细胞：细胞质相少，染成天蓝色、细胞核呈圆形或卵圆形，染成深蓝色。

（6）单核细胞：细胞质较多，染成浅灰蓝色，细胞核呈肾形或蹄铁形，常位于细胞的一侧。细胞核染成蓝色，但比淋巴细胞的细胞核染色浅淡。

（7）血小板：呈不规则的紫蓝色小体，血小板常成群存在，分布在细胞之间。

2. 观察 疏松结缔组织（铺片，活体注射台盼蓝的家兔皮下疏松结缔组织，HE染色）。

肉眼观察：标本染成淡紫红色。纤维互相交织成网状。选择标本较薄的部位进行低倍镜观察。

低倍观察：在视野内的纤维交织成网，细胞分散在纤维之间。胶原纤维呈淡红色，粗细不等，有的弯曲呈波纹状；弹性纤维呈暗红色，较细而直。选择细胞和纤维分布均匀、结构清晰的部位，移至视野中央，换高倍镜观察。

高倍观察：成纤维细胞多呈星形或梭形，细胞质染成极浅的淡红色，所以细胞的轮廓不甚清楚；细胞核呈椭圆形，染成紫蓝色。成纤维细胞的数量较多。巨噬细胞的外形不规则，细胞质中含有吞噬的台盼蓝颗粒（颗粒呈蓝色）。

三、肌组织

实验目的

1. 了解肌组织的一般结构特点。
2. 熟悉骨骼肌在不同切面的形态结构特点。

实验材料

骨骼肌切片。

实验内容

骨骼肌（骨骼肌纵切片，HE染色）。

肉眼观察：切片中染成红色的长方形结构为骨骼肌的纵切面。

低倍观察：骨骼肌纤维呈细长的圆柱状，有不甚明显的明暗相间的横纹。细胞核呈扁椭圆形，染成紫蓝色，位于肌膜的深面，数量较多。肌纤维之间有少量结缔组织。

选择轮廓清晰的肌纤维，移至视野中央，换高倍镜观察。

高倍观察：肌纤维内有许多纵行的线条状结构，即肌原纤维。下降聚光器，在视野内的光线较暗时，继续观察肌原纤维及其明、暗带，肌纤维细胞核的位置和形态。

四、神经组织

实验目的

掌握神经元的结构特点。

实验材料

多极神经元切片。

实验内容

多极神经元（脊髓横切片，HE 染色）。

肉眼观察：切片呈扁圆形，其中部染色较深，为脊髓的灰质。

低倍观察：灰质中央的圆形空腔，为脊髓的中央管，中央管两侧的灰质其较宽阔的一端叫前角，前角内体形较大、染色较深的多角形细胞，即为多极神经元的胞体。选择一个典型的多极神经元，移至视野中央，换高倍镜观察。

高倍镜观察多极神经元的胞体不规则，不易区分其为树突或轴突。细胞质染成红色，在细胞质内的蓝色斑块状物质，为嗜染质。细胞核位于细胞体的中央，大而圆，着色浅淡，内有深色的核仁。

实验二　血液系统实验

一、红细胞渗透脆性试验

实验目的

学习测定红细胞渗透脆性的方法，了解细胞外液的渗透压对维持细胞正常形态和功能的重要性。

实验原理

在临床或生理实验中使用的各种溶液，其渗透压与血浆渗透压相等的称为等渗溶液（isosmotic solution），如 0.9%NaCl 溶液；渗透压高于或低于血浆渗透压的溶液称为高渗溶液或低渗溶液。红细胞在等渗溶液中其形态和大小可保持不变。若将红细胞置于渗透压递减的一系列低渗盐溶液中，红细胞逐渐涨大甚至破裂而发生溶血（hemolysis）。正常红细胞膜对低渗盐溶液具有一定的抵抗力，这种抵抗力的大小可用红细胞渗透脆性（osmotic fragility）试验反映。对低渗盐溶液抵抗力小，表示渗透脆性高，红细胞容易破裂；反之，表示脆性低。正常人的红细胞一般在0.45%～0.40%NaCl溶液中开始溶血，在0.35%～0.30%NaCl溶液中完全溶血。

实验材料

人或家兔；试管架、小试管10支、2ml吸管3支、，消毒的2ml注射器及8号针头、棉签；1%NaCl溶液、蒸馏水、75%酒精、4%碘酒。

实验方法

1. 制备不同浓度的低渗盐溶液 取干燥洁净的小试管10支，编号排列在试管架上，按表8-1所示，分别向试管内加入1%NaCl溶液和蒸馏水并混匀，配制成0.70%～0.25%10种不同浓度的NaCl低渗溶液。

表1 低渗NaCl溶液的配制及浓度

试剂＼试管	1	2	3	4	5	6	7	8	9	10
1%NaCl溶液（ml）	1.40	1.30	1.20	1.10	1.00	0.90	0.80	0.70	0.60	0.50
蒸馏水（ml）	0.60	0.70	0.80	0.9	1.00	1.10	1.20	1.30	1.40	1.50
NaCl浓度（%）	0.70	0.65	0.60	0.55	0.50	0.45	0.40	0.35	0.30	0.25

2. 采血与滴加血样 用干燥的2ml注射器从兔耳缘静脉取血1ml，立即依次向10支试管内各加1滴血液，轻轻颠倒混匀，切勿用力振荡，静置室温下0.5小时，然后根据混合液的色调进行观察，做出合理的判断。

观察判断

1. 如果试管内液体下层为混浊红色，上层为无色透明，说明无红细胞溶血。

2. 如果试管内液体下层为混浊红色，而上层出现透明红色，表示部分红细胞破裂，称为不完全溶血。

3. 如果试管内液体完全变成透明红色，说明红细胞全部破裂，称为完全溶血。

注意事项

1. 不同浓度的低渗NaCl溶液的配制应准确。

2. 小试管必须清洁干燥。

3. 在光线明亮处进行观察。

4. 血样滴入试管后，立即轻轻混匀，避免血液凝固和假象溶血。

5. 每只试管血液只加 1 滴。

思考讨论

1. 部分溶血现象说明同一个体不同红细胞的渗透脆性不同，为什么？

2. 测定红细胞渗透脆性有何临床意义？

3. 大量输液时为何要输等渗溶液？

二、影响血液凝固的因素

实验目的

学习判断血液凝固及所需时间的方法，观察和分析促凝和抗凝因素对血液凝固的影响。

实验原理

血液由流动的溶胶状态变成不能流动的凝胶状态，这一过程称血液凝固（blood coagulation)。此过程受许多理化因素和生物因素的影响。当控制这些因素时，便能加速、延缓，甚至阻止血液凝固。

实验材料

抗凝血浆、血清；小试管、滴管、0.9%NaCl 溶液、3%$CaCl_2$ 溶液、肝素。

实验方法

1. 实验室制备抗凝血浆和血清。

2. 观察促凝和抗凝因素对血液凝固的影响：取小试管 5 支并编号 1、2、3、4、5，分别按下表的实验条件进行操作，比较血液凝固时间。

表 2 血液凝固的影响因素

试管编号	实验条件						凝固时间
	抗凝血浆	血清	0.9% NaCl	组织浸出液	肝素	3% $CaCl_2$	
1	8d		2d			2d	
2	8d			2d		2d	
3	8d		2d	2d			
4		8d		2d		2d	

（续表）

编号	试管	实验条件						凝固时间
		抗凝血浆	血清	0.9% NaCl	组织浸出液	肝素	3% $CaCl_2$	
	5	8d				2d	2d	

注：每隔20秒钟慢慢倾斜试管，液体不流动时即为凝固。

注意事项

1. 连续计时，每20秒倾斜试管，不同试管凝固的判断标准一致，准确记录凝血时间。
2. 不应过于频繁摇动试管，不要将试管握在手心。
3. 试管口径大小应尽量一致，在血量相同时，口径大凝血慢，口径小凝血快。

结果及分析

1. 简述体外抗凝的机制。
2. 肝素如何影响血液凝固？

三、玻片法鉴定ABO血型

实验目的

了解ABO血型系统的分型依据；学习玻片法鉴定ABO血型方法。

实验原理

血型指是血细胞膜上特异的凝集原（或称抗原）类型。ABO血型系统的分型是以红细胞膜所含的凝集原种类为依据的，红细胞膜上含A凝集原称为A型，其血清中含B凝集素（或称抗体）；红细胞膜上含B凝集原称为B型，其血清中含有抗A凝集素；红细胞膜上含A、B两种凝集原称为AB型，其血清中不含抗A、含B凝集素；红细胞膜上既不含A凝集原，也不含B凝集原称为O型，其血清中既含抗A凝集素也含抗B凝集素，因此，不会发生红细胞的凝集反应。ABO血型鉴定原理就是根据抗原抗体是否发生凝集反应。鉴定方法是用已知的标准A、B血清与鉴定人的血液相混合，依其发生凝集反应的结果来判断被鉴定人红细胞表面所含的抗原种类。

实验材料

人；采血针、消毒牙签、酒精棉球、消毒干棉球；抗A、抗B试剂、玻片。

实验方法

1. 取一双凹玻片，凹面向上。用笔在玻片两端分别做好抗 A 和抗 B 标记。

2. 按标记分别在玻片凹槽中滴入抗 A 和抗 B 试剂各 1 滴。

3. 用 75%酒精棉球消毒左手无名指端或耳垂，用消毒采血针刺破皮肤，消毒牙签一端沾取足够血样，与玻片的一侧试剂混匀；用牙签的另一端或另一牙签采集血样，与玻片的另一侧试剂混匀。

4. 数分钟后用肉眼观察红细胞有无凝集现象，如无凝集现象，可再静置 15 分钟，再观察，必要时可借助显微检观察。根据下图，可判定受试者血型。

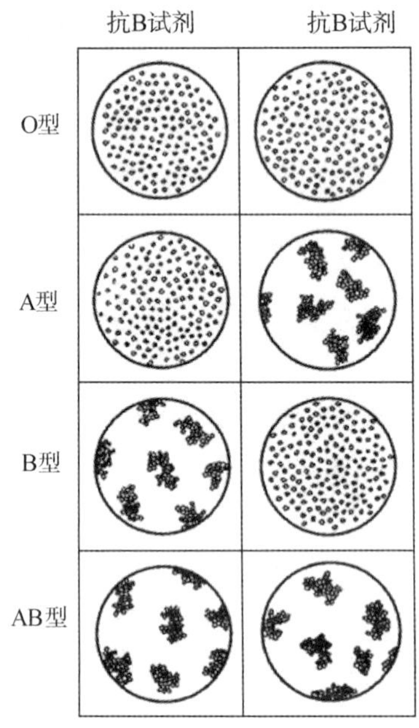

图 2　玻片法检测 ABO 血型

注意事项

1. 采样、加样时务必避免创口污染及两种试剂相互污染。

2. 血清必须新鲜，污染后可产生假凝集。

3. 肉眼看不清凝集现象时，应在显微镜下观察。

4. 注意区分红细胞凝集与红细胞叠连。轻轻晃动玻片，若红细胞可散开表明是叠连；若不能散开或有凝集颗粒，表明是凝集现象。

分析思考

1. 你的血型是何型，可给哪些血型的人输血，是大量还是少量？为什么？

2. 你可接受哪些血型的血，是大量还是少量？为什么？

实验三　运动系统大体结构

一、骨和骨连结

实验目的

1. 能说出骨的形态构造及关节的基本结构。

2. 能描述各部椎骨、骶骨、胸骨和肋的形态，脊柱的组成、连结和形态，胸廓的组成和形态。

3. 能描述颅的分部，颅骨的形态构造，颞下颌关节的组成和构造。

4. 能说出上肢骨的组成和各骨的位置形态，肩关节、肘关节、桡腕关节的组成和构造特点。

5. 能描述下肢骨的组成和各骨的位置形态，骨盆的组成和分部，髋关节、膝关节、踝关节的组成和结构特点。

6. 能在活体上辨认全身主要的骨性标志。

实验材料

1. 人体骨架标本、全身骨标本、股骨剖面标本及脱钙骨和煅烧骨标本。

2. 已打开关节囊的肩关节、肘关节、髋关节、膝关节、颞下颌关节和桡腕关节等标本。脊柱标本，椎骨连结标本。

3. 整颅标本、颅的水平切及矢状切标本、新生儿颅标本和鼻旁窦标本。

实验内容

1. 骨的分类和构造

（1）骨的概述：在骨架上辨认各种形态的骨，观察它们的形态特点和分布。观察长骨剖面标本并区分长骨的骨干和两端，辨认骨髓腔、松质间隙、骨膜、骨质和两端的关节面。

（2）骨的化学成分与骨物理特性的关系：取经稀盐酸脱钙后的骨标本和经煅烧除去有机质的骨标本，观察它们的外形和比较它们的物理特性。

2. 骨连结的分类和构造

（1）直接连结：取脊柱腰段矢状切面和颅的标本，分别观察椎间盘和缝。

（2）滑膜关节：关节的基本构造：取肩关节标本观察关节囊的构造和附着部位，关节面的形状，关节腔的构成。关节的辅助结构：取膝关节标本，观察韧带、两块半月板的位置和形态。

3. 躯干骨及其连结

（1）脊柱：在人体骨架标本上观察脊柱的位置和组成。

椎骨：取胸椎观察辨认椎体、椎弓（椎弓板、椎弓根）、横突、棘突和上、下关节突，观察椎孔和椎间孔的形态和位置。区别不同部位椎骨的形态结构特点。观察骶骨的岬、骶前孔、骶后孔、骶管裂孔、骶角以及耳状面。

椎骨的连结：取切除1～2个椎弓的脊柱腰段标本，观察椎间盘的位置、外形和构造。观察前、后纵韧带的位置；棘上韧带、棘间韧带和黄韧带的附着部位。

脊柱的整体观：在脊柱标本上，从前面观察椎体自上而下的大小变化，从后面观察棘突纵行排列的情况，从侧面观察4个生理性弯曲的部位和方向。

（2）胸廓：在人体骨架标本上观察胸廓的组成及各骨的位置和各肋前、后端的连结关系。在胸骨标本上区分胸骨柄、胸骨体和剑突，辨认颈静脉切迹和胸骨角。

在活体上触摸以下结构：第7颈椎棘突、胸骨角、第2～12肋、肋弓和剑突。

4. 颅骨及其连结

（1）颅的组成：取整颅及颅的水平切和正中矢状切标本，观察颅的分部和各块颅骨在整颅中的位置。观察下颌骨的形态。

（2）颅的整体观：取新生儿颅标本及颅的水平切和正中矢状切标本观察。

颅的顶面：观察颅缝的位置和形态，新生儿颅的特点，前、后囟的位置、形态和大小。

颅底内面：由前向后，依次区分颅前窝、颅中窝和颅后窝。观察各窝内的孔和裂，多数与颅外相通，观察时应同时注意它们在颅外的位置。

颅底外面：在前区内辨认骨腭及两侧的牙槽弓和牙槽。在后区寻认枕骨大孔、枕外隆凸和颈动脉管外口。从颈静脉孔向外，依次寻认茎突、茎乳孔和乳突。由乳突向前，查看下颌窝和关节结节。

颅的侧面：由乳突向前，辨认外耳门、颧弓及颞窝。在颞窝内侧壁上寻认翼点，观察其位置以及骨质的厚薄。

颅的前面：

1）眶：观察眶的位置及毗邻，寻认眶上切迹（眶上孔）和眶下孔；查看泪囊窝，以及与它相连续的鼻泪管。在眶外侧壁的后部查看眶上裂和眶下裂。用细铜丝探查视神经管、鼻泪管、眶上裂和眶下裂，观察它们各与何处相通。

2）骨性鼻腔：检查梨状孔、鼻后孔和骨性鼻中隔的位置，辨认骨性鼻腔外侧壁上的上、中、下鼻甲，以及相应鼻甲下方的上、中、下鼻道。在上鼻甲的后上方查找蝶筛隐窝。

3）鼻旁窦：取颅的正中矢状切和显示各鼻旁窦的标本，观察各鼻旁窦的位置和形态。

（3）颞下颌关节：取关节囊外侧壁已切除的颞下颌关节标本，观察颞下颌关节的组成、关节囊的结构特点和关节盘的形态。结合活体，验证颞下颌关节的运动。

在活体上摸辨以下结构：枕外隆凸、乳突和下颌角。

5. 附肢骨及其连结

（1）上肢骨：

1）肩胛骨：辨认肩胛骨的2面、3角和3缘。查找肩胛骨前面的肩胛下窝，后面的肩胛冈、肩峰及冈上、下窝，确认外侧角上的关节盂。在人体骨架标本上察看上、下角与肋的对应关系。

2）锁骨：分辨锁骨的内、外侧端，对照人体骨架标本，观察它们的邻接关系。

3）肱骨：在上端观察肱骨头的外形、大结节、小结节和外科颈。在肱骨体寻认三角肌粗隆和桡神经沟。在下端依次寻认内上髁、肱骨滑车、肱骨小头和外上髁。

4）桡骨：上端细小，下端粗大；观察上端的桡骨头，以及与肱骨小头的对应关系。在下端，辨认外侧的茎突，内侧与尺骨头相对的尺切迹。

5）尺骨：上端粗大，下端细小。观察上端的鹰嘴、冠突和滑车切迹：在冠突的外侧面寻认桡切迹。在下端辨认尺骨头和茎突。

6）腕骨、掌骨和指骨：取手骨标本观察，注意它们的位置排列及邻接关系。

（2）上肢骨的连结：

1）肩关节：取纵行切开关节囊的肩关节标本，观察其组成、关节面的形态和大小差别、关节囊的形态结构特点及肱二头肌长头腱。结合活体，验证肩关节的运动。

2）肘关节：取横行切开关节囊前、后壁的标本，观察肱桡关节、肱尺关节和桡尺近侧关节的组成。查看关节囊的形态结构特点，桡骨环状韧带的位置、形态以及与桡骨头的关系。观察肘关节在作屈、伸运动时，肱骨内、外上髁和鹰嘴3点位置的变化。

3）桡腕关节：取冠状切开的桡腕关节标本，观察关节的组成，并结合活体，验证其运动。

在活体上触摸锁骨、肩胛冈、肩峰、肩胛骨下角、肱骨内上髁、肱骨外上髁、尺骨鹰嘴和桡骨茎突。

（3）下肢骨：

1）髋骨：根据髋臼和闭孔的位置，先判定髋骨的侧别和方位，明确髂骨、坐骨和耻骨在髋骨中的位置。然后寻认髂嵴、髂前上棘、髂后上棘、髂结节、髂窝、耳状面、弓状线、耻骨梳、耻骨结节和耻骨下支，注意耻骨梳与弓状线的关系。在髋骨的后下部辨认坐骨结节、坐骨棘、坐骨大小切迹和坐骨支。

2）股骨：观察股骨头、股骨颈、大转子和小转子，注意股骨头与髋臼的关系和股骨上端的方向。观察股骨下端的内、外侧髁。

3）髌骨：对照人体骨架标本观察它的位置。

4）胫骨：在胫骨上端观察内、外侧髁与股骨同名髁的对应关系。寻认胫骨粗隆及胫骨下端的内踝。

5）腓骨：辨认上端膨大的腓骨头和下端呈略扁三角形的外踝。

6）跗骨、跖骨和趾骨：取足骨的串连标本或人体骨架标本观察，注意各骨的排列关系。

（4）下肢骨的连结：

髋骨的连接：取骨盆标本或模型观察。

1）骶髂关节和耻骨联合：观察骶髂关节的组成，辨认骶结节韧带和骶棘韧带，观察坐骨大、小孔的围成及耻骨联合的位置。

2）骨盆：观察骨盆的组成，大、小骨盆的分界，小骨盆上、下口的围成，耻骨弓的构成，比较男、女骨盆的差异。

髋关节：取环形切开关节囊的髋关节标本，观察其组成、两骨关节面的形态及关节囊的厚薄。验证其运动。

膝关节：取关节囊前壁向下翻开，后壁横行切开的膝关节标本，观察其组成和两骨关节面的结构，注意髌韧带、前后交叉韧带和内外侧半月板的位置与形态，验证其运动。

距小腿关节：在距小腿关节标本上，观察其组成，验证其运动。

足弓：在足关节标本上，观察足弓的形态和维持足弓的韧带。

在活体上触摸以下结构：髂嵴、髂前上棘、髂结节、坐骨结节、耻骨结节、大转子、股骨内、外侧髁、髌骨、胫骨粗隆、腓骨头及内、外踝。

二、骨骼肌

实验目的

1. 能简述骨骼肌的分类、构造和辅助结构。
2. 能识别和指出斜方肌、背阔肌、胸锁乳突肌、胸大肌、肋间肌的位置和作用。
3. 能描述膈的位置、形态和作用。
4. 能描述腹前外侧壁各肌的位置和形态特点。
5. 能识别和指出三角肌、肱二头肌、肱三头肌、臀大肌、股四头肌、小腿三头肌的位置和作用。腹股沟管的位置。

实验材料

1. 全身骨骼肌标本、躯干肌标本、膈标本、头肌标本、颈肌标本、上肢肌标本和下肢肌标本或模型。
2. 颅顶层次解剖标本。

实验内容

1. 肌的分类和构造 在全身肌标本上观察长肌、短肌、扁肌和轮匝肌的形态，辨认肌腹、肌腱和腱膜。

2. 躯干肌　在全身骨骼肌标本、躯干肌标本、膈标本（或模型）上观察。

（1）背肌：观察斜方肌、背阔肌、竖脊肌的位置、起止点，验证它们的作用。

（2）胸肌：确认胸大肌的起止点和肌束方向以及与肩关节运动轴的关系。在肋间隙内区别肋间内、外肌。

（3）膈：检查膈附着于胸廓下口周缘的情况，膈周围部和中央部的结构差别，辨认膈的3个裂孔和通过的结构。

（4）腹肌：检查腹壁3层扁肌的位置和肌束走行方向，腱膜与腹直肌鞘的关系，腹直肌鞘包绕腹直肌的情况。辨认腹股沟韧带的附着部位。

（5）会阴肌：观察肛提肌和覆盖在它的上、下两面的筋膜，盆膈的位置和穿过盆膈的结构。会阴深横肌和尿道括约肌和覆盖在它们上、下面的筋膜，尿生殖膈的位置和穿过它的结构。

3. 头颈肌　在头颈肌和颅顶层次解剖标本上，辨认枕额肌，观察眼轮匝肌、口轮匝肌。观察咬肌和颞肌的位置，并咬紧上、下颌牙，在自己身上触摸两肌的轮廓。

在颈肌标本上观察胸锁乳突肌的位置和起止点，查看舌骨的位置以及舌骨上、下肌群。观察斜角肌间隙的围成、内容物。

4. 四肢肌

（1）上肢肌：在上肢肌标本结合全尸解剖标本上查找三角肌、肱二头肌、肱三头肌的位置。观察前臂各肌的位置、起止概况和肌腱的分布。观察手肌外侧群、内侧群和中间群的位置以及鱼际和小鱼际的形成。

（2）下肢肌：在下肢肌标本结合全尸解剖标本上观察髂腰肌、臀大肌、梨状肌及股前群肌、股内侧群肌、股后群肌和小腿前群肌、外侧群肌和后群肌的位置。寻找臀大肌、缝匠肌、股四头肌和小腿三头肌的起止点及跟腱。

在活体上指出咬肌、胸锁乳突肌、斜方肌、背阔肌、竖脊肌、胸大肌、腹直肌、三角肌、肱二头肌、肱三头肌、肱桡肌、掌长肌、桡侧腕屈肌、指伸肌腱、股四头肌、臀大肌、股二头肌和小腿三头肌等体表标志。

实验四　脉管系统大体结构

实验目的

1. 能在模型上指出体、肺循环的途径。

2. 能在标本与模型上指出主动脉的分部、主动脉弓、颈总动脉、腹主动脉的分支，在活体上指出心的位置、全身体表可以摸到搏动的动脉位置及其压迫止血部位、测量血压的部位。

3. 能在标本与模型上指出上腔静脉、下腔静脉、肝门静脉的位置、注入和收集范围。

4. 能在标本与模型上指出胸导管的起始、收集范围，在活体指出主要的浅淋巴结。

实验材料

1. 胸腔解剖标本。
2. 离体心的解剖标本。
3. 躯干后壁的动脉、静脉标本。
4. 头颈部和上肢的动脉、静脉标本。
5. 腹腔脏器的动脉、静脉标本。
6. 盆部和下肢的动脉、静脉标本。
7. 肝门静脉系与上、下腔静脉系的吻合模型。
8. 全身浅淋巴结的标本。
9. 腹腔解剖标本。
10. 离体的脾标本。

实验内容

1. 心和血管

（1）在胸腔解剖标本上，观察心的位置，心包和心包腔，肺动脉干及左、右肺动脉的行程，肺静脉的注入部位。

（2）在离体心的解剖标本上，观察下列内容：①心的外形；②心腔的结构（右心房、右心室、左心房、左心室、左右房室瓣、腱索、乳头肌、肺动脉瓣、主动脉瓣）；③左、右冠状动脉的行程、分支和分布；冠状窦的位置和注入部位。

2. 动脉

（1）在躯干后壁的动脉、静脉标本上，观察主动脉的行程、分段，主动脉弓的三大分支，肋间后动脉和肋下动脉的行程。

（2）在头颈部和上肢的动脉标本上，观察下列内容：①左、右颈总动脉、颈动脉窦、颈动脉小球、颈内动脉、颈外动脉；②颈外动脉的分支：甲状腺下动脉、面动脉、颞浅动脉和上颌动脉；③锁骨下动脉及分支：椎动脉、胸廓内动脉和甲状颈干；腋动脉、肱动脉、肱深动脉、桡动脉、尺动脉、掌浅弓、掌深弓、指掌侧固有动脉。

（3）在腹腔脏器的动脉标本上，观察下列内容：①腹腔干及分支：胃左动脉、肝总动脉（肝固有动脉、胃十二指肠动脉、胃右动脉、肝固有动脉左支和右支、胆囊动脉、胃网膜右动脉）、脾动脉（胃短动脉、胃网膜左动脉；②肠系膜上动脉及分支：空肠动脉、回肠动脉、回结肠动脉、右结肠动脉、中结肠动脉；③肠系膜下动脉及分支：左结肠动脉、乙状结肠动脉、直肠上动脉；腰动脉、肾动脉、睾丸动脉、卵巢动脉。

（4）在盆部和下肢的动脉标本上，观察下列内容：①髂总动脉、髂内动脉、髂外动脉；②髂内动脉的分支：直肠下动脉、阴部内动脉、子宫动脉、闭孔动脉、臀上动脉和臀下动脉；腹壁下动脉；③股动脉、股深动脉、腘动脉、胫前动脉、胫后动脉、足背动脉、足底内侧动脉、足底外侧动脉。

（5）在活体上，进行下列触摸或操作：①画出心在胸前壁的体表投影；找出面动脉和颞浅动脉的压迫止血点；②触摸肱动脉的搏动，找出肱动脉的压迫止血点和测听血压的部位；③触摸桡动脉、股动脉和足背动脉的搏动。

3. 静脉与淋巴系统

（1）在胸腔解剖标本上，观察上腔静脉的合成、行程和注入部位；头臂静脉的合成（静脉角）。

（2）在头颈部和上肢的静脉标本上，观察下列内容：①颈内静脉的行程，面静脉的行程和汇入部位；②颈外静脉的行程和汇入部位；③锁骨下静脉的行程；④头静脉和贵要静脉的起程、行程、汇入部位，肘正中静脉的位置。

（3）在躯干后壁的动、静脉标本上，观察奇静脉的行程和汇入部位；下腔静脉的合成、行程和注入部位。

（4）在盆部和下肢的静脉标本上，观察下列内容：①髂总静脉的合成，髂内静脉和髂外静脉的位置；②股静脉的位置；③大隐静脉和小隐静脉的起始、行程和汇入部位。

（5）在腹部的静脉标本上，观察下列内容：①肾静脉和睾丸静脉（卵巢静脉）的位置和汇入部位。②肝门静脉的合成、行程和分支，肠系膜上静脉、脾静脉、肠系膜下静脉、胃左静脉的位置和汇入部位。

（6）在肝门静脉系与上腔静脉系的吻合模型上，观察肝门静脉、附脐静脉、食管静脉丛、直肠静脉丛和脐周静脉网。

（7）在活体上，观察肘部浅静脉（头静脉、贵要静脉和肘正中静脉）的位置，行经内踝前方的大隐静脉的位置。

（8）在躯干后壁的动、静脉标本上，观察胸导管的起始、行程和汇入部位。

（9）在全身浅淋巴结的标本上以及头颈部、胸腔、腹腔和胃盆腔的淋巴结标本上，观察主要淋巴结的位置。

（10）在腹腔解剖标本上和离体脾标本上，观察脾的位置和形态。

实验五 人体动脉血压的测量及运动对血压和心率的影响

实验目的

学习袖带法测定动脉血压的原理和方法，测定人体肱动脉的收缩压与舒张压；观察运动对人体血压、心率等的影响。

实验原理

动脉血压是指流动的血液对血管壁所施加的侧压强。人体动脉血压测定的最常用方法是袖带法，测量部位一般多在肱动脉。

用充气袖带缚于上臂加压，然后逐步放气、降低袖带内的压力，以不同压力从外面压迫动脉。当袖带内压力介于收缩压和之间时，在一个心动周期中将开放和关闭一次，血液形成湍流冲击血管壁，在血管远端可用听诊器听见所谓的“柯氏血流音”(Korotkoff sounds)。当袖带内压力大于收缩压时，血管关闭，远端无血流；当袖带内压力小于舒张压时，血管始终开放，血流连续，这两种情况下都不能听到柯氏血流音。因此能够听到柯氏血流音的袖带内压力最高值为收缩压，最低值为舒张压。袖带内压力数值可由压力表水银柱读出。

机体在运动状态下，交感兴奋，心率加快，收缩压升高。但舒张压变化比较复杂，主要受外周阻力变化的影响，也有心率因素。

实验材料

被测试者；袖带式血压计，听诊器，计时工具。

实验方法

1. 袖带式血压计测定动脉血压

(1) 血压计包括三部分：袖带、橡皮球（充气球）和测压计（图 15-1）。水银式检压计在使用时先驱净袖带内的空气，打开水银柱根部的水银槽开关。

(2) 受试者端坐位，脱去一侧衣袖，静坐 5 分钟。

(3) 受试者前臂平置于桌上，掌心向上，肘部自然弯曲，臂中部与心脏处于同一水平。将袖带均匀卷缠在臂中段，袖带下缘距离肘窝约 2cm，松紧适度，以能插入两指为宜。

(4) 于肘窝内侧稍上方触及动脉搏动，一手持听诊器胸件放于此处。

(5) 一手紧握橡皮球，关闭充气旋钮并向袖带内充气，使水银柱上升至

180mmHg。如果此时能听到“血管音”，则继续充气，直至高于听不见“血管音”时压力 20mmHg。随即松开气球旋钮，徐徐放气，以降低袖带内压，同时仔细听诊。当突然出现“崩崩”样的“血管音”时，血压计上所示水银柱刻度即代表收缩压。

（6）继续缓慢放气，这时声音发生一系列的变化，先由低而高，而后由高突然变低钝，最后则完全消失。在声音由强突然变弱，或突然消失这一瞬间，血压表上所示水银柱刻度即代表舒张压。

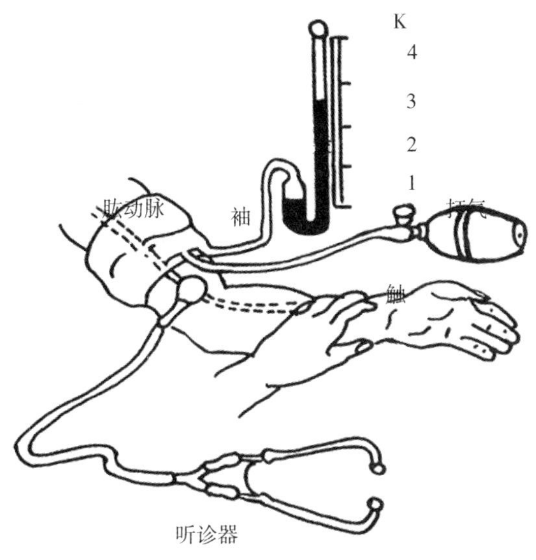

图 2　血压计测量人体动脉血压方法示意图

2. 观察运动对血压和心率的影响

（1）测定安静坐位状态下的心率、血压。

（2）做快速下蹲运动 30 秒，速度可控制在 60 次/分。

（3）测定运动后即刻、3 分钟、5 分钟及 10 分钟的心率和血压。

注意事项

1. 室内须保持安静，以利于听诊。袖带不宜绕得太松或太紧。

2. 动脉血压通常连续测 2～3 次，每次间隔 2～3 分钟。重复测定时袖带内的压力须降到零位后方可再次打气。一般取两次较为接近的平均数值。

3. 上臂位置应于右心房同高；袖带应缚于肘窝以上。持听诊器胸件不要压得过重或压在袖带下测量，也不能过松。

4. 如血压超出正常范围，让受试者休息 10 分钟后再作测量。受试者休息期间，应将袖带解下。

5. 血压计使用完毕后应使水银回入槽内并关上开关，以免水银溢出。

分析思考

1. 你所测得的收缩压和舒张压正常吗？正常血压值应该是多少？
2. 测量血压时，为什么听诊器胸件不能压在袖带底下？
3. 运动前后血压有何不同？收缩压与舒张压变化有何特点？其机制如何？

实验六　呼吸系统大体结构

实验目的

1. 能说出呼吸系统的组成。
2. 能辨认鼻腔外侧壁上的结构；能说出鼻旁窦的名称、位置和开口。
3. 确认喉腔的结构和分部。
4. 能说出左、右主支气管的区别。
5. 确认肺门的位置和出入的结构。

实验材料

1. 呼吸系统概观标本。
2. 头颈部正中矢状面标本和模型。
3. 鼻腔外侧鼻示鼻旁窦标本和模型。
4. 喉标本和模型。
5. 去胸、腹壁的标本。
6. 气管与支气管标本。
7. 肺离体标本和模型。
8. 纵隔标本。

实验内容

1. 呼吸系统的组成　在头颈部矢状切连躯干标本、呼吸系统概观标本上观察鼻、咽、喉、气管、支气管和肺的位置、形态及其相互关系。

2. 呼吸道

(1) 鼻：在活体上互相观察外鼻的形态；在头颈部矢状切标本和模型上观察鼻腔分部、鼻中隔、鼻腔外侧壁上的鼻甲、鼻道和蝶筛隐窝；在鼻旁窦标本上观察额窦、蝶窦、上颌窦和筛窦的位置及其开口。

(2) 喉：在活体上观察喉的位置，其随吞咽活动而上、下移动，并在体表触摸甲状软骨和环状软骨；在头颈部矢状切标本上观察喉的位置及其与咽、气管通连情况。

在喉软骨标本和模型观察喉软骨及其连结，在头颈部矢状切面标本模型上观察喉的粘膜形成结构和喉腔的分部。

（3）气管与主支气管：在气管与主支气管标本上观察气管与主支气管的位置及其相互关系，注意气管软骨环与气管膜壁的形态；比较左、右主支气管的差别。

3. 肺与纵隔 在胸腹前壁剖开标本和肺标本和模型上观察肺的形态和位置；在游离肺标本和模型上辨认肺的形态结构，确认肺根内的结构；观察纵隔内的主要结构。

实验七 肺通气功能测量

实验目的

学习肺活量、用力肺活量、最大随意通气量的测量方法；理解肺活量、用力肺活量、用力呼气量、最大随意通气量等指标的意义。

实验原理

尽力吸气后，所能呼出的最大气量，称为肺活量（VC），或称慢肺活量（SVC）。VC 反映一次通气的最大能力，是评价肺通气功能的重要指标。

最大吸气后，尽快呼气所能呼出的最大气量，称为用力肺活量（FVC）。由于用力呼气时，胸内压上升较快，可导致小气道过早关闭，肺泡内部分气体不能排出，因此 FVC 通常低于 VC。当小气道弹性不佳时，FVC 与 VC 差距可较大。

FEV_1、FEV_2、FEV_3 分别代表第 1 秒末、第 2 秒末、第 3 秒末的用力呼气量（FEV），其与 FVC 的比值可以较好反映通气阻力的情况。FEV_1/FVC 最有临床意义，正常成人约为 83%。在慢性阻塞性肺病（COPD）的诊断和分级中，经常需测定 FEV_1。

尽力作深快呼吸时，每分钟吸入或呼出的气量，称为最大随意通气量（MVV），MVV 反映肺通气的最大能力。

实验材料

被测试者（人）；多功能肺量计、鼻夹、一次性流速管、消毒用酒精棉。

实验方法

1. 仪器准备 根据说明书要求，肺量计需提前定标、开机、预热等。

2. 按提示输入被测试者资料，一般需身高，体重，性别，年龄，药物史和病史等。

3. 选择所需检测的项目进入测试界面，向患者耐心细致地解释，示范操作步骤，要求及注意事项。

4. 记录、保存、打印、分析测试结果

（一）SVC 的测试

1. 选择 SVC 测试项目，进入测量界面。

2. 被测试者用消毒鼻夹夹住鼻翼，口含流速管，口角无漏气。

3. 仔细解释、示范过程，点击开始键。嘱被测试者自然平静呼吸四次后，嘱呼气到残气位再吸气到肺总量位，点击停止键。一般需测试四次以上，每次差异较小（不超过 5%或 200ml）表明测试成功，选择一次结果处理。

注：有些肺量计测试 SVC 时，要求先吸气到肺总量，再缓慢呼出到残气位，请以说明书要求为准。

（二）FVC 的测试

1. 选择 FVC 测试项目，进入测量界面。

2. 被测试者用消毒鼻夹夹住鼻翼，口含流速管，口角无漏气。

3. 仔细解释、示范过程，点击开始键。嘱测试者正常呼吸 1～2 次后，嘱深吸气至肺总量位，再用力快速呼气至残气位，再深吸气，点击停止键。至少检测 3 次（反复测试，直到标准图形），选择结果及图形（二次 FVC 及 FEV1 的值相差不超过 200ml）。

（三）MVV 的测试

1. 选择 MVV 测试项目，进入测量界面。

2. 被测试者用消毒鼻夹夹住鼻翼，口含流速管，口角无漏气。

3. 仔细解释、示范过程，正常呼吸数次后点击开始键。嘱患者以最快速度、最深幅度呼吸，持续 12 秒（根据说明），机器会自动结束测试。

注意事项

影响测试结果准确性的最主要因素是被测试者的操作，测试者应该仔细解释并示范通气过程。

思考分析

1. SVC 和 FVC 测试有什么不同？各有什么意义？

2. 测 SVC 可以有吸气法和呼气法，从被测试者操作的角度看，哪个方法更容易得到准确结果？为什么？

实验八　消化系统大体结构

实验目的

1. 在自体上划出胸部标准线及腹部分区；说出消化系统的组成。

2. 确认口腔、咽、食管、胃、小肠和大肠的位置、形态和分部，确认盲肠、结肠的外形特征，能说出食管的生理狭窄的位置和意义，能在体表划出阑尾根部的体表投影。

3. 确认三对大唾液腺的位置和导管的开口。

4. 确认肝的位置、形态和结构，能说出肝外胆道的组成，了解胰的位置和形态。

实验材料

1. 消化系统概观标本。

2. 头颈部正中矢状面标本核模型。

3. 口腔、胃、十二指肠、空肠、回肠、直肠、肛管、肝、胰离体标本。

4. 胸腹部后壁标本。

5. 盆腔正中矢状面标本。

6. 牙的标本和模型。

实验内容

1. 在自体上划出胸部体表标志线及腹部分区

2. 消化管

（1）口腔及唾液腺：在头颈部正中矢状面、牙、舌标本上观察并确认软腭、腭垂、腭舌弓、腭咽弓及咽峡；牙的数目、名称、形态、构造；4 种舌乳头；在唾液腺标本上观察 3 对唾液腺及其导管和开口部位。

（2）咽、食管、胃：在头颈部矢状切上观察并确认咽的位置、分部、结构及咽与鼻腔、口腔、喉腔的连通关系；在胸腹前壁剖开的标本上观察并确认食管胸、腹部的走行和三个狭窄部位；在游离胃的标本上观察并确认胃的形态、分部。

（3）小肠和大肠：在肝胰十二指肠标本上观察并确认十二指肠的形态、分部及十二指肠大乳头；在消化系统概观标本上观察并确认空、回肠的位置；在盲肠和阑尾切开标本上观察并确认回盲口、回盲瓣、阑尾；在直肠和肛管标本上观察并确认直肠横襞、肛柱、肛瓣及齿状线等。

3. 肝和胰　在离体肝标本上观察并确认肝的形态、出入肝门的结构及肝的分叶，胆囊的位置及分部，肝外胆道的构成；在肝连胰十二指肠标本上观察胰的形态、分部和胰管及其开口。

实验九　泌尿系统大体结构

实验目的

1. 能说出泌尿系统的组成。
2. 能辨认肾的位置、形态、被膜、毗邻和构造。
3. 能指出输尿管的行程和狭窄。
4. 能辨识膀胱的位置、形态、毗邻及膀胱三角的结构特点。
5. 能辨认女性尿道的毗邻、形态特点及开口部位。

实验材料

1. 男、女性泌尿生殖系统概观标本。
2. 离体肾及肾的剖面标本。
3. 通过肾中部的腹后壁横切标本。
4. 腹膜后间隙的器官标本。
5. 男、女骨盆腔正中矢状切面标本。
6. 离体膀胱标本。

实验内容

取男、女性泌尿生殖系统概观标本，观察泌尿系统的组成。

1. 肾　在离体肾和腹膜后间隙的器官标本上观察肾的位置、形态，注意左、右肾的位置区别及与第12肋的关系。观察肾门的位置，辨认出入肾门的结构。在肾的剖面标本上，辨认肾皮质和肾髓质的结构特点。观察肾窦和内容物，注意肾盂与肾大、小盏的连属关系。在通过肾中部的腹后壁横切标本上，观察肾的3层被膜。

2. 输尿管　取泌尿生殖系统概观标本，寻认输尿管的行程，辨认3个狭窄部位。

3. 膀胱　取离体膀胱标本，结合男、女骨盆腔正中矢状切面标本，观察膀胱的位置、形态、毗邻及膀胱三角的组成和黏膜特点。

4. 女性尿道　在女性骨盆腔正中矢状切面标本上，观察女性尿道的毗邻、形态特点及尿道外口的位置。

实验十　生殖系统大体结构

实验目的

1. 能说出男性生殖系统的组成。
2. 能辨认男性生殖器官的位置、形态及其结构。
3. 能说出女性生殖系统的组成。
4. 能辨认女性生殖器官的位置、形态及其结构。
5. 能辨认会阴的结构及分部。

实验材料

1. 男性骨盆正中矢状切面标本或模型。
2. 男性生殖系统标本或模型。
3. 女性骨盆正中矢状切面标本或模型。
4. 女性内生殖器标本或模型。
5. 女阴标本或模型。
6. 女性乳房和会阴标本或模型。

实验内容

1. 男性生殖系统

（1）睾丸和附睾：辨认睾丸和附睾的位置、形态，睾丸鞘膜的结构和鞘膜腔的构成。

（2）输精管、精囊腺和射精管：辨认输精管的起始、行程和分部，触摸输精管的硬度。在膀胱底的后方，辨认精囊的位置和形态；在膀胱颈的后下方，辨认射精管的构成和开口部位。

（3）前列腺和尿道球腺：辨认前列腺的位置、形态及其与周围器官（膀胱颈、尿生殖膈、直肠）的毗邻关系；辨认尿道球腺的位置和形态。

（4）阴囊和阴茎：区分阴茎头、阴茎体和阴茎根；辨认阴茎的构造及 3 条海绵体的形态和位置关系；辨认阴茎包皮的形成、阴囊的构造和内容。

（5）男性尿道：辨认男性尿道的起始、行程和分部；3 个狭窄和两个弯曲的位置。

2. 女性生殖系统

（1）卵巢：在髂总动脉分叉处的卵巢窝内找到卵巢，辨认其形态以及与子宫阔韧带的关系。

（2）输卵管：在子宫阔韧带的上缘处寻找卵巢，辨认输卵管的分部以及各部的形态特点。

（3）子宫：辨认子宫的位置、形态、分部、毗邻以及固定子宫的韧带。

（4）阴道：辨认阴道的位置、毗邻、阴道穹的构成以及与子宫直肠陷凹的位置关系。

（5）女阴：辨认女阴的各部结构，注意区分尿道口与阴道口的位置。

（6）乳房：辨认乳房的结构，注意输乳管和乳腺小叶的排列方向。

（7）会阴：辨认会阴的范围。区分尿生殖区和肛区，查看通过两者的结构。

实验十一　感觉器官大体结构

实验目的

1. 能辨认眼球壁的层次及各层的分部和形态。
2. 能辨认眼球内容物的组成及其形态。
3. 能辨认眼副器的形态和结构。
4. 能辨认外耳道的形态。
5. 能辨识鼓膜的位置和形态，乳突小房和咽鼓管的位置以及其各自的沟通关系。
6. 能辨认迷路各部的位置和形态，位、听觉感受器的位置。

实验材料

1. 眼球标本或模型。
2. 新鲜猪或牛眼球冠状切标本和矢状切标本。
3. 眼副器标本或模型。
4. 耳的标本及模型。
5. 听小骨标本及模型。
6. 内耳模型。

实验内容

1. 视器

（1）眼球：

1）取眼球标本，观察其外形，寻认视神经的附着部位。

2）取眼球冠状切面的前半部标本，由后向前观察，可见玻璃体、晶状体。移除晶状体，观察其前方的虹膜和瞳孔。眼球壁外层前部的透明薄膜是角膜，角膜与晶状体之间的间隙被虹膜分为前、后两部分，即眼球的前房和后房。

3）取眼球冠状切面的后半部标本，透过玻璃体，可见乳白色的视网膜（活体上呈棕红色）。视网膜后部偏鼻侧有视神经盘，其与视神经附着处相对。自视神经盘向四周有视网膜小动、静脉。视网膜易从眼球壁剥离，移除玻璃体和视网膜，可见到一层呈黑褐色的脉络膜，它的外层为乳白色的巩膜。

4）取眼球的矢状切面标本，先观察眼球的前房、后房、晶状体和玻璃体，再由前向后观察眼球壁各层结构。

在活体辨认角膜、巩膜、虹膜和瞳孔等结构。

（2）眼副器：

1）在活体上观察睑缘、内眦、外眦、泪点、球结膜和睑结膜等结构。

2）在泪器、眼球外肌标本和模型上观察泪腺、泪小管、泪囊和鼻泪管以及各眼球外肌的位置。

2. 前庭蜗器

（1）外耳：利用标本、模型并结合活体观察耳郭形态、外耳道的分部和弯曲，鼓膜的位置及形态。

（2）中耳：观察鼓室的位置与形态，辨认前庭窗、蜗窗及各听小骨的位置，乳突小房和咽鼓管与鼓室的连通关系。

（3）内耳：

1）骨迷路：辨认骨半规管、前庭和耳蜗。观察3个半规管上膨大的骨壶腹及前庭外侧壁上的前庭窗和蜗窗，观察蜗轴、蜗螺旋管和骨螺旋板的形态。

2）膜迷路：观察膜半规管、椭圆囊、球囊和蜗管，寻认壶腹嵴、椭圆囊斑、球囊斑、螺旋器、前庭阶和鼓阶的位置。

实验十二　神经系统大体结构

实验目的

1. 能辨认脊髓的位置与外形，区分脊髓灰、白质的分部。
2. 能说出脑的分部、脑干的组成、外形及与有关脑神经的连接关系。
3. 能辨认小脑和第四脑室的位置及外形。
4. 能指出间脑的位置、分部及第三脑室的位置。
5. 能说出大脑半球各面的主要沟、回和分叶。
6. 能辨认脑和脊髓被膜的配布及硬膜外隙、蛛网膜下隙的位置。
7. 能指出颈内动脉和椎动脉在颅内的行程、分支和分布。
8. 能说出脊神经的分布概况。
9. 能指出颈丛、臂丛、腰丛和骶丛的组成和位置。

10. 能说出各神经丛的重要分支和分布。

11. 能辨认胸神经前支的行程和分布。

12. 能指出各对脑神经的连脑部位和出颅腔所穿经的孔、裂及行程和分布。

实验材料

1. 离体脊髓标本。
2. 切除椎管后壁的脊髓标本。
3. 脊髓横切面模型。
4. 整脑标本。
5. 脑正中矢状切面标本。
6. 脑干和间脑标本。
7. 电动脑子模型或脑神经核模型。
8. 小脑水平切面标本。
9. 大脑水平切面标本。
10. 基底核模型。
11. 脑室标本或模型。
12. 硬脑膜标本。
13. 包有蛛网膜的整脑标本。
14. 脊神经标本。
15. 头颈及上肢肌、血管和神经标本。
16. 胸神经标本。
17. 腹下壁、下肢肌的血管和神经标本。
18. 头部正中矢状切面标本。
19. 三叉神经标本和模型。
20. 面部浅层结构标本。
21. 切除脑的颅底标本。
22. 迷走神经和膈神经标本。

实验内容

1. 脊髓

(1) 脊髓的外形：取离体脊髓标本，自上而下观察颈膨大、腰骶膨大、脊髓圆锥及终丝。

(2) 脊髓的位置和脊髓节段：各对脊神经的根丝连接一段脊髓，称 1 个脊髓节段，故脊髓分为 31 个节段。

(3) 脊髓的内部结构：脊髓中央管的位置，灰、白质的分部。

2. 脑

（1）概况：分脑干、间脑、小脑和端脑。端脑掩盖间脑。注意它们的位置关系。

（2）脑干：自下而上分为延髓、脑桥、中脑3部分。

1）腹侧面观察：

延髓：前正中裂，前外侧沟；沟内有舌下神经相连；锥体和锥体交叉。

脑桥：基底沟，桥臂上连三叉神经。

中脑：大脑脚，脚间窝；窝内有动眼神经穿出。

2）背侧面观察：

延髓：后正中沟，后外侧沟。后外侧沟内有舌咽、迷走和副神经连脑；楔束结节、薄束结节。

脑桥：菱形窝。

中脑：上、下丘；下丘下方有滑车神经连脑。

3）脑干内部结构：用脑干神经核电动模型显示脑干内神经核团及上、下行纤维束。

4）第四脑室：在脑的正中矢状切面标本上，观察第四脑室的位置和形态，及其与中脑水管和中央管的通连关系。在整脑标本上，菱形窝下角的正上方，寻查第四脑室正中孔。在延髓脑桥和小脑连接部附近，寻查第四脑室外侧孔。

（3）小脑：观察小脑外形，寻认小脑蚓、小脑半球、小脑扁桃体。

（4）间脑：位于中脑上方，主要包括丘脑和下丘脑，观察其外形。

（5）端脑：在整脑标本上观察两大脑半球之间的大脑纵裂及其裂底的胼胝体，大脑半球和小脑之间的大脑纵横裂。

1）大脑半球外形：取大脑半球标本，首先辨认其上外侧面、内侧面和下面。然后依次观察：大脑半球的叶间沟（外侧沟、中央沟、顶枕沟）和分叶（额叶、顶叶、枕叶、颞叶、岛叶），大脑半球上外侧面的主要沟和回（中央沟、中央前沟、中央后沟、中央前回、中央后回、额上沟、额下沟、额上回、额中回、额下回、颞上沟、颞横回、角回、缘上回），大脑半球内侧面的主要沟和回（距状沟、扣带回、中央旁小叶、海马旁回、钩）。

2）大脑半球的内部结构：在大脑水平切面标本上，自浅入深观察大脑皮质、基底核、内囊、联络纤维。取脑室标本或模型观察侧脑室的形态及脉络丛的形态，注意其沟通关系。

3）脑和脊髓的被膜：

脑和脊髓的被膜：取切除椎管后壁的脊髓标本，由外向内逐层观察硬膜、蛛网膜和软膜3层被膜。观察硬膜外隙、蛛网膜下隙，注意两者的形成、位置和内容。

脑和脊髓的血管：在下丘脑周围观察大脑动脉环的组成和位置。

4）脑的血管：大脑中动脉、大脑前动脉、椎动脉、大脑后动脉。在下丘脑周围观察大脑动脉环的形态和组成。大脑中动脉中央支的行程和分布。

3. 脊神经

（1）脊神经分布概况：在脊神经标本上，自上而下计数和观察颈、胸、腰、骶和尾神经的对数，寻认它们穿出椎管的部位。

（2）脊神经丛和胸神经前支：

1）颈丛：取头颈和上肢肌、血管神经标本，在胸锁乳突肌后缘的中点，寻认颈丛各皮支并观察其行程和分布，追踪观察膈神经。

2）臂丛：利用头颈及上肢肌、血管和神经标本，先在锁骨中点的后方寻认臂丛，观察臂丛的主要分支：尺神经、正中神经、肌皮神经、桡神经和腋神经，注意其定行。

3）胸神经前支：取胸神经标本观察肋间神经和肋下神经的行程，与肋间血管的关系。

4）腰丛：取腹下壁、下肢肌的血管和神经标本，先在腰大肌的深面观察腰丛的组成，然后观察其主要分支：髂腹下神经、髂腹股沟神经、闭孔神经和股神经。观察各神经分布。

5）骶丛：取腹下壁、下肢肌的血管和神经标本，在盆腔内梨状肌的前方，观察该丛的组成，然后观察其主要分支：臀上神经、臀下神经、阴部神经、坐骨神经，其中坐骨神经又分为胫神经和腓总神经，观察各神经分布。

4. 脑神经 脑神经共 12 对，它们各自的连脑部位已分别在脑干、间脑和端脑中观察，现在主要观察各对脑神经出颅时，所穿过的孔、裂及其行程、分支和分布。

（1）各对脑神经出颅时所穿的孔、裂：①嗅神经穿过筛板；②视神经穿视神经管入眶；③动眼神经、滑车神经、展神经和三叉神经的分支眼神经及上颌神经，穿过海绵窦后，除上颌神经经圆孔出颅外，其余各脑神经均经眶上裂入眶；④三叉神经的分支下颌神经，穿卵圆孔出颅腔；⑤面神经和前庭蜗神经入内耳门；⑥舌咽神经、迷走神经和副神经穿过颈静脉孔至颅外；⑦舌下神经则穿同名管出颅腔。

（2）各对脑神经的行程、分支和分布：①嗅神经；②视神经、动眼神经、滑车神经及展神经；③三叉神经：三叉神经节、眼神经、上颌神经、下颌神经；④面神经；⑤前庭蜗神经；⑥舌咽神经；⑦迷走神经：喉上神经、颈心支、喉返神经，注意喉返神经与甲状腺动脉的关系；⑧副神经；⑨舌下神经。

5. 内脏神经 内脏神经可分为内脏运动神经和内脏感觉神经两种。内脏运动神经按其功能和分布又可分为交感神经和副交感神经。在脊柱的两侧观察呈串珠状的交感干，每条交感有 22～24 个神经节，借节间支相连。交感干的神经节均借交通支与脊神经相连。

（陶冬英　杜　宏　李伟东）

参考文献

[1] 钟国隆．生理学［M］．4 版．北京：人民卫生出版社，2003.

[2] 贺耀德，况炜．人体机能学基础理论与实训［M］．北京：人民军医出版社，2011.

[3] 张岳灿，应志国．人体形态学［M］．北京：人民军医出版社，2012.

[4] 朱大年，王庭槐．生理学［M］．8 版．北京：人民卫生出版社，2013.

[5] 章浩，陶冬英．人体结构与功能［M］．武汉：华中科技大学出版社，2015.

[6] 王庭槐．生理学［M］．9 版．北京：人民卫生出版社，2018.

[7] 吴建清，徐冶．人体解剖学与组织胚胎学［M］．8 版．北京：人民卫生出版社，2018.

[8] 丁文龙，刘学政．系统解剖学［M］．9 版．北京：人民卫生出版社，2018.